数字化转型与创新管理丛书

DevOps持续万物 2

DevOps 组织能力成熟度评估

[荷] 巴特·德·贝斯特（Bart de Best）◎著　杨璐　蒋帆◎译

清華大學出版社
北京

北京市版权局著作权合同登记号　图字：01-2024-3422

Lead Author: Bart de Best

ISBN: 9789491480201

图书在版编目（CIP）数据

DevOps 持续万物 : DevOps 组织能力成熟度评估 . 2 / (荷) 巴特·德·贝斯特著 ; 杨璐 , 蒋帆译 . -- 北京 : 清华大学出版社 , 2024. 10. -- (数字化转型与创新管理丛书). -- ISBN 978-7-302-67508-2

Ⅰ. TP311.5

中国国家版本馆 CIP 数据核字第 2024SZ4283 号

责任编辑： 张立红
封面设计： 蔡小波
版式设计： 方加青
责任校对： 卢　嫣
责任印制： 刘　菲

出版发行： 清华大学出版社

网　　址： https://www.tup.com.cn，https://www.wqxuetang.com
地　　址： 北京清华大学学研大厦 A 座　　**邮　　编：** 100084
社 总 机： 010-83470000　　**邮　　购：** 010-62786544
投稿与读者服务： 010-62776969，c-service@tup.tsinghua.edu.cn
质 量 反 馈： 010-62772015，zhiliang@tup.tsinghua.edu.cn

印 装 者： 北京瑞禾彩色印刷有限公司
经　　销： 全国新华书店
开　　本： 185mm×260mm　　**印　　张：** 25.25　　**字　　数：** 614 千字
版　　次： 2024 年 10 月第 1 版　　**印　　次：** 2024 年 10 月第 1 次印刷
定　　价： 110.00 元

产品编号：103892-01

译者序

在此，我怀着激动与敬意的心情，向读者推荐《DevOps 持续万物》系列的第二本书，由巴特·德·贝斯特执笔。这本书对开发运营领域进行了深入的探讨，涵盖了审计、安全、服务水平协议（SLA）以及人工智能（AI）等多个重要主题。翻译过程中，我深刻感受到 DevOps 在技术发展中的重要性，尤其是在讨论其如何融入企业价值流时，这种体会愈发深刻。这不仅让我对未来的改进与创新充满期待，更让我意识到实践这一理念的必要性与紧迫性。

作为一名专业服务公司的从业者，我时常面对客户在技术变革与工程咨询结合方面的挑战。我深信，这本书所提供的洞见和经验，能够为企业和组织在转型过程中注入信心。这不仅是一本宝贵的参考资料，更是经过一线实践的深刻反思和真实见解的结晶。

在此，我想特别感谢我的祖父。他始终是我心中专业精神的榜样，他对事业的热爱与坚定的信念深深影响了我，激励我在翻译这本书时更加专注与认真。

我希望这本书能激励更多人勇敢迎接技术变革的挑战，推动实践中的持续改进与创新。

杨　璐

内容简介

《DevOps持续万物2：DevOps组织能力成熟度评估》是一本深入探讨DevOps实践、理论和应用的专业书籍。本书以DevOps的核心理念为基础，提供了一套全面的组织能力成熟度评估框架，帮助组织评估和提升其在软件开发和运维中的协同效率。书中详细介绍了持续审计、持续SLA以及持续AI等关键概念，并结合丰富的图表、案例分析和实践指南，为读者展示了如何在DevOps环境中实现持续改进和创新。

DevOps，即开发（Development）与运维（Operations）的结合，是一种文化和实践的变革，旨在打破传统软件开发和运维之间的隔阂，实现更快速、更高质量的软件交付。DevOps的实施对于组织和项目管理具有重要意义。

提高效率：通过自动化流程和工具，DevOps可以显著减少从开发到部署的时间，提高软件交付的速度。

增强协作：DevOps鼓励开发、测试和运维团队之间的紧密合作，打破信息孤岛，促进知识共享。

持续改进：DevOps的持续审计和持续反馈机制使组织能够快速识别问题并进行改进，实现产品和服务的持续优化。

风险管理：通过持续集成和持续部署，DevOps有助于及早发现问题，降低风险，确保软件质量和稳定性。

客户满意度：DevOps通过快速响应市场变化和用户需求，提供更符合客户需求的解决方案，从而提高客户满意度。

创新能力：DevOps的环境支持快速实验和迭代，为组织提供了快速创新和适应市场变化的能力。

《DevOps持续万物2：DevOps组织能力成熟度评估》不仅为DevOps实践者提供了实用的操作指南，也为组织领导者提供了实现DevOps转型的战略思考，是任何希望在快速变化的技术环境中保持竞争力的组织不可或缺的资源。

目录

第一章
持续审计

第1节 持续审计简介

阅读指南

本节介绍“持续审计”这一章的目的、定位和结构。

一、目标

本章的目标是讲述持续审计的基本知识以及应用持续万物这一领域的技巧和窍门。

二、定位

持续审计是持续万物概念的一个方面。本章包含了持续实施合规性的各种技术，这些技术可以在开发过程中不断提高信息系统的质量。“持续”一词指的是采用增量和迭代的方式开发软件，形成一个代码流，并通过CI/CD安全流水线持续过渡到生产环境。这个代码流就如同一条价值流，需要不断优化。

持续审计是一种敏捷方法，我们可以在设计信息系统的过程中定义它的行为、功能和质量，用来实现所需要的控制，从而减轻或消除已识别的风险。持续审计与DevOps 8字环的所有方面有直接或间接的关系，因为它是整体设计的。这意味着持续审计涵盖了信息系统（技术）、生产过程（流程）以及知识和技能（人员）等多个方面。因此，持续审计提供PPT（People, Process, Technology，人员、流程和技术）层面的设计。

信息系统的设计是确保系统控制安全的重要基础。近年来，许多组织质疑信息系统的设计。将信息系统的信息捆绑起来并让所有利益相关方参与进来的传统做法被敏捷的工作方式和三人组开发策略视为已经过时的理念。这个做法意味着要从业务、开发和测试三个方面提前考虑一个要构建的增量，这样就能更好地解决“怎么做”和“做什么”的问题，并能就增量的完成定义（Definition of Done, DoD）达成共识。但是，这忽略了设计另一个重要的功能：控制功能。该功能旨在通过实施适当的对策来防止因缺乏措施而导致的风险，包括但不限于违反法律和监管义务的风险。信息安全也是至关重要的控制要素，它涵盖信息的保密性、完整性和可用性。

从持续审计角度来看，DevOps领域的发展至关重要。目前，一些组织仍在采用瀑布式项目的工作方式，这种工作方式需要进行大量的设计工作；而另一些组织则发现仅仅使用用户故事并不是最佳方案，某种形式的设计仍然是必要的。因此，系统开发领域再次趋于平衡，为持续审计提供了坚实的基础。

当然，问题在于是否所有类型的信息系统都应该采用同样的工作结构。随着Gartner的商业智能（Business Intelligence, BI）模型的出现，区分记录型系统（System of Records, SoR）和交互型系统（System of Engagement, SoE）变得至关重要。除了 SoE，现在人们还谈论智能型系统（System of Intelligence, SoI）。图 1.1.1 概述了这三种类型的信息系统（SoR、SoE 和 SoI）之间的关系。

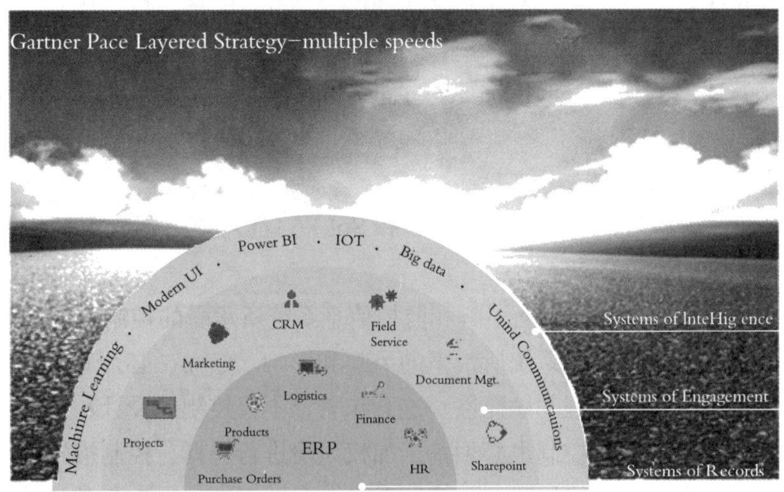

图 1.1.1　SoR、SoE 和 SoI

（来源：结果公司 HSO）

（1）SoR

SoR 是后台办公室的信息系统，完成财务、物流、库存和人力资源管理（Human Resource Management, HRM）任务。这些系统由政府监管，必须满足多种法律和监管要求，例如税务机关、荷兰中央银行（De Nederlandse Bank, DNB）和荷兰金融市场管理局（Anthority for the Financial Markets, AFM）的规定。此外，《萨班斯 - 奥克斯利法案》（*Sarbanes Oxley*, SoX）和《通用数据保护条例》（*General Data Protection Regulation*, GDPR）也是证明信息系统设计合法化的依据。

财务信息系统还必须满足会计师的要求，以便在年度账户获得签名。这意味着，除了其他事项外，还需要设计方案来表明财务数据是如何产生的，以及不同相关信息系统的接口是什么。这些系统通常是信息系统链的一部分，需要经过深思熟虑，因此合规性在设计中发挥着重要作用。

（2）SoE

销售渠道，特别是网络商店和智能手机应用程序，是面向消费者的 SoE 的主要目标。这些应用程序可以轻松地提供新版本、补丁和更新。这些信息系统通常不是信息系统链的组成部分，而是链条的终点。在敏捷开发和运维一体化（DevOps）的相关出版物中，它们也经常被用作案例。对于这些信息系统而言，显然事先经过考虑的设计（前置设计）是不太必要的，通常它们可以用成长式设计（新兴设计）来满足需求。

然而，实践证明对于这些 SoE 来说，仅仅具有一系列用户故事是不够的。更重要的是，用户故事通常会被放置在迭代的待办事项列表中，并在迭代完成后进行归档。这会导致单独的用户故事并不能形成对信息系统的可访问描述。因此，仍然需要一种能够提供对系统功能、质量和运行状况的概览和洞察的设计方案。尤其重要的是，用户界面和数据源接口是安全和持续审计的重要方面。

（3）SoI

除了上述系统，还存在BI解决方案，具体指各种报告、数据分析工具等。与SoE类似，BI能基于SoR的信息进行呈现，并且更易于修改。然而，数据泄露始终是一项潜在风险。风险的高低取决于所提供信息的价值。因此，必须准确评估信息风险并采取相应的防范措施。

（4）持续审计的必要性

对于三种类型的信息系统（SoR、SoE和SoI），都需要一定程度的控制，因此我们需要进行持续审计。

单靠一组用户故事并不能全面了解和监控信息系统所承受的控制要求，也难以及时、准确地识别出适应和扩展信息系统所带来的风险和影响。然而，必须避免风险应对措施（控制）的实施破坏生产过程的敏捷性。这意味着，不仅控制的设计和监控要增量迭代地进行（持续审计），而且控制也必须基于加权风险进行选择，控制措施既不能太多，也不能太少。控制设计定义的程度可随信息系统类型而变化，从SoR的详细定义到SoE的精简定义，再到SoI的近乎无定义。即使对于SoR，控制设计也可以分为前置定义（提前）和新兴出现（迭代）的两个层面。

三、结构

本章介绍了如何使用持续审计金字塔模型来塑造持续审计。在讨论该模型之前，首先将讨论持续审计的基本概念和基本术语、定义、基石和架构。接下来的几节所介绍的内容是对该模型的讨论。

1. 基本概念和基本术语

本书的这部分阐述了持续审计涉及的基本概念和基本术语。

2. 持续审计定义

有一个关于持续审计的共同定义是很重要的。因此，本书的这部分界定了这个概念，并讨论了信息系统设计和管理不当所造成的潜在问题及其成因。

3. 持续审计基石

本书的这部分讨论了如何通过变更模式来定位持续审计，在此我们将得到以下问题的答案：

- 持续审计的愿景是什么（愿景）？
- 职责和权限是什么（权力）？
- 如何应用持续审计（组织）？
- 需要哪些人员和资源（资源）？

4. 持续审计架构

本书的这部分介绍了持续审计的架构原则和模型。架构模型包括持续审计金字塔模型和持续控制模型。

5. 持续审计设计

持续审计的设计定义了持续审计价值流和用例图。

6. 持续审计最佳实践

本书的这部分介绍了如何构建控制框架，并讨论了一些持续审计最佳实践。

7. 持续审计实施

第 8、9、10 节（持续审计概念、CA 工具设计、持续审计实施）讨论了如何将持续审计应用于实际操作。

第 2 节　基本概念和基本术语

提要

- 持续审计是根据实现控制的 6 个步骤进行讨论的。
- 通过使用分层的持续审计金字塔模型，审计可以提供逐步的风险消除和缓解。
- 持续审计金字塔中的层结构可以用来分配持续审计的所有权。

阅读指南

本节在讨论持续审计的概念之前，首先定义基本概念和基本术语。

一、基本概念

本部分介绍了两个与持续审计有关的基本概念，即持续审计金字塔和持续控制，这两个概念通过一系列将在下一部分定义的术语进行描述。

1. 持续审计金字塔

本书的这部分强调了基于 6 个步骤的持续审计概念：

（1）确定范围（目标运营模式）

（2）选择目标

（3）识别风险

（4）设计并实施控制措施

（5）建立并适时调整对控制措施的监控

（6）评估控制措施的有效性

图 1.2.1 以持续审计金字塔的形式对这些步骤进行了概述。金字塔各层宽度体现了执行该步骤所需的精力。在这里，“做什么”这个问题会逐渐演变为“怎么做”的问题，这正如史蒂夫·乔布斯（Steven Jobs）的著名言论：“设计这个词很有意思。一些人认为设计指的是外观，但是，如果你深挖这个概念，会发现它指的是产品是如何运作的。”这句话也适用于持续审计金字塔的设计。

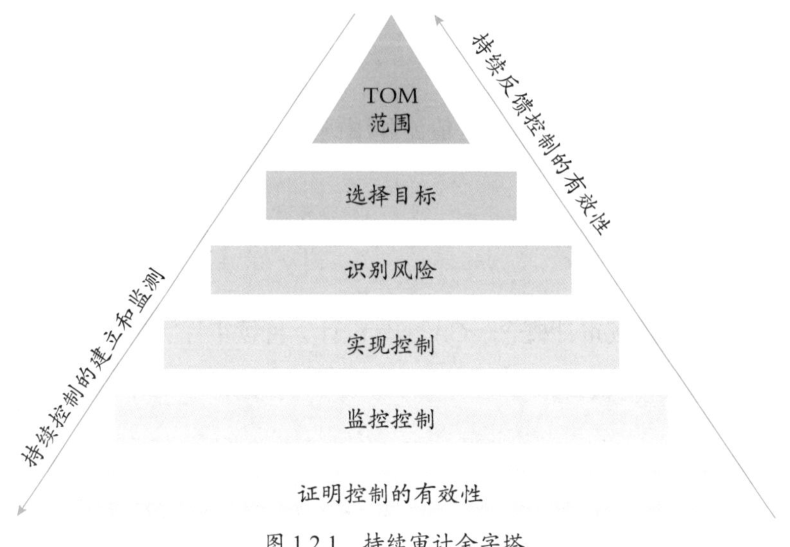

图 1.2.1　持续审计金字塔

2. 持续控制

图 1.2.2 展示了持续控制模型。从该模型可以看出，必须根据已确定的风险（风险转化）将目标转化为控制措施。我们应该使用短期（领先监控）的测量来衡量控制的有效性。如果发现偏差，可以收集更多的测量数据来强化控制措施。

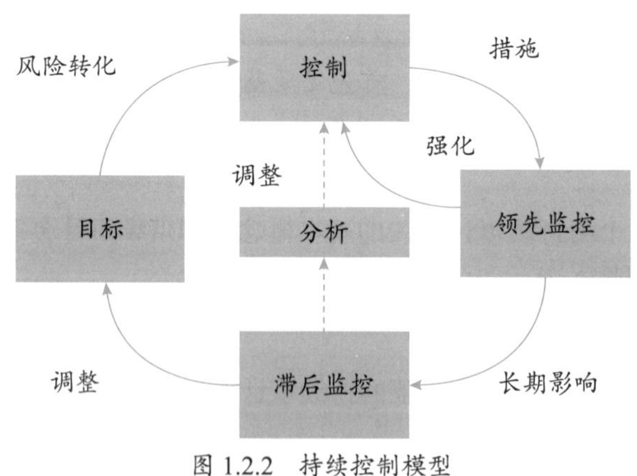

图 1.2.2　持续控制模型

为了观察长期效应，短期测量数据将被汇总（滞后监控）。若目标被证实不切实际，可进行相应调整。对汇总后测量数据的分析亦可能导向控制的调整。

二、基本术语

本部分定义了与持续审计相关的基本术语，并首先讨论了持续审计金字塔的步骤。

1. 持续审计金字塔

（1）确定范围

目标运营模式（Target Operating Model, TOM）是理想的方案，也被称为未来状态（Soll）。TOM 的目标是提高财务价值和社会价值。该方法通过迁移路径（Migration path）逆转当前状态（Ist）以实现未来状态。Ist–Soll– 迁移路径建模通常是架构师基于组织的使命、愿景和战略定义而设计的。一旦使命、愿景或战略发生变化，通常也需要调整 TOM。TOM 由一个或多个价值链组成，每个价值链又包含多个价值流。在过去的 30 年中，TOM 的信息规划已经从 5 年加速到 1 年甚至更短，它的变异率仍是相对较低的。持续审计的范围是在 TOM 内根据选定的价值流，特别是那些产生最大成果增长的价值流来选择的。

（2）选择目标

为了监控战略的实现和成果的增长，我们需要设定目标。这些目标通常是通过平衡计分卡等可视化工具来制定。如今，精益指标也越来越多地用于监控成果改进。最终，每个目标都必须以增长成果为目的。然而，一些不可控因素（外部影响因素）作为成果增长的前提条件，也需要被纳入目标设定中。例如，GDPR 立法和 ISAE 3402 标准就属于这类因素。由于强制性的法律法规，它们也必须被纳入目标设定过程。

组织也可以选择遵循某个标准来更好地吸引客户，例如 ISO 27001:2013 标准，它表明信息安全符合独立定义的标准。

（3）识别风险

任何目标的达成都存在一定风险。这些风险可能性质各异，并高度取决于设定的目标。

（4）确定控制措施

面对风险，我们可以选择承担或者控制，但不应该忽视它。承担风险意味着不采取任何措施，任由风险发生；而控制风险则必须采取应对措施来消除或减轻（降低概率或影响）风险。衡量标准的选择取决于组织的风险偏好（愿意承担多少风险）和雄心壮志（愿意为了达到目标承担多少工作量）。

（5）确定监控措施

风险管理的有效性应通过衡量控制措施的运作情况来确定。

（6）确定证据

控制的有效性需要通过客观证据来确认。这种证据必须由独立方客观地获取，并用来向利益相关方证明控制能够在多大程度上保护目标。

2. 价值链

1985 年，迈克尔 • 波特（Michael Porter）在其著作《竞争优势：创造和维持卓越绩效》（1998 年版）中提出了价值链的概念，见图 1.2.3。

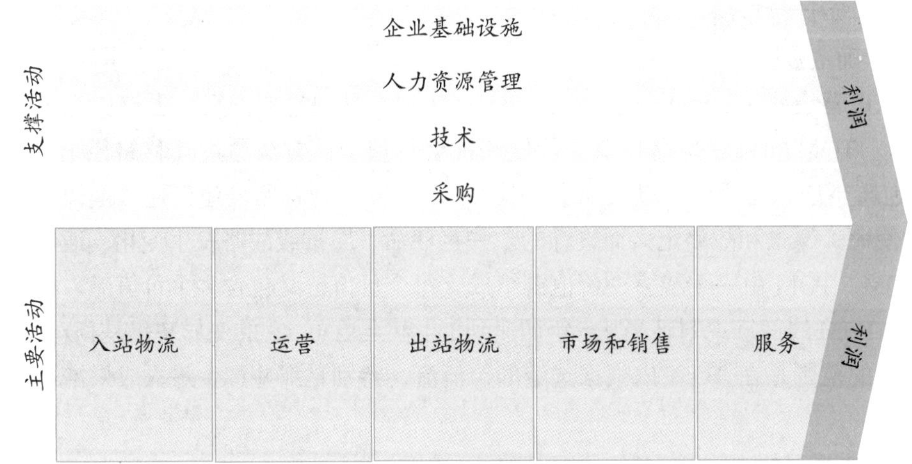

图 1.2.3　波特的价值链

（来源：《竞争优势：创造和维持卓越绩效》，1998 年版）

波特认为，一个组织通过一系列具有战略意义的活动为客户创造价值，这些活动从左到右看就像一条链条，随着链条的延伸，组织及其利益相关方的价值创造也不断增加。波特认为，一个组织的竞争优势源于它在其价值链活动的一个或多个方面做出的战略选择。

该价值链与下一小节描述的价值流模型具有几个显著的不同之处。这些差异主要体现在以下方面：

- 价值链被用来支持企业战略决策。因此，它的应用范围是总体的公司层面。
- 价值链展示了生产链中哪些环节创造了价值，哪些环节没有。价值从左到右增加，每个环节都依赖于之前的环节（链条左侧）。
- 价值链是线性的、操作性的，旨在体现价值的累积过程，并不适用于流程建模。

3. 价值流

价值流概念并没有明确的来源。但许多组织已经在不知不觉中应用了这一概念，例如丰田汽车的丰田生产系统（Toyota Production System, TPS）。价值流是一种可视化流程的工具，描述了组织内一系列增加价值的活动。它是按时间顺序排列的商品、服务或信息流，逐步增加累积价值。

尽管价值流在概念上与价值链类似，但也有重要区别。我们可以通过以下方面进行对比：

- 价值链是一个决策支持工具，而价值流则提供了更细致的流程可视化。在价值链的某一环节，如图 1.2.3 中的“服务”，可以识别出多个价值流。
- 与价值链一样，价值流是商业活动的线性表述，在不同的层面上发挥作用。原则上不允许分叉和循环，但对此没有严格的规定。
- 价值流经常使用精益指标，例如前置时间、生产时间和完成度 / 准确度，但这在价值链层面并不常见。不过这并不排除为价值链设定目标的可能性。将平衡计分卡层层分解到价值链和价值流是合理的。
- 与价值链不同，价值流可以识别具有多个步骤的分阶段生产过程。

4. DVS、SVS 和 ISVS

在 ITIL 4 中，定义了服务价值体系（Service Value System, SVS），为服务组织提供了实质性内容。SVS 的核心是服务价值链。SVS 可放置在图 1.2.3 中 “技术”层的支持活动。这是整个波特价值链的递归。这意味着价值链的所有部分都以服务价值链的形式复制到 SVS 中，如图 1.2.4 所示。

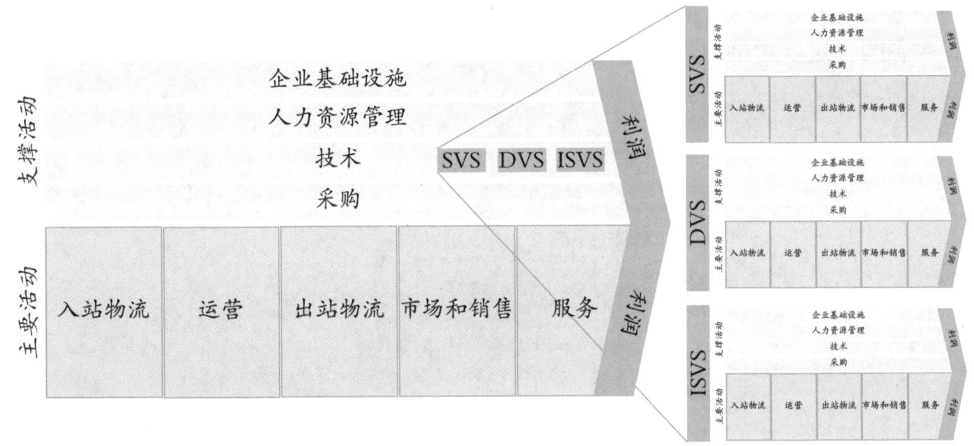

图 1.2.4　波特的递归价值链

（来源：《竞争优势：创造和维持卓越绩效》，1998 年版）

这种递归并不是新概念，因为在《信息系统管理》（2011 年版）中已将其视为递归原则。业务流程（R）被递归地描述为管理流程。类似于 SVS，信息安全价值体系（Information Security Value System, ISVS），即 ISO 27001:2013 中定义的信息安全管理体系（Information Security Management Sytem, ISMS），也可以被视为波特价值链的递归。这同样适用于定义系统开发价值流的开发价值体系（Development Value System, DVS）。

另一种递归可视化如图 1.2.5 所示。

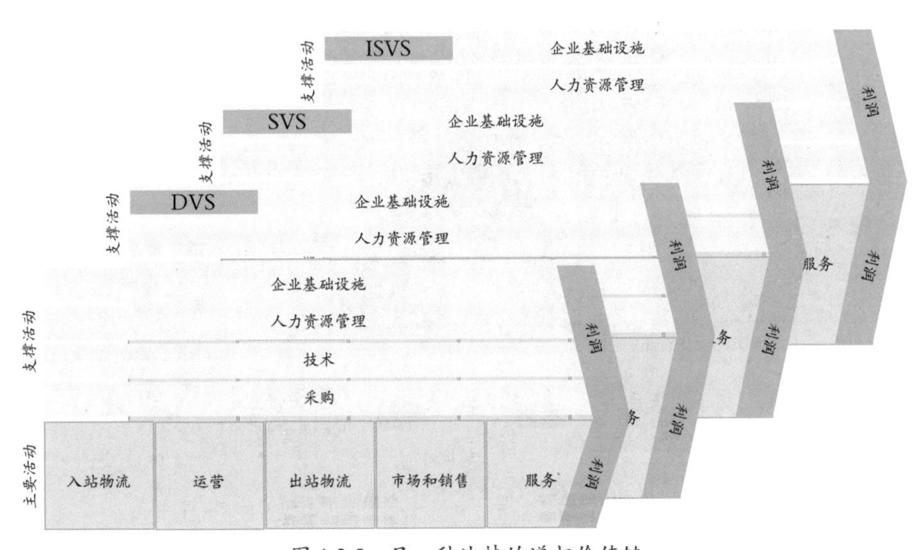

图 1.2.5　另一种波特的递归价值链

（来源：《竞争优势：创造和维持卓越绩效》，1998 年版）

两种可视化的区别是，图 1.2.5 假设价值链具有波特结构，而 ITIL 4 中定义的 SVS 没有波特结构。因此将价值链定义为图 1.2.4 所示则更为合适。

作为 ITIL 4 SVS 核心的服务价值链有一个运营模型，用作指示价值流的活动框架。服务价值链模型是静态的，只有当价值流贯穿其中、共同创造和交付价值时，才会产生价值。

5. 持续审计定位

图 1.2.4 表明，在波特价值链中可以识别出若干价值体系，即 SVS、DVS 和 ISVS。图 1.2.6 表明，这 3 个价值体系由原则、实践、治理、持续改进和价值链组成。

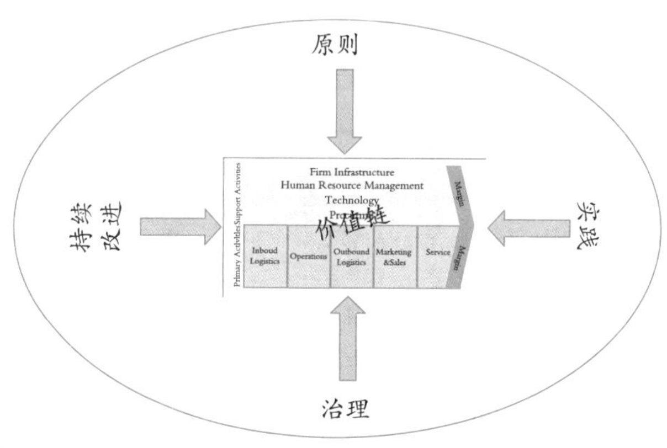

图 1.2.6　价值体系的构建

原则上，价值链是波特价值链的一种应用，如图 1.2.3 所示，价值链的目的体现了其应用。

对于 SVS 来说，这是运维层面的 TOM 设计；对于 DVS 来说，这是开发层面的 TOM 设计；而对于 ISVS 来说，这是信息安全层面的 TOM 设计。

价值链由价值流组成，价值流由价值系统提供的实践组成。例如，ITIL 4 提供了构建 SVS 价值流的管理实践，而 ISO 27002:2013 则为 ISVS 的价值流提供了最佳实践，《持续万物》（2022 年版）一书提供了 DVS 和 SVS 的 DevOps 实践。

图 1.2.7 示意性地展示了业务价值链的结构。

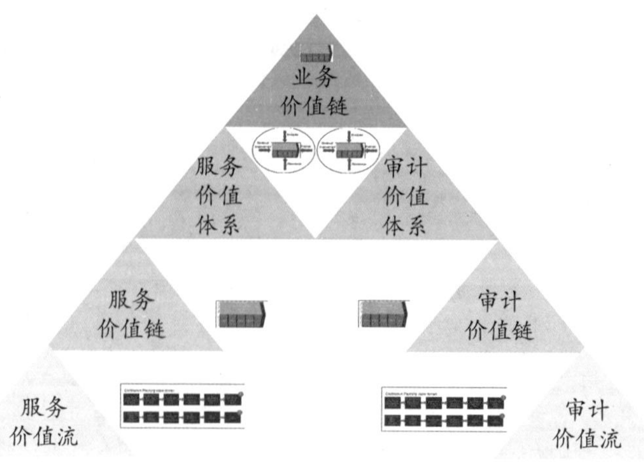

图 1.2.7　业务价值链的构建

对于持续审计，如今有各种各样的控制保障措施可供选择。其中一种方法是定义一套新的审计价值体系（Audit Value System, AVS）。在此基础上，可以细化构成审计价值流的原则、实践、治理、持续改进和审计价值链。另一种方法是将控制纳入相关的价值体系，即 SVS、DVS 和 ISVS。

由于 AVS 基于持续审计金字塔，其控制纯粹聚焦于审计，从而提升了控制的重要性，因此优先推荐使用这种方法。此外，由于信息安全是持续审计的一个重要方面，我们还可以选择将 ISVS 与 AVS 集成。本书的这一部分为设计 AVS 提供了基础。

第 3 节　持续审计定义

提要

- 持续审计应被视为一种持续风险管理方式，通过持续审计可以创造价值。然而，需要正确的认知才能识别和理解这种成果的增长。
- “审计”一词带有负面含义，但审计就像一面镜子，让我们看到可以做得更好的地方。
- 为了保证创造价值，持续审计必须被看作是消除和减轻风险的整体方法。

阅读指南

本节介绍了持续审计的背景和定义，然后基于特征性问题概述了经常发生的问题，并分析了持续审计提供解决方案的根本原因。

一、背景

持续审计的目的必须是保证业务成果的增长。具体而言，它通过更快地向利益相关方反馈信息，帮助它们了解所识别的风险的应对措施在信息系统的行为、功能和信息质量方面是否能有效实现。提升业务成果的实际衡量标准通常在于信息安全领域的风险管理以及遵守法律法规，例如财务报告和个人数据处理的相关规定。这些方面是企业在制定 TOM 及其目标时所期望的成果的前提条件。

二、定义

本节对持续审计的定义如下。

> 持续审计是针对一个包含人员、流程、合作伙伴和技术的价值链，持续进行全面评估，确保其处于受控状态。
> 这通过持续监控控制的设计、存在和运作的有效性，并利用反馈信息改进控制来实现。
> 控制是针对无法实现质量目标的风险所采取的应对措施。质量目标源于价值链的目标运营目标。

三、应用

持续万物的每个应用都必须基于业务案例。为此，本节描述了信息系统持续控制方面的典型问题，这些问题隐含地构成了使用持续审计的业务案例。

1. 有待解决的问题

需要解决的问题及其解释见表 1.3.1。

表 1.3.1　处理持续审计时的常见问题

P#	问题	解释
P1	传统的审计公司由于多种原因面临着新技术的挑战，审计人员在开展信息安全认证时，对新技术的考虑尚不充分	主要原因包括： • 敏捷开发方法下，高频率的小规模变更并非总是经过控制措施有效性测试 • 信息系统、云服务之间的接口或云服务之间的接口是灵活且变化迅速的 • 希望持续保持控制的公司不能证明它们的 IT 环境符合法规或暴露出了漏洞，这意味着无法立即知晓控制措施的有效性，只能在审计期间确认
P2	反馈缓慢	ICT 领域的变化越来越频繁，而年度审计只能给人在一年后才得到控制的印象
P3	控制措施难以理解	没有记录控制措施的设计、存在和运作，难以证明合规性
P4	没有可追踪性	从收集到的证据中无法明确该数据是针对哪个目标收集的
P5	没有信息系统设计	如果应用程序的设计不是以价值流、用例图、用例或类似形式进行的话，则无法正确确定隐含风险的保障
P6	没有风险管理	在风险登记册中没有记录风险，也没有记录在风险发生时采取的措施
P7	没有监控功能	监控设施不是针对控制信息系统的
P8	没有证据	没有证据表明该信息系统符合适用的法律和法规，该组织无法向客户证明其处于控制状态
P9	风险被忽略	由于风险偏好过高，为了达到目标而承担的工作量过少，缺乏控制或有意识地承担风险的能力

2.根本原因

找出问题的原因的久经考验的方法是 5 个“为什么”。例如，如果不存在（完全）持续审计方法，则可以确定以下 5 个“为什么”。

（1）为什么我们没有实施持续审计?

因为没有人要求始终保持控制。

（2）为什么没有必要始终保持控制?

因为审计有负面的含义，被视为浪费，持续审计更是如此。

（3）为什么持续审计被视为浪费?

因为风险管理被认为非常耗时，会影响新功能的快速交付。

（4）为什么持续审计被视为耗时的?

因为没有价值体系（例如 ISVS）或价值流（例如信息安全价值流），无法保证控制措施与信息系统共同设计，导致需要进行重构才能构建控制措施或手动监控控制措施。

（5）为什么没有价值系统或价值流专门用于控制？

因为管理层的风险偏好过高或为了达到目标而承担的工作量过少，这也可能取决于组织的成熟度或者组织高层的管理能力不足等，还有更多的原因可以列举。总的来说，总会有一种潜在的意识，这种意识通常被日常问题中确定的目标而不是质量目标所控制。通常情况下，如果整个组织因软件劫持事件而瘫痪，或所有公司机密被泄露到互联网上，或因竞争对手获得了所有客户和员工数据而陷入困境，那么组织更愿意投资于控制措施。

这种树形结构的 5 个“为什么”问题使我们有可能找到问题的根源。必须先解决根源问题，才能解决表面问题。因此，在没有资金进行改革或进行后续培训的情况下，我们开始评估是没有意义的。

第 4 节　持续审计基石

提要

- 持续审计的应用需要自上而下的驱动和自下而上的实施。
- 通过持续审计确定的控制结构的管理，可以通过制定路线图来优化，将改进点纳入技术负债的待办事项列表中进行有序处理。
- 持续审计的设计应从一个能够表达其必要性的愿景开始。
- 对持续审计的有用性和必要性达成共识十分重要，这可以避免在设计过程中产生过多争论，并为统一的工作方法奠定基础。
- 变更模式不仅有助于建立共同愿景，而且有助于引入持续审计金字塔并遵循这一方法。
- 如果没有设计权力平衡步骤，就无法开始实施持续审计的最佳实践（组织设计）。
- 持续审计强化了一个追求快速反馈的左移组织的形成。
- 每个组织都必须为持续审计的变更模式提供实质性的内容。

阅读指南

本节首先讨论可以应用于实现 DevOps 持续审计的变更模式。该变更模式包括 4 个步骤，从反映持续审计愿景和实施持续审计的业务案例开始，然后阐述权力平衡，其中既要关注持续审计的所有权，也要关注任务、职责和权限；接下来是组织和资源两个步骤，组织是实现持续审计的最佳实践，资源用于描述人员和工具方面。

一、变更模式

图 1.4.1 所示的变更模式为结构化设计持续审计提供了指导，从持续审计所需实现的愿景入手，可防止我们在毫无意义的争论中浪费时间。

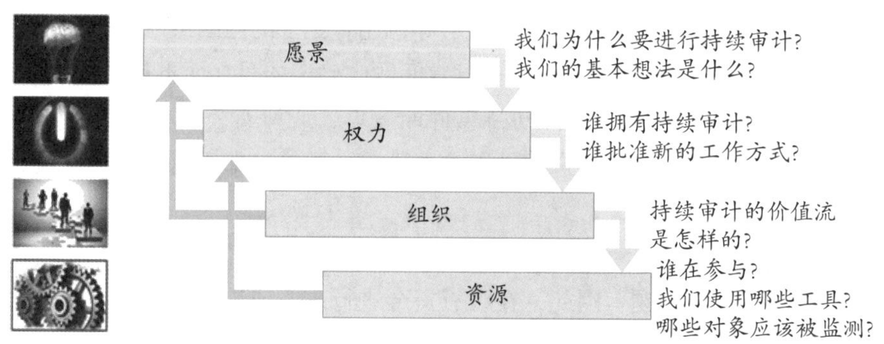

图 1.4.1　变更模式

在此基础上，我们可以确定权力关系层面的责任和权限划分。这听起来似乎是一个老生常谈的词，不适合 DevOps 的世界，但是猴王现象（Monkey Rock Phenomenon，猴王现象可以指代人们盲目地模仿他人的行为、观点或习惯，而不考虑其真实的价值或合理性）也适用于现代世界，这就是记录权力平衡的重要性所在。随后，工作方式（Way of Working,WoW）才能得到细化和落实，最终明确资源和人员的配置。

图 1.4.1 右侧的箭头表示持续审计的理想设计路径。左侧的箭头表示在箭头所在的层发生争议时回溯到的层级。因此，有关应该使用何种工具（资源）的讨论不应该在这一层进行，而应该作为一个问题提交给持续审计的所有者。如果对如何设计持续审计价值流存在分歧，则应重提持续审计的愿景。以下各部分将详细讨论这些层级的内容。

二、愿景

图 1.4.2 展示了持续审计的变更模式的步骤图解。图中左侧部分（我们想要什么？）列出了实施持续审计的愿景所包含的各个方面，以避免发生图中右侧部分的负面现象(我们不想要什么？）。也就是说，图中右侧的部分是持续审计的反模式。下面是与愿景相关的持续审计指导原则。

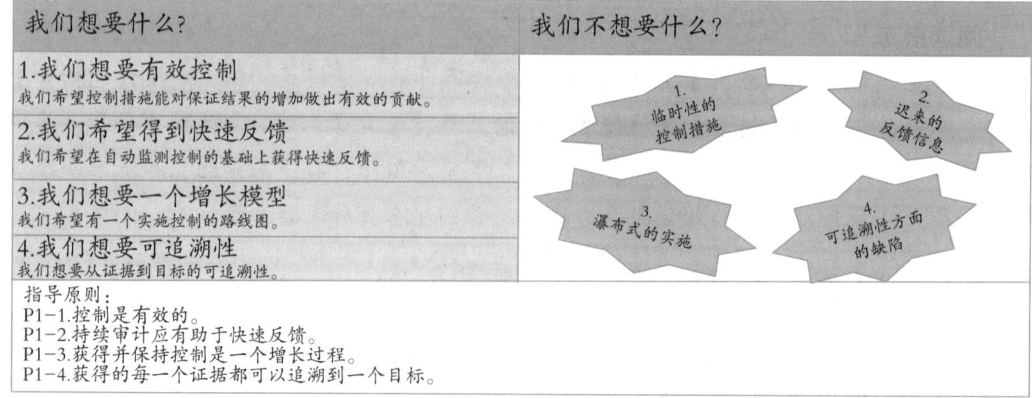

图 1.4.2　变更模式——愿景

1. 我们想要什么？

持续审计的愿景通常包括包括以下几点。

（1）有效控制

控制的价值在于其有效性。为此，持续审计金字塔的步骤必须从 TOM 及其衍生的目标开始执行。

（2）快速反馈

持续审计的目的是获得持续、高频率的证据，以证明已识别的风险得到控制。所以必须进行自动化监控。这些监控结果可以为进一步的监控提供依据，也可以用来分析哪些控制措施需要调整。

（3）增长模型

为了达到设定的目标，如 GDPR、税法、AFM 规定、档案法、医疗保健标准框架等，需要实施一些控制措施，这些控制措施需要花费时间和金钱。其中一部分可以通过购买标准软件或云服务来实现。然而，大部分必须通过定制软件来实现。实现这些控制措施需要时间。因此，需要制定增长模型。

（4）可追踪性

审计的一个重要要求是变更的可追踪性，即谁授权了对控制的哪项变更。广义上讲，可追踪性是指追踪获取证据所依据目标的能力。有些证据的来源易于辨认，有些则不然。

例如，从解雇员工处及时撤销权限的证据的可追踪性，可以很容易与信息安全标准框架中的保密性要求相关联。但反过来，也必须能够建立这种追踪性，即哪些控制措施赋予这些目标实际内容。为了提高追踪性，目标、风险、控制措施、测量和证据都必须附加元数据。

2. 我们不想要什么？

确定持续审计的愿景不包含什么通常有助于加深我们对愿景的理解，虽然从相反的角度思考之前讨论过的话题，在行文上有些冗余，但为了便于阅读理解，所以分开讨论。持续审计典型的反模式方面包括以下各点。

（1）有效控制

当在信息系统中自下而上地寻找控制措施时，它们会呈现出各种不同的形态和规模。这些控制措施可以分为不同的类别。一些控制措施是有用的，比如通过多重身份认证来保护信息。但也有过时的控制措施，因为它们所控制的风险已经不存在了，比如应用程序中那些不再使用的代码（Dead Wood）。另外，还有一些控制措施是有效的，但不符合最新的法律和法规。如果自下而上盘点这些控制措施，往往很难将它们与标准框架联系起来。因此，其有效性是未知的。

相反，人们往往不知道这些信息系统必须满足哪些目标。例如，不知道适用哪些法律和法规，以及适用哪些服务水平协议（Service Level Agreement, SLA）规范。这也导致了在这些目标发生变化时，控制措施不能及时更新。

（2）滞后的反馈

一般，每年会进行一次或两次对于控制措施的度量。在这种反馈频率下，存在滞后的反馈，因为只有在事后才知道所取得的成果是否符合期望。在瞬息万变的现代信息世界中，数字化消除了越来越多的人工任务，因此需要快速反馈。例如，程序员现在可以在几个小时内实现外部信息链接，如果不符合内部或外部目标，则需要重新调整。

（3）增长模式

实施一套像 ISO 27001:2013 这样的控制措施可能需要大量的工作。这项工作部分是一次性的，部分是重复性的。一次性的工作必须进行规划和实现，这将占用开发新功能或者调整现有功能的时间。部分重复性的工作也必须进行，如定期进行人工测量以获得证据。设置这些测量也需要时间。

（4）可追踪性

缺乏可追踪性不仅在控制措施的维护方面有困难，而且对于外部审计师定期提出的问题也会面临不能充分回答的风险。

三、权力

图 1.4.3 显示了持续审计变更模式的权力平衡，它的结构与愿景部分相同。

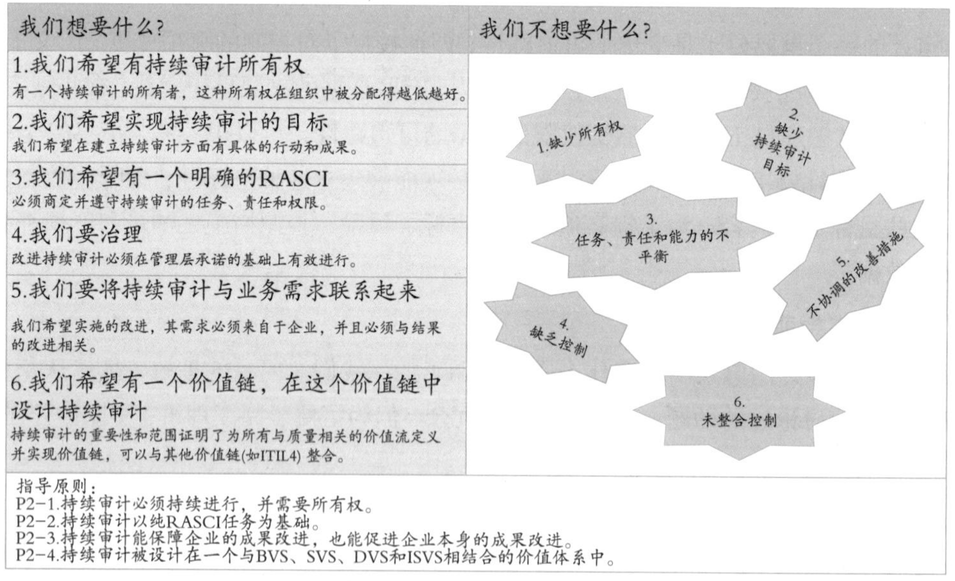

图 1.4.3　变更模式——权力

1. 我们想要什么？

持续审计的权力平衡通常包括以下几点。

（1）所有权

在 DevOps 中，我们经常讨论所有权。这里我们讨论的是持续审计的所有权。对于传统的审计流程，答案很简单，因为这是内部或外部审计师的工作领域，但持续审计不同。持续的调整和高频监控由 DevOps 团队负责。那么问题就是，谁拥有持续审计金字塔的这一部分？答案就藏在敏捷 Scrum 的基本原则中。肯・施瓦伯（Ken Schwaber）在其著作《敏捷项目管理与 Scrum》（2015 年版）中写道，敏捷教练（Scrum Master）是敏捷 Scrum 框架内开发过程的所有者。敏捷教练必须让开发团队觉得是他们自己塑造了敏捷 Scrum 的流程和控制措施，而不是这个流程只有一个负责人。

在 SoE 中，这是一个很好的状态。SoE 是一种有人机交互界面的信息系统。SoE 的一个典型应用领域是电子商务，其中松耦合的前端应用程序允许用户自主完成交易或提供信息。鉴于这个前端（界面逻辑）与后端（交易处理）的松耦合，DevOps 团队在更改前端控件方面也相当自主。DevOps 团队也可以选择涵盖了许多控制措施的 CI/CD 安全流水线，从而自主确定和控制 DevOps 和持续审计的成熟度。

如果几十个 DevOps 团队都在开发前端应用，那么将 DevOps 的工作方式与持续审计相结合就会更有效和更高效。这点在 SoR 的背景下会更加显著。SoR 是一种处理交易的信息系统，典型例子包括企业资源规划（Enterprise Resource Planning, ERP）或财务报告系统。这些信息系统通常被包括在信息处理系统链中。因此，SoR 通常由按业务或技术划分的多个 DevOps 团队设计。

在这两种情况下，这些 DevOps 团队都是相互依赖的，共同应对持续审计的问题。因此，在多个 DevOps 团队中，正确的做法是集中分配持续审计的所有权。这样也可以制定适用于所有 DevOps 团队的持续审计路线图。然而，改进的优先顺序和解决方案的选择最终还是由 DevOps 工程师共同决定。

因为持续审计金字塔被划分为多个层级，我们就可以选择在一个或多个层级上划分所有权。这样可以更容易地在适当的层级上分配所有权。理想情况下，持续审计的所有权在组织中被分配得越低越好，这也符合加尔布莱斯（Galbraith）的不确定性降低原则。这个原则意味着 DevOps 团队应该能够在设计持续审计时尽可能地独立工作，而不依赖外部治理机构。

持续审计实施的一个具体方面是治理。它不一定要委托给持续审计的所有者，而是应该尽可能地分配给组织的低层。同样，金字塔的层级结构使得区分批准持续审计实施成为可能。

（2）目标

持续审计的所有者确保制定了一份持续审计路线图，明确了 DevOps 成熟度提升的方向。路线图可以包含一些目标，例如持续审计控制措施的部署时间表、监控工具的使用等。在已建立的持续审计能力和尚待完善的持续审计最佳实践的基础上，路线图为 DevOps 的工作方式设定了改进目标。因此，这些目标包括对持续审计理念的调整和对发现的缺陷的改进。

所有涉及的 DevOps 团队必须致力于实现这些目标，实现目标的方式可以是多种多样的。在 Spotify 模式中，使用了“委员会”这个术语，委员会是一个临时的组织形式，旨在深入探索某个主题。例如，可以为持续审计建立一个委员会，每个 DevOps 团队派出一名代表参与其中。在 Safe® 内部也有一些标准机制，如实践社区（Communities of Practice, CoP）。此外，还可以通过敏捷发布火车在项目增量（Program Increment, PI）规划中确定持续审计的改进措施。

（3）RASCI 模型

RASCI 代表了责任（Responsibility）、问责（Accountability）、支持（Supportive）、咨询（Consulted）和告知（Informed）。担任“R”角色的人负责监控结果（持续审计目标）的实现并向持续审计所有者（“A”）报告。所有的 DevOps 团队共同致力于为持续审计的目标做出贡献。敏捷教练可以通过指导 DevOps 团队塑造持续审计和实现目标来扮演“R”的角色。“S”是执行者，也就是 DevOps 团队。“C”可以分配给委员会或 CoP 中的主题专家（Subject Matter Expert, SME）。“I”主要是产品负责人，他们必须了解质量评估和测试。

RASCI 优于 RACI 的原因是，在 RACI 中“S”被合并到了“R”。这意味着责任和实施之间没有区别。RASCI 通常可以更快地确定和更好地了解每个人的职责。随着 DevOps 的到来，整个控制系统已经发生改变，使用 RASCI 通常被认为是一种过时的治理方式。

基于对目标的讨论，很显然，当需要扩大 DevOps 团队的规模时，肯定需要有更多的职能和角色来决定事情的安排。因此，这就是敏捷 Scrum 框架与 Spotify、SAFe 框架之间的主要区别。

（4）治理

持续审计的良好实践在于识别改进点并将其放入产品待办事项列表中。然后，DevOps 工程师可以将 10% 的开发速度用于解决每个迭代的技术债务。为此，他们选择一个或多个改进点，并以与其他产品待办事项相同的方式处理。唯一的区别是，在这种情况下，DevOps 工程师会优先考虑这些改进。此外，改进必须在一个步骤中实施，使得其他 DevOps 团队从变革中获益。

（5）业务需求

获得控制权需要时间和金钱。这些资金来自业务部门，并且应该被视为提高竞争地位的控制措施的投资。控制也可以用来预防或限制损失。在这种情况下，这种投资就像是保险费。无论商业案例是什么，业务人员的参与都非常重要。毕竟，这直接或间接地改善了业务结果，同时意味着缩短上市时间并提高了服务质量。

（6）价值链

目标、风险、控制、监控设施、证据对象的生命周期是基于价值流完成的。这些价值流共同构成价值链。通过这种方式，治理可以控制持续审计的概念。

2. 我们不想要什么？

以下几点是关于权力平衡的持续审计的典型反模式。

（1）所有权

持续审计所有权的反模式之一是每个 DevOps 团队各自为政，采用各自的方法。这种做法导致精力分散，浪费宝贵资源。否认标准化的必要性也是无法取得改进的原因。自下而上形成链条的 Devops 团队不是一个健康的模式。随着 DevOps 团队的扩大，他们也不太愿意在持续审计方面标准化工作方式。

（2）目标

如果组织单纯理解持续审计的重要性，只关注其商业利益，例如持续审计在认证或投标中发挥作用，则很容易为持续审计的应用和成果设定过高的目标。然后，这些目标直接压在 DevOps 工程师身上。在最坏的情况下，组织还会提供应对独立审计师测试的培训。这种做法往往适得其反，因为成熟度主要是 DevOps 工程师的一种行为效应。强迫工程师反而引发抵触情绪，导致绩效下降。持续审计的目标以及间接影响到的 DevOps 工程师的成熟度必须是自下而上确立的。

（3）RASCI 模型

RASCI 最重要的是确保 DevOps 团队主动参与，这需要在组织中设计持续审计层。反模式是由质量保障（Quality Assurance，QA）部门来进行单独评估，然后将其强加给 DevOps 团队。为了避免这种情况，评估结果应由 DevOps 团队自行呈现，即自我评估并加以认可。

（4）治理

缺乏对改进点的协调会导致工作方式的多样化，例如控制措施的定义和构建方式的不统一。这正是我们需要避免的，因此必须对改进实施进行治理，通过投入改进和相互学习，节省其他 DevOps 团队的时间和精力。

（5）业务需求

由信息技术驱动的持续审计是无效的，必须建立起持续审计与业务价值流的结果改进之间的桥梁。业务价值流是持续审计目标设定的组成部分。将持续审计孤立化会大大降低实现结果改进的可能性。

（6）价值链

风险管理需要对作为价值链一部分的价值流进行调整。如果不定义以控制措施有效性为核心的持续审计价值链，就会造成对这些控制措施的治理分散，降低其整体效能。

四、组织

图 1.4.4 显示了持续审计的变更模式的组织步骤，其结构与愿景和权力关系的结构相同。

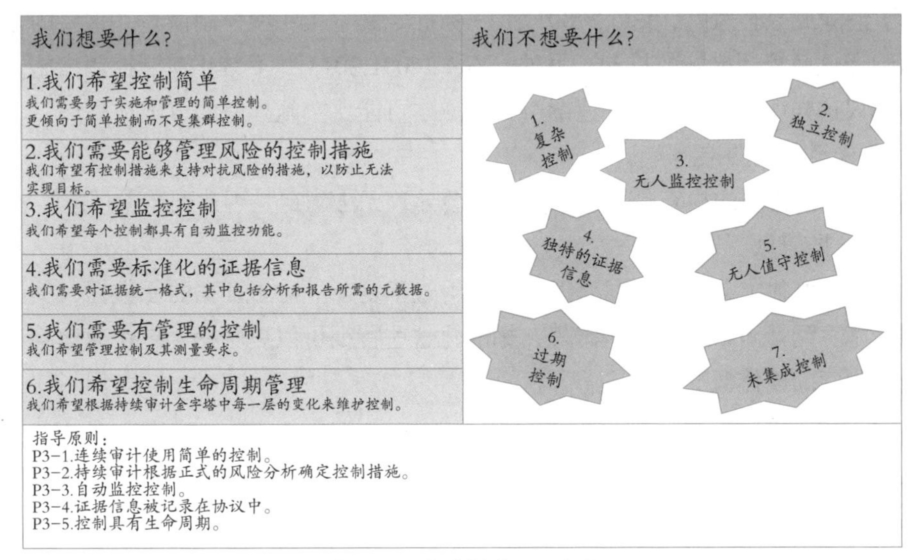

图 1.4.4　变更模式——组织

1. 我们想要什么？

持续审计的组织层面通常包括以下几点。

（1）简单的控制

最好以模块化的方式定义控制措施。这不仅简化了设计和实施，而且也更容易调整和监控。在出现偏差的情况下，也能更快找到原因。小型控制措施也更容易进行规划并被纳入敏捷 Scrum 的迭代中。

（2）基于风险的控制

如果控制措施为风险管理提供了实质内容，那么它们就会产生结果。因此，将风险作为一个对象来定义，并定义控制风险的控制措施就显得尤为重要。

（3）受监控的控制

控制措施的状态应自动进行监控，这就需要一个监控功能。

（4）证据信息

在监控控制措施时提供的证据必须有固定的结构，例如 XML 文件或 JSON 格式。

（5）测量说明

为了获得证据信息，控制的定义必须包含控制的测量规则。

（6）维护控制

如果 TOM、目标、监控设施和证据结构要求变更，控制措施就可能需要更新。

2. 我们不想要什么？

以下几点是关于组织层面的持续审计的典型反模式。

（1）简单的控制

以通用计算机控制（General Computer Control, GCC）为代表的一些控制框架包含复合控制。这意味着只有当一系列的控制措施符合要求时，才能达到合规要求。不过我们并不推荐这种方法，因为它会夸大合规程度，低估实际风险。

（2）基于风险的控制

为了消除或减轻风险，ISO 27001:2013 标准定义了 114 项控制措施。重要的是找出哪些风险受这些控制措施的控制。另外，ISO 27001:2013 并不禁止遗漏控制措施。但我们并不建议这样做，因为为这种遗漏辩护的成本可能比实施控制的成本更高。

（3）未经监控的控制

未设定监控机制的检查是不完整的，它会导致无法确定是否达到质量标准。

（4）证据信息

对证据的单独定义会使证据处理过程变得过于复杂。对于证据的元数据，例如涉及的控制措施、测量对象和控制状态等，标准化这些特征可以更轻松、更快速地绘制信息系统受控程度的整体概况。

（5）测量说明

测量控制以获得证据很重要，但是如果采取了错误的测量方法，就会对控制程度产生错误的印象。例如，即使确定一台服务器正在执行活动，也不意味着用户可以正常访问服务器上的信息系统，因为有可能数据库已经满了或者网络出现了中断。

（6）维护控制

大多数组织对信息系统适用的合规义务缺乏清晰的认识，更难以判断控制措施是否得到有效维护。在这种情况下，审计往往沦为寻找证据并解释其缺失的过程，难以发挥应有的作用。

五、资源

图 1.4.5 显示了持续审计变更模式的手段和人员（资源）步骤，它的结构与愿景、权力关系和组织的结构相同。

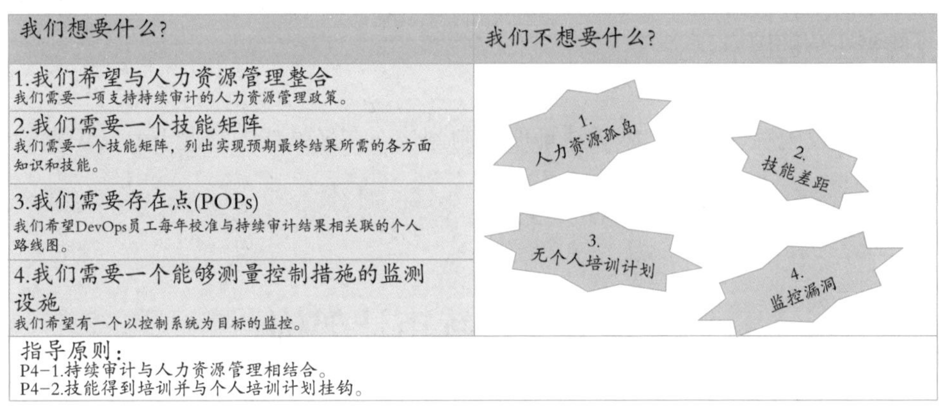

图 1.4.5　变更模式——资源

1. 我们想要什么？

持续审计在资源和人员层面通常包括以下几点。

（1）整合人力资源管理

DevOps 工程师的发展通常由组织内部的某个人负责，例如部门经理或者人力资源管理经理负责。重要的是，要根据任务明确 DevOps 工程师在持续审计中所扮演的角色，并制定他们的岗位描述。持续审计的角色可以包括特定的业务分析角色到 E 类型的 DevOps 工程师不等。通过将持续审计映射到现有的岗位描述，可以确定岗位描述中存在的差距，并有意识地选择谁做什么。

（2）技能矩阵

技能矩阵描述了职能、角色、任务与所需技能之间的关系。通过定义持续审计所需的技能，可以丰富现有的技能矩阵，还可以测试员工是否具备这些技能以及他们的掌握程度。

（3）个人教育计划（Personal Education Plan, PEP）

基于人力资源管理和技能矩阵的整合，可以制定个人教育计划。

（4）监控设施

设计持续审计的重要条件是拥有可以监控多种对象的监控系统。

2. 我们不想要什么？

以下几点是关于人员和资源层面的持续审计的典型反模式。

（1）整合人力资源管理

人力资源管理的反模式是无法针对能力发展进行引导。这会使得培训难以跟进，个人提升只能在工作岗位上靠自己的主动性来实现。

（2）技能矩阵

没有技能矩阵往往会导致技能差距，这些差距不会被明确识别。但后果会很明显。解决方案通常是多次应用次优方案，但这并没有有效、高效地弥补技能差距。

（3）个人教育计划

缺乏个人教育计划会很快导致员工失去动力并离职，低培训预算的个人教育计划也是一个降低士气的因素。

（4）监控设施

如果监控设施存在漏洞，就无法证明控制到位。在最糟糕的情况下，已识别的风险将会发生。

第 5 节　持续审计架构

提要

- 持续审计金字塔是对构成持续审计的各个组成部分进行分类的一种方法。
- 基于持续审计金字塔的持续审计工具自上而下地实施了持续审计。
- 持续审计金字塔各层内容为不同利益相关方从不同角度考量持续审计提供了实质性的参考。

阅读指南

本节描述了持续审计的架构原则和架构模型，即持续审计金字塔模型和持续控制模型。

一、架构原则

在变更模式的 4 个步骤中涌现出了一系列的架构原则，本节将介绍这些内容。为了更好地组织这些原则，我们将它们划分为 3 个方面，即 PPT。

1. 总则

除了针对单个 PPT 要素的特定架构原则外，还存在涵盖 PPT 3 个方面的要素的架构原则，见表 1.5.1。

表 1.5.1 PPT 通用的架构原则

P#	PR-PPT-001
原则	持续审计涵盖了整个开发、测试、验收、生产（Development, Test, Accptance and Production, DTAP）的 PPT
理由	这种范围的持续审计是必要的，因为这 3 个方面共同创造了价值
含义	持续审计需要软件生产（开发）和管理（运维）领域的知识

2. 人员

持续审计存在以下关于人员的架构原则。如表 1.5.2 所示。

表 1.5.2 人员架构原则

P#	PR-People-001
原则	技能需要经过训练，并与个人培训计划挂钩
理由	构建一个持续审计的价值链需要技巧
含义	必须对所需技能进行盘点，确定相关员工是否具备这些技能，并根据需要进行培训或指导
P#	PR-People-002
原则	持续审计与人力资源管理相整合
理由	这种整合对于为员工提供正确的培训和辅导是必要的
含义	人力资源管理部门必须了解持续审计的重要性

3. 流程

持续审计存在以下关于流程的架构原则。如表 1.5.3 所示

表 1.5.3 流程架构原则

P#	PR-Process-001
原则	持续审计是基于纯粹的 RASCI 设置
理由	持续审计价值链的生命周期包括任务、责任和权限的映射
含义	必须对任务、责任和权限的分配有明确的认识，例如审计价值体系应该如何批准、由谁批准
P#	PR-Process-002
原则	持续审计应有助于实现快速反馈
理由	通过使用增长模型，可以仅在适当的时候才详细说明和实施某种控制措施
含义	必须预先了解 AVS 的整体情况，并制定路线图
P#	PR-Process-003
原则	持续审计路线图对当前需求进行了详细说明，对未来进行了抽象说明

续表

理由	敏捷理念要求采用增量和迭代的方法，这也适用于持续审计
含义	为持续审计提供实质内容的 AVS 必须是一个可以不断地发展和维护的对象
P#	PR-Process-004
原则	生产环境中对控制的每一次更改都可以追踪到某个风险
理由	这一原则的重要性在于证明生产环境中的控制是经过授权和有效的
含义	必须识别生成过程中每个对象的控制措施，并对控制措施和对象都应用版本控制。ID 之间的关系必须可记录
P#	PR-Process-005
原则	持续审计必须持续进行，并需要有所有权
理由	持续审计应该被分配一个有人负责的生命周期
含义	必须分配所有权
P#	PR-Process-006
原则	持续审计保障了业务成果的改进，并且本身也可以为此做出贡献
理由	使用持续审计应该通过满足外部和内部的质量要求，特别是信息安全和合规性，来保障业务成果的改进。通过 ISVS 的实现和运维，也可以通过在市场上树立控制风险的积极形象来改进成果
含义	持续审计必须表明 ISVS 和业务价值流之间的关系，以及如何提供增值
P#	PR-Process-007
原则	持续审计根据明确的语言来定义控制措施
理由	定义控制措施可以通过多种方式进行。一种明确的定义控制措施的方式 [例如使用 Gherkin 语言（Given-When Then）] 可以使持续审计保持一致性
含义	必须有相应语言的经验（如 Gherkin 语言）
P#	PR-Process-008
原则	控制是有效的
理由	控制措施必须有助于成果的改进或保证成果的改进
含义	必须知道被控制的风险
P#	PR-Process-009
原则	获得和保持控制是一个成长和发展的过程
理由	要实现运转良好的 ISVS 需要大量的时间，最好是以敏捷方式（增量和迭代）来解决
含义	必须定义路线图，其中必须表达控制措施的优先级
P#	PR-Process-010
原则	获得的每个证据都可以追踪到目标
理由	证据必须可追踪到其有效性必须被证明的控制措施。控制措施必须可追踪到已设定的目标

续表

含义	元数据必须在 ISVS 的对象中定义和维护
P#	PR-Process-011
原则	持续审计是在与业务价值体系（Business Value System, BVS）、SVS、DVS 和 ISVS 集成的价值体系中设计的
理由	一方面，质量保证，特别是合规性和信息安全，需要重点关注和强有力的治理结构。这可以通过创建用于持续审计的价值体系来实现，其中定义了持续审计的控制和实施方式。另一方面，ISVS 定义了对组织的 TOM 及其衍生目标的控制措施。在组织的 TOM 中，存在拥有各自 TOM 和目标，并需要诸如 SVS、DVS 和 ISVS 所提供的控制措施的专业价值体系。只有通过密切协调，才能保证组织的成果
含义	ISVS 必须面向外部，确定并监控质量保证的需求
P#	PR-Process-012
原则	持续审计使用简单的控制措施
理由	复杂的控制措施更难理解、实施和管理，其证据往往也更复杂
含义	需要定义和使用更多的小型或者单一控制措施
P#	PR-Process-013
原则	持续审计根据正式的风险分析定义控制措施
理由	TOM 的目标是确定风险的基础。因为许多目标是通用的，比如信息系统的可用性，所以风险和管理措施（控制）也可以快速制定
含义	为了充实 ISVS 的内容，需要了解相关 TOM 和目标
P#	PR-Process-014
原则	自动监控控制措施
理由	人工测量控制需要时间和金钱，并且存在错误的可能性，需要更严格的控制来进行补偿
含义	必须建立符合监控要求的监控设施，以便提供所需的证据
P#	PR-Process-015
原则	按协议记录证据信息
理由	如果证据具有固定结构，则收集和处理证据会更加容易和便宜
含义	监控设施必须能够将所需的证据信息填充入证据结构中
P#	PR-Process-016
原则	为控制措施提供生命周期
理由	如果持续审计金字塔的某个层面发生变化，控制措施可能需要进行调整。因此，控制措施应被视为受版本控制的对象
含义	必须保留控制记录

4. 技术

持续审计存在以下关于技术的架构原则，如表 1.5.4 所示。

表 1.5.4　技术架构原则

P#	PR-Technology-001
原则	持续审计使用数量有限的简单技术
理由	为了避免花费大量时间学习方法和技术，持续审计必须使用有限的方法和技术
含义	可以使用的方法和技术的数量是有限的

二、架构模型

本节使用两种持续审计的架构模型，分别是持续审计金字塔模型和持续审计控制模型。图 1.5.1 展示了形成 AVS 基础的持续审计金字塔。

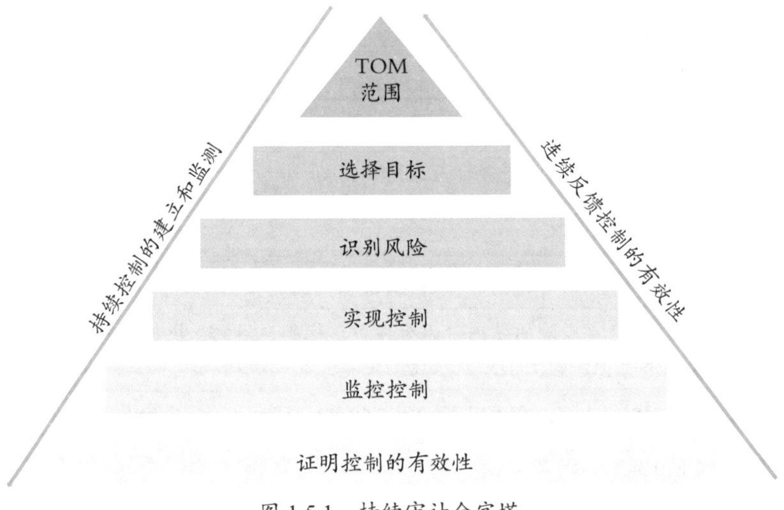

图 1.5.1　持续审计金字塔

这个模型的层级结构为 DevOps 8 字环的各个阶段的完整解释，如图 1.5.2 所示。

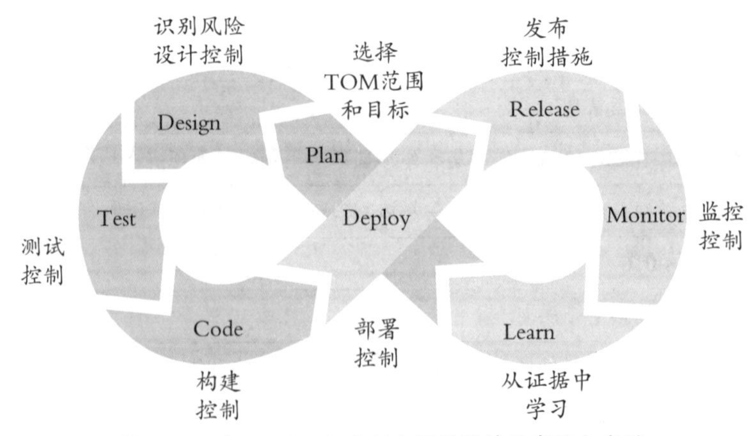

图 1.5.2　在 DevOps 8 字环上描述的持续审计金字塔

1. 持续审计金字塔模型的设计

在图 1.5.3 中，包含了前文所描述的持续设计金字塔。

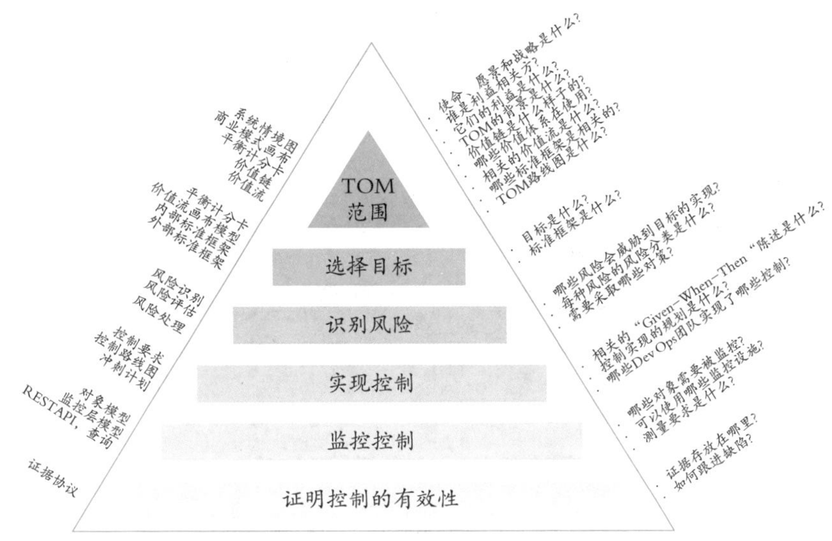

图 1.5.3　持续审计金字塔及其交付成果和需要回答的问题

基于多种原因，需要给这个用作持续审计框架的金字塔提供实质内容。

在构建持续审计金字塔的过程中，下面这些考虑因素发挥了重要作用：

- 持续审计必须与业务有密切的关系，并为实现成果改进提供有效支持。
- 业务价值链是整个金字塔的锚点，因为它直观地展示了价值增长的过程。
- 将 SVS、DVS 和 ISVS 等嵌入价值体系很重要，因为它们为业务价值链提供支持性的基础服务，是业务价值链的先决条件。
- 持续审计需要更多的可交付成果。金字塔的各个层次显示了其内在一致性。
- 金字塔的各层也可用于定义任务、职责和权限。
- 金字塔的层级可视化了工作量从上到下的增加，部分原因是需要执行的工作的频率不同。

2. 控制模型

图 1.5.4 展示了持续控制模型，该模型是将持续审计金字塔首次转化为 AVS 实施方案。目标来自于“选择目标”，控制来自于“实现控制”，而领先监控和滞后监控来自于“监控控制”，这一分析为“证据有效性”提供了实质内容。

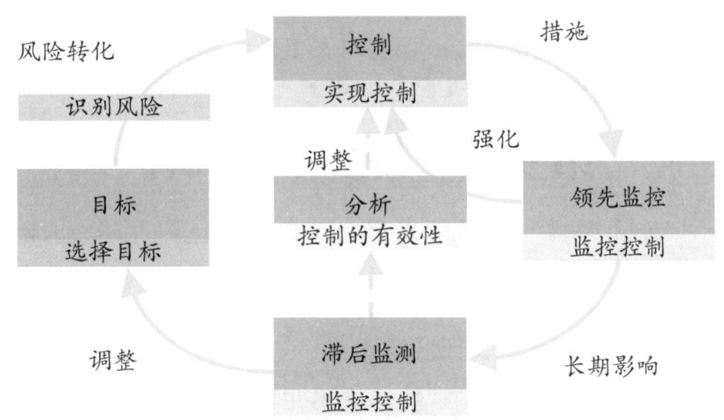

图 1.5.4　持续审计金字塔模型与持续控制模型

3. 质量控制和保证模型

图 1.5.5 展示了业务目标监控（步骤 1 至 9）与价值系统支持（步骤 10 至 18）之间的关系。两者都以步骤 1 和 10 中相关价值流的目标作为起点。

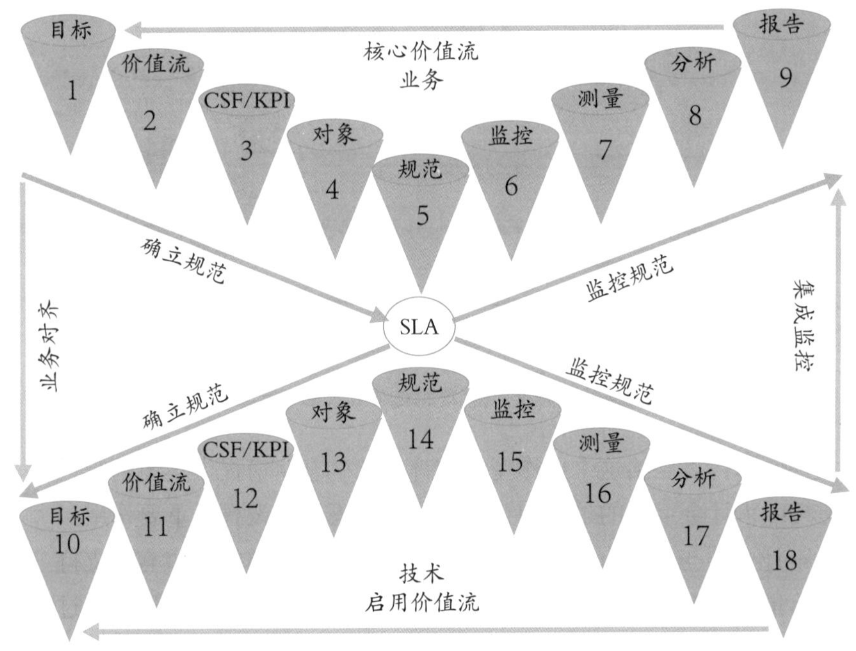

图 1.5.5　质量控制和保证模型

步骤 3 和步骤 12 定义了无法实现目标的风险，这些风险通过在产品和服务中实施控制（步骤 4 和 13）进行管理。

监控控制需要相关证据（步骤 7 和 16），这些证据必须符合特定的标准（步骤 5 和 14），然后由监控系统（步骤 6 和 15）提供。基于这些测量值和分配给它们的标准，可以分析哪些风险已经得到了充分的控制（步骤 8 和 17），最终可以编制关于业务价值流目标（步骤 1）和支持价值流目标（步骤 10）的控制程度报告（步骤 9 和 18）。

为了实现业务价值流的成果改进，SVS、DVS、ISVS 和 AVS 的支持价值流目标必须在合规性、信息安全和信息提供质量领域避免风险。除了保障功能外，支持价值流还可以通过提供竞争地位的改进等方式增加业务成果。

第 6 节　持续审计设计

提要

- 价值流是可视化持续审计的好方法。
- 要显示角色和用例之间的关系，最好使用用例图。
- 最详细的描述是用例描述，此描述可以分为两层。

阅读指南

持续审计的设计旨在快速了解需要实施的步骤。这从定义一个只有步骤的理想流程价值流开始。然后可以使用用例图来详细设计这些步骤。最后，用例描述是更详细地描述步骤的理想方式。

一、持续审计价值流

图 1.6.1 显示了持续审计价值流，表 1.6.2 则描述了这个价值流的步骤。

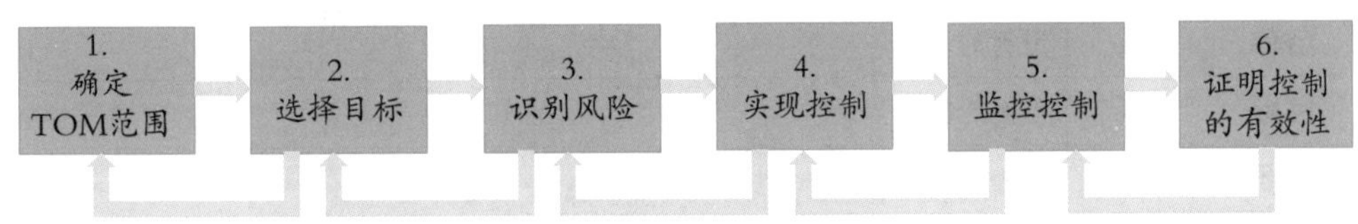

图 1.6.1 持续审计价值流

二、持续审计用例图

图 1.6.2 中，持续审计的价值流被转换为用例图。在此基础上添加了角色、工件和存储，这个视图的优点在于它通过更多细节的展示加强对流程的了解。

图 1.6.2 持续审计用例图

三、持续审计用例

表 1.6.1 显示了用例的模板，表格中左列部分表示属性，中间列则提示该属性是不是必须要输入的，右列是对属性含义的简要说明。

表 1.6.1　用例模板

<table>
<tr><th>属性</th><th>√</th><th colspan="4">描述</th></tr>
<tr><td>ID</td><td>√</td><td colspan="4"><Name>-UC<Nr></td></tr>
<tr><td>名称</td><td>√</td><td colspan="4">用例的名称</td></tr>
<tr><td>目标</td><td>√</td><td colspan="4">用例的目的</td></tr>
<tr><td>摘要</td><td>√</td><td colspan="4">用例的简要描述</td></tr>
<tr><td>前提条件</td><td></td><td colspan="4">在执行用例之前必须满足的条件</td></tr>
<tr><td>成功结果</td><td>√</td><td colspan="4">用例成功执行的结果</td></tr>
<tr><td>失败结果</td><td></td><td colspan="4">用例失败的结果</td></tr>
<tr><td>性能</td><td></td><td colspan="4">适用于用例的性能标准</td></tr>
<tr><td>频率</td><td></td><td colspan="4">用例执行的频率，以自己选择的时间单位表示</td></tr>
<tr><td>参与者</td><td>√</td><td colspan="4">在用例中起作用的参与者</td></tr>
<tr><td>触发条件</td><td>√</td><td colspan="4">触发用例执行的事件</td></tr>
<tr><td rowspan="2">场景（文本）</td><td rowspan="2">√</td><th>S#</th><th>参与者</th><th>步骤</th><th>描述</th></tr>
<tr><td>1.</td><td>谁来执行这一步骤？</td><td>步骤</td><td>对该步骤如何进行的简要描述</td></tr>
<tr><td rowspan="2">场景变化</td><td rowspan="2"></td><th>S#</th><th>变化</th><th>步骤</th><th>描述</th></tr>
<tr><td>1.</td><td>步骤偏差</td><td>步骤</td><td>与场景的偏差</td></tr>
<tr><td>开放式问题</td><td colspan="5">设计阶段的开放式问题</td></tr>
<tr><td>计划</td><td>√</td><td colspan="4">用例交付的截止期限</td></tr>
<tr><td>优先级</td><td>√</td><td colspan="4">用例的优先级</td></tr>
<tr><td>超级用例</td><td></td><td colspan="4">用例可以形成层次结构，在本用例之前执行的用例称为超级用例或基本用例</td></tr>
<tr><td>接口</td><td></td><td colspan="4">用户界面的描述、图片或模拟图</td></tr>
<tr><td rowspan="3">关系</td><td></td><td colspan="2">流程</td><td colspan="2">……</td></tr>
<tr><td></td><td colspan="2">系统构建块</td><td colspan="2">……</td></tr>
<tr><td></td><td colspan="2">……</td><td colspan="2">……</td></tr>
</table>

基于此模板，我们可以为持续审计用例图的每个用例填写该模板，也可以选择为用例图里的所有用例填写一个模板。此选择取决于所需的详细程度。本书的这部分在用例图级别使用了一个用例。价值流的步骤和用例图的步骤保持一致。表 1.6.2 给出了一个用例模板的示例。

表 1.6.2 持续审计用例

属性	√	描述
ID	√	UCD-CA-01
名称	√	UCD 持续审计
目标	√	建立对包括人员、流程、合作伙伴和技术的价值链的持续、全面的控制。这是通过持续监控控制措施的设计、存在和运行的有效性，并利用反馈来改进控制措施。控制措施是防范不能实现质量目标的风险而采取的对策。质量目标是源自价值链的目标运营目标
摘要	√	根据价值链的 TOM 和基础价值体系，确定要实现的目标的选择
		通过风险分析，确定哪些风险威胁到目标的实现。在此基础上，定义并实施控制措施，并进行监控。以此为基础，获得控制有效的证据
前提条件	√	• 价值链的 TOM 已经确定 • 已经知道所设计的价值体系
成功结果	√	在成功完成持续审计价值流的情况下，所交付的结果是： • 确定范围： 　◦选择业务价值链的价值流 　◦选择价值体系的价值流 • 选择目标： 　◦要保障的目标集合 　◦要细化的框架集合 　◦一系列的改进 • 识别风险 　◦填好的风险登记册 　◦填充控制寄存器 　◦准备好控制的“Given-When-Then”语句 • 实现控制： 　◦实现路线图 　◦测试结果 • 监控控制： 　◦受控监控设施 　◦确定的控制状态 • 表明控制的有效性： 　◦建立有效的控制证据 　◦控制缺陷
失败结果	√	• 以下原因可能导致无法成功完成持续审计： 　◦TOM 缺失 　◦没有设定目标 　◦由于缺乏技能无法识别风险 　◦控制措施设计或实施不当 　◦监控设施存在漏洞 　◦证据不完整
性能	√	随着持续审计金字塔中层级的增加，每个层级所需的时间和重复性动作都会增加
频率	√	监控在原则上是持续进行的，除非资源消耗过大，这时会降低监控频率
参与者	√	利益相关方和 DevOps 工程师

续表

<table>
<tr><th>属性</th><th>√</th><th colspan="4">描述</th></tr>
<tr><td>触发条件</td><td>√</td><td colspan="4">持续审计金字塔任何一层发生需要在 AVS 中生效的变更</td></tr>
<tr><td rowspan="5">场景
（文本）</td><td rowspan="5">√</td><th>步骤</th><th>参与者</th><th>步骤</th><th>描述</th></tr>
<tr><td>1</td><td>利益相关方</td><td>确定 TOM 范围</td><td>TOM 包括价值链的未来状态。价值链还可以包括 ITIL 4（SVS）、敏捷 Scrum（DVS）和 ISO 27001:2013（ISVS）等价值体系。这种组织管理必须在价值流层面进行选择</td></tr>
<tr><td>2</td><td>利益相关方</td><td>选择目标</td><td>在确定持续审计的范围后，必须确定哪些目标适用于特定范围</td></tr>
<tr><td>3</td><td>利益相关方</td><td>识别风险</td><td>基于价值流的目标，可以确定为实现目标而必须控制的风险。这些风险被保存在一个风险登记册中</td></tr>
<tr><td>4</td><td>DevOps 工程师</td><td>实施控制</td><td>必须对确定的风险进行管理。这可以通过采取控制形式的形式来实现</td></tr>
<tr><td rowspan="2">场景
（文本）</td><td rowspan="2">√</td><td>5</td><td>DevOps 工程师</td><td>监控控制</td><td>必须对这些控制措施进行监控，以确定它们是否有效</td></tr>
<tr><td>6</td><td>DevOps 工程师</td><td>证明控制的有效性</td><td>根据对控制措施的测量，可以获得用来确定控制程度的证据</td></tr>
<tr><td rowspan="2">场景变化</td><td rowspan="2"></td><td></td><th>变量</th><th>步骤</th><th>描述</th></tr>
<tr><td></td><td></td><td></td><td></td></tr>
<tr><td>开放式问题</td><td></td><td colspan="4"></td></tr>
<tr><td>计划</td><td>√</td><td colspan="4"></td></tr>
<tr><td>优先级</td><td>√</td><td colspan="4"></td></tr>
<tr><td>超级用例</td><td></td><td colspan="4"></td></tr>
<tr><td>接口</td><td></td><td colspan="4"></td></tr>
<tr><td rowspan="2">关系</td><td></td><td colspan="2"></td><td colspan="2">……</td></tr>
<tr><td></td><td colspan="2"></td><td colspan="2">……</td></tr>
</table>

第 7 节　持续审计最佳实践

提要

- 持续审计相对于价值链和价值体系的附加值，在于其提高了控制监控的频率，并将现有控制措施进行整合，从而识别和弥补控制漏洞。
- 在持续审计中，内部审计师的角色从控制的所有者和裁判转变为教练。

阅读指南

本节讨论了持续审计价值流中每个步骤的最佳实践，如图 1.7.1 所示。

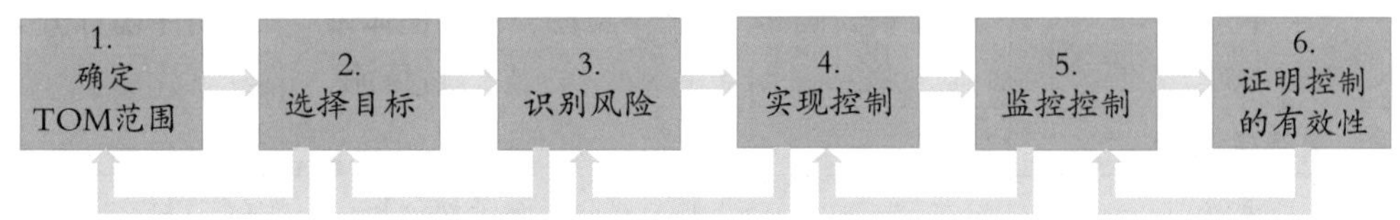

图 1.7.1　持续审计价值流

一、确定 TOM 范围

图 1.7.1 描述了持续审计价值流的第一个用例。

1. 目标

持续审计价值流的这一步骤，为接受持续审计的组织提供了一个对其 TOM 的清晰概览。基于此，可以确定哪些行政组织部门应该被纳入持续审计的范围。

2. 要回答的问题

持续审计价值流中每个步骤的相关问题已在图 1.5.3 中给出。本节将说明如何回答这些问题。如表 1.7.1 所示

表 1.7.1　“确定 TOM 范围”这一步骤中需要回答的问题

问题	利益
使命、愿景和战略是什么？	持续审计必须确保通过实现基础目标来保障战略的实现
谁是利益相关方？	持续审计的管理需要 TOM 利益相关方的参与
它们的利益是什么？	通过确定利益相关方的利益，可以促进它们参与持续审计
TOM 的背景是什么？	TOM 的背景为持续审计提供了初步的界定，因为它明确了价值链的边界
价值链是什么样子的？	价值链上的步骤为持续审计的关注领域提供了初步的提示，价值链中内置了保障战略的机制
哪些价值体系在使用？	SVS、DVS 和 ISVS 都对业务价值链有保障作用。SVS 保证服务规范，DVS 保证目标和质量规范的实现，ISVS 保证信息安全目标
相关的价值流是什么？	除了控制价值链和价值体系之外，持续审计的附加价值在于提高控制监控的频率，并将现有控制措施整合起来，以识别和消除控制中的差距
哪些标准框架是相关的？	除了内部标准框架（价值链和价值系统）之外，同时对外部标准框架进行检查才能缩小差距。这些标准框架应该已经被嵌入价值链和价值体系中，但持续审计必须对此进行监控
TOM 路线图是什么？	组织的目标通常需要在管理机构中进行许多调整。持续审计作用在这些需要新的价值流或调整的地方，保证这些变化能够增加成果

持续审计的范围可以通过确定 TOM 的相关范围来确定。表 1.7.2 列出了这些问题并指出了如何获得这些答案。

表 1.7.2　对“确定 TOM 范围”这一步骤的问题的回答模式

问题	商业模式画布	上下文图	价值链 价值体系 价值流	业务平衡计分卡
使命、愿景和战略是什么？	部分	没有	没有	是
谁是利益相关方？	部分	是	部分	没有
它们的利益是什么？	部分	部分	部分	是
TOM 的背景是什么？	部分	是	没有	没有
价值链是什么样子的？	没有	没有	是	没有
哪些价值体系在使用？	没有	部分	是	没有
相关的价值流是什么？	没有	部分	是	没有
哪些标准框架是相关的？	没有	部分	没有	部分
TOM 路线图是什么？	部分	没有	部分	部分

表 1.7.3 列出了表 1.7.2 中的命名模型如何回答问题。

表 1.7.3　“确定 TOM 范围”这一步骤的问题的答案

问题	商业模式画布	上下文图	价值链 价值体系 价值流	业务平衡计分卡
使命、愿景和战略是什么？	• 商业战略			• 使命 • 愿景 • 战略 [见《持续规划》（2022 年版）]
谁是利益相关方？	• 客户细分 • 关键资源 • 主要合作伙伴	• 终止方	• 价值流所有者	
它们的利益是什么？	• 价值主张	• 流动性	• 价值流	• 目标
TOM 的背景是什么？	• 客户细分 • 主要合作伙伴	• 终止方 • 流程		
价值链是什么样子的？			• 波特价值链	
哪些价值体系在使用？		• 流程	• SVS, DVS, ISVS	
相关的价值流是什么？		• 流程	• 价值链和价值体系中的价值流	
哪些标准框架是相关的？		• 流程		• 倡议 • 目标
TOM 路线图是什么？	• 价值主张		• 未来状态	• 倡议

3. 商业模式画布模板

图 1.7.2 显示了商业模式画布的模板，该模板用于实现新的商业模式或改进现有的商业模式。

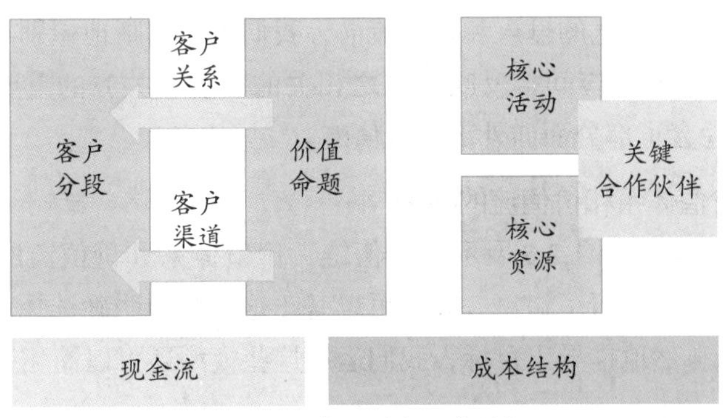

图 1.7.2 商业模式画布模板

该模板的目标是为了提升组织的成果。

组织成果的增长离不开对客户价值主张和客户细分的精准把握。要实现这一点，我们需要深刻理解客户，并选择恰当的渠道触达目标客户群。我们可以通过调动核心活动和核心资源来创建价值主张，辅以合作伙伴的支持，为客户带来增值。在这里，收入流和成本结构则分别反映了收益和支出情况。

商业模式画布的利益相关方包括客户、供应商和核心资源。此外，还应考虑来自偶然因素的利益相关方，例如政府、工会、审计机构、认证机构等。利益相关方的利益源于商业模式画布本身。成果增长的战略是商业模型画布的核心。整个画布是基于此制定和实现的。使命和愿景是寻找新商业模式时的重要背景因素，在这一探索过程中，随着新理解的产生，使命和愿景也可能随之调整。

4. 系统上下文图模板

图 1.7.3 显示了系统上下文图的模板。图的中心位置通常为信息系统的名称，但也可以用价值链进行替代。矩形框代表利益相关方，我们也称为参与者或实体。输入和输出流必须用箭头描述。

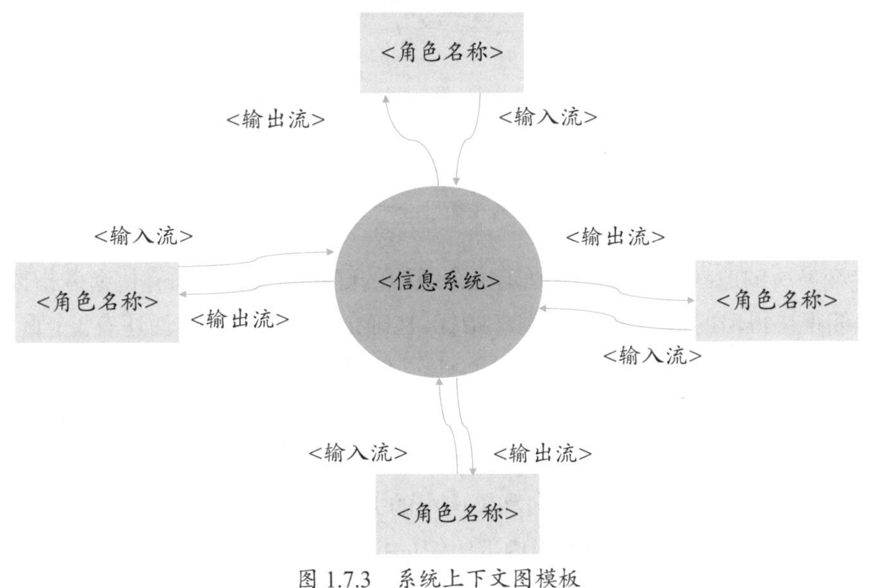

图 1.7.3 系统上下文图模板

通过梳理组织内外信息的输入和输出流向，我们可以清晰地识别与组织产生交互的各方利益相关方。流的内容间接反映了与之相关的利益相关方的重要性，进而界定了 TOM 的背景，并隐含了部分面向外部的价值流。

5. 价值链、价值体系和价值流的模板

图 1.2.3、图 1.2.4 和图 1.2.5 展示了价值链、价值体系和价值流的模型，并对这些模型的相似之处和差异进行了讨论。我们可以基于这些模型明确选择范围。由于这些模型的逻辑关系可以自然地推导出目标，我们运用这些模型还可以简化第二步的操作。

6. 平衡计分卡模板

图 1.7.4 显示的是平衡计分卡。这是卡普兰（Kaplan）和诺顿（Norton）在著作《领先的平衡计分卡》（2004 年版）中定义的战略管理工具。1990 年，他们调查了财务状况良好的公司由于破产而很快从证券交易所消失的现象。

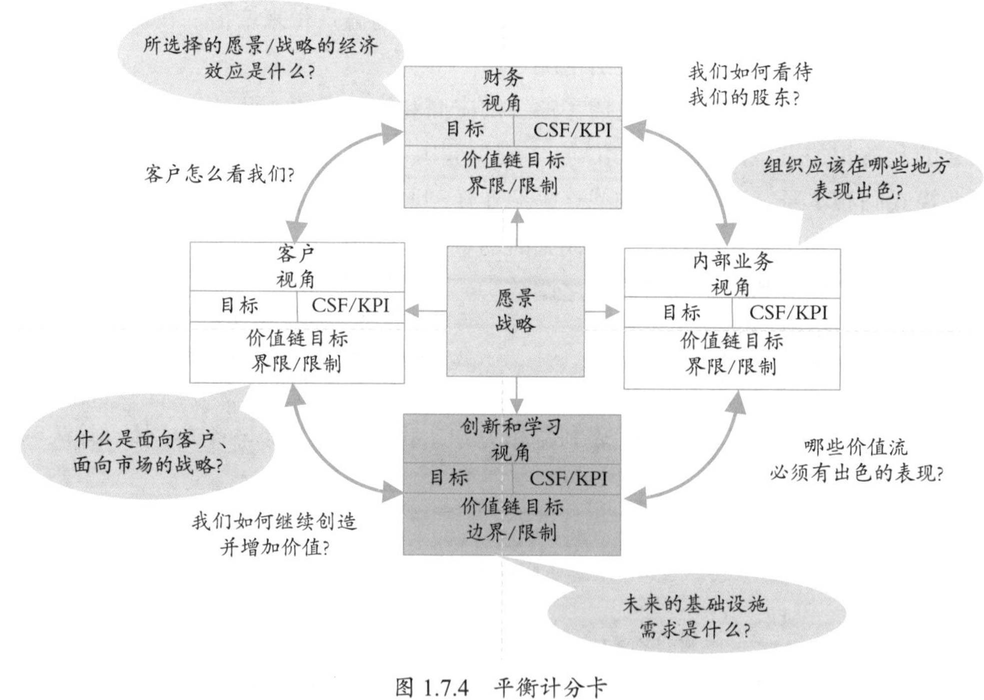

图 1.7.4　平衡计分卡

（来源：《领先的平衡计分卡》，2004 年版）

证券交易所的股票价值不足以确定一个组织的健康状况，必须有比财务指标更多的指标。他们很快得出的结论是，除了财务指标，在确定组织的价值方面还有 3 个重要因素：生产过程的内部质量、创新能力和客户满意度。他们以计分卡的形式来描述这 4 个因素，即客户视角、财务视角、内部业务视角、创新和学习视角。计分卡内容以组织的愿景和战略为基础。

“平衡”一词代表了计分卡纵向和横向内的关系。例如，组织的盈利能力由于对创新的投资而下降，客户满意度通过对内部组织的投资来提高。每个计分卡包括长远目标、措施、阶段目标和计划。平衡计分卡本质上是管理业绩指标的分类模型。

二、选择目标

图 1.7.1 描述了持续审计价值流的第二个用例。

1. 目标

此步骤旨在选取组织内必须通过持续审计进行保障的目标。这些目标必须在先前步骤中确定的 TOM 范围内。

2. 要回答的问题

持续审计价值流中每个步骤的相关问题已在图 1.5.3 中给出。本节将说明如何回答这些问题，如表 1.7.4 所示。

表 1.7.4 “选择目标”这一步骤中需要回答的问题

问题	利益
目标是什么?	什么是规范? 目标使战略具体化，并为确定创造价值的结果提供一个理想的起点
标准框架是什么?	标准框架是必须遵守立法、法规或纪律的外部控制

持续审计要实现的目标可以根据多种模型来确定。实施这些模型需要先确定审计对象的范围。表 1.7.5 列出了这些问题并指出了如何获得这些答案。

表 1.7.5 “选择目标”这一步骤的问题的回答模式

问题	业务平衡计分卡	价值流画布	内部规范	外部规范
目标是什么?	是	是	是	是
标准框架是什么?	没有	没有	是	是

表 1.7.6 描述了表 1.7.5 中的命名模型如何回答问题。

表 1.7.6 “选择目标”这一步骤的问题的答案

问题	业务平衡计分卡	价值流画布	内部标准框架	外部标准框架
目标是什么?	• 每个记分卡的 CSF/KPI	• 限制条件 • 边界 • 交付时间 • 生产时间 • %C/A	• 实现 SLA 规范［见《SLA 最佳实践》（2011 年版）和《云服务等级协议》（2014 年版）］	• 遵守适用性声明 • 选择 SABSA 目标
标准框架是什么?			• 每个 SLA 对象的 CSF/KPI［见《ITC 绩效指标》（2011 年版）］	• ISO 27001 • ISO 20000 • ISO 90000 • ISAE 3402 • NEN 7510 • SoX • Code Tabaksblatt • GDPR • ……

3. 业务平衡计分卡模板

图 1.7.4 显示了平衡计分卡。它列出了每个视角的目标、关键成功因素（Critical Success Factor, CSF）和 SMART 目标，为战略提供了实质性的内容。持续审计必须不断确定是否实现了这些目标。一种有效的做法是使用 CSF 方案，该方案显示了为每个视角分配的 CSF 的连贯性，在 CSF 之间用箭头表示因果关系，不符合因果关系方案的 CSF 可能不适合使用。如图 1.7.5 所示。

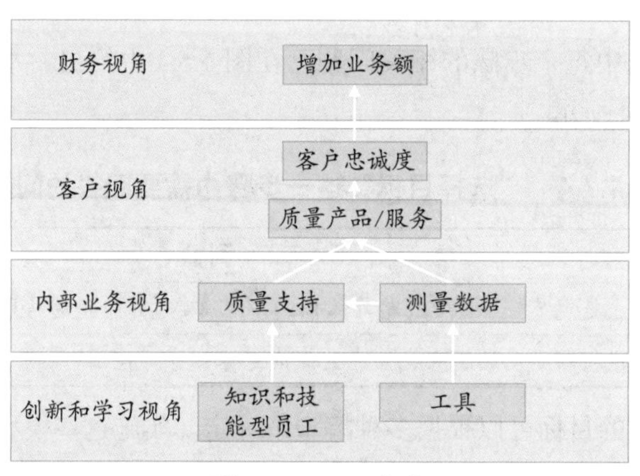

图 1.7.5　CSF 方案

这些 CSF 是确保业务目标实现的控制措施，它们必须在相关的价值流中实施并持续监控。图 1.2.4 和 图 1.2.5 表明，波特的价值链可以级联到价值体系（如 SVS）上，SVS 是以服务组织为基础构建的。

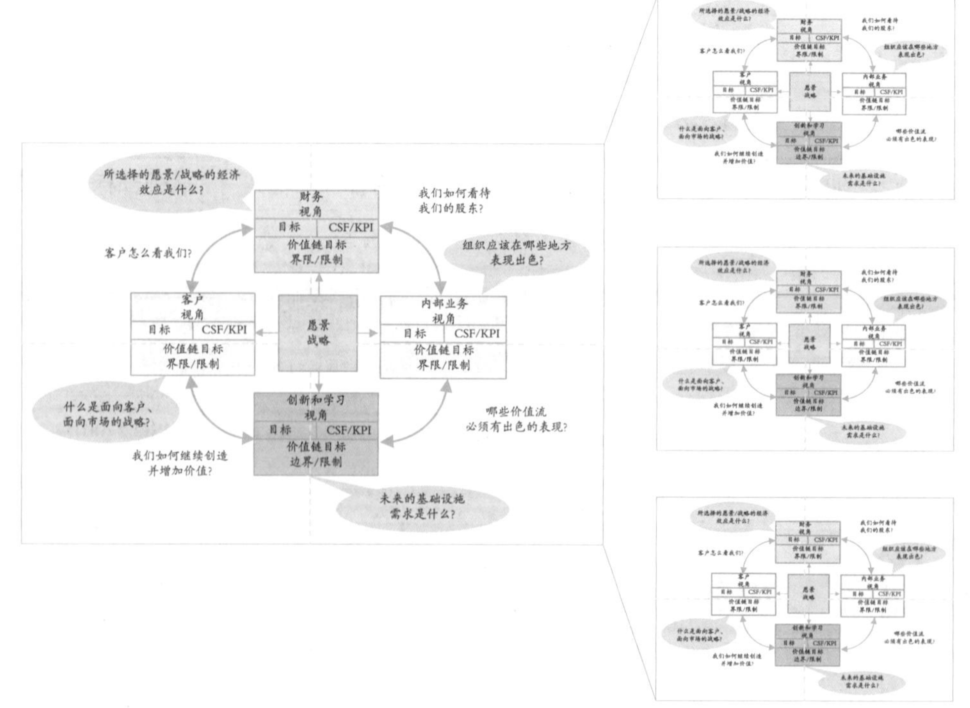

图 1.7.6　平衡计分卡的级联

该组织必须将业务平衡计分卡级联到自己的平衡计分卡上，该平衡计分卡应具有自己的解释，以支持业务平衡计分卡，如图 1.7.6 所示。这也包括为该级联平衡计分卡的 CSF 提供一个 CSF 方案，但现在是针对必须在 SVS 的价值流中获得的 CSF。

4. 价值流画布模板

除了自上而下的业务目标分析外，我们还可以通过持续审计采用自下而上的方法来确定目标。这可以使用价值流画布模板来完成，如图 1.7.7 所示。

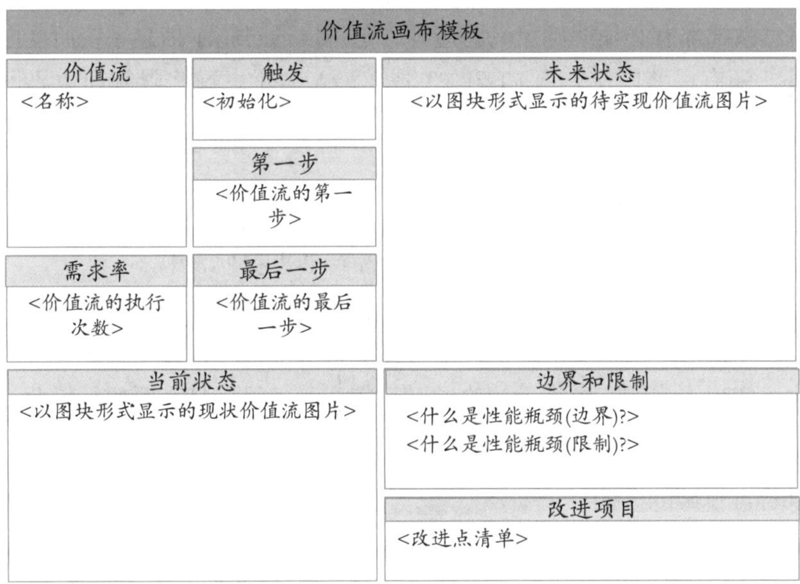

图 1.7.7　价值流画布模板

（1）价值流名称

价值流的名称位于左上方，应选择能够涵盖整个价值流的名称。

（2）触发

每个价值流都是由现实中的事件触发。要知道这不是价值流的第一步，而是触发价值流第一步执行的事件。

（3）第一 / 最后一步

明确价值流的范围至关重要，因为通常会存在价值流链。因此，确定价值流的第一步和最后一步具有重要意义。

（4）需求率

价值流实施的问题十分重要，因为它可以确定实施改进的商业案例。这需要基于瓶颈分析进行，并运用精益六西格玛方法。精益六西格玛绩效指标也可以添加到需求率中，但也可以在用例级别稍后进行确定。

这些指标是：

- 前置时间（Lead Time, LT）：这是价值流的平均前置时间。
- 处理时间（Processing Time, PT）：这是实现价值流所需的平均时间。

- 完成度 / 准确度百分比（%Completeness/Accuracy, %C/A）：这是交付产品中各个中间步骤的完成度和准确度的百分比。它不是指最终产品的质量，而是指价值流内部各个环节的“首次正确”交付情况。

（5）当前状态

当前状态表示业务流程的步骤。这些实际上是稍后将详述的用例。在价值流中可以使用分支，但是，价值流应该保持简洁，最多有 20 到 25 个步骤。

（6）边界和限制

每个信息系统都有必须明确定义的边界，这可以通过指示信息系统所受限的输入来完成。此外，还有一些限制，由 LT 和 PT 或 %C/A 表示。这些限制和边界可能会导致需要改进价值流。

（7）改进项

边界和限制可以帮助识别需要改进的点。这些改进点是产品待办事项列表的输入。改进可以作为主题、史诗、特性或故事放入产品待办事项列表中。

（8）未来状态

如果改进导致当前状态发生调整，则需要绘制未来状态，其中包含实现改进所需的价值流变化。实现未来状态中指示的改进对于实现业务目标是必要的。因此，这些必须像平衡计分卡的目标一样持续监控。

5. 内部标准框架的模板

内部标准框架源于上述的平衡计分卡，这可以级联到个人层面。平衡计分卡也可以用于起草 SLA，即将目标、CSF 和 SMART 目标转化为相关服务或产品的 SLA 规范。

6. 外部标准框架的模板

大多数组织都必须遵守法律法规，例如税法、GDPR、档案法、医疗保健法等。为了满足这些框架的要求，必须提供证据。这些证据必须在价值流中创建。事后为了满足审计师或立法者的信息需求收集证据是一件非常冒险的事情。尽管我们都明白，但为了防止这种情况发生而采取的管理往往不尽如人意。持续审计的目的是完全自动地确定这一点。第一步是对这些框架进行盘点，第二步是确定哪些价值系统或者价值流必须遵守这些框架，最后，应该映射出提供证据所涉及的信息系统，如表 1.7.7 所示。

表 1.7.7　外部框架标准清单

标准框架	价值流	信息系统
ISO 27001	SVS 和 ISVS 的价值流	服务支持软件 Active Directory
ISAE 3402	业务价值链的价值流，以及需要的人力资源管理的价值流	ERP 信息系统、财务软件包
GDPR	业务价值链的价值流和 SVS	ERP 信息系统、财务软件包
……	……	……

相关的标准框架众多，而证据需要来自许多系统。因此，准确地映射出这些所需信息并自动收集证据是很重要的。

三、识别风险

图 1.7.1 描述了持续审计价值流的第 3 个用例。

1. 目标

此步骤旨在根据组织的目标来识别风险。这些风险必须在先前步骤中确定的 TOM 范围内。

2. 要回答的问题

持续审计价值流中每个步骤的相关问题已在图 1.5.3 中给出。本节将说明如何回答这些问题，如表 1.7.8 所示。

表 1.7.8 “识别风险”这一步骤中需要回答的问题

问题	利益
哪些风险会威胁到目标的实现?	持续审计的目的是通过识别阻碍目标实现的风险来保护价值链目标和基础价值体系，所以我们需要先识别这些风险
每种风险的风险分类是什么?	为了确定控制优先级，需要对确定的风险进行概率和影响评估。然后，可以选择控制（修改）、避免、分担或承担（保留）风险。在控制的情况下，需要考虑防范措施。对于避免，则需调整 TOM 的工作方式，避免风险发生。分担是指对风险进行保险或寻求第三方分担损失。承担则无需采取任何行动，仅需正式接受风险即可
需要采取哪些对策?	持续审计是对风险的控制措施（控制）进行持续监控，必须首先确定这些控制措施

目标未达成的风险必须在多个模型的基础上通过持续审计确定，而这些模型的实施需要为 TOM 确定目标。 表 1.7.9 列出了这些问题并指出了如何获得这些答案。

表 1.7.9 “识别风险”这一步骤的问题的回答模式

问题	风险识别 CRAMM	风险评估 MASR	风险处理 CRAMM
哪些风险会威胁到目标的实现?	是	没有	没有
每种风险的风险分类是什么?	没有	是	没有
需要采取哪些对策?	没有	没有	是

表 1.7.10 描述了表 1.7.9 中的命名模型如何回答问题。

表 1.7.10 “识别风险”这一步骤的问题的答案

问题	风险识别 CRAMM	风险评估 MASR	风险处理 CRAMM
哪些风险会威胁到目标的实现?	• CRAMM：资产、威胁、弱点、风险 • 鱼骨图：根本原因 • 通用和特定的接受标准		• CRAMM：应对措施

续表

问题	风险识别 CRAMM	风险评估 MASR	风险处理 CRAMM
每种风险的风险分类是什么?		• 修改 • 避免 • 分担 • 保留	
需要采取哪些对策?			• 5个“为什么” • 确定替代措施 • 应对措施的选择

图 1.7.8 展示了风险的生命周期。风险是从问题、变更、需求和事件中识别出来的。经辨识的风险会与风险控制矩阵（又称 CIA 矩阵，CIA 即 Confidentiality, Integrity, Accessibility, 也就是保密性、完整性、可用性）进行比对。通过风险评估，对新出现的风险进行细致探查，进而确定其优先级。风险处理会导致控制措施被放置在控制待办事项列表中等待实现。这些控制措施通过 CI/CE 安全流水线实现和监控。所收集到证据用于确定风险是否已被充分缓解或消除。

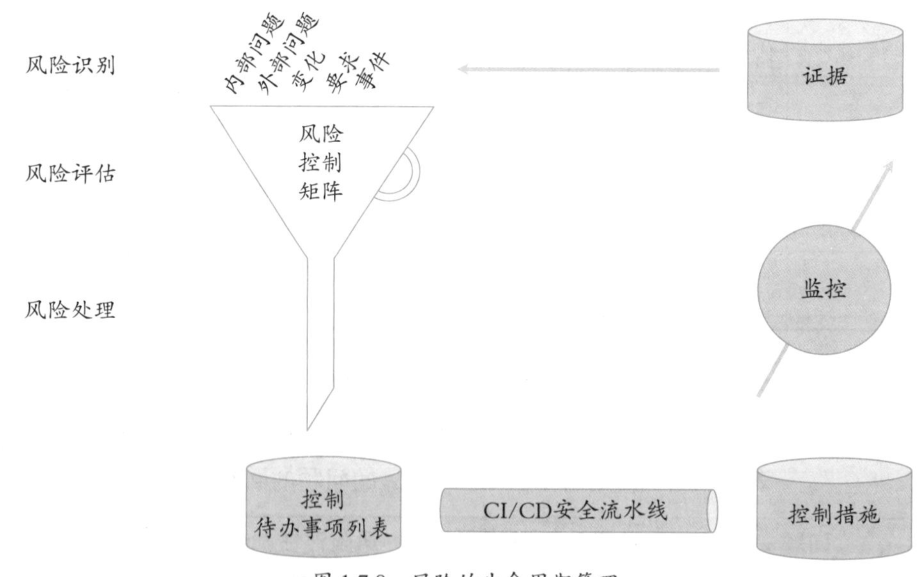

图 1.7.8 风险的生命周期管理

（1）风险识别

目标面临的风险可以来自内部和外部因素的识别。这些潜在威胁可能起初没有显露，但在某些情况下会变得严重并构成风险。因此，需要定期评估它们的现状。人员、流程、技术和合作伙伴的变化也是风险来源之一。当然，与业务往来的客户的要求也可能带来风险。最后，发生的事件也表明必须控制的风险。

（2）风险评估

为了制定风险应对措施，必须对风险进行分类，以确定其可能性和影响。基于此来确定如何处理风险。

评估风险的一种有效方法是将其映射到 CIA 矩阵。CIA 矩阵指示了对保密性、完整性和可用性等质量方面所需的控制程度（0、1、2 和 3）。控制程度也有优先级的区分，可以通过确定可能性和影响来确定优先级。我们可以选择控制（修改）、避免、分担或承担（保留）风险。如果存在被归类为“修改”的风险，则使用 CIA 矩阵。

CIA 矩阵的使用分为三步。第一个 CIA 矩阵包含已实施控制措施的对象，如表 1.7.11 所示。如果新风险的对象尚未添加，必须将其添加到矩阵中。如果对象已经存在，则必须将风险添加到第二个 CIA 矩阵中，该矩阵列出了需要控制的风险，如表 1.7.12 所示。如果风险尚未列出，则必须将其添加。

表 1.7.11　CIA 风险控制矩阵 - 对象

CIA 评级	没有标准（0）	推荐（1）	重要的（2）	必要的（3）
CIA 描述	安全并非真正必要	适当程度的安全措施会受到赞赏	鉴于相关利益，安全是绝对必要的	安全是首要标准
保密性	• 宣传材料	• 电子邮件等通信	• 项目信息 • 资源信息 • QA 数据 • 软件 • 工具	• 帐户信息 • 数据库 • 交易 • 财务报告 • 销售数据
完整性		• 沟通 • 营销信息	• 项目信息 • 资源信息 • 客户数据 • QA 数据 • 工具	• 帐户信息 • 数据库 • 交易 • 金融 • 报告
可用性		• 沟通 • 客户信息 • 销售数据	• 财务信息 • 报告 • 软件 • 工具	• 帐户信息 • 数据库 • 交易 • 财务关系

表 1.7.12　CIA 风险控制矩阵 - 风险

CIA 评级	没有标准（0）	推荐（1）	重要的（2）	必要的（3）
CIA 描述	安全并非真正必要	适当程度的安全措施会受到赞赏	鉴于相关利益，安全是绝对必要的	安全是首要标准
保密性	• 宣传材料	• 项目数据被泄露给未经授权的人 • 电子邮件地址被出售 • 未经授权的人进入数据中心	• 员工数据泄露 • 质检信息被发送给了错误的人 • 客户信息落入竞争对手手中 • 员工薪资公开 • 发票已经到了竞争对手手中 • 潜在客户信息被盗 • 源代码被盗并被公开出售	• 账户密码泄露 • 利润率信息被盗 • 潜在客户的商业案例落入竞争者的手中 • 信息系统被黑客入侵

续表

CIA 评级	没有标准（0）	推荐（1）	重要的（2）	必要的（3）
CIA 描述	安全并非真正必要	适当程度的安全措施会受到赞赏	鉴于相关利益，安全是绝对必要的	安全是首要标准
完整性		• 手动启动进程失败	• 未经授权的用户更改发票 • 未经授权的数据更改 • 未经授权的软件更改 • 非法促销部署到生产环境	• 由于人工干预，发票被存入错误账户 • 发送非法发票 • 向国家银行报告错误 • 软件非法使用
可用性		• 数据库的损失 • 可复制数据丢失 • 人为失误 • 源代码丢失 • Jira 工单丢失 • 知识流失 • 缺乏安全意识 • 价值流缺乏功能	• 数据文件未送达 • 促销活动未部署	• 系统故障导致数据损失 • 非法交易

（3）风险处理

一旦发现新的风险被添加到 CIA 矩阵中，就必须检查现有的控制措施是否足以消除或缓解风险。这可以通过定义控制措施并确定其是否已存在来完成。现有的控制措施在第三个 CIA 矩阵中进行管理，如表 1.7.13 所示。

表 1.7.13　CIA 风险控制矩阵 - 控制

CIA 评级	没有标准（0）	推荐（1）	重要的（2）	必要的（3）
CIA 描述	安全并非真正必要	适当程度的安全措施会受到赞赏	鉴于相关利益，安全是绝对必要的	安全是首要标准
保密性	• 宣传材料	• 用户名和密码 • 基于角色的访问控制 • 供应商的基础设施审计 • 建筑物访问标签和记录 • 服务器机房的访问标签和记录	• 双因素认证 • 数据加密 • 数据个性化	• 生物识别验证（可选） • REST API 的安全令牌
完整性	• 人工检查 • 资源反馈	• 用户培训 • 控制标签管理 • 数据录入管理	• 审计追踪 • 代码审查 • 变更管理，防止非法变更 • 内置交易机制 • 发票手动核查	• 手动的可信度检查 • 作为 DoD 的一部分检查 IPR 冲突

续表

CIA 评级	没有标准（0）	推荐（1）	重要的（2）	必要的（3）
CIA 描述	安全并非真正必要	适当程度的安全措施会受到赞赏	鉴于相关利益，安全是绝对必要的	安全是首要标准
可用性		• 备份和恢复 • 物理和逻辑环境的保护 • 核心服务的端到端（AWS）监控 • 核心组件的组件监控 • 在员工离职时雇用额外员工 • 雇用内部员工 • 进行无责备的事后分析以防止 CIA 事件的发生 • 部署 REST APIs 以提供信息	• 交易验证中的人工步骤 • 财务控制	• AWS 应急恢复选项 ◦验收环境中的备份和恢复 ◦生产环境中的可用区 • Office 应急恢复方案 • 不同环境下的备份和恢复

四、实现控制

图 1.7.1 描述了持续审计价值流的第四个用例。

1. 目标

识别的风险必须得到妥善管理。这可以通过采取控制措施的形式来完成。前面的用例中已经建立了这些控制措施。在此用例中，我们将识别出在产品待办事项列表已实现的控制措施，并使用 CI/CD 安全流水线将它们投入生产。

2. 要回答的问题

- 相关的“Given – When -Then ”陈述是什么？
- 测量要求是什么？
- 控制措施实现的规划是什么？
- 哪些 DevOps 团队负责实现哪些控制措施？

持续审计价值流中每个步骤的相关问题已在图 1.5.3 中给出。本节将说明如何回答这些问题，如表 1.7.14 所示。

表 1.7.14　“实现控制”这一步骤中需要回答的问题

问题	利益
相关的“Given – When -Then“陈述是什么？	控制措施可以消除或缓解风险。因此，清晰地阐述控制措施的要求非常重要。这不仅涉及控制措施的功能，还包括控制措施的行为。Gherkin 语言是编写控制措施要求的理想语言，因为它定义了前置条件（Given）、触发（When）和动作（Then）
测量要求是什么？	控制措施的验收测量要求确定了控制措施的有效性。这种有效性也必须被包含在监控机制中。因此，控制措施是一个双重变化。一方面，它是必须采取的措施，另一方面，它也要适应持续审计的监控机制，以持续测量控制措施的有效性

续表

问题	利益
控制实现的规划是什么?	在敏捷项目开始时必须确定敏捷项目的风险，并将控制措施放置在产品待办事项列表中。每个迭代都必须简要进行风险分析，以便实现故事。在产品待办事项列表上规划控制措施必须选择这样的方式，使它们对与风险相关的对象的生产有效。因此，在用户已经登录到业务关键应用程序一年后再实施双因素身份验证控制措施是没有多大意义的
哪些 DevOps 团队实现了哪些控制?	整个控制生命周期必须分配给同一个敏捷团队，以确保持续监控的有效进行

为了消除或减轻风险，我们必须实施控制措施和持续检查控制措施的有效性。有效性不仅在控制措施功能被验收并投入生产时确定，还必须建立监控设施，进行持续监控。表 1.7.15 列出了这些问题并指出了如何获得这些答案。

表 1.7.15 "实现控制"这一步骤的问题的回答模式

问题	控制要求	控制路线图	控制规划
相关的"Given - When - Then"陈述是什么?	以 GWT 形式呈现的 Gherkin 语言（见《持续设计》，2022 年版）		就绪定义（Definition of Ready, DoR）, DoD
控制实现的规划是什么?	—	价值路线图（见《敏捷项目管理入门》，2017 年版，和《持续规划》，2022 年版）	敏捷 Scrum 迭代计划（见《持续规划》，2022 年版）
哪些 DevOps 团队实现了哪些控制?	—	—	持续集成（见《持续集成》，2022 年版） 持续监控(见《持续监控》，2022 年版）

表 1.7.16 描述了表 1.7.15 中的命名模型如何回答问题。

表 1.7.16 "实现控制"这一步骤的问题的答案

问题	控制要求	控制路线图	控制规划
相关的"Given - When -Then"陈述是什么?	以 GWT 形式呈现的 Gherkin 语言	控制措施的实现路线图可以纳入史诗级别的路线图中。因此，需求可以写在史诗级别	GWT 可以用来描述主题、史诗和功能层面的需求。 GWT 的处理必须包括在 DoR 中，测试结果包括在 DoP 中。 • "Given-When-Then"描述了风险缓解措施的行为，而不仅仅是功能 • "Given"描述了执行测量的前提条件 • "When"描述了执行测量的动作 • "Then"描述了必须用测量的结果进行的处理，并在此表达了测量要求

续表

问题	控制要求	控制路线图	控制规划
控制实现的规划是什么？	控制措施的实现规划基于主题、史诗、功能和(用户）故事层面的需求定义	价值路线图可以用来确定基于愿景声明（主题）路线图（史诗），路线图被转化为发布计划	发布计划需要敏捷的 Scrum 规划，其中史诗被转化为功能和（用户）故事
哪些 DevOps 团队实现了哪些控制？	—	—	开发工程师和运维工程师需要通力合作以实现持续监控。

图 1.7.9 显示了价值架构模型的路线图，它遵循“产品愿景”“产品路线图”“发布计划”和“迭代计划”的步骤。

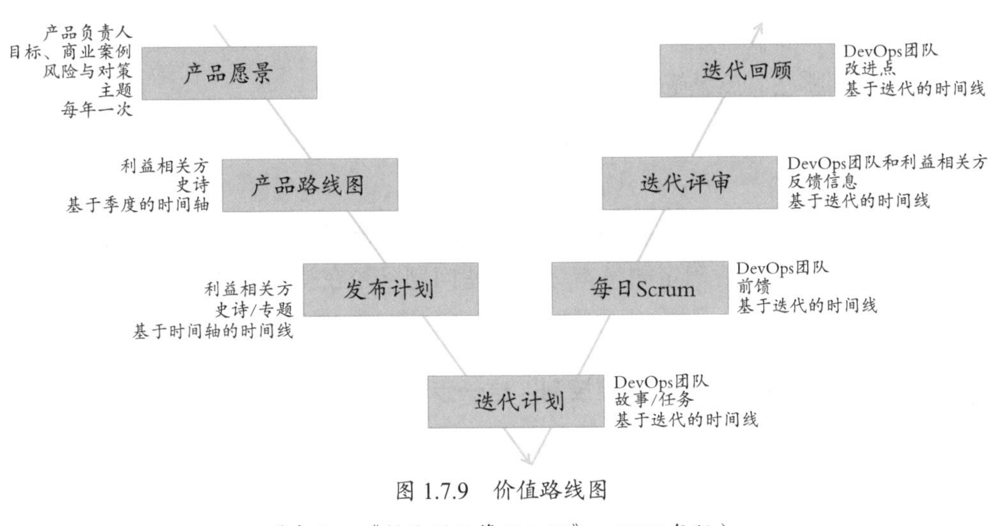

图 1.7.9 价值路线图

（来源：《敏捷项目管理入门》，2017 年版）

（1）产品愿景

该模型表明，敏捷项目的开始应该从构思愿景开始。这是基于企业架构和由其定义的项目组合。产品愿景与持续审计价值流的前两个步骤（“确定 TOM 范围”和“选择目标”）密切相关。

（2）产品路线图

持续审计的利益相关方是根据利益相关方分析进行选择的。路线图的内容包括将作为概念的持续审计配置以及需要控制的风险，这与持续审计价值流的第三步（“识别风险”）相对应。该路线图包括每个利益相关方每个季度需要实现的风险控制措施。因此，每个史诗都由一个拥有该史诗的利益相关方负责。

（3）发布计划

发布计划来自路线图，包括在史诗和功能级别控制措施实现的规划，它们会在每个迭代中进一步细化。

（4）迭代计划

迭代计划符合敏捷 Scrum 计划的要求，这也适用于价值路线图的后续步骤。熟悉 TMAP 中的 V 模型的人会注意到这并不是 V 模型。因此，左侧和右侧的步骤之间不存在 V 模型中所示的对应关系。在这里，控制措施的规划将率先进行，随后在价值路线图的剩余部分中采用敏捷 Scrum 步骤。

五、监控控制

1. 目标

“监控控制”用例的目标是以尽可能统一的方式，使用尽可能少的监控工具来监控已识别的控制措施。

2. 要回答的问题

- 哪些对象需要被监控？
- 可以使用哪些监控设施？
- 测量要求是什么？

3. 要回答的问题

为了实现这一步骤的目标，必须识别哪些对象需要被监控，基于确定的监控对象选择合适的监控设施。最后确定测量指标。这些问题已经在持续审计金字塔（图 1.5.3）中进行了描述。本节将说明如何回答这些问题，如表 1.7.17 所示。

表 1.7.17　“监控控制”这一步骤中需要回答的问题

问题	利益
哪些对象应该被监控？	风险识别在持续审计价值流的第三步中进行，风险根据与其相关的对象进行分类。因此，在此步骤中无需确定对象类别，但是必须确定对象的物理实例
可以使用哪些监控设施？	从某种意义上说，这些对象已经决定了应该使用哪种类型的监控设施。然而，为了限制管理成本，必须选择尽可能少的监控工具
测量要求是什么？	对于每个对象，必须根据每个风险确定哪些测量数据表明风险已得到了充分的控制

表 1.7.18 列出了这些问题并指出了如何获得这些答案。

表 1.7.18　“监控控制”这一步骤的问题的回答模式

问题	监控对象	监控层	监控信息
哪些对象应该被监控？	配置管理数据库（CMDB），对象模型	监控层模型（见《持续监控》，2022 年版）	—
可以使用哪些监控设施？	—	监控层模型（见《持续监控》，2022 年版）	—
测量要求是什么？	—	—	REST APIs 和查询，用于完善监控设施

表 1.7.19 描述了表 1.7.18 中的命名模型如何回答问题。

表 1.7.19 “监控控制”这一步骤的问题的答案

问题	监控对象	监控层	监控信息
哪些对象应该被监控?	CMDB 囊括了所有配置项（CI），为监控对象的选择提供了全面的资源库	监控层模型显示可被监控对象的类型	—
可以使用哪些监控设施?	—	监控层模型显示了监控器的类型以及它们可以执行的测量	—
测量要求是什么?	—	—	REST APIs 赋予监控设施实质

4. 监控层模型

图 1.7.10 展示了监控层模型。每个层级都是一个用于监控控制措施的监控原型。

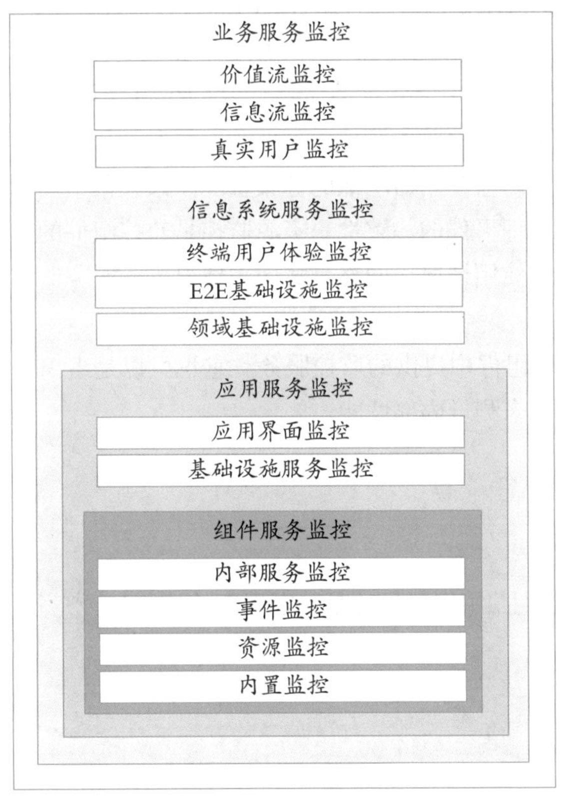

图 1.7.10 监控层模型

（1）业务服务监控

价值流监控层是基于精益指标 LT、PT 和% C/A 对价值流进行监控。当然也可以基于其他关键绩效指标（Key Performance Indicator, KPI）进行监控。信息流监控旨在测量信息链或工作流中的信息。例如，可以检查信息链中交易总数是否与发票一致。真实用户监控（Real User Monitoring, RUM）是测量用户实际输入信息系统的交易。

（3）信息系统服务监控

通过使用机器人模拟用户交易的端到端（End to End E2E）监控来监控信息系统也称为“端到端用户体验（End User eXperience, EUX）”。端到端基础设施监控旨在对应用程序运行的基础设施进行端到端的测量，而不需要使用应用程序。通过让机器人执行 E2E ping 来进行测量，该 ping 仅遍历基础设施的各个组件，测量时间并传递结果。每个组件上实现一个微应用程序，这样就可以确定监控到的偏差是由应用程序还是基础设施引起的。域基础设施监控用于测量网络中的某个部分，例如广域网（Wide Area Network, WAN）中的局域网（Local Area Network, LAN）。

（3）应用程序服务监控

应用程序服务监控旨在确定信息系统中每个应用程序是否正常运行。通常使用 REST API 来实现。基础设施服务监控也是如此，但在这种情况下，通常使用 SNMP GET 协议。

（4）组件服务监控

持续监控层模型的底层是服务监控组件。内部服务监控集中在组件中的服务。例如，这可以是在组件中运行的 Windows 或 Linux 服务。Linux 运行非网络守护进程服务，如用于调度的 cron 和提供高级电源管理的 apmd。 因此，它不是像 httpd 和 inetd 那样的基础设施服务监控，而只是本地服务监控。事件监控是通过从日志文件中提取事件或查询组件本身的状态（例如磁盘控制器电池的健康状况）来收集组件中的事件。然后对事件进行关联，以解释和处理事件的一致性。资源监控是监控组件的占用情况，例如内部内存使用情况、外部内存使用情况、网络带宽使用情况等。服务监控组件的最后一种监控原型是内置监控。

这是供应商在所购组件中提供的监控服务。它也可以是组织自己编写的监控服务，作为应用程序的一部分来测量内部性能。

六、证明控制的有效性

1. 目标

“证明控制的有效性”用例的目的是确定现有的控制是否充分管理了已识别的风险。

2. 要回答的问题

- 证据存放在哪里？
- 如何跟进缺陷？

3. 要回答的问题

持续审计价值流中每个步骤的相关问题已在图 1.5.3 中给出。本节将说明如何回答这些问题，如表 1.7.20 所示。

表 1.7.20 “证明控制的有效性”这一步骤中需要回答的问题

问题	利益
证据存放在哪里？	必须收集和评估证据以确定控制措施的有效性。这也应该作为证据保留，以防发生欺诈等事件。此外，可以根据历史数据进行趋势分析，或者可以根据早期的证据找到原因

续表

问题	利益
如何跟进缺陷？	如果在分析证据的基础上发现有缺陷（偏离控制目标），那么应在测量说明中描述如何处理这种偏离

证据必须储存，缺陷必须跟进。表 1.7.21 列出了这些问题并指出了如何获得答案。

表 1.7.21　“证明控制的有效性”这一步骤的问题的回答模式

问题	持续审计概念
证据存放在哪里？	• 控制证据数据库
如何跟进缺陷？	• 控制定义数据库 • 持续审计引擎 • 法律和法规 • 内部规章制度

表 1.7.22 描述了表 1.7.21 中的证据协议如何回答问题。

表 1.7.22　“证明控制的有效性”这一步骤的问题的答案

问题	持续审计概念
证据存放在哪里？	证据存储在一个中央控制证据数据库中。证据包括每个控制所监控的事件的测量数据
如何跟进缺陷？	持续审计引擎读取每个控制措施的相关规则。 针对每个规则，根据控制证据数据库中的证据来评估其是否已实施。 缺陷的后续处理在控制定义数据库中描述。这部分基于法律法规的规定，例如数据泄露报告程序。在控制措施中还可以记录内部数据，例如在软件被劫持的情况下该怎么做。

图 1.7.11 描述了持续审计的概念。

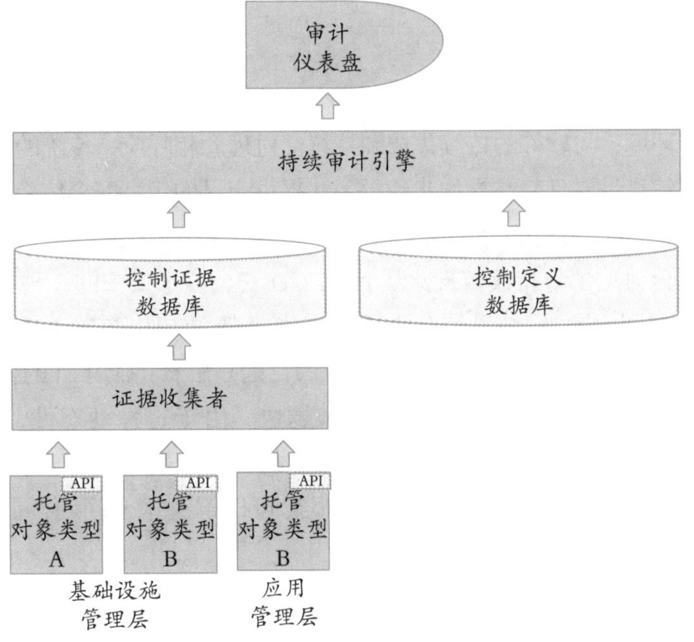

图 1.7.11　持续审计的概念

第 8 节　第一篇 持续审计概念

提要

- 安全控制措施始终需要短周期的关注。
- 传统的年度审计周期已无法满足快速变化的信息世界对安全保障的需求。
- 本文提出 3 种相互促进的解决方案：提高审计频率、安全设计和持续审计。

阅读指南

本节介绍了持续审计的概念，首先，我们将引入这一概念，然后分析当前存在的问题。接着，我们将提出 3 种解决方案，最终聚焦于持续审计作为理想的解决方案，并给出结论。

本文于 2021 年 4 月 19 日在《IT 经理》（*IT Executive*）杂志中发表，标题为“持续交付需要持续设计”(Continuous Delirery Reauires Continuous Design)。由“安全设计联盟”（Security by Design Guild）出品，Jan-Willem Hordijk 授权发布。作者包括：

- Bart de Best
- Dennis Boersen（ArgisIT）
- Freeke de Cloet（smartdocuments）
- Jan-Willem Hordijk（Nordcloud，IBM 公司）
- Willem Kok（ArgisIT）
- Niels Talens

一、简介

传统安全控制措施始终需要频繁的短期关注。在持续审计领域，这一做法已被应用于生产流程和生产环境，与软件的持续集成和持续交付理念相呼应。传统的以一年为期的审计周期难以跟上信息世界日新月异的步伐，无法提供充足的信息安全信心。那么，应该如何在瞬息万变的 IT 环境中保持对安全的控制？持续审计又是否是可行的解决方案？

本书的这部分讨论了将持续审计集成到 CI/CD 安全流水线中的 3 种方法。虽然这三种方法仍面临挑战和问题，但结果是有希望的。它们将审计与 DevOps 的开发速度相匹配，帮助企业保持保持控制力和市场竞争力。本节的目的是解释持续审计的概念。

新的敏捷交付范例导致 IT 环境变化越来越快。由于这种动态性，仅进行周期性的、回顾性的安全策略审计已经不再足够。跟上持续集成和部署的步伐，需要对 IT 环境中每一个变化进行持续监控。持续审计的概念可以解决这个问题，但它的可行性如何呢？

二、问题的定义

传统审计机构面临一系列新技术带来的挑战，这些挑战使得现有的审计方式难以充分满足信息安全认证的需求。首先，当前的审计周期为一年一次，加上后续的审查，对于快速变化的 IT 环境来说周期过于冗长。此外，敏捷开发的应用导致高频次的微小改动，这些改动不一定能得到充分的控制有效性测试。

信息系统之间的接口、云服务或云服务之间的接口也具有高度灵活性和快速变化的特点。最后，希望持续掌控信息安全状况的公司无法证明其 IT 环境符合监管要求或存在已经暴露的漏洞。这意味着无法立即得知信息安全控制的有效性，只有在审计过程中才能确认。

三、解决方案

要确保信息安全，关键在于持续不断地测试安全控制措施的有效性。

对此，我们可以采用 3 种相互促进的解决方案：提高审计频率、安全设计和持续审计。

1. 提高审计频率

解决问题的第一种也是最简单的方法是提高审计的频率，例如从每年一次改为每月一次。这可以通过更频繁地收集证据、减少收集和验证证据中的浪费来实现。

（1）局限性

这种解决方案相对容易应用，但提高审计频率的成本会显著增加，远高于年度审计。此外，一个月仍然是一段相对较长的时间，单靠这一方法并不能完全解决问题。

2. 安全设计

第二个解决方案是安全设计理念。该理念的核心是通过将必要的安全控制措施融入信息系统整个生命周期，从而从源头上防止安全缺陷出现。这些控制措施基于信息安全风险分析，并结合如图 1.8.1 所示的 DVS、SVS、ISVS 和 BVS 4 个集成的价值体系，主动确保控制措施的有效性。

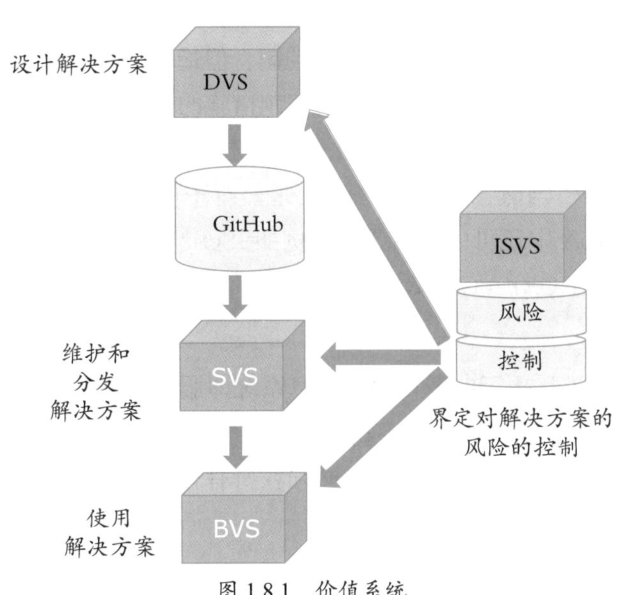

图 1.8.1　价值系统

（1）DVS

DVS 是软件设计和构建的价值体系。信息安全控制是设计的一部分，例如使用 oauth2 身份验证方法的 REST API。

（2）SVS

SVS 是软件维护和部署的价值体系。CI/CD 安全流水线包括对信息安全的自动化检查，例如扫描代码是否包含恶意软件。

（3）ISVS

ISVS 是一个价值体系，在其中定义信息安全控制并验证这些控制在 DVS、SVS 和 BVS 价值系统中的有效性，例如 ISO 27001:2013 的 114 个控制。

（4）BVS

BVS 是一个价值体系，用于以安全的方式使用信息系统，例如导出的电子表格和报告。所有价值系统都是通过使用用例图和用例设计的价值流进行定义的。例如，它们用 Gherkin 语言编写用来表达用例的行为。这使得价值流具有敏捷性，解决瓶颈并减少浪费，从而增加业务价值（BVS）。

这种价值体系的集成类似于汽车行业。例如，DVS 是汽车工厂，安全性被整合到汽车设计中，例如空气动力学、车架、碰撞检测等。SVS 是检查汽车控制装置（如车轮、制动器）是否有效并消除漏洞的车库。ISVS 代表法律要求的控制措施，由车库定期检查并向政府报告。最后，BVS 由安全措施代表，观察驾驶员是否饮酒、是否过度疲劳。

这些价值体系的集成保证了控制的有效性。例如，SVS 的 IT 服务连续性的价值流与需要灾难恢复的 ISVS 相关。这些控制措施基于已识别的信息安全风险。这产生了一种积极主动的信息安全管理方式。这种主动的安全设计方法可用于敏捷和非敏捷环境。这种方法是在 Sprint A-Z AB（哥德堡）开发的，并将在 Sprint A-Z 网络研讨会和后续出版物中进行推广。

（5）局限性

组织越来越多地倾向于使用云中提供的信息服务，这也带来了（安全）风险。这些信息系统是黑匣子，可以在一定程度上进行控制，但最终仍然是黑匣子。这意味着必须测试通过从供应商处购买软件和硬件获得的控制措施的有效性。

然而，在这些云环境中，当黑匣子堆叠在云中（例如 IaaS、PaaS 和 SaaS）时，这种测试变得更加困难。当然，有 SLA 条款要求黑匣子保持透明，并且在一定程度上可以进行更改报告。SLA 中还可以包括要求，例如 ISO 27001:2013、ISAE 3402 和网络安全领域的认证，例如 NOREA CSA & ICR。

3. 持续审计

第三种选择是通过从用于向客户提供信息系统即服务的托管对象中提取所有信息，来实现整个审计流程的自动化。 所接收的信息是实时性的，如果检测到偏差，会立即发出信号，并可能采取纠正措施。但是，必须在所有相关的旧组件和新实现的组件中实现信息提取的可能性。

（1）局限性

所有服务组件都必须以标准信息结构（JSON 格式）导出其信息。问题在于，每个产品实现此导出的成本是多少，以及这些对象的实际覆盖范围如何。理解服务的组件也不容易。对于云服务，除非互联网服务提供商支持，否则这甚至不可能实现。

> “信息安全控制的有效性尚不可知，只有通过审计才能确认。”

四、持续审计解决方案

这 3 个提议的替代方案各自具备价值，并且可以相互结合。但最后一个方案被许多组织视为解决问题的特效药。接下来，我们将进一步解释持续审计的概念，并得出结论。

1. 持续审计概念

持续审计的概念如图 1.8.2 所示。

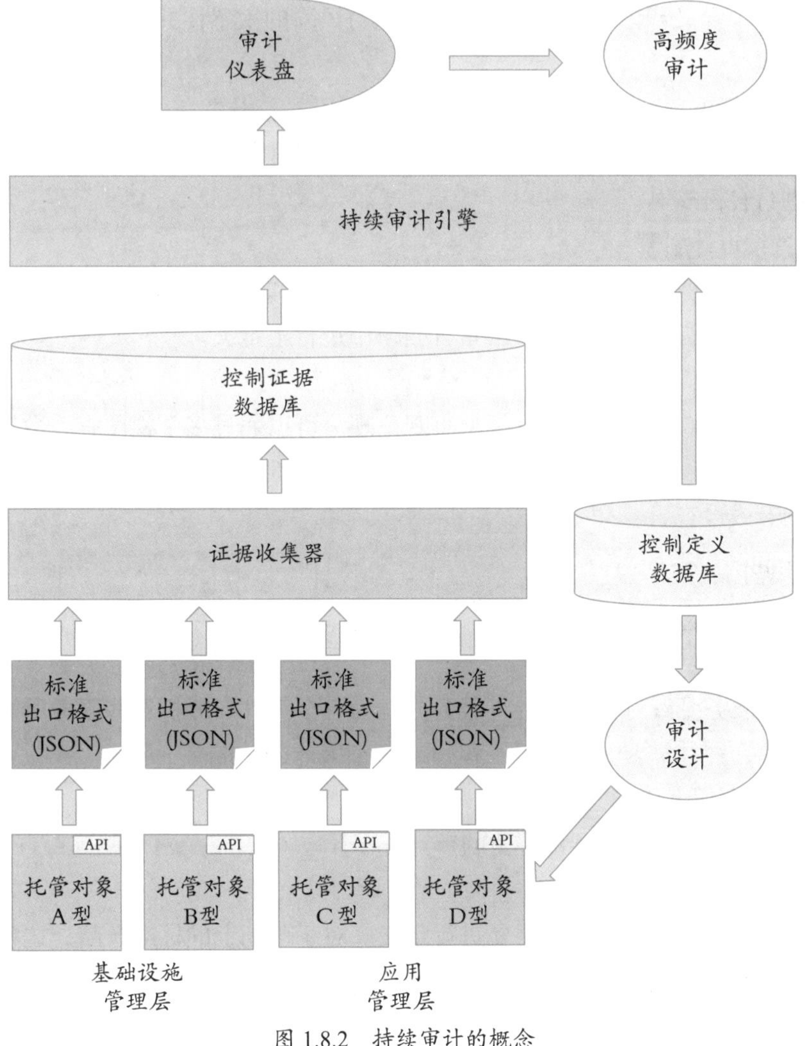

图 1.8.2　持续审计的概念

（1）管理对象

基础设施管理涵盖了硬件（网络组件、刀片服务器等）和系统软件（操作系统、数据库管理系统等）。应用管理则涵盖了包含业务逻辑的组件，如应用程序、数据库、报告等。所有这些对象都需要进行管理，并实施相应的控制措施，例如身份验证和授权。

基于受管对象（Manuged Object, MO）提供的服务也可以被视为受管对象。

（2）控制证据导出

所有属于信息系统一部分的受管对象的控制有效性都必须得到验证，因此必须从受管对象中提取信息。然而，用于验证控制有效性的控制措施和所需信息因受管对象而异。例如，从防火墙导出的信息与从数据库导出的信息不同。对于防火墙，必须有控制措施来验证端口和路由配置的有效性。这些控制措施不适用于数据库。然而，数据库存储业务数据，需要控制措施来验证访问权限的有效性。

（3）控制数据库

控制措施有效性测试的业务规则记录在控制数据库中。针对每种受管对象对业务规则的信息进行了定义和记录。此外，受管对象对风险的敏感性并不相同，因此不需要通过控制进行测试。

（4）控制证据

所有收集的信息都被集中存储。这些信息已被标准化，可与存储在控制数据库中的控制措施进行轻松核对。

（5）持续审计引擎

必须对控制证据数据库中的信息进行分析、筛选和聚合，以便将其与控制数据库中的相关控制措施进行比较。这在持续审计引擎中进行了定义。

（6）审计仪表板

控制措施的有效性在控制仪表板上直观呈现。可以通过多个视图查看数据，例如按价值体系、价值流、信息服务和托管服务划分的有效性，以及最终根据 ISO 27001:2013 控制措施的有效性查看。

2. 有哪些挑战？

持续审计的概念有很多陷阱。

（1）所需技能

为了监控服务受管对象，需要将服务分解为各个组件。分析这些服务所需的技术知识涵盖面较广，往往需要具备全栈工程师或 E 型人才的技能。

（2）缺乏证据

并非所有受管对象都能导出必要的审计证据。

（3）手动控制

将控制措施分配给受管对象需要进行定义。对于市场上的标准产品，这项工作可以一次性完成，但对于定制解决方案则需要手动配置。

（4）漏洞

与所有监控工具一样，这种方法将所有不合规信息集中在一个地方，从而创造了一个新的需要保护的漏洞。设计安全的和根据定义的控制措施选择信息服务的受管对象是应对这一挑战的积极措施。

> “持续审计不是一种炒作，它是一种将改变传统工作方式的市场变革。”

五、结论

持续审计尽管仍处于起步阶段，其理念尚未完全成熟，但对于任何想要缩短解决方案上市时间的组织而言，持续审计都应该被纳入发展蓝图。

然而，要想成功实施持续审计方案，需要具备以下前提条件：

- 控制需求或愿景（需管理的信息安全风险）。
- 将控制标准转化为组织背景下的实际操作能力（ISO 27001:2013 或其他框架）。
- 定义验证控制措施有效性的信息需求能力。
- 将服务转化为底层的受管对象（如应用程序和基础设施），并针对这些受管对象的风险选择合适的控制措施。
- 导出受管对象控制有效性证据的能力。收集证据以验证和可视化控制的有效性。

在第二篇文章中，我们会通过展示 ISO 27001：2013 控制措施的部分实施案例更详细地展开讨论。本节的最后对采用单敏捷 WOW 进行了解释。

六、为什么选择单敏捷工作方式?

本节讨论了基于一个匿名案例的单敏捷工作方式（One Agile Way of Working，OAWOW）的应用。Sprint A-Z 是一家专注于媒体世界的媒体服务公司，为本地和国际公司制作广告媒体。在这个领域，快速响应客户需求非常重要。Sprint A-Z 始终致力于探索如何为客户的商业价值流创造最大价值。广告媒体不仅要快速准确地交付，而且其信息也必须与客户的营销策略保持一致。这就是 Sprint A-Z 引入单敏捷工作方式的原因。

Sprint A-Z 是一家非正式组织，业务主要建立在关系和合作伙伴的基础上。随着公司发展壮大，准确定义和满足不同客户需求的难度也越来越大。例如，培训一名新的 IT 员工需要长达 6 个月的时间。

但是，实现新功能的速度也在不断下降，而由于快速实施的临时变更，信息系统的脆弱性也在增加。可以猜测，技术债务非常高。公司急需一种业务 DevOps 方法来扭转局面。公司选择了价值流体系方法，将整个组织的工作转化为价值流，并通过用例图和用例进行详细描述。

如图 1.8.3 左上角所示，使用一个立方体可以最直观地进行可视化。这个立方体代表了 Sprint A-Z 组织。我们只能看到立方体的个面，Sprint A-Z 的客户也是如此。对

Sprint A-Z 而言，这些面构成“Sprint A-Z 价值体系”（BVS），形成商业价值流。服务管理则基于 ITIL 4 SVS 进行细化。第 3 个面是 DVS，基于 DevOps 和敏捷 Scrum 进行细化。

图中右上角展示了立方体的背面。这 3 面由 ISVS、合规性和治理方面组成。与立方体这 6 个面相关的术语显示在立方体的第 2 行。

通过赋予这些价值体系实质内容，Sprint A-Z 成功设计了一座“Sprint A-Z 工厂”，能够洞察业务的工作方式（BVS），并通过整合 DVS、SVS 和 ISVS 来满足来自价值流的需求。这种整合使得控制变更过程成为可能，为应对脆弱性和技术负债腾出了空间。这个过程一共耗时两年，并将再持续两年。最终的成果是令人惊叹的，在 2020 年，Sprint A-Z 获得了 ISO 27001:2013 认证。

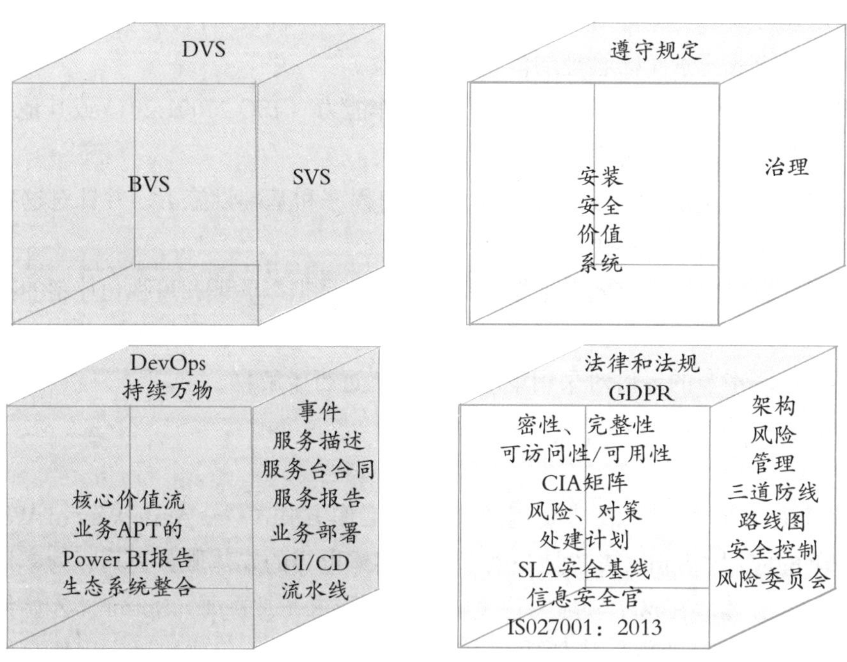

图 1.8.3　价值体系视图

1. 什么是 ISO 27001？

国际标准化组织（ISO）是发布 ISO 27001 标准的国际标准化机构。该标准旨在定义信息安全的概念，并提供 114 项控制措施来管理信息安全风险。

2. 什么是审计?

审计是由独立审计师进行的一项活动，旨在评估信息系统（设计）的存在性、信息系统的管理（责任制）以及信息系统的正确运行（性能）是否符合已定义的一套标准（例如 ISO 27001:2013 或 SoX）。

3. “持续”意味着什么?

这个术语经常出现在 DevOps 领域，指的是 IT 领域的变化是以高频率进行的，而且往往是很小的变化。其中心思想是提供快速反馈以进行改进。

4. 什么是敏捷开发?

敏捷开发是软件开发领域的一种动作，它描述了如何通过坚持精益原则为公司创造价值，如减少开发过程中的浪费和避免延长上市时间，以增加业务价值流的成果。

5. 什么是价值体系?

价值体系是一组连贯的价值流（流程、业务流程），它们共同直接或间接地增加业务成果。

6. 什么是设计安全?

服务（或产品）以协议的方式持续输出信息的能力，表明该服务在可用性、完整性和保密性方面符合给定的信息安全标准（ISO 27001:2013），以确定针对该服务的定义风险的设计控制是有效的。

第 9 节　第二篇 CA 工具设计

提要

- 无论是获取还是实现持续审计（Continuous Audit, CA）工具，都必须定义一个具体的最终结果，包括 CA 工具的要求。
- 设计 CA 工具需要定义一个价值流，包括用例图和用例。
- 为了支持 CA 工具简单和渐进式地交付，需要定义一个数据模型。

阅读指南

本节讨论了如图 1.6.1 所示的持续审计价值流中每个步骤的最佳实践，包括摘要、简介以及本文讨论的持续审计的概念。

一、摘要

持续审计的概念要求信息系统像任何其他 IT 解决方案一样进行构建或设计。如今，IT 解决方案通常以敏捷的方式实现或购买，并集成到现有的应用架构中。这同样适用于 CA 工具。本节介绍了实现 CA 工具的步骤以及需要回答的相关问题。

二、简介

持续审计概念如图 1.9.1 所示，有关背景的更多信息请参阅第 8 节中内容。

本文于 2021 年 4 月 19 日在《IT 经理》杂志中发表，标题为“持续交付需要持续设计”。由“安全设计联盟”出品，Jan-Willem Hordijk 授权发布。作者包括：

- Bart de Best
- Dennis Boersen（ArgisIT）
- Freeke de Cloet（smartdocuments）

- Jan-Willem Hordijk（Nordcloud，IBM 公司）
- Willem Kok（ArgisIT）
- Niels Talens（www.nielstalens.nl）。

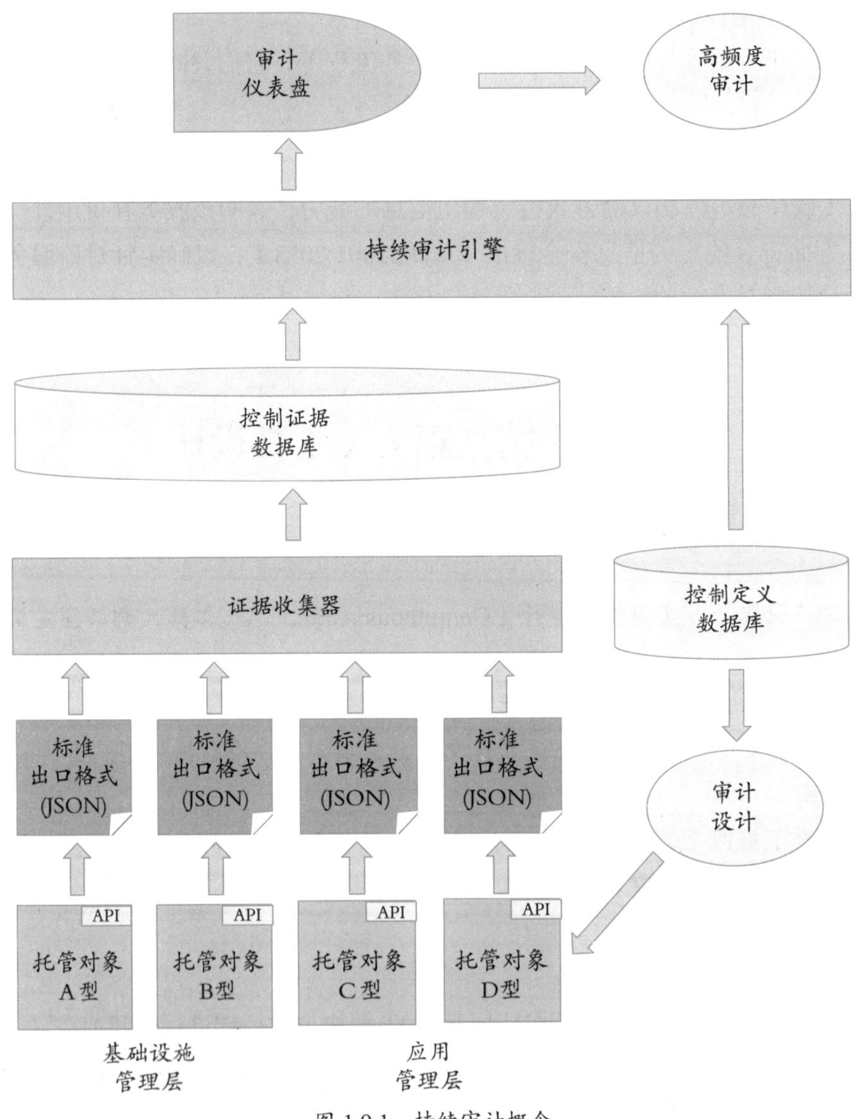

图 1.9.1 持续审计概念

三、问题说明

实施 CA 工具需要解决 3 个问题：

- 第一个问题是需要回答一系列关键问题。
- 第二个问题是 CA 工具的设计（如果不采用现成的）。
- 第三个问题是 CA 工具的开发、运行和维护。

1. CA 工具问题

本系列文章的第一部分提出了启动 CA 工具实现或采购的一系列必要条件，并将其转化为以下问题：

- 问题 1：CA 工具的愿景是什么？
- 问题 2：应该参考哪些法律、法规或内部信息安全要求？
- 问题 3：如何定义这些要求？
- 问题 4：如何在特定环境下将这些要求转化为控制措施？
- 问题 5：哪些信息资产需要被纳入控制范围并进行管理？
- 问题 6：我们如何从信息资产中提取、转换和加载（extract, transform and load, ETL）信息到 CA 工具中？
- 问题 7：如何决定购买或自行开发 CA 工具？

2. CA工具的要求

无论采用何种方式（购买或自行开发），都必须对最终成果（包括 CA 工具需求）有一个具体的规划。本节将介绍如何设计 CA 工具以及如何定义其需求，并提供一系列可供参考的 CA 工具需求。

3. CA 工具的实现方法

最终，还应该研究工具的具体实施方式。实现 CA 工具有多种方法，本文将对一些常见方法进行介绍。

四、CA 工具问题答案

对于 CA 工具的问题没有通用答案。CA 工具必须根据每个实施项目的业务背景量身定制。下面的答案可以作为参考。

1. CA 工具的愿景是什么？

传统年度审计难以有效应对信息提供动态变化带来的风险。随着企业不断创建和更新服务和产品，原先识别出的风险可能失去管控。因此，新服务和产品需要提供数据接口，以提取必要证据，并结合 CA 工具进行持续监控，以确保风险可控。

2. 应考虑 CA 工具要求的哪些来源？

制定 CA 工具需求时，需考虑多种来源，具体取决于所需的控制级别。本文将 ISO 27001:2013 作为最低要求，并辅以基于内部风险分析的补充要求，这些额外要求通常以 CIA 矩阵的形式呈现。

3. 如何定义这些需求？

CA 工具的需求体现在其行为上。本文采用 Gherkin 语言来描述该行为，当然也可以使用其他格式。Gherkin 语言是一种强大的描述性符号，能够以简单直观的语法表达出系统预期的可观察行为。

4. 如何在本地环境中将 CA 工具要求转化为控制措施?

在本地环境中转化 CA 工具要求需要综合考虑工具要求、本地情况和控制措施的有效性等方面。下面以访问管理中的“多因素身份验证”（Multi Factor Authentication, MFA）要求为例进行说明。不同组织的具体实施方式可能有所差异，但控制措施的有效性可以通过满足 MFA 要求的账户比例来衡量。该框架可以涵盖不同组织的控制措施，并将有效性度量以 JSON 格式进行表达。基于 JSON 格式的有效性度量，可以实现 API 接口，便于获取和共享控制措施的有效性信息。

5. 如何定义和映射范围内的资产到控制措施?

（1）CIA 矩阵作为资产过滤器

尽管要求仅限于由 ISVS 管理的用于提供信息服务的资产的信息安全要求，但该范围涵盖了所有可能存在风险的资产。因此，应使用 CIA 矩阵筛选出高风险资产，并将其纳入 CA 工具。

（2）资产映射

CIA 矩阵中这些资产与控制措施的连接是双重的，因为存在两种类型的控制措施：外部控制（ISO 27001:2013/ 法律法规）和内部控制（组织本身识别风险的对策）。这些控制措施可能会重叠。

6. 如何提取、转换和加载资产信息到 CA 工具?

为实现已实施控制措施与 CA 工具之间的信息交换，必须对必要的 ETL 功能进行标准化。为了使证据可收集（见图 1.9.1），需要从受管对象中提取数据。但是，必须将这些信息转换为证据收集器的统一格式。最后，转换后的数据必须加载到审计证据数据库中。如今，JSON 是一种常用的接口定义，但 XML 也可以做到这一点。市场上有许多技术和工具可以以受控的方式实现这一点。

7. 如何决定购买或自行开发 CA 工具?

构建或购买 CA 工具的选择取决于要监控的对象数量以及具有标准化接口以提取与要购买的 CA 工具兼容的信息的对象百分比。两种选择都有优点和缺点，如表 1.9.1 所示。每个组织都必须在这两种解决方案中找到平衡。

表 1.9.1　购买或自行开发 CA 工具

选择	优点	缺点
自行开发	• 精准满足需求	• 开发成本高 • 需要持续更新以跟随技术革新 • 需要进行维护 • 需要技术支持 • 有运维成本
商用现成软件（Common The of Shelf, COTS）	• 快速部署 • 厂商会不断更新和扩展功能迭代 • CAPEX 成本	• 需要针对不适配的受管对象进行配置 • 需要进行系统训练 • 对于大量的受管对象来说，价格可能很高

五、CA 工具需求

CA 工具需求分为两部分：第一部分是基于敏捷设计技术，描述全球范围内 CA 工具操作的设计；第二部分是使用 Gherkin 语言，更详细地定义 CA 工具的行为，涵盖需求、验收标准和测试用例。

1. 如何设计一个 CA 工具?

本书的这部分所遵循的步骤是：

- 第 1 步：定义 CA 工具的价值流。
- 第 2 步：定义用例图。
- 第 3 步：定义用例。

（1）第 1 步：定义 CA 工具的价值流

价值流是一系列创造结果的步骤。多个价值流相互关联，形成价值系统。在本例中为 CA 价值系统（CA Value System, CVS），其价值流如图 1.9.2 所示。CVS 可用于 ISVS 中自动化 ISVS 价值流内部审计。

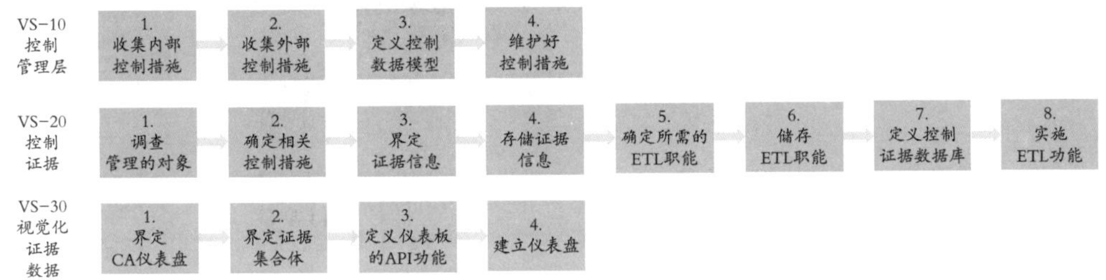

图 1.9.2　CVS 的价值流

第一个价值流根据图 1.9.1 创建控制定义数据库（Control Definition Database, CDD）。该数据库包含所有需要自动检查的控制措施。第二个价值流定义了控制证据数据库的数据结构。该数据库通过从范围内的受管对象中提取数据，填充控制有效性的证据。实现这一目标的 ETL 功能也在这个价值流中定义。最后同样重要的是，确定可视化并计算聚合信息。数据是使用 REST API 导出的。

（2）第 2 步：定义用例图

每个价值流必须至少定义一个用例图。图 1.9.3 显示了 VS-020 的示例。这里的步骤被转化为用例。每个用例也给出了参与者。这是定义 CA 工具用例的中间步骤。

（3）第 3 步：定义用例

我们需要为用例图的每个深色椭圆定义一个用例。

如果用例非常清晰，则可以只创建一个用例来定义整个用例图。这样可以节省定义用例的时间。

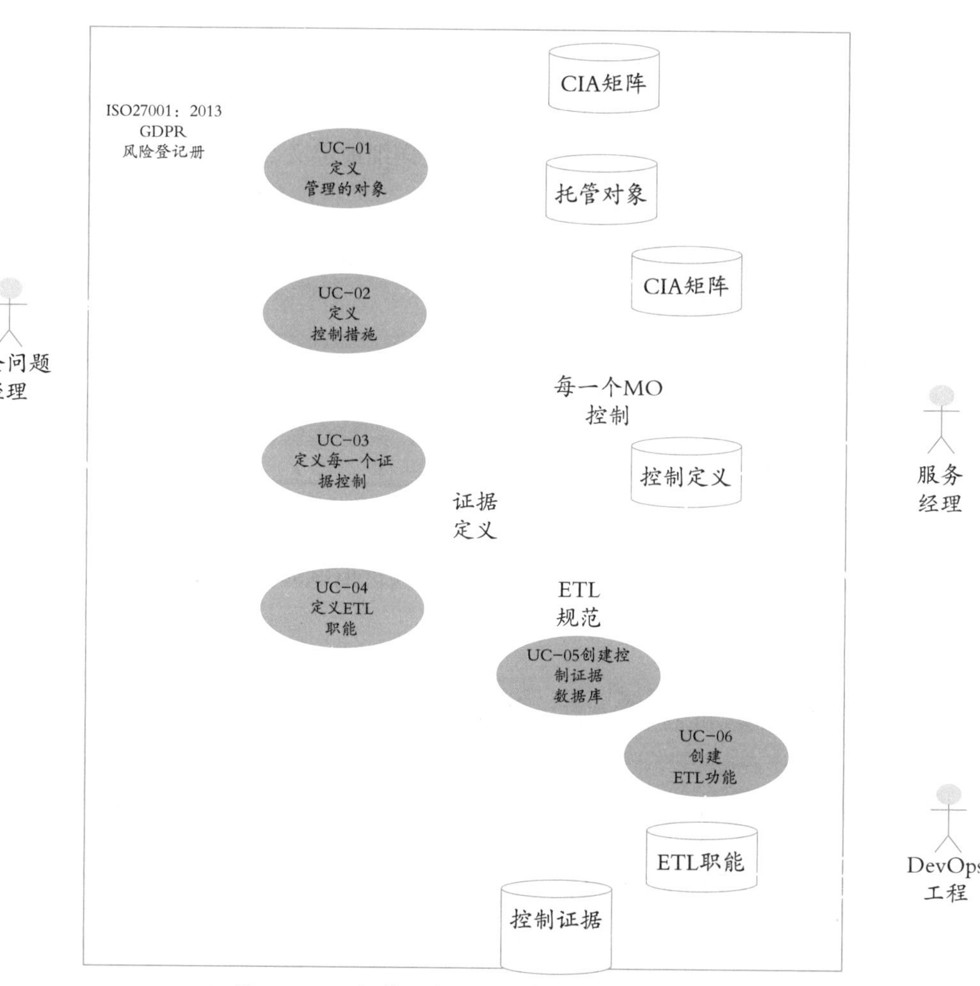

图 1.9.3 证据管理的用例图（VS-02 价值流）

表 1.9.2 显示了控制证据管理的用例。

表 1.9.2 控制证据的用例管理

属性	√	描述
ID	√	UC-20
命名	√	控制证据管理
目标	√	控制证据管理旨在收集针对已定义控制措施的证据，并通过所需格式导出数据以实现证据的可视化
摘要	√	证据的收集首先需要明确范围内的资产。每项资产都应选择并应用适当的控制措施。资产的价值决定了控制有效性的证据。将证据集中在一个数据库中，就可以直观地展示控制的有效性。证据的收集根据需要进行。例如，通过每日测量计算出一个月的平均绩效
前提条件		• 存在包含分类管理对象的 CIA 矩阵 • 内部和外部控制措施已定义并存储在控制定义数据库中

续表

<table>
<tr><th>属性</th><th>√</th><th colspan="4">描述</th></tr>
<tr><td>成功结果</td><td>√</td><td colspan="4">这个用例成功的前提条件是：
• 定义由 CA 工具管理的受管对象的范围
• 每个受管对象的控制都是已知的
• 证据格式是以 JSON 格式确定和定义的
• 控制证据数据库的建立，使证据得以储存
• ETL 功能是为每个证据格式定义和实施的
• 持续审计引擎可以调用 ETL 功能，从受管对象中提取证据，将证据转换成控制证据数据库的格式，并加载证据
• 必要时对证据格式进行汇总</td></tr>
<tr><td>失败结果</td><td></td><td colspan="4">• 不能测量 ETL 功能
• 提取的信息不能转换为控制证据数据库格式</td></tr>
<tr><td>性能</td><td></td><td colspan="4">适用于该用例的性能标准：
• LT：15 分钟
• PT：15 分钟
• %C/A：99%
这些计数器是基于在 CI/CD 安全流水线中执行这个用例所需的时间，用于一个迭代阶段。第一次运行需要更长的时间</td></tr>
<tr><td>频率</td><td></td><td colspan="4">每小时运行一次</td></tr>
<tr><td>参与者</td><td>√</td><td colspan="4">安全经理、服务经理和 DevOps 工程师都需要执行这个用例</td></tr>
<tr><td>触发条件</td><td>√</td><td colspan="4">定时触发，一天四次</td></tr>
<tr><td>场景（文本）</td><td rowspan="2">√</td><th>S#</th><th>参与者</th><th>步骤</th><th>描述</th></tr>
<tr><td rowspan="4">场景（文本）</td><td>1.</td><td>安全经理</td><td>定义受管对象</td><td>选择要纳入的受管对象。
所有资产通常都在资产清单或 CMDB 中登记。
然而，这包括所有的资产。CA 工具只用于信息安全风险相关的资产。因此，CMDB 必须根据 CIA 矩阵进行筛选，以便根据资产的脆弱性对其进行分类</td></tr>
<tr><td></td><td>2.</td><td>安全经理</td><td>针对受管对象定义控制措施</td><td>定义可视化控制措施的筛选机制，该筛选机制以多项标准为依据，包括：
• 基于适用法律和法规的关键控制措施
• 基于风险登记册的关键检查措施
根据上述筛选机制，可选择来自 CIA 矩阵（内部检查）和 ISO 27001:2013（外部检查）的检查措施。这些信息通常在适用性声明中提供。这些信息通常可以在适用性声明中找到。选定的控制措施必须被分配给受管对象，因为不是所有的控制措施都适用于所有受管对象</td></tr>
<tr><td></td><td>3.</td><td>安全经理</td><td>定义每个控制措施的证据</td><td>控制措施的有效性取决于证据。证据的获取需通过测量进行。测量结果具有其独特的证据格式</td></tr>
<tr><td></td><td>4.</td><td>DevOps 工程师</td><td>定义 ETL 功能</td><td>测量必须通过定义信息的提取、转换为要加载的控制证据数据库的格式来实施</td></tr>
</table>

续表

属性	√	描述			
场景（文本）		5.	DevOps 工程师	创建控制证据数据库	控制证据数据库的结构必须满足仪表板的信息需求。数据库结构必须与所有证据格式相对应
		6.	DevOps 工程师	创建 ETL 功能	仪表板必须填充证据信息。控制证据数据库的填充可以通过微服务来实现，这些微服务执行所需信息的提取、转换和加载
场景变化		S#	演员	步骤	描述
		1.			
开放式问题		使用什么技术能将数据从控制证据数据库提取到仪表板以进行数据可视化？			
计划	√	Q1 2021			
风险（Risico）	√	不是所有的资产都能被测量			
影响		只有在修改 CA 工具后，才能将新资产提升到生产环境			
优先级		由于需要控制的风险和所涉及的手动工作，该用例的优先级很高			
超级用例		UC-10			
接口		控制证据数据库没有界面，但 ETL 功能由 JSON 接口定义。仪表板的接口也必须在本用例中定义			
关系		用例 10 和 30 直接连接到本用例			
Jira 票据		J100			

六、如何设计需求

CA 工具的要求是以 Gherkin 语言描述的，下面是是对 UC-20 第 4 步的要求。

```
功能：为 CA 工具定义 ETL 功能
作为一名安全经理
我想从实施控制的资产中提取信息作为证据
这样我就可以直观地看到相关控制的有效性。

#S1.
情景：提取信息以证明 MFA 功能适用于 XYZ 应用程序的所有用户
Given XYZ 应用程序要求所有用户都需要多因素认证
When 我查询 XYZ 应用程序的数据库中的用户表
And 选择 MFA 标志设置为“未激活”的用户
Then 我就没有收到用户账户

# 预期的输出格式：
{
"Account nr": "<Nr>",
"MFA Flag": "<No>"}
```

七、CA 工具设计示例

为了让 CA 工具更具像化，下面给出了一些提示。

1. 界面

CA 工具的界面与其他监控仪表盘没有多大区别，但必须具备以下核心功能：

- 信息安全目标在保密性、完整性和可访问性方面的总体状况的可视化。
- 细化查询功能可以找到异常、警告或信息事件的详细信息。
- 对整体质量的差异化视图，如：
  - ISVS 的价值流。
    - 每个价值流的事件。
  - 资产。
    - 按资产分类的事件。
  - 人。
    - 按人员类型划分的事件。

2. 数据模型

图 1.9.4 显示了 CA 数据模型的一个示例。实体类型“Risk”表示风险。但是，风险并不一定适用于每个受管对象。此外，对于所有受风险影响的受管对象，风险并不具备相同的特征。

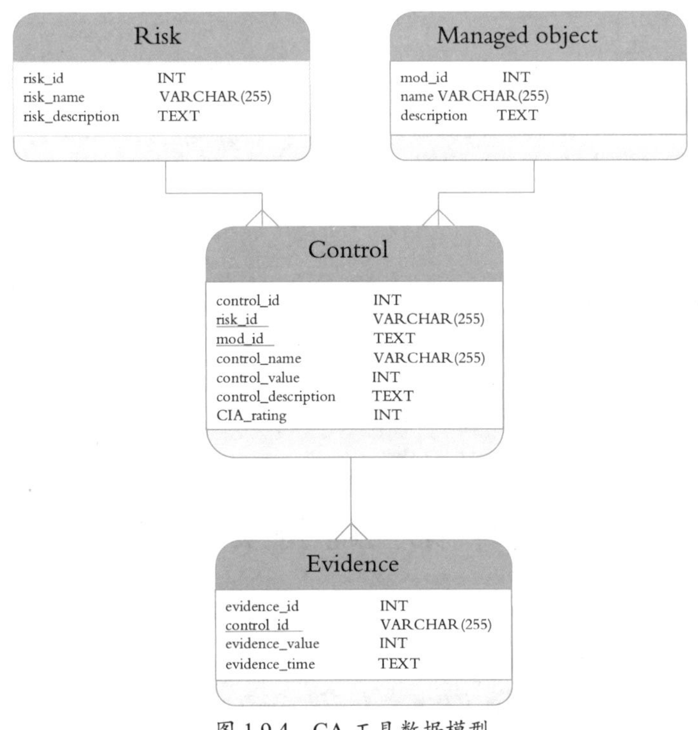

图 1.9.4　CA 工具数据模型

因此，风险和受管对象的组合决定了 CIA 评级和相关控制和证据的基础。

八、CA 工具方法

实施 CA 工具的最佳实践：

- 制定并版本控制控制检查的常规手动操作计划。
  - ◎ 这加快了 CA 工具的设计和需求的形式化。
- 根据史诗定义所有设计功能的路线图。
  - ◎ 史诗是需要四分之一完成时间的任务块。
  - ◎ 每个史诗都是为组织增加价值的最小化可行产品（Minimal Viable Product, MVP）。
  - ◎ 采用渐进式方法，优先实现最重要且耗时最短的功能。
  - ◎ 使用 80/20 规则：在 20% 的时间内实现 80% 的检查，将最难构建的部分留到最后。
- 使设计和需求与市场上的工具（治理风险合规）保持一致。
- COTS。
  - ◎ 敏捷开发是自制 CA 工具的最佳解决方案，而 COTS CA 工具则可以通过安装程序实施。

九、市场上的 CA 工具示例

以下工具在一定程度上提供 CA 工具的功能：

- Idea。
- ACL。
- Bwise。
- ARIS。
- SAP GRC。
- Oracle GRC。
- Approva Bizrights。
- Synaxion。
- Oversight。

第 10 节　第三篇 持续审计实施

提要：

- 对风险的控制措施最好用标准化格式来定义，如 Gherkin 语言（Given - When - Then）。
- 对于一个功能齐全的 CA 工具，必须设置对风险管理、管理对象、控制措施和证据进行 CRUD（Create-Read-Update-Delete, 创建 - 读取 - 更新 - 删除）操作的功能。
- 控制定义中既可以定义证据值和阈值，也可定义包含更复杂运算符的规则表达式。

阅读指南

本节首先介绍了 CA 工具的实施，然后在介绍了 MVP 的基础上讨论了实施情况，并做出详细说明，最后给出了研究结果和结论。

一、简介

本文介绍了基于“持续审计概念”（第八节）和“CA 工具设计”（第九节）的 CA 工具原型。第一篇“持续审计概念”阐述了持续审计的概念，第二篇“CA 工具设计”则给出了实现这种概念的设计方案。本文进一步将该设计具体化，开发出一个可运行的解决方案，即 MVP。

这篇技术性较强的文章面向架构师、开发人员、工程师和技术审计员。文章从一个具体案例展开，演示了如何持续监控控制并通过仪表板实时呈现业务规则（测试控制与标准的符合程度）的结果。这个 MVP 是开发完整 CA 工具的第一步（工作原型），为进一步扩展和完善奠定了良好基础。该 MVP 使用了 Flask、Python、ProgreSQL 和 Azure 等技术和平台。

本文于 2021 年 4 月 19 日在《IT 经理》杂志中发表，标题为“持续交付需要持续设计”。由“安全设计联盟”出品，Jan-Willem Hordijk 授权发布。作者包括：

- Bart de Best
- Dennis Boersen（ArgisIT）
- Freeke de Cloet（smartdocuments）
- Jan-Willem Hordijk（Nordcloud，IBM 公司）
- Willem Kok（ArgisIT）
- Niels Talens（www.nielstalens.nl）。

二、MVP 简介

CA 工具的 MVP 旨在构建一个持续信息流，以评估控制措施的有效性。该 MVP 的功能选择与 CA 设计相契合，但仅针对一个受管对象（SQL Server）、一个风险（容量短缺）、一个控制措施（容量监控）和一系列容量测量数据（证据）进行测试。

为了确保所有受管对象得到一致对待，我们将使用审计工具进行测试，保证检测过程的标准化。该 MVP 旨在打造一个可行的概念，并最终以开源形式供更多企业使用。当更多企业采用相同的方法测试控制措施时，我们将获得对各种风险及其控制措施的有效性的更深入的理解，这些信息可以在 CA 工具社区内共享。

未经授权访问（R101）是一个示例风险。这个示例的风险控制措施包括：

- 密码控制，强制所有用户每 90 天更改一次密码，避免长时间使用同一密码（C101-1）。
- 为每个用户启用 MFA（C101-2）。
- 监控网络入侵者（SSH 流量）（C101-3）。

如第一篇文章所述，风险控制措施最好以标准格式定义，例如 Gherkin 语言。

```
#Control: C101-1（ISO 27001:2013附录A）

Given鉴于 用户需要至少每90天更改一次密码
When 90天期限到期
Then用户会收到一个弹出窗口以重置密码
```

该控制措施可以通过CA工具进行监控，方法是检索证据来证明C101-1确实对所有用户有效。实现方式是调用一个Azure REST API，该API返回密码的过期日期。

三、MVP解释

表1.10.1提供了MVP的工具、技术、功能和对象的概览。这些在下面的部分中进行解释。

表1.10.1 CA工具的功能

工具/技术	功能	对象
Flask	用户界面	index.html
Python	应用	app.py
ProgreSQL	数据库	ca_schema.py ca_populate.py
Azure	被管理的对象	其他API

1. 用户界面

本节将探讨并评估用户界面的功能、路线图和技术层面。

（1）界面功能

用户界面目前仅限于最基本功能。界面左侧显示带有控制ID、控制定义和控制阈值的控制项。中间部分显示通过REST API从监控系统获取的证据值，右侧则显示控制阈值与证据值的比较结果。如图1.10.1所示。

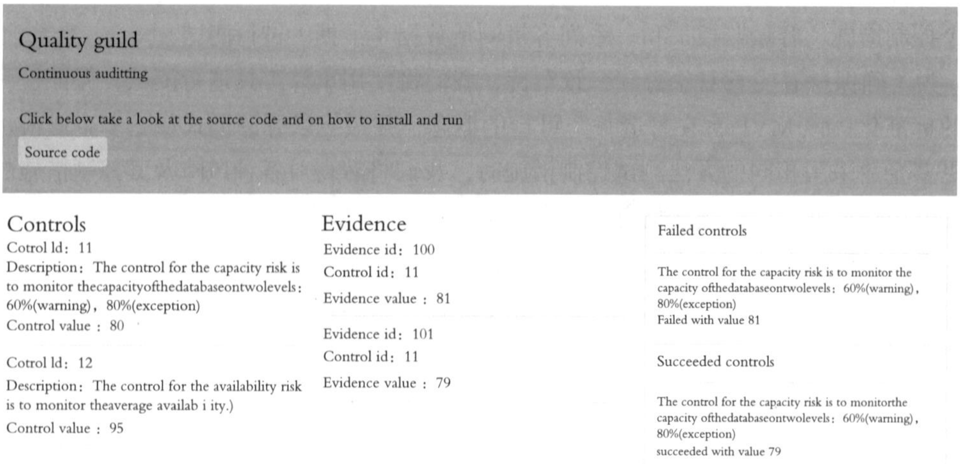

Quality guild
Continuous auditting
Click below take a look at the source code and on how to install and run
Source code
Controls
Cotrol ld：11
Description：The control for the capacity risk is to monitor thecapacityofthedatabaseontwolevels：60%(warning)，80%(exception)
Control value ：80
Cotrol ld：12
Description：The control for the availability risk is to monitor theaverage availab i ity.)
Control value ：95
Evidence
Evidence id：100
Control id：11
Evidence value ：81
Evidence id：101
Control id：11
Evidence value ：79
Failed controls
The control for the capacity risk is to monitor the capacity ofthedatabaseontwolevels：60%(warning)，80%(exception)
Failed with value 81
Succeeded controls
The control for the capacity risk is to monitorthe capacity ofthedatabaseontwolevels：60%(warning)，80%(exception)
succeeded with value 79

图1.10.1 CA工具的用户界面

（2）界面路线图

目前的用户界面是初稿，仅适用于演示用途。要打造完善的 CA 工具，必须建立风险管理、受管对象、控制和证据的 CRUD 功能。这些对象必须能够相互关联，并具备报告功能。

此外，还应提供仪表板，以便从价值流和用例深入受管对象都带有细化查询的界面，包括展示交通灯式的风险指示。

用例只有在所有相关的受管对象也为绿色时才会呈现绿色状态。信息的呈现应主要集中在一目了然地看到价值流被控制的程度。同时，界面应能够建立起控制措施与诸如 ISO 27001:2013 等标准框架之间的关联，并清晰呈现控制措施的掌握程度。所以我们需要定义清晰的导航路径，以便于针对每个附录 A 控制，能够立即根据该控制措施获得的证据，核查已控制的风险及其控制程度。

（3）图形化技术

Flask GUI 提供了一个简洁但功能强大的 Web 界面，可快速简便地构建。它拥有预定义的组件，能够快速开发出美观的界面。

2. 应用

本节将探讨并评估应用程序的功能、路线图和技术层面。

（1）应用程序功能

app.py 应用程序用于发布 index.html 中的内容。这些内容是通过 Flask 的 SQLAlchemy 接口从 Postgressql 数据库（ca_db）中获取信息来接收的。app.py 的伪代码如下：

- 定义控制表和证据表的控制模型。
- 定义用于检索成功和失败的函数。
- 返回 render_template index.html。

（2）应用程序路线图

这是一个非常基本的 CA 工具实现，表明可以快速创建仪表板。为了谈论可以快速部署的 CA 工具，有许多内容需要添加。有以下几个方面：

• 规则引擎：阈值和证据值的评估必须扩展到控制值中的表达式。因此，不仅要定义阈值，还要定义表达式，例如“<=”“==”“>=”。规则必须使用这些表达式和阈值。表达式必须足够丰富，才能触发多个控制。这意味着必须有许多运算符，并且还可以有更多的值。必须能够通过 app.py 中的 REST API 轻松输入新规则。

• 证据：证据现在是未格式化的，由阈值组成。为了评估复杂规则，必须定义证据结构，例如以 JSON 格式。需要处理来自 JSON 格式的值以及来自规则的信息要求。可以为每行设计一个独特的 JSON 结构。

• 模式：规则基于受管对象和风险。为了限制规则的数量，有必要定义适用于同一风险的多个受管对象的模式。例如，适用于 SQL Server 和 Postgresql 托管对象的规则。同样，一个规则可以用于多种风险。

（3）应用技术

Flask 不仅提供 Web 界面，还提供称为 SQLAlchemy 的对象关系模型（Object

Relation Model, ORM）。该接口建立了 ProgreSQL 中的表和 Python 中的类之间的关系。为此必须提供一个控制模型，尽管 SQLAlchemy 也提供了使用模块“automap_base”自动执行此操作的选项。db.session.query 函数允许使用查询的内容填充列表，其中也允许连接。正如你所知，Python 是一种简单的编程语言，这对于 CA 工具代码的编程也是如此。

3. 数据库

本节将探讨并评估数据库的功能、路线图和技术层面。

（1）数据库功能

数据库的功能保持了精简。共有两个 Python 脚本用于实现相关功能：

- CA_schema.py 脚本：该脚本负责创建数据库表格以及相关的测试案例。
- CA_population.py 脚本：该脚本为数据模型提供基础性填充，包括风险、受管对象以及管控措施等数据。
- 证据的填充是通过调用 Azure REST API 来实现的。

图 1.10.2 展示了 CA 工具实体关系图。

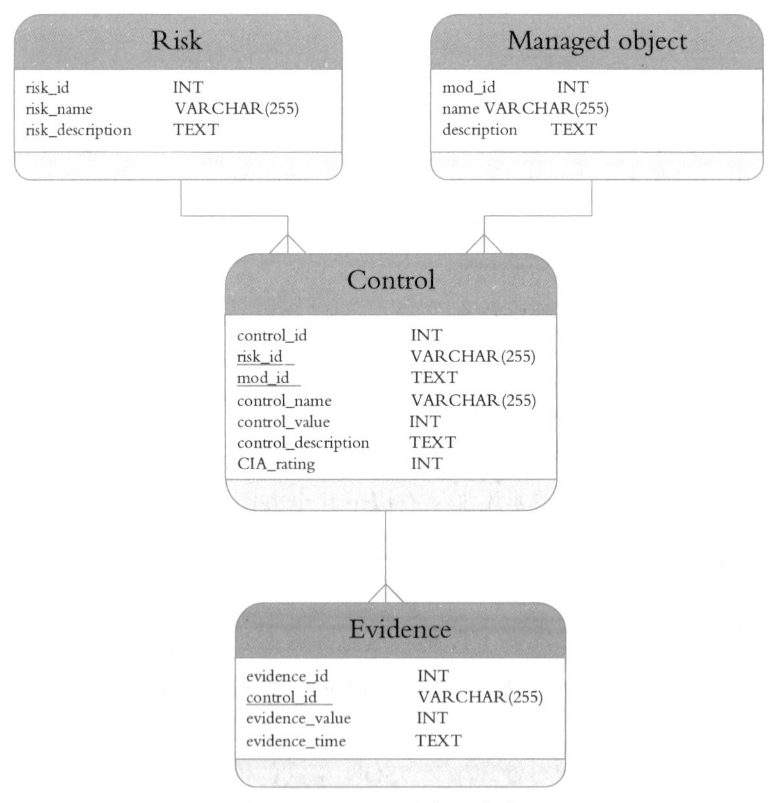

图 1.10.2　CA 工具实体关系图

（2）数据库路线图

为了实现数据模型的管理，为数据库提供标准迁移脚本是有必要的。由于数据库工具具有迁移需求，我们无法在数据模型中定义业务规则，但是，仍然需要创建参照完整性和索引。

（3）数据库技术

目前，PostgreSQL 完全符合 CA 工具的各项要求和期望。企业组织可以选择具有故障回退选项的集群技术。实体关系图是在 MySQL 工作台中创建的。但是，该工具只能通过商业 ODBC 适配器连接到 PostgreSQL。然而，将 CA 工具迁移到 MySQL 的过程非常简单，只需要在 Python 中以不同的方式编程连接即可。

四、发现和结论

- 寻找合适的 REST API 相当困难。尽管 Azure 和 AWS 都提供了此类 API，但需要对这些环境有深入的了解才能快速找到合适的接口。
- 利用开源工具可以相对快速地构建自定义工具，但需要密切关注系统软件的兼容性，尤其是在硬件设备老化的情况下。
- CA 工具需要有比 REST API 采集器更多的功能。例如，必须配备能够将证据与标准进行比对的规则引擎，还应支持对基础对象（包括受管对象、风险、控制措施、规则和证据集合）进行灵活定义。可以考虑为此构建一个 JSON 接口，并通过 REST API 进行调用。
- 必须连接 S-CMDB 工具，以确保被管理对象的完整性。
- 采用控制模式以减少控制数量。为实现控制重用，应选用相应的约定规范。
- 开源 CA 工具是理想的解决方案。如果社区能够推广开源 CA 工具，将会为业界带来巨大裨益。

第二章
持续安全

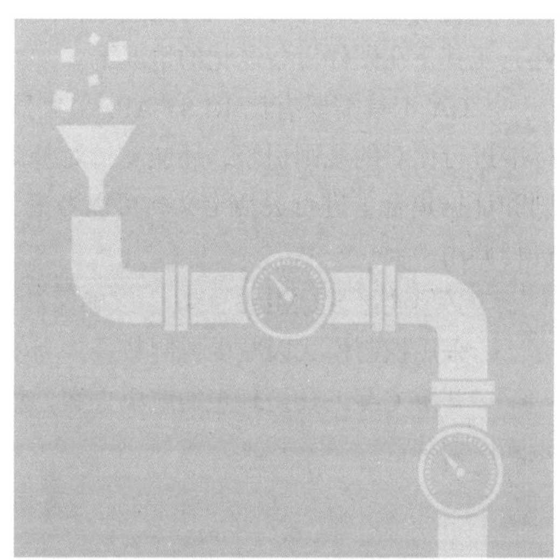

第 1 节　持续安全简介

阅读指南

本节介绍“持续安全”这一章的目的、定位和结构。

一、目标

本章的目标是讲述持续安全的基本知识以及应用持续万物这一领域的技巧和窍门。

二、定位

持续安全是持续万物概念的一个方面。本章包含了持续实施合规性的各种技术，这些技术可以在开发过程中不断提高信息系统的质量。持续安全是 DevOps 8 字环的组成之一，在如第一页的图 0.1.1 所示，贯穿整个流程。“持续”一词指的是采用增量和迭代的方式开发软件，形成一个代码流，并通过 CI/CD 安全流水线持续过渡到生产环境。这个代码流就如同一条价值流，需要不断优化。

持续安全是一种敏捷方法，我们可以在设计信息系统的过程中定义它的行为、功能和质量，用来实现所需要的控制，从而减轻或消除已识别的风险。持续安全与 DevOps8 字环的所有方面有直接或间接的关系，因为它是整体设计的。这意味着持续安全涵盖了信息系统（技术）、生产过程（流程）以及知识和技能（人员）等多个方面。因此，持续安全提供 PPT 层面的设计。

信息系统的设计是确保系统控制安全的重要基础。近年来，许多组织质疑信息系统的设计。将信息系统的信息捆绑起来并让所有利益相关方参与进来的传统做法被敏捷的工作方式和三人组开发策略视为已经过时的理念。这个做法意味着要从业务、开发和测试三个方面提前考虑一个要构建的增量。这样就能更好地解决“怎么做”和“做什么”的问题，并能就增量的 DoD 达成共识。但是，这忽略了设计另一个重要的功能：控制功能。该功能旨在通过实施适当的对策来防止因缺乏措施而导致的风险，包括但不限于违反法律和监管义务的风险。信息安全也是至关重要的控制要素，它涵盖信息的安全性、完整性和可用性。

从持续安全角度来看，DevOps 领域的发展至关重要。目前，一些组织仍在采用瀑布式项目的工作方式，这种工作方式需要进行大量的设计工作；而另一些组织则发现仅仅使用用户故事并不是最佳方案，某种形式的设计仍然是必要的。因此，系统开发领域再次趋于平衡，为持续安全提供了坚实的基础。

当然，问题在于是否所有类型的信息系统都应该采用同样的工作结构。随着 Gartner 的 BI 模型的出现，区分 SoR 和 SoE 变得至关重要。除了 SoE，现在人们还谈论 SoI。图 2.1.1 概述了这三种类型的信息系统（SoR、SoE 和 SoI）之间的关系。

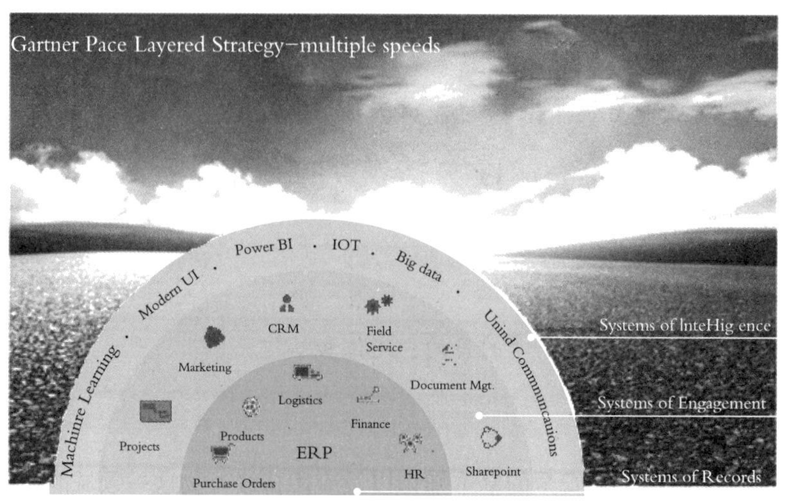

图 2.1.1　SoR、SoE 和 SoI

（来源：结果公司 HSO）

（1）SoR

SoR 是后台办公室的信息系统，完成财务、物流、库存和人力资源管理任务。这些系统必须满足信息安全方面的 CIA 要求。这意味着，除了其他事项外，需要设计方案来表明财务数据是如何产生的，以及不同相关信息系统的接口是什么。这些系统通常是信息系统链的一部分。

这些系统需要经过深思熟虑，于是合规性在设计中发挥着重要作用。

（2）SoE

销售渠道，特别是网络商店和智能手机应用程序，是面向消费者的 SoE 的主要目标。这些应用程序可以轻松地提供新版本、补丁和更新。这些信息系统通常不是信息系统链的组成部分，而是链条的终点。在敏捷开发和 DevOps 的相关出版物中，它们也经常被用作案例。对于这些信息系统而言，显然事先经过考虑的设计（前置设计）是不太必要的，通常它们可以用成长式设计（新兴设计）来满足需求。

然而，将这些端点视为信息安全泄漏的潜在点非常重要。这就是为什么 SoE 除了用户故事集合之外，还需要更多内容的原因。信息安全也必须成为这些信息系统的一个组成部分。单独的用户故事并不能形成对信息系统的可访问描述。因此仍然需要一种能够提供系统功能、质量、操作和信息安全概览和洞察的设计方案。尤其重要的是，用户界面和数据源接口是安全和持续安全的重要方面。

（3）SoI

除了上述系统，还存在 BI 解决方案，具体指各式报告、数据分析工具等。与 SoE 类似，BI 能基于 SoR 的信息进行呈现，并且更易于修改。然而，数据泄露和入侵始终是潜在风险。风险的高低取决于所提供信息的价值。因此，必须准确评估信息风险并采取相应的防范措施。

（4）持续安全的必要性

对于三种类型的信息系统（SoR、SoE 和 SoI），都需要一定程度的控制，因此我们需要进行持续安全。

单靠一组用户故事并不能全面了解和监控信息系统所承受的控制要求，也难以及时准确地识别出信息系统适应和扩展所带来的风险和影响。然而，必须避免风险应对措施（控制）的实施破坏生产过程的敏捷性。这意味着，不仅控制的设计和监控要增量迭代地进行（持续安全），而且控制的选择也必须基于加权风险进行，既不能太多，也不能太少。控制设计定义的程度可随信息系统类型而变化，从 SoR 的详细定义到 SoE 的精简定义，再到 SoI 的近乎无定义。即使对于 SoR，控制设计也可以分为前置定义（提前）和新兴出现（迭代）的两个层面。

三、结构

本章介绍了如何使用 ISVS 模型来塑造持续安全。在讨论该模型之前，首先将讨论持续安全的基本概念和基本术语、定义、基石和架构，然后再深入探讨该模型。

1. 基本概念和基本术语

本书的这部分阐述了持续安全涉及的基本概念和基本术语。

2. 持续安全定义

有一个关于持续安全的共同定义是很重要的。因此，本书的这部分界定了这个概念，并讨论了信息系统设计和管理不当所造成的潜在问题及其成因。

3. 持续安全基石

本书的这部分讨论了如何通过变更模式来定位持续安全，在此我们将得到以下问题的答案：

- 持续安全的愿景是什么（愿景）？
- 职责和权限是什么（权力）？
- 如何应用持续安全（组织）？
- 需要哪些人员和资源（资源）？

4. 持续安全架构

本书的这部分介绍了持续安全的架构原则和模型。架构模型包括以下方面：

- ISVS 模型 （ISO 27001）。
- SVS 模型 （ITIL 4）。
- DVS 模型 （敏捷 Scrum）。
- DevOps 8 字环模型 （DevOps 流程模型）。

5. 持续安全设计

ISVS 由信息安全价值链组成，为信息安全价值流提供实质内容。价值流将基于用例进行描述。用例之间的关系将通过用例图展示。

6. 持续安全最佳实践

本书的这部分介绍了如何构建 ISVS，并讨论了一些持续安全最佳实践。

7. 治理安全实践

本书的这部分讨论了治理安全实践。这些是管理 ISVS 价值链的最佳实践。它涉及获得高层管理层的承诺、确定利益相关方、确定范围、确定目标和确定信息安全政策等实践。对于每个安全实践，都将讨论用例、定义、目标以及应用示例。

8. 风险安全实践

风险安全实践包括 ISVS 的操作最佳实践。这涉及确定问题、风险标准和信息资产，识别风险，进行风险评估和风险应对以及实现控制等实践。对于每个安全实践，都将讨论用例、定义、目标以及应用示例。

9. 质量安全实践

质量安全实践包括内部审计和 ISVS 最佳实践的持续改进。对于每个安全实践，都将讨论用例、定义、目标以及应用示例（如有）。

10. 持续安全与敏捷 Scrum

孤立地实施持续安全毫无意义。系统开发（敏捷开发）与安全之间存在着太多的接口，因此学科之间的整合是必要的。本书的这部分将描述这种联系的本质。

11. 持续安全与 DevOps

信息安全与敏捷 Scrum 之间的联系是一个非常重要的改进。然而，为了实现持续安全，还需要与运维建立联系。本书的这部分讨论了如何使用持续万物的概念将持续安全与 DevOps 集成。

第 2 节　基本概念和基本术语

提要

- 基于 ISVS 模型讨论了持续安全。
- ISVS 模型是 ISO 27001 标准中的控制措施。
- 为了赋予信息安全实质内容，尽可能地在 SVS 和 数字价值（DV）中融入 ISVS 价值流。

阅读指南

本节在讨论持续安全的概念之前，首先定义基本概念和基本术语。

一、基本概念

1. 持续控制

图 2.2.1 展示了持续控制模型。该模型表明，必须根据已确定的风险（风险转化）将目标转化为控制措施。

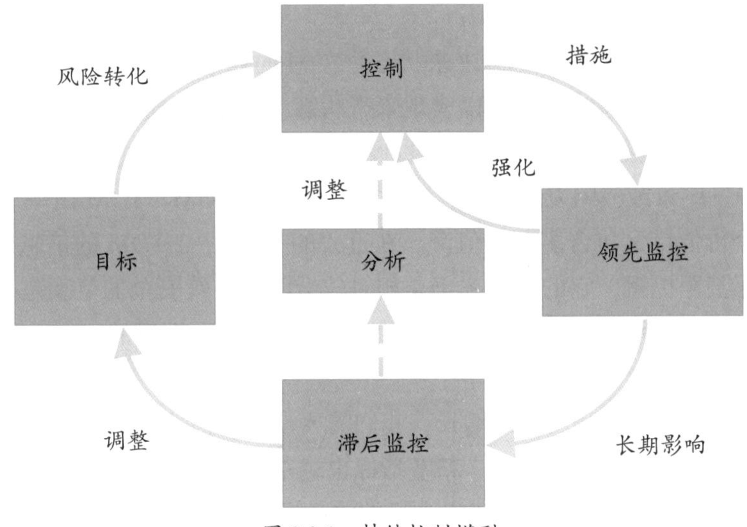

图 2.2.1　持续控制模型

我们应该使用短期（领先监控）的测量来衡量控制的有效性。如果发现偏差，可以收集更多的测量数据来强化控制措施。为了观察长期效应，短期测量数据将被汇总（滞后监控）。若目标被证实不切实际，可进行相应调整。对汇总后测量数据的分析亦可能导向控制的调整。

2. 持续安全金字塔

图 2.2.2 展示了持续安全金字塔，强调信息安全目标必须持续设计和监控。

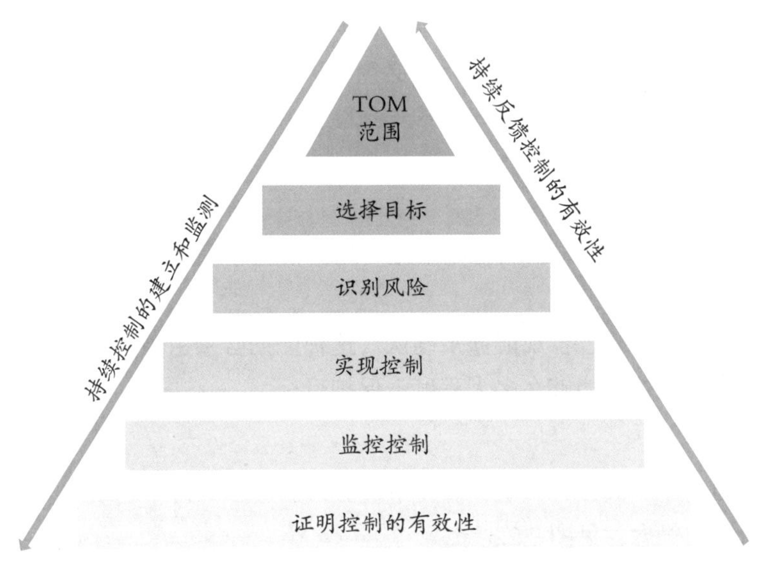

图 2.2.2　持续安全金字塔

（1）确定范围

TOM 是理想的方案，也被称为未来状态。TOM 的目标是提高财务价值和社会价值。该方法通过迁移路径逆转当前状态以实现未来状态。Ist–Soll– 迁移路径建模通常是架构师基于组织的使命、愿景和战略定义而设计的。

一旦使命、愿景或战略发生变化，通常也需要调整 TOM。TOM 由一个或多个价值链组成，每个价值链又包含多个价值流。在过去的 30 年中，TOM 的信息规划已经从 5 年加速到 1 年甚至更短，它的变异率仍是相对较低的。持续安全的范围是在 TOM 内根据选定的价值流，特别是那些产生最大成果增长的价值流来选择的。

（2）确定目标

为了监控战略的实现和成果的增长，我们需要设定目标。这些目标通常是通过平衡积分卡等可视化工具来制定。如今，精益指标也越来越多地用于监控成果改进。

最终，每个目标都必须以增长成果为目的。然而，一些不可控因素（外部影响因素）作为成果增长的前提条件，也需要被纳入目标设定中。例如，GDPR 立法和 ISAE 3402 标准就属于这类因素。由于这些强制性的法律法规和标准框架，它们也必须被纳入目标设定过程。

组织也可以选择遵循某个标准来更好地吸引客户，例如 ISO 27001:2013 标准，它表明信息安全符合独立定义的标准。

（3）确定风险

任何目标的达成都存在一定风险。这些风险可能性质各异，并高度取决于设定的目标。

（4）确定控制措施

面对风险，我们可以选择承担或者控制，但不应该忽视它。承担风险意味着不采取任何措施，任由风险发生；而控制风险则必须采取应对措施来消除或减轻（降低概率或影响）风险。衡量标准的选择取决于组织的风险偏好（愿意承担多少风险）和雄心壮志（愿意为了达到目标承担多少工作量）。

（5）确定监控措施

风险管理的有效性应通过衡量控制措施的运作情况来确定。

（6）确定证据

控制的有效性需要通过客观证据来确认。这种证据必须由独立方客观地获取，并用来向利益相关方证明控制能够在多大程度上保护目标。

3. 价值链

1985 年，迈克尔·波特在其著作《竞争优势：创造和维持卓越绩效》（1998 年版）中提出了价值链的概念，见图 2.2.3。

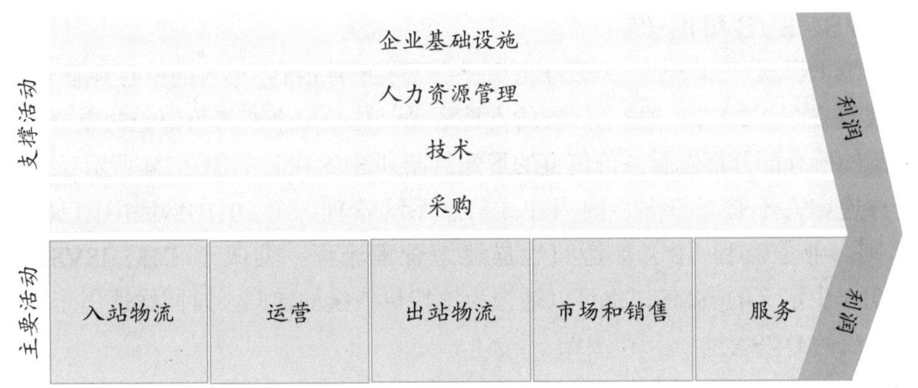

图 2.2.3 波特的价值链

（来源：《竞争优势：创造和维持卓越绩效》，1998 年版）

波特认为，一个组织通过一系列具有战略意义的活动为客户创造价值，这些活动从左到右看就像一条链条，随着链条的延伸，组织及其利益相关方的价值创造也不断增加。波特认为，一个组织的竞争优势源于它在其价值链活动的一个或多个方面做出的战略选择。

该价值链与下一小节描述的价值流模型具有几个显著的不同之处。这些差异主要体现在以下方面：

- 价值链被用来支持企业战略决策。因此，它的应用范围是总体的公司层面。
- 价值链展示了生产链中哪些环节创造了价值，哪些环节没有。价值从左到右增加，每个环节都依赖于之前的环节（链条左侧）。
- 价值链是线性的、操作性的，旨在体现价值的累积过程，并不适用于流程建模。

4. 价值流

价值流概念并没有明确的来源。但许多组织已经在不知不觉中应用了这一概念，例如丰田汽车的丰田生产系统。价值流是一种可视化流程的工具，描述了组织内一系列增加价值的活动。它是按时间顺序排列的商品、服务或信息流，逐步增加累积价值。

尽管价值流在概念上与价值链类似，但也有重要区别。我们可以通过以下方面进行对比：

- 价值链是一个决策支持工具，而价值流则提供了更细致的流程可视化。在价值链的某一环节，如图 2.2.3 中的 “服务”，可以识别出多个价值流。
- 与价值链一样，价值流是商业活动的线性表述，在不同的层面上发挥作用。原则上不允许分叉和循环，但对此没有严格的规定。
- 价值流经常使用精益指标，例如前置时间、生产时间和完成度 / 准确度，但这在价值链层面并不常见。但这并不排除为价值链设定目标的可能性。将平衡计分卡层层分解到价值链和价值流是合理的。
- 与价值链不同，价值流可以识别具有多个步骤的分阶段生产过程。

5. DVS、SVS 和 ISVS

在 ITIL 4 中，定义了 SVS，为服务组织提供了实质性内容。SVS 的核心是服务价值链。SVS 可放置在图 2.2.3 中 “技术”层的支持活动。这是整个波特价值链的递归。这意味着价值链的所有部分都以服务价值链的形式复制到 SVS 中，如图 2.2.4 所示。

这种递归并不是新概念，因为在《信息系统管理》（2011 年版）中已将其视为递归原则。业务流程（R）被递归地描述为管理流程。类似于 SVS，ISVS，即 ISO 27001:2013 中定义的 ISMS，也可以被视为波特价值链的递归。这同样适用于定义系统开发价值流的 DVS。

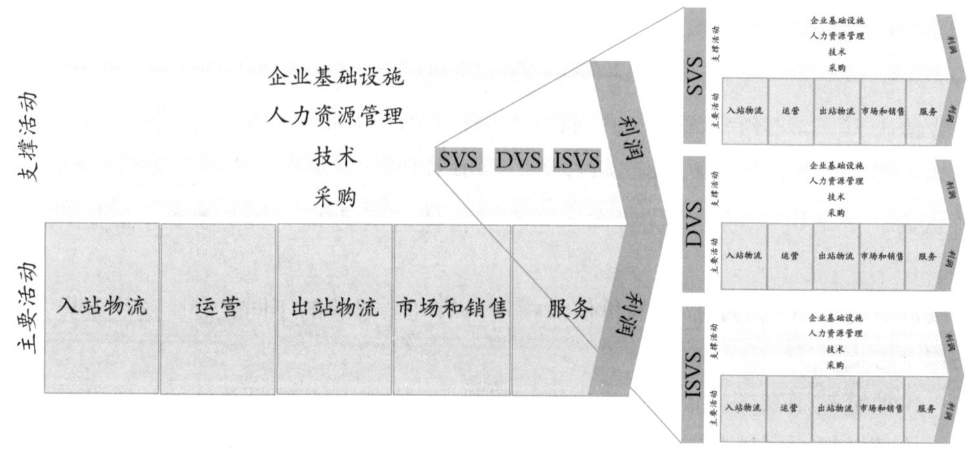

图 2.2.4　波特的递归价值链

（来源：《竞争优势：创造和维持卓越绩效》，1998 年版）

另一种递归可视化如图 2.2.5 所示。

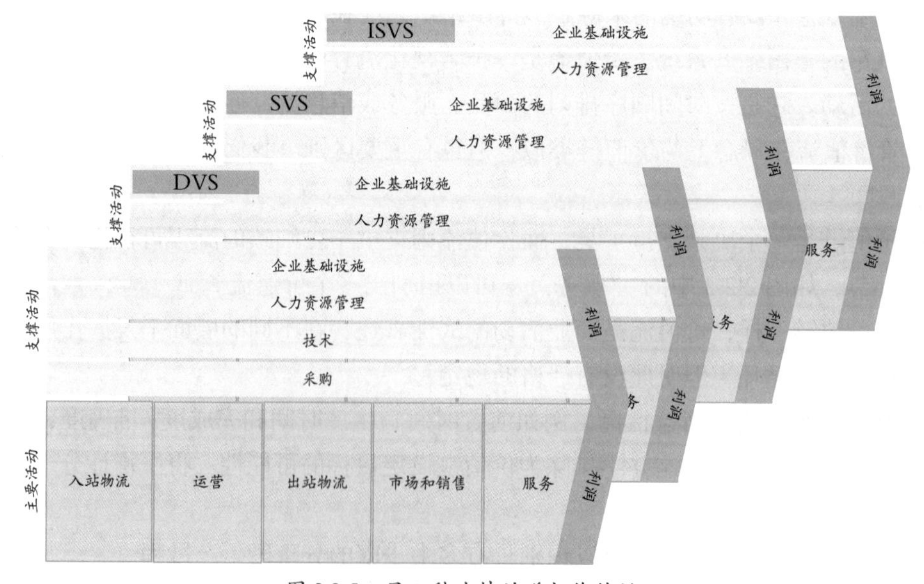

图 2.2.5　另一种波特的递归价值链

（来源：《竞争优势：创造和维持卓越绩效》，1998 年版）

两种可视化的区别是，图 2.2.5 假设价值链具有波特结构，而 ITIL 4 中定义的 SVS 没有波特结构。因此将 Matruskas 定义为图 2.2.4 所示则更为合适。

作为 ITIL 4 SVS 核心的服务价值链有一个运营模型，用作指示价值流的活动框架。服务价值链模型是静态的，只有当价值流贯穿其中、共同创造和交付价值时，才会产生价值。

6. 持续安全定位

图 2.2.4 表明，在波特价值链中可以识别出若干价值体系，即 SVS、DVS 和 ISVS。图 2.2.6 表明，这 3 个价值体系由原则、实践、治理、持续改进和价值链组成。

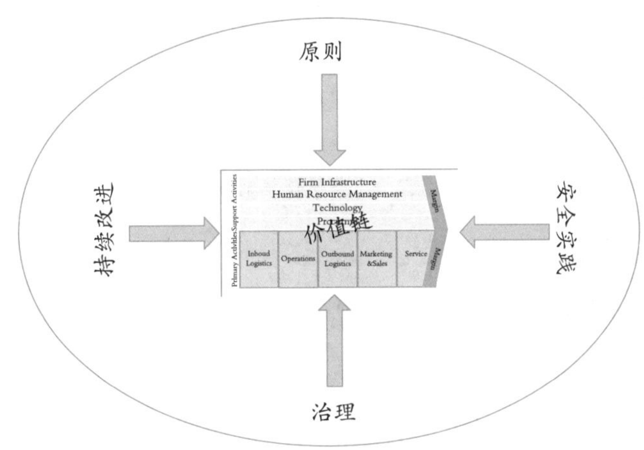

图 2.2.6　价值体系的构建

原则上，价值链是波特价值链的一种应用，如图 2.2.3 所示，价值链的目的体现了其应用。 对于 SVS 来说，这是运维层面的 TOM 设计；对于 DVS 来说，这是开发层面的 TOM 设计；而对于 ISVS 来说，这是信息安全层面的 TOM 设计。

价值链由价值流组成，价值流由价值系统提供的实践组成。例如，ITIL 4 提供了构建 SVS 价值流的管理实践，而 ISO 27002:2013 则为 ISVS 的价值流提供了最佳实践，《持续万物》（2022 年版）一书提供了 DVS 和 SVS 的 DevOps 实践。图 2.2.7 示意性地展示了业务价值链的结构。

对于持续安全，如今有各种各样的控制保障措施可供选择。其中一种方法是定义一套新的 ISVS。在此基础上，可以细化构成价值流的原则、实践、治理、持续改进和信息安全价值链。另一种方法是不设计 ISVS，而是将控制纳入相关的价值体系，即 SVS 和 DVS。鉴于持续安全金字塔强调纯粹专注于信息安全的控制，优先推荐使用 ISVS，从而提升控制的重要性。在 ISVS、DVS 和 SVS 价值系统之间存在重叠之处，ISVS 的某些方面可以整合到 DVS 和 SVS 中。本部分将提供设计 ISVS 的基础。例如，DVS 对于确保待构建应用程序中的控制安全至关重要，SVS 对于应用程序的受控生产很重要。

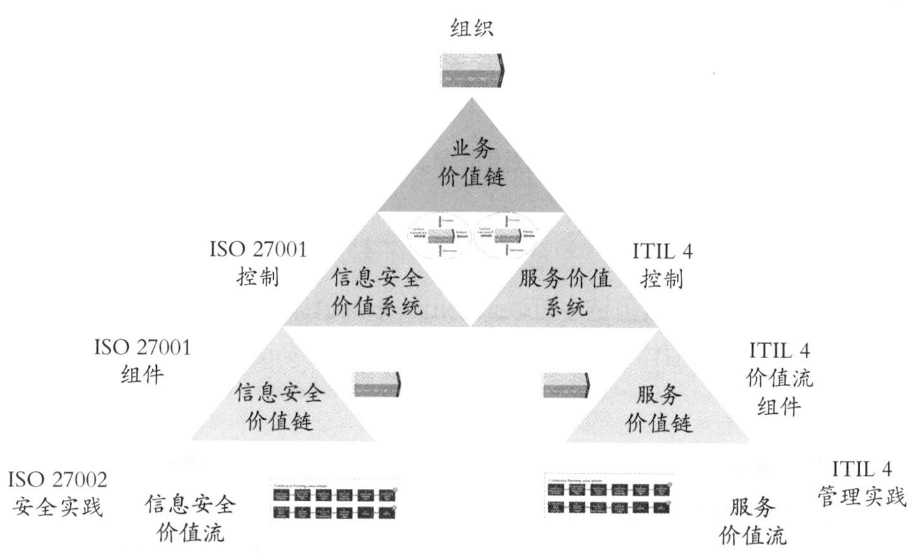

图 2.2.7　业务价值链的构建

7. 信息安全的三重视角

本书的这部分将介绍信息安全的三重视角：业务视角、运维视角和开发视角，如图2.2.8所示。

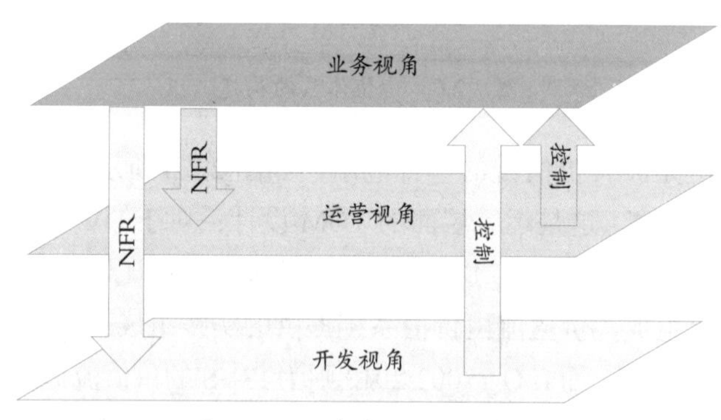

图 2.2.8　信息安全的三重角度

业务视角反映了企业的价值流，这些价值流共同构成了 BVS。BVS 由 DVS 开发的信息系统，并由 SVS 进行管理和维护。

DVS 为填充开发视角的开发价值流提供了实质性的支撑。常用的开发框架包括敏捷 Scrum、极限编程（eXtreme Programming, XP）和看板。在这些开发框架中，控制措施是基于提供的非功能性需求（Non Functional Requirement, NFR）设计的。SVS 为填充运维视角的服务价值流提供了实质性的支撑。常用的运维框架包括 ITIL 4 和 MOF。在这些框架中，NFR 在生产过程（CI/CD 安全流水线）和生产环境中转化为控制措施。

DevOps 为 DVS（开发）和 SVS（运维）双方提供了实质性的支撑，使信息安全集成比 Dev 和 Ops 仍然各自独立创造价值的组织更容易实现。BVS、DVS 和 SVS 3 个价值体系通过各自解释信息管理的方式联系起来。BVS 的业务价值流由两类信息系统所提供的服务共同支持，即DVS价值流生成的信息系统和由SVS价值流委托和管理的信息系统。

这些价值体系共同为BVS的利益相关方所制定的信息安全需求提供了实质性的支撑。ISVS包含塑造控制生命周期管理的价值流。控制措施是针对已识别风险的应对手段。通过持续收集证据，在BVS、DVS和SVS中不断评估控制措施的有效性，从而实现持续安全。ISO 27001标准是广泛使用的信息安全标准，定义了信息安全及其丰富的控制措施。BVS、DVS、SVS和ISVS使用持续控制模型，确保价值体系不断改进。

二、基本术语

本部分提供有关持续安全的基本术语定义。为了表明术语之间的一致性，它们将根据概视图进行描述。

1. 风险管理术语

图2.2.9展示了风险管理的核心术语之间的联系。

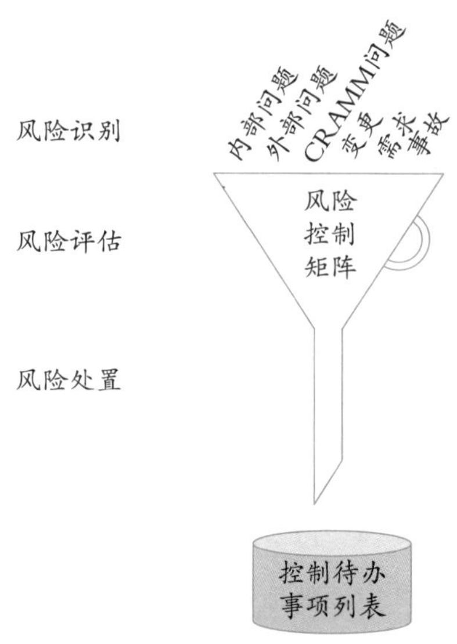

图2.2.9　风险术语

（1）风险

在ISVS的背景下，风险是指威胁实际发生的可能性，该威胁对组织的信息安全及其成果产生负面影响。

（2）风险优先级

威胁发生的概率及其对组织的影响共同决定了风险处理的顺序。

（3）风险识别

风险的生命周期始于基于多个来源识别风险，问题是潜在威胁的重要来源。问题随时可能发展成风险，就像乌云可能变成倾盆大雨一样。因此，必须识别问题并监控其威胁性增加的可能性。本书的这部分已识别出3种类型的风险。

（4）内部威胁

与信息安全相关的内部威胁会导致组织内部成果损失。如果判定威胁级别足够高，就可以在风险登记册中对其进行风险评估。

（5）外部威胁

与信息安全相关的外部威胁会导致组织外部成果损失。如果判定威胁级别足够高，就可以在风险登记册中对其进行风险评估。

（6）CRAMM 问题

除了针对具体组织进行威胁评估，还可以列出适用于所有组织的一般信息安全威胁清单。本书将介绍一种生成此类清单的方法。CRAMM，指的就是创建此类列表的方法，即英国中央计算机和通信局（Central Computer and Telecommunications Agency, CCTA）风险评估方法，又称为 CCTA 风险评估方法（CCTA Risk Assessment Method）。

（7）变更

信息提供中的变更可能源自 SVS 和 DVS。此外，为了提升信息安全，ISVS 也需要进行相应变更。

（8）需求

利益相关方的需求和期望构成了信息安全服务保障需求，特别是与信息安全相关的服务质量需求。这些需求可以是具体的，也可以基于法律法规（例如 GDPR）制定。

（9）事件

信息安全事件是指对信息 CIA 服务造成破坏，这些信息属于 ISVS 的范围。

（10）风险控制矩阵

风险控制矩阵（又称 CIA 矩阵）列出了针对可用性、完整性和保密性风险的应对措施，也称为控制措施。这些风险是根据所识别的威胁、变更、需求和事件来确定的。

（11）风险评估

在风险评估过程中，会对已识别的风险进行优先级排序。优先级取决于影响和紧迫性。

（12）资产

资产是指需要进行管理的特定对象。它可以是实物形态资产（如设备、建筑物），也可以是无形资产（如知识产权、品牌）。

（13）风险应对

当风险被识别并评估后，可根据相关建议采取应对措施。若需要创建或调整控制措施，则需制定应对计划并将其纳入控制待办事项列表。

（14）控制待办事项列表

列表上列出的需实施的控制措施，可被纳入一个或多个敏捷 Scrum 团队的产品待办事项列表中。

2. 价值体系术语

图 2.2.10 显示了 ISVS、SVS 和 DVS 各个价值体系之间的关系。其中包含了与信息安全相关的具体术语。

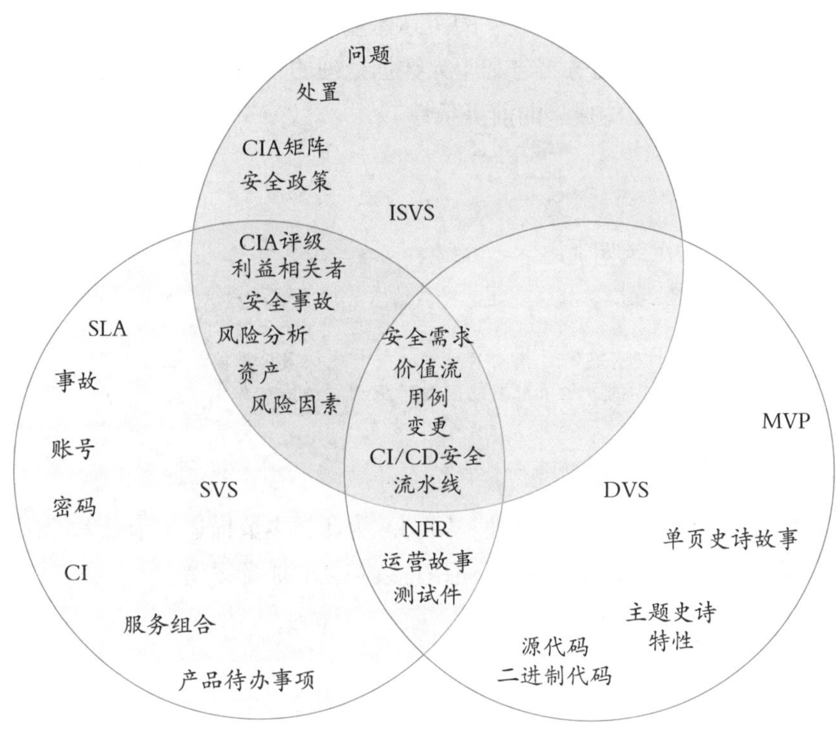

图 2.2.10　价值体系术语

第 3 节　持续安全定义

提要

- 持续安全应被视为一种持续风险管理方式，通过持续安全可以创造价值。然而，需要正确的认知才能识别和理解这种成果的增长。
- “安全”一词带有负面含义，但安全就像一面镜子，让我们看到可以做得更好的地方。
- 为了保证创造价值，持续安全必须被看作是消除和减轻风险的整体方法。

阅读指南

本节介绍了持续安全的背景和定义，然后基于特征性问题概述了经常发生的问题，并分析了持续安全提供解决方案的根本原因。

一、背景

持续安全的目的必须是保证业务成果的增长。具体而言，它通过更快地向利益相关方反馈信息，帮助它们了解所识别的风险的应对措施在信息系统的行为、功能和信息质量方面是否能有效实现。提升业务成果的实际衡量标准通常在于信息安全领域的风险管理以及遵守法律法规，例如财务报告和个人数据处理的相关规定。这些方面是企业在制定 TOM 及其目标时所期望的成果的前提条件。

二、定义

本节对持续安全的定义如下。

> 持续安全是针对一个包含人员、流程、合作伙伴和技术的价值链，持续进行全面评估，确保其处于受控状态。
> 这通过持续监控控制的设计、存在和运作的有效性，并利用反馈信息改进控制来实现。
> 控制是针对无法实现质量目标的风险所采取的应对措施。质量目标源于价值链的目标运营目标。

三、应用

持续万物的每个应用都必须基于业务案例。为此，本节描述了信息系统持续控制方面的典型问题，这些问题隐含地构成了使用持续安全的业务案例。

1. 有待解决的问题

需要解决的问题及其解释见表 2.3.1。

表 2.3.1　处理持续安全时的常见问题

P#	问题	解释
P1	传统的审计公司由于多种原因面临着新技术的挑战，审计人员在开展信息安全认证时，对新技术的考虑尚不充分	主要原因包括： • 敏捷开发方法下，高频率的小规模变更并非总是经过控制措施有效性测试 • 信息系统、云服务之间的接口或云服务之间的接口是灵活且变化迅速的 • 希望持续保持控制的公司不能证明它们的 IT 环境符合法规或暴露出了漏洞，这意味着无法立即知晓控制措施的有效性，只能在审计期间确认
P2	反馈缓慢	ICT 领域的变化越来越频繁，而年度审计只能给人在一年后才得到控制的印象
P3	控制措施难以理解	没有记录控制措施的设计、存在和运作，难以证明合规性
P4	没有可追踪性	从收集到的证据中无法明确该数据是针对哪个目标收集的
P5	没有信息系统设计	如果应用程序的设计不是以价值流、用例图、用例或类似形式进行的话，则无法正确确定隐含风险的保障
P6	没有风险管理	在风险登记册没有记录风险，也没有记录在风险发生时采取的措施
P7	没有监控功能	监控设施不是针对控制信息系统的

续表

P#	问题	解释
P8	没有证据	没有证据表明该信息系统符合适用的法律和法规，该组织无法向客户证明其处于控制状态
P9	风险被忽略	由于风险偏好过高，为了达到目标而承担的工作量过少，缺乏控制或有意识地承担风险的能力。

2. 根本原因

找出问题的原因的久经考验的方法是 5 个“为什么”。例如，如果不存在（完全）持续安全方法，则可以确定以下 5 个“为什么”：

（1）为什么我们没有实施持续安全?

因为没有人要求始终保持控制。

（2）为什么没有必要始终保持控制?

因为安全有负面的含义，被视为浪费，持续安全更是如此。

（3）为什么持续安全被视为浪费?

因为风险管理被认为非常耗时，会影响新功能的快速交付。

（4）为什么持续安全被视为耗时的?

因为没有价值体系（例如 ISVS）或价值流（例如信息安全价值流），无法保证控制措施与信息系统共同设计，导致需要进行重构才能构建控制措施或手动监控控制措施。

（5）为什么没有价值系统或价值流专门用于控制？

因为管理层的风险偏好过高或为了达到目标而承担的工作量过少，这也可能取决于组织的成熟度或者组织高层的管理能力不足等，还有更多的原因可以列举。总的来说，总会有一种潜在的意识，这种意识通常被日常问题中确定的目标而不是质量目标所压制。通常情况下，如果整个组织因软件劫持事件而瘫痪，或所有公司机密被泄露到互联网上，或因竞争对手获得了所有客户和员工数据而陷入困境，那么组织更愿意投资于控制措施。

这种树形结构的 5 个“为什么”问题使我们有可能找到问题的根源。必须先解决根源问题，才能解决表面问题。因此，在没有资金进行改革或进行后续培训的情况下，我们开始评估是没有意义的。

第 4 节　持续安全基石

提要

- 持续安全的应用需要自上而下的驱动和自下而上的实施。
- 通过持续安全确定的控制结构的管理，可以通过制定路线图来优化，将改进点纳入技术负债的待办事项列表中进行有序处理。
- 持续安全的设计应从一个能够表达其必要性的愿景开始。

- 对持续安全的有用性和必要性达成共识十分重要，这可以避免在设计过程中产生过多争论，并为统一的工作方法奠定基础。
- 变更模式不仅有助于建立共同愿景，而且有助于引入持续安全金字塔并遵循这一方法。
- 如果没有设计权力平衡步骤，就无法开始实施持续安全的最佳实践（组织设计）。
- 持续安全强化了一个追求快速反馈的左移组织的形成。
- 每个组织都必须为持续安全的变更模式提供实质性的内容。

阅读指南

本节首先讨论可以应用于实现 DevOps 持续安全的变更模式。该变更模式包括 4 个步骤，从反应持续安全愿景和实施持续安全的业务案例开始，然后阐述权力平衡，其中既要关注持续安全的所有权，也要关注任务、职责和权限；接下来是组织和资源两个步骤，组织是实现持续安全的最佳实践，资源用于描述人员和工具方面。

一、变更模式

图 2.4.1 所示的变更模式为结构化设计持续安全提供了指导，通过从持续安全所需实现的愿景入手，可防止我们在毫无意义的争论中浪费时间。

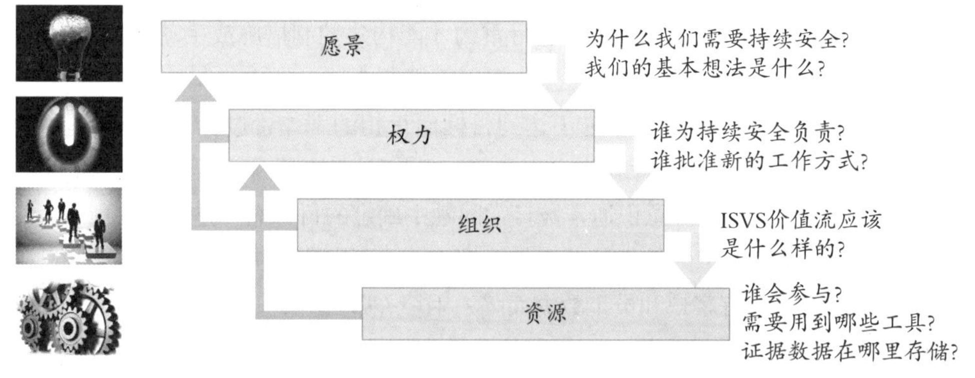

图 2.4.1　变更模式

在此基础上，我们可以确定责任和权力在权力共享上的位置。这听起来似乎是一个老生常谈的词，不适合 DevOps 的世界，但是猴王现象也适用于现代世界，这就是记录权力平衡的重要性所在。随后，工作方式才能细化和落实，最终明确资源和人员的配置。

图 2.4.1 右侧的箭头表示持续安全的理想设计路径。左侧的箭头表示在箭头所在的层发生争议时回溯到的层级。因此，有关应该使用何种工具（资源）的讨论不应该在这一层进行，而应该作为一个问题提交给持续安全的所有者。如果对如何设计持续安全价值流存在分歧，则应重提持续安全的愿景。以下各部分将详细讨论这些层级的内容。

二、愿景

图 2.4.2 展示了持续安全的变更模式的步骤图解。图中左侧部分（我们想要什么？）列出了实施持续安全的愿景所包含的各个方面，以避免发生图中右侧部分的负面现象（我们不想要什么？）。也就是说，图中右侧的部分是持续安全的反模式。下面是与愿景相关的持续安全指导原则。

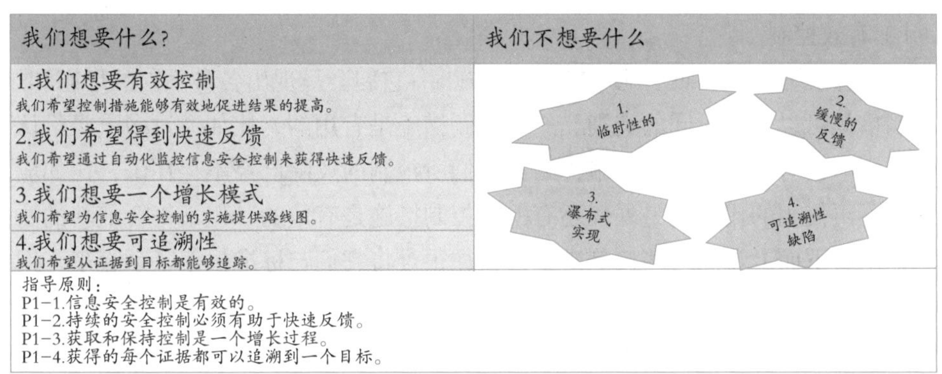

图 2.4.2　变更模式——愿景

1. 我们想要什么？

持续安全的愿景通常包括包括以下几点。

（1）有效控制

控制的价值在于其有效性。为此，持续安全金字塔的步骤必须从 TOM 及其衍生的目标开始执行。

（2）快速反馈

持续安全的目的是获得持续、高频率的证据，以证明已识别的风险得到控制。所以必须进行自动化监控。这些监控结果可以为进一步的监控提供依据，也可以用来分析哪些控制措施需要调整。

（3）增长模型

为了达到设定的目标，如 GDPR、税法、AFM 规定、档案法、医疗保健标准框架等，需要实施一些控制措施，这些控制措施需要花费时间和金钱。其中一部分可以通过购买标准软件或云服务来实现。然而，大部分必须通过定制软件来实现。实现这些控制措施需要时间。因此，需要制定增长模型。

（4）可追踪性

安全的一个重要要求是变更的可追踪性，即谁授权了对控制的哪项变更。广义上讲，可追溯性是指追溯获取证据所依据目标的能力。有些证据的来源易于辨认，有些则不然。

例如，从解雇员工处及时撤销权限的证据的可追踪性，可以很容易与信息安全标准框架中的保密性要求相关联。但反过来，也必须能够建立这种追踪性，即哪些控制措施赋予这些目标实际内容。为了提高追踪性，目标、风险、控制措施、测量和证据都必须附加元数据。

2. 我们不想要什么？

确定持续安全的愿景不包含什么通常有助于加深我们对愿景的理解，虽然从相反的角度思考之前讨论过的话题，在行文上有些冗余，但为了便于阅读理解，所以分开讨论。持续安全典型的反模式方面包括以下各点。

（1）有效控制

当在信息系统中自下而上地寻找控制措施时，它们会呈现出各种不同的形态和规模。这些控制措施可以分为不同的类别。一些控制措施是有用的，比如通过多重身份认证来保护信息。但也有过时的控制措施，因为它们所控制的风险已经不存在了，比如应用程序中那些不再使用的代码。另外，还有一些控制措施是有效的，但不符合最新的法律和法规。如果自下而上盘点这些控制措施，往往很难将它们与标准框架联系起来。因此，其有效性是未知的。

相反，人们往往不知道这些信息系统必须满足哪些目标。例如，不知道适用哪些法律和法规，以及适用哪些 SLA 规范。这也导致了在这些目标发生变化时，控制措施不能及时更新。

（2）滞后的反馈

一般，每年会进行一次或两次对于控制措施的度量。在这种反馈频率下，存在滞后的反馈，因为只有在事后才知道所取得的成果是否符合期望。在瞬息万变的现代信息世界中，数字化消除了越来越多的人工任务，因此需要快速反馈。例如，程序员现在可以在几个小时内实现外部信息链接，如果不符合内部或外部目标，则需要重新调整。

（3）增长模式

实施一套像 ISO 27001:2013 这样的控制措施可能需要大量的工作。这项工作部分是一次性的，部分是重复性的。一次性的工作必须进行规划和实现，这将占用开发新功能或者调整现有功能的时间。部分重复性的工作也必须进行，如定期进行人工测量以获得证据。设置这些测量也需要时间。

（4）可追踪性

缺乏可追踪性不仅在控制措施的维护方面有困难，而且对于外部审计师定期提出的问题也会面临不能充分回答的风险。

三、权力

图 2.4.3 显示了持续安全变更模式的权力平衡，它的结构与愿景部分相同。

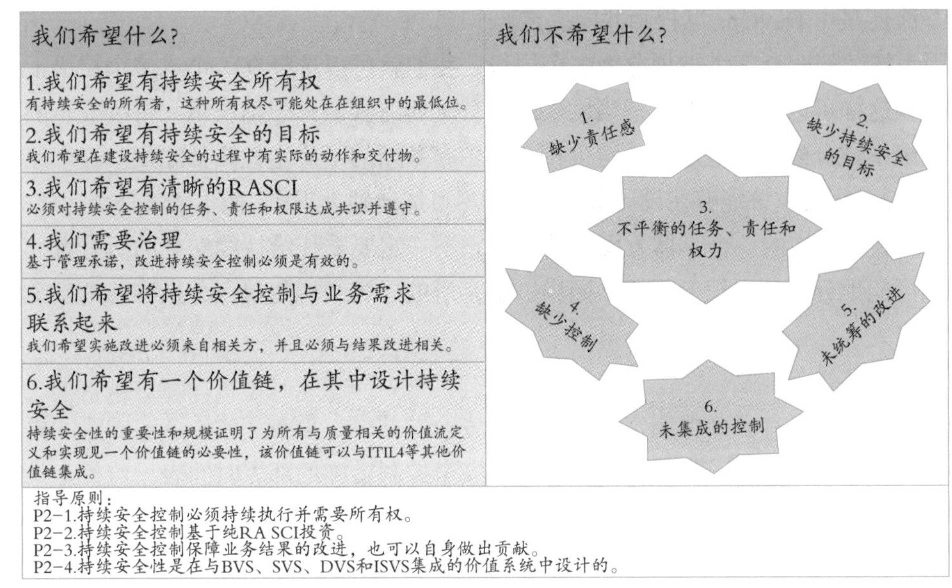
我们希望什么?
我们不希望什么?
1.我们希望有持续安全所有权
有持续安全的所有者，这种所有权尽可能处在在组织中的最低位。
2.我们希望有持续安全的目标
我们希望在建设持续安全的过程中有实际的动作和交付物。
3.我们希望有清晰的RASCI
必须对持续安全控制的任务、责任和权限达成共识并遵守。
4.我们需要治理
基于管理承诺，改进持续安全控制必须是有效的。
5.我们希望将持续安全控制与业务需求联系起来
我们希望实施改进必须来自相关方，并且必须与结果改进相关。
6.我们希望有一个价值链，在其中设计持续安全
持续安全性的重要性和规模证明了为所有与质量相关的价值流定义和实现见一个价值链的必要性，该价值链可以与ITIL4等其他价值链集成。
1. 缺少责任感
2. 缺少持续安全的目标
3. 不平衡的任务、责任和权力
4. 缺少控制
5. 未统筹的改进
6. 未集成的控制
指导原则:
P2-1.持续安全控制必须持续执行并需要所有权。
P2-2.持续安全控制基于纯RA SCI投资。
P2-3.持续安全控制保障业务结果的改进，也可以自身做出贡献。
P2-4.持续安全性是在与BVS、SVS、DVS和ISVS集成的价值系统中设计的。

图 2.4.3　变更模式——权力

1. 我们想要什么?

持续安全的权力平衡通常包括以下几点。

（1）所有权

在 DevOps 中，我们经常讨论所有权。这里我们讨论的是持续安全的所有权。对于传统的审计流程，答案很简单，因为这是内部或外部审计师的工作领域，但持续安全不同。持续的调整和高频监控由 DevOps 团队负责。那么问题就是，谁拥有持续安全金字塔的这一部分？答案就藏在敏捷 Scrum 的基本原则中。肯·施瓦伯在其著作《敏捷项目管理与 Scrum》（2015 年版）中写道，敏捷教练是敏捷 Scrum 框架内开发过程的所有者。敏捷教练必须让开发团队觉得是他们自己塑造了敏捷 Scrum 的流程和控制措施，而不是这个流程只有一个负责人。

在 SoE 中，这是一个很好的状态。SoE 是一种有人机交互界面的信息系统。SoE 的一个典型应用领域是电子商务，其中松耦合的前端应用程序允许用户自主完成交易或提供信息。鉴于这个前端（界面逻辑）与后端（交易处理）的松耦合，DevOps 团队在更改前端控件方面也相当自主。DevOps 团队也可以选择涵盖了许多控制措施的 CI/CD 安全流水线。从而自主确定和控制 DevOps 和持续安全的成熟度。

如果几十个 DevOps 团队都在开发前端应用，那么将 DevOps 的工作方式与持续安全相结合就会更有效和更高效。这点在 SoR 的背景下会更加显著。SoR 是一种处理交易的信息系统，典型例子包括 ERP 或财务报告系统。这些信息系统通常被包括在信息处理系统链中。因此，SoR 通常由按业务或技术划分的多个 DevOps 团队设计。

在这两种情况下，这些 DevOps 团队都是相互依赖的，共同应对持续安全的问题。因此，在多个 DevOps 团队中，正确的做法是集中分配持续安全的所有权。这样也可以制定适用于所有 DevOps 团队的持续安全路线图。然而，改进的优先顺序和解决方案的

选择最终还是由 DevOps 工程师共同决定。

因为持续安全金字塔被划分为多个层级，我们就可以选择在一个或多个层级上划分所有权。这样可以更容易地在适当的层级上分配所有权。理想情况下，持续安全的所有权在组织中被分配得越低越好，这也符合加尔布莱斯的不确定性降低原则。这个原则意味着 DevOps 团队应该能够在设计持续安全时尽可能地独立工作，而不依赖外部治理机构。

持续安全实施的一个具体方面是治理。它不一定要委托给持续安全的所有者，而是应该尽可能地分配给组织的低层。同样，金字塔的层级结构使得区分批准持续安全实施成为可能。

（2）目标

持续安全的所有者确保制定了一份持续安全路线图，明确了 DevOps 成熟度提升的方向。路线图可以包含一些目标，例如持续安全控制措施的部署时间表、监控工具的使用等。在已建立的持续安全能力和尚待完善的持续安全最佳实践的基础上，为 DevOps 的工作方式设定了改进目标。因此，这些目标包括对持续安全理念的调整和对发现的缺陷的改进。

所有涉及的 DevOps 团队必须致力于实现这些目标，实现目标的方式可以是多种多样的。在 Spotify 模式中，使用了“委员会”这个术语，委员会是一个临时的组织形式，旨在深入探索某个主题。例如，可以为持续安全建立一个委员会，每个 DevOps 团队派出一名代表参与其中。在 Safe® 内部也有一些标准机制，如 CoP。此外，还可以选择通过敏捷发布火车在 PI 规划中确定持续安全的改进措施。

（3）RASCI 模型

RASCI 代表了责任（Responsibility）、问责（Accountability）、支持（Supportive）、咨询（Consulted）和告知（Informed）。担任“R”角色的人负责监控结果（持续安全目标）的实现并向持续安全所有者（“A”）报告。所有的 DevOps 团队共同致力于为持续安全的目标做出贡献。敏捷教练可以通过指导 DevOps 团队塑造持续安全和实现目标来扮演“R”的角色。“S”是执行者，也就是 DevOps 团队。“C”可以分配给委员会或 CoP 中的 SME。“I”主要是产品负责人，他们必须了解质量评估和测试。

RASCI 优于 RACI 的原因是，在 RACI 中“S”被合并到了“R”。这意味着责任和实施之间没有区别。RASCI 通常可以更快地确定和更好地了解每个人的职责。随着 DevOps 的到来，整个控制系统已经发生改变，使用 RASCI 通常被认为是一种过时的治理方式。

基于对目标的讨论，很显然，当需要扩大 DevOps 团队的规模时，肯定需要有更多的职能和角色来决定事情的安排。因此，这就是敏捷 Scrum 框架与 Spotify、SAFe 框架之间的主要区别。

（4）治理

持续安全的良好实践在于识别改进点并将其放入产品待办事项列表中。然后，DevOps 工程师可以将 10% 的开发速度用于解决每个迭代的技术债务。为此，他们选择一个或多个改进点，并以与其他产品待办事项相同的方式处理。唯一的区别是，在这种情况下，DevOps 工程师会优先考虑这些改进。此外，改进必须在一个步骤中实施，使得其他 DevOps 团队从变革中获益。

（5）业务需求

获得控制权需要时间和金钱。这些资金来自业务部门，并且应该被视为加强竞争地位的控制措施的投资。控制也可以用来预防或限制损失。在这种情况下，这种投资就像是保险费。无论商业案例是什么，业务人员的参与都非常重要。毕竟，这直接或间接地改善了业务结果，同时意味着缩短上市时间并提高了服务质量。

（6）价值链

目标、风险、控制、监控设施、证据对象的生命周期是基于价值流进行的。这些价值流共同构成价值链。通过这种方式，治理可以控制持续安全的概念。

2. 我们不想要什么？

以下几点是关于权力平衡的持续安全的典型反模式。

（1）所有权

持续安全所有权的反模式之一是每个 DevOps 团队各自为政，采用各自的方法。这种做法导致精力分散，浪费宝贵资源。否认标准化的必要性也是无法取得改进的原因。自下而上形成链条的 Devops 团队不是一个健康的模式。随着 DevOps 团队的扩大，他们也不太愿意在持续安全方面标准化工作方式。

（2）目标

如果组织单纯理解持续安全的重要性，只关注其商业利益，例如持续安全在认证或投标中发挥作用，则很容易为持续安全的应用和成果设定过高的目标。然后，这些目标直接压在 DevOps 工程师身上。在最坏的情况下，组织还会提供应对独立审计师测试的培训。这种做法往往适得其反，因为成熟度主要是 DevOps 工程师的一种行为效应。强迫接受反而会引发抵触情绪，导致绩效下降。持续安全的目标以及间接影响到的 DevOps 工程师的成熟度必须是自下而上确立的。

（3）RASCI 模型

RASCI 最重要的是确保 DevOps 团队主动参与，这需要在组织中设计持续安全层。反模式是由 QA 部门来进行单独评估，然后将其强加给 DevOps 团队。为了避免这种情况，评估结果应由 DevOps 团队自行呈现，即自我评估并加以认可。

（4）治理

缺乏对改进点的协调会导致工作方式的多样化，例如控制措施的定义和构建方式的不统一。这正是我们需要避免的，因此必须对改进实施进行治理，通过投入改进和相互学习，节省其他 DevOps 团队的时间和精力。

（5）业务需求

由信息技术驱动的持续安全是无效的，必须建立起持续安全与业务价值流的结果改进之间的桥梁。业务价值流是持续安全目标设定的组成部分。将持续安全孤立化会大大降低实现结果改进的可能性。

（6）价值链

风险管理需要对作为价值链一部分的价值流进行调整。如果不定义以控制措施有效性为核心的持续安全价值链，就会造成对这些控制措施的治理分散，降低其整体效能。

四、组织

图 2.4.4 显示了持续安全的变更模式的组织步骤，其结构与愿景和权力关系的结构相同。

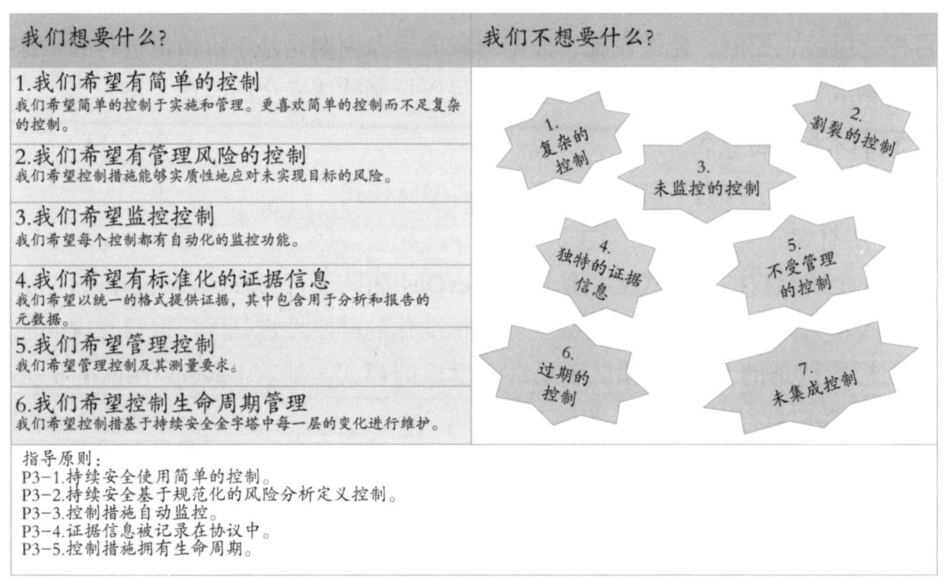

图 2.4.4　变更模式——组织

1. 我们想要什么？

持续安全的组织层面通常包括以下几点。

（1）简单的控制

最好以模块化的方式定义控制措施。这不仅简化了设计和实施，而且也更容易调整和监控。在出现偏差的情况下，也能更快找到原因。小型控制措施也更容易进行规划并被纳入敏捷 Scrum 的迭代中。

（2）基于风险的控制

如果控制措施为风险管理提供了实质内容，那么它们就会产生结果。因此，将风险作为一个对象来定义，并定义控制风险的控制措施就显得尤为重要。

（3）受监控的控制

控制措施的状态应自动进行监控，这就需要一个监控功能。

（4）证据信息

在监控控制措施时提供的证据必须有固定的结构，例如 XML 文件或 JSON 格式。

（5）测量说明

为了获得证据信息，控制的定义必须包含控制的测量规则。

（6）维护控制

如果 TOM、目标、监控设施和证据结构要求变更，控制措施就可能需要更新。

2. 我们不想要什么？

以下几点是关于组织层面的持续安全的典型反模式。

（1）简单的控制

以通用 GCC 为代表的一些控制框架包含复合控制。这意味着只有当一系列的控制措施符合要求时，才能达到合规要求。不过我们并不推荐这种方法，因为它会夸大合规程度，低估实际风险。

（2）基于风险的控制

为了消除或减轻风险，ISO 27001:2013 标准定义了 114 项控制措施。重要的是找出哪些风险受这些控制措施的控制。另外，ISO 27001:2013 并不禁止遗漏控制措施。但我们并不建议这样做，因为为这种遗漏辩护的成本可能比实施控制的成本更高。

（3）未经监控的控制

未设定监控机制的检查是不完整的，它会导致无法确定是否达到质量标准的局面。

（4）证据信息

对证据的单独定义会使证据处理过程变得过于复杂。对于证据的元数据，例如涉及的控制措施、测量对象和控制状态等，标准化这些特征可以更轻松、更快速地绘制信息系统受控程度的整体概况。

（5）测量说明

测量控制以获得证据很重要，但是如果采取了错误的测量方法，就会对控制程度产生错误的印象。例如，即使确定一台服务器正在执行活动，也不意味着用户可以正常访问服务器上的信息系统，因为有可能数据库已经满了或者网络出现了中断。

（6）维护控制

大多数组织对信息系统适用的合规义务缺乏清晰的认识，更难以判断控制措施是否得到有效维护。在这种情况下，审计往往沦为寻找证据并解释其缺失的过程，难以发挥应有的作用。

五、资源

图 1.4.5 显示了持续安全变更模式的手段和人员（资源）步骤，它的结构与愿景、权力关系和组织的结构相同。

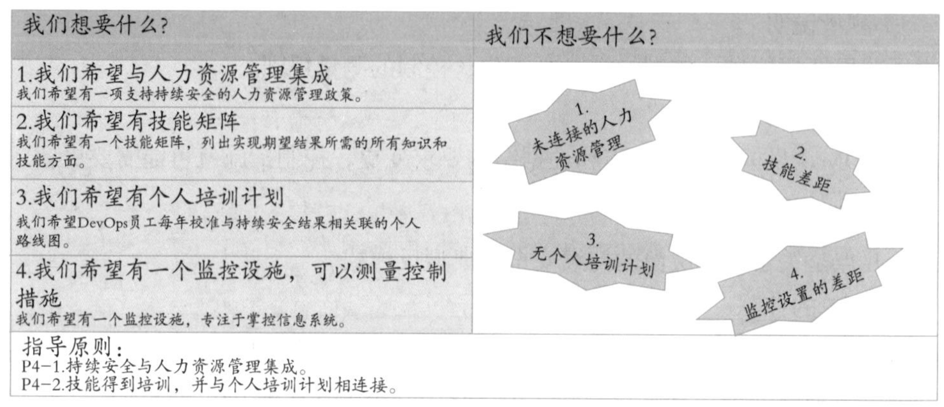
我们想要什么?
我们不想要什么?
1.我们希望与人力资源管理集成
我们希望有一项支持持续安全的人力资源管理政策。
2.我们希望有技能矩阵
我们希望有一个技能矩阵，列出实现期望结果所需的所有知识和技能方面。
3.我们希望有个人培训计划
我们希望DevOps员工每年校准与持续安全结果相关联的个人路线图。
4.我们希望有一个监控设施，可以测量控制措施
我们希望有一个监控设施，专注于掌控信息系统。
1.
未连接的人力资源管理
2.
技能差距
3.
无个人培训计划
4.
监控设置的差距
指导原则：
P4-1.持续安全与人力资源管理集成。
P4-2.技能得到培训，并与个人培训计划相连接。

图 2.4.5　变更模式——资源

1. 我们想要什么?

持续安全在资源和人员层面通常包括以下几点。

（1）整合人力资源管理

DevOps 工程师的发展通常由组织内部的某个人负责，例如部门经理或者人力资源管理经理负责。重要的是，要根据任务明确 DevOps 工程师在持续安全中所扮演的角色，并制定他们的岗位描述。持续安全的角色可以在特定的业务分析角色到 E 类型的 DevOps 工程师不等。通过将持续安全映射到现有的岗位描述，可以确定岗位描述中存在的差距，并有意识地选择谁做什么。

（2）技能矩阵

技能矩阵描述了职能、角色、任务与所需技能之间的关系。通过定义持续安全所需的技能，可以丰富现有的技能矩阵，还可以测试员工是否具备这些技能以及他们的掌握程度。

（3）个人教育计划

基于人力资源管理和技能矩阵的整合，可以制定个人教育计划。

（4）监控设施

设计持续安全的重要条件是拥有可以监控多种对象的监控系统。

2. 我们不想要什么?

以下几点是关于人员和资源层面的持续安全的典型反模式。

（1）整合人力资源管理

与人力资源管理整合存在的反模式是缺乏针对能力发展进行引导。这会使得培训难以跟进，个人提升只能在工作岗位上靠自己的主动性来实现。

（2）技能矩阵

没有技能矩阵往往会导致技能差距，这些差距不会被明确识别。但后果会很明显。解决方案通常是多次应用次优方案，但这并没有有效、高效地弥补技能差距。

（3）个人教育计划

缺乏个人教育计划会很快导致员工失去动力并离职，低培训预算的个人教育计划也

是一个降低士气的因素。

（4）监控设施

如果监控设施存在漏洞，就无法证明控制到位。在最糟糕的情况下，已识别的风险将会发生。

第5节　持续安全架构

提要

- 持续安全金字塔是对构成持续安全的各个组成部分进行分类的一种方法。
- 基于持续安全金字塔的持续安全工具自上而下地实施了持续安全。
- 持续安全金字塔各层内容为不同利益相关方从不同角度考量持续安全提供了实质性的参考。

阅读指南

本节描述了持续安全的架构原则和架构模型，即持续安全金字塔模型和持续控制模型。

一、架构原则

在变更模式的四个步骤中涌现出了一系列的架构原则，本节将介绍这些内容。为了更好地组织这些原则，我们将它们划分为3个方面，即PPT。

1. 总则

除了针对单个PPT要素的特定架构原则外，还存在涵盖PPT所有3个方面的要素的架构原则，见表2.5.1。

表2.5.1　PPT通用的架构原则

P#	PR-PPT-001
原则	持续安全涵盖了整个DTAP的PPT
理由	持续安全涵盖了整个DTAP的PPT
含义	持续安全需要在软件生产（开发）和管理（运维）领域的知识

2. 人员

持续安全存在以下关于人员的架构原则，见表2.5.2。

表2.5.2　人员架构原则

P#	PR-People-001
原则	技能需要经过训练，并与个人培训计划挂钩

续表

理由	构建一个持续安全的价值链需要技巧
含义	必须对所需技能进行盘点，确定相关员工是否具备这些技能，并根据需要进行培训或指导
P#	PR-People-002
原则	持续安全与人力资源管理相整合
理由	这种整合对于为员工提供正确的培训和辅导是必要的
含义	人力资源管理部门必须了解持续安全的重要性

3. 流程

持续安全存在以下关于流程的架构原则，见表 2.5.3。

表 2.5.3　流程架构原则

P#	PR-Process-001
原则	持续安全是基于纯粹的 RASCI 设置
理由	持续安全价值链的生命周期包括任务、责任和权限的映射
含义	必须对任务、责任和权限的分配有明确的认识，例如审计价值体系应该如何批准、由谁批准
P#	PR-Process-002
原则	持续安全应有助于实现快速反馈
理由	通过使用增长模型，可以仅在适当的时候才详细说明和实施某种控制措施
含义	必须预先了解 ISVS 的整体情况，并制定路线图
P#	PR-Process-003
原则	持续安全路线图对当前需求进行了详细说明，对未来进行了抽象说明
理由	敏捷理念要求采用增量和迭代的方法，这也适用于持续安全
含义	承载持续安全的 ISVS 必须是一个可以不断地发展和维护的对象
P#	PR-Process-004
原则	生产环境中对控制的每一次更改都可以追踪到某个风险
理由	这一原则的重要性在于证明生产环境中的控制是经过授权和有效的
含义	必须识别生成过程中每个对象的控制措施，并对控制措施和对象都应用版本控制。ID 之间的关系必须可记录
P#	PR-Process-005
原则	持续安全必须得到持续进行，并需要有所有权
理由	持续安全应该被分配一个有人负责的生命周期
含义	必须分配所有权

续表

P#	PR-Process-006
原则	持续安全保障了业务成果的改进，并且本身也可以为此做出贡献
理由	使用持续安全应该通过满足外部和内部的质量要求，特别是信息安全和合规性，来保障业务成果的改进。通过 AVS 的实现和运维，也可以通过在市场上树立控制风险的积极形象来改进成果
含义	持续安全必须表明 AVS 和业务价值流之间的关系，表明如何提供增值
P#	PR-Process-007
原则	持续安全根据明确的语言来定义控制措施
理由	定义控制措施可以通过多种方式进行。一种明确的定义控制措施的方式（例如使用 Gherkin 语言）可以使持续审计保持一致性
含义	必须有相应语言的经验（如 Gherkin 语言）
P#	PR-Process-008
原则	控制是有效的
理由	控制措施必须有助于成果的改进或保证成果的改进
含义	必须知道被控制的风险
P#	PR-Process-009
原则	获得和保持控制是一个成长和发展的过程
理由	要实现运转良好的 AVS 需要大量的时间，最好是以敏捷方式（增量和迭代）来解决
含义	必须定义路线图，其中必须表达控制措施的优先级
P#	PR-Process-010
原则	获得的每个证据都可以追踪到目标
理由	证据必须可追踪到其有效性必须被证明的控制措施。控制措施必须可追踪到已设定的目标
含义	元数据必须在 AVS 的对象中定义和维护
P#	PR-Process-011
原则	持续审计是在与 BVS、SVS、DVS 和 ISVS 集成的价值体系中设计的
理由	质量保证，特别是合规性和信息安全，需要重点关注和强有力的治理结构。这可以通过创建用于持续安全的价值体系来实现，其中定义了持续安全的控制和实施方式。另一方面，AVS 定义了对组织的 TOM 及其衍生目标的控制措施。在组织的 TOM 中，存在拥有各自 TOM 和目标，并需要诸如 SVS、DVS 和 ISVS 所提供的控制措施的专业价值体系。只有通过密切协调，才能保证组织的成果
含义	AVS 必须面向外部，确定并监控质量保证的需要
P#	PR-Process-012

续表

原则	持续安全使用简单的控制措施
理由	复杂的控制措施更难理解、实施和管理，其证据往往也更复杂
含义	需要定义和使用更多的小型或者单一控制措施
P#	PR-Process-013
原则	持续安全根据正式的风险分析定义控制措施
理由	TOM的目标是确定风险的基础。因为许多目标是通用的，比如信息系统的可用性，所以风险和管理措施（控制）也可以快速制定
含义	为了充实AVS的内容，需要了解相关TOM和目标
P#	PR-Process-014
原则	自动监控控制措施
理由	人工测量控制需要时间和金钱，并且存在错误的可能性，需要更严格的控制来进行补偿
含义	必须建立符合监控要求的监控设施，以便提供所需的证据
P#	PR-Process-015
原则	按协议记录证据信息
理由	如果证据具有固定结构，则收集和处理证据会更加容易和便宜
含义	监控设施必须能够将所需的证据信息填充入证据结构中
P#	PR-Process-016
原则	为控制措施提供生命周期
理由	如果持续安全金字塔的某个层面发生变化，控制措施可能需要进行调整。因此，控制措施应被视为受版本控制的对象
含义	必须保留控制记录

4. 技术

持续安全存在以下关于技术的架构原则，见表2.5.4。

表2.5.4　技术架构原则

P#	PR-Technology-001
原则	持续安全使用数量有限的简单技术
理由	为了避免花费大量时间学习方法和技术，持续安全必须使用有限的方法和技术
含义	可以使用的方法和技术的数量是有限的

二、架构模型

本节使用以下几种持续安全的架构模型，分别是：

- 持续安全金字塔模型

- 持续安全控制模型
- 质量控制与保证模型
- ISVS 模型
- SVS 模型
- DVS 模型

1. 持续安全金字塔

图 2.5.1 展示了信息安全风险管理的持续安全金字塔，它是信息安全风险管理框架（ISVS）的基础。

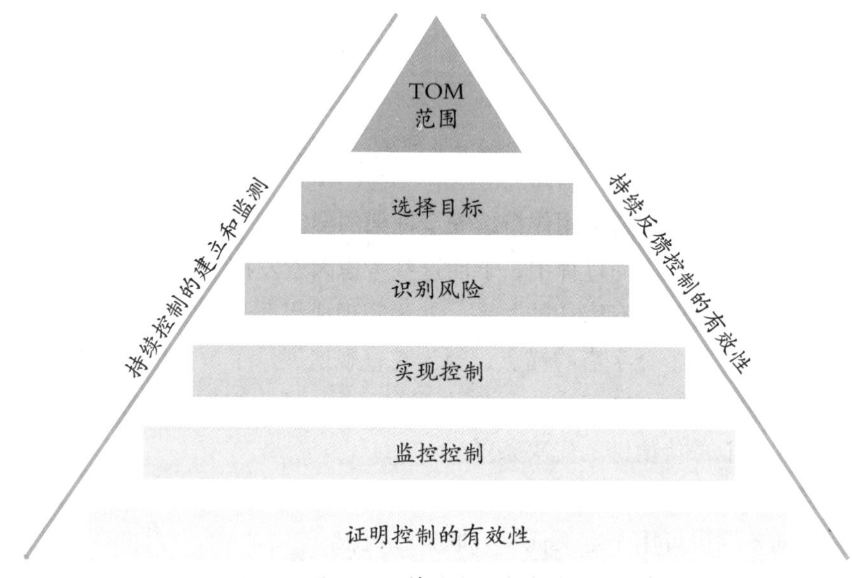

图 2.5.1　持续安全金字塔

这个模型的层级结构为 DevOps 8 字环的各个阶段的完整解释，如图 2.5.2 所示。

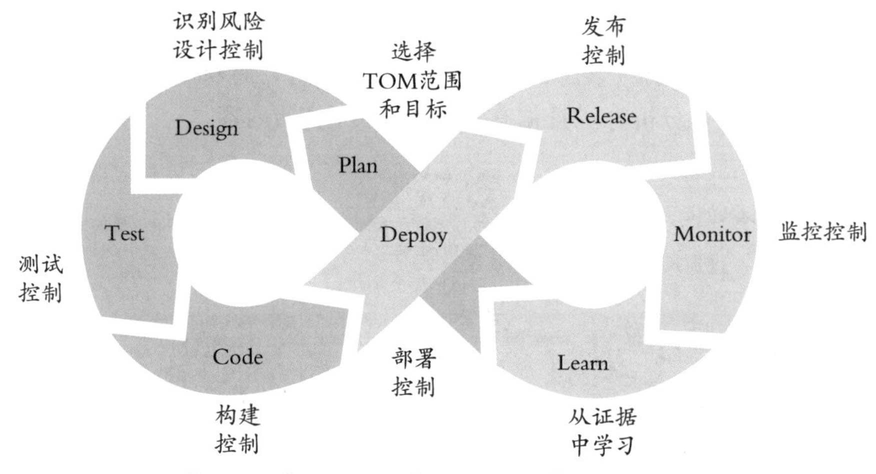

图 2.5.2　在 DevOps 8 字环上描述的持续安全金字塔

在图 2.5.3 中，包含了前文所描述的持续安全金字塔。

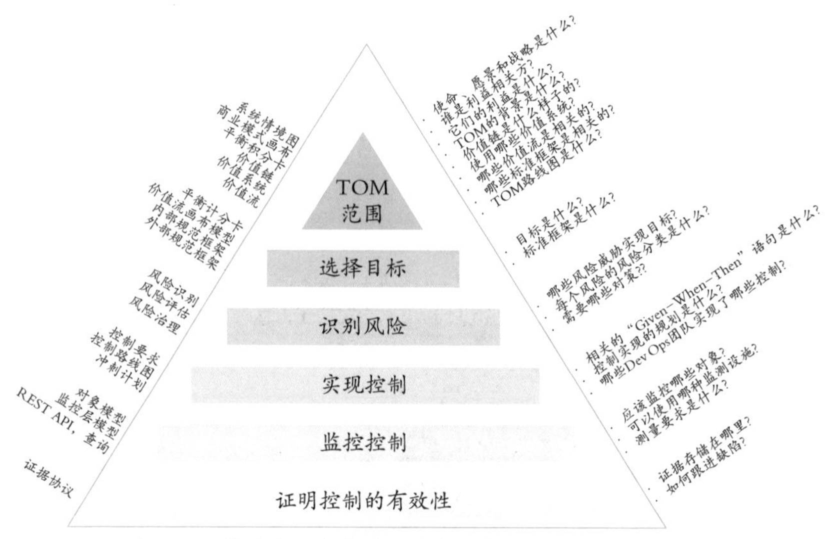

图 2.5.3　持续安全金字塔及其交付成果和需要回答的问题

基于多种原因，需要给这个用作持续安全框架的金字塔提供实质内容。

在构建持续安全金字塔的过程中，下面这些考虑因素发挥了重要作用：

- 持续安全必须与业务有密切的关系，并为实现成果改进的实现提供有效支持。
- 业务价值链是整个金字塔的锚点，因为它直观地展示了价值增长的过程。
- 将 SVS、DVS 和 ISVS 等嵌入价值体系很重要，因为它们为业务价值链提供支持性的基础服务，是业务价值链的先决条件。
- 持续安全需要更多的可交付成果。金字塔的各个层次显示了其内在一致性。
- 金字塔的各层也可用于定义任务、职责和权限。
- 金字塔的层级可视化了工作量从上到下的增加，部分原因是需要执行的工作的频率不同。

2. 控制模型

图 2.5.4 展示了持续控制模型，该模型是将持续安全金字塔首次转化为 ISVS 实施方案。目标来自于“选择目标”，控制来自于“实现控制”，而领先监控和滞后监控来自于“监控控制”，这一分析为“证据有效性”提供了实质内容。

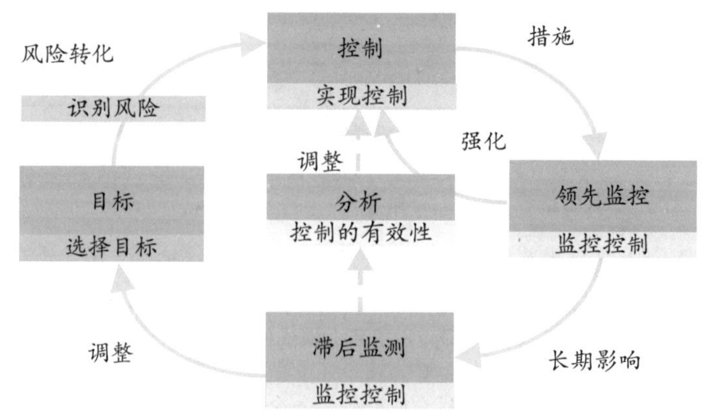

图 2.5.4　持续安全金字塔模型与持续控制模型

3. 质量控制和保证模型

图 2.5.5 展示了业务目标监控（步骤 1 至 9）与价值系统支持（步骤 10 至 18）之间的关系。两者都以步骤 1 和 10 中相关价值流的目标作为起点。

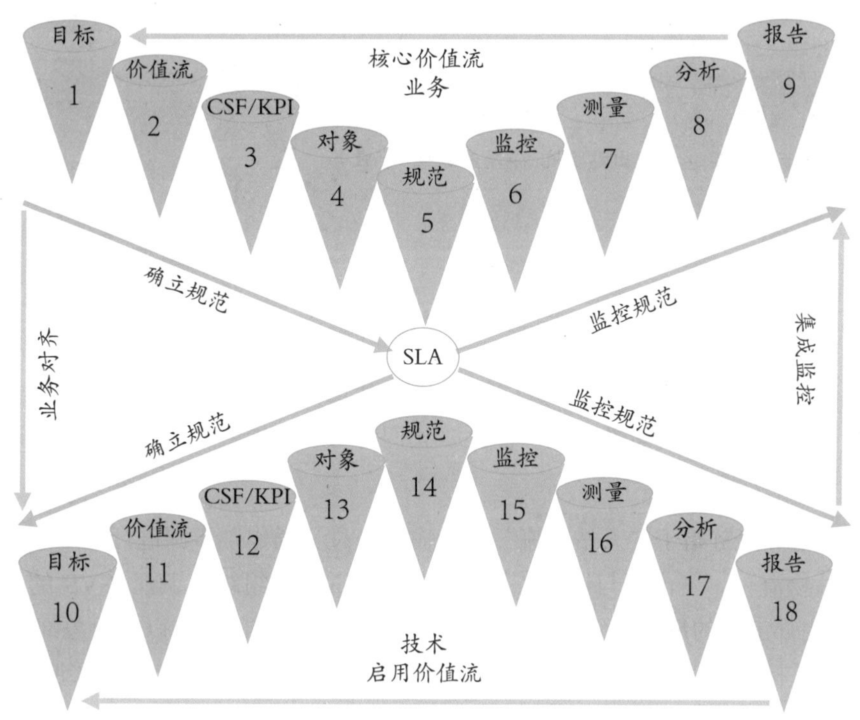

图 2.5.5　质量控制和保证模型

步骤 3 和步骤 12 定义了无法实现目标的风险，这些风险通过在产品和服务中实施控制（步骤 4 和 13）进行管理。

监控控制需要相关证据（步骤 7 和 16），这些证据必须符合特定的标准（步骤 5 和 14），然后由监控系统（步骤 6 和 15）提供。基于这些测量值和分配给它们的标准，可以分析哪些风险已经得到了充分的控制（步骤 8 和 17），最终可以编制关于业务价值流目标（步骤 1）和支持价值流目标（步骤 10）的控制程度报告（步骤 9 和 18）。

为了实现业务价值流的成果改进，SVS、DVS、ISVS 和 AVS 的支持价值流目标必须在合规性、信息安全和信息提供质量领域保障风险。除了保障功能外，支持价值流还可以通过提供竞争地位的改进等方式增加业务成果。

4. 价值体系

图 2.5.6 展示了包含 SVS、DVS 和 ISVS 的业务价值链。价值体系是指受控的价值链。因此，对于整个业务体系，我们也可以称之为 BVS。

基于 ISO 27001 标准，通过将其展现于 BVS 及其锚定的 ISVS、SVS 和 DVS 之上，从而实现持续安全。

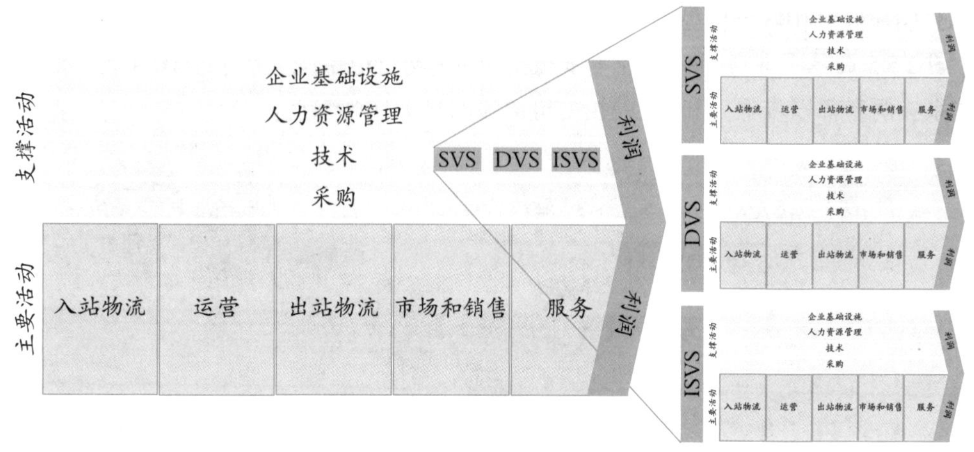

图 2.5.6　递归价值链

如图 5-8 所示，ISVS 是嵌入 ISO 27001 的主要价值体系。然而，它与其他价值体系之间存在许多直接联系和重叠之处。因此，我们将对这些价值系统进行简要描述。

5. ISVS

信息安全价值链始于“入站物流”。该输入经过“操作”步骤进行处理，处理结果成为“出站物流”。“市场与销售”旨在使实施 ISVS 的组织认识到 ISVS 的价值。不仅在ISVS 内部工作的员工必须使用标准框架，SVS 和 DVS 的员工以及业务部门（BVS）也必须使用该标准框架。最后，在“服务”步骤中，还有一个用于从 ISVS 购买服务的接口，它包括可以联系的服务台、信息安全官和信息安全经理。如图 2.5.7 所示。

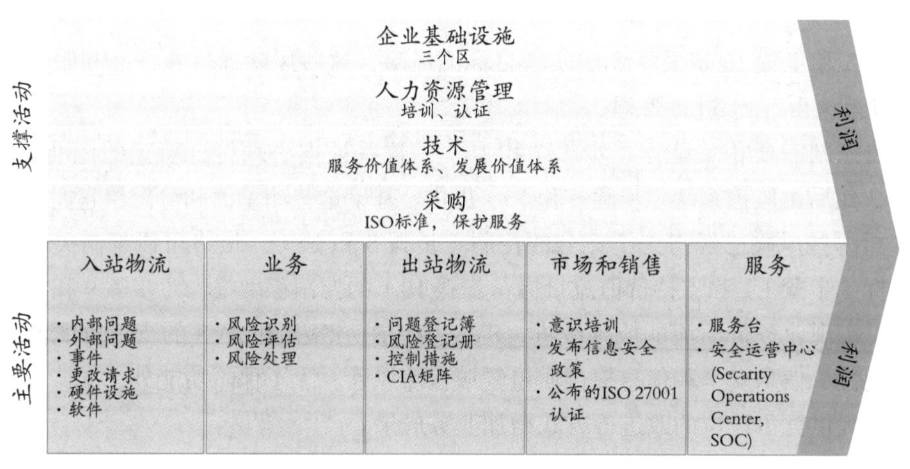

图 2.5.7　信息安全价值链

基于 ISVS 的需求，入侵检测形式的支持可以由 DVS 实现，并由 SVS 在技术层作为服务提供。预防控制也适用同样的方式。安全运营中心可以包含在 ISVS 的“服务”步骤中。

信息安全价值链由 ISVS 管理，如图 2.5.8 所示。ISVS 的设计遵循信息安全原则和模型架构，并在价值流的基础上构建。这些价值流由信息安全实践的构建块组成，如图

2.5.9 所示。ISVS 以信息安全目标和 ISO 27001 标准为准则进行治理，通过内部和外部审计加以实施。ISVS 具备基于持续改进的自我监控。此外，图 2.5.9 中的构建块也用于控制 ISVS，通过这种方式，所有信息安全实践在一个概览中呈现。

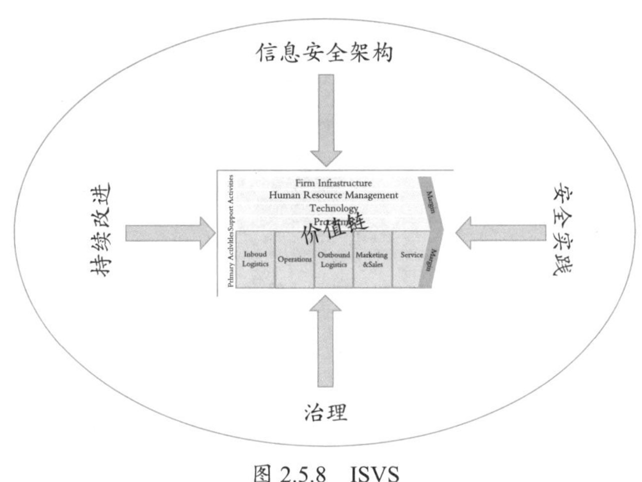

图 2.5.8　ISVS

图 2.5.9 显示了 ISVS 价值链的价值流和控制中的安全实践（构建块）。

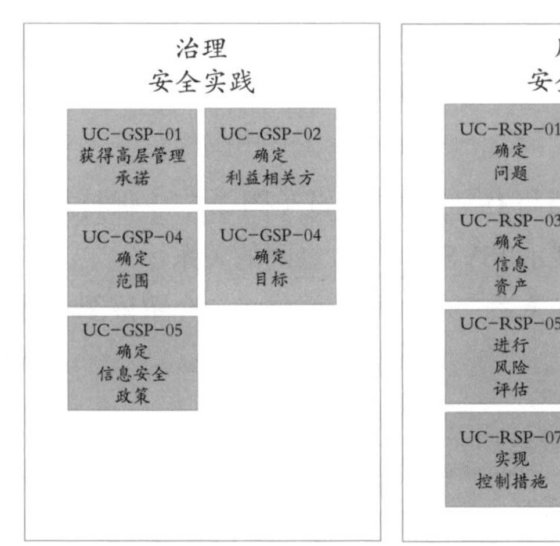

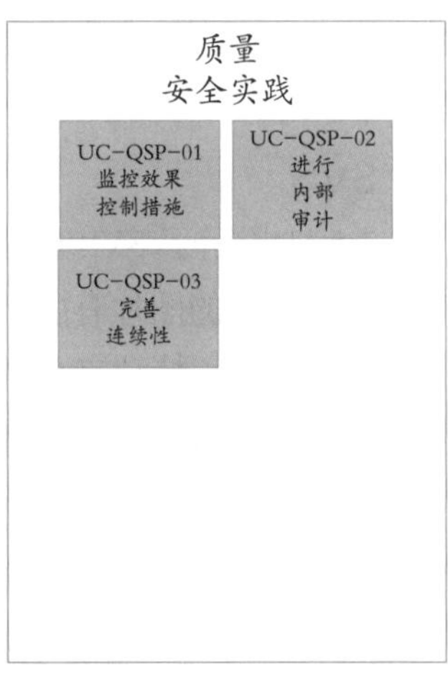

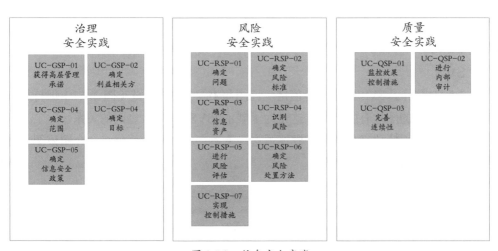

图 2.5.9　信息安全实践

（1）治理

信息安全治理是实施信息安全价值链管理的基石，如图 2.5.8 所示。它为整个信息安全价值链的运作提供框架和指引。

（2）风险管理

信息安全价值链的重中之重在于保护业务价值链所需的的信息。相比之下，保护 SVS、DVS 和 ISVS 中的信息相对不那么重要，所以必须识别并通过控制措施来管理信息安全风险。

（3）ISVS

质量管理体系的有效性会随着时间的推移而降低。这可能是由于注意力分散、缺乏吸取教训、员工流动、公司收购、资源变更等因素造成的。因此，在 ISVS 中建立一个监控系统，为 ISVS 的治理提供安全状态信息，是非常重要的。

图 2.5.10 展示了业务价值链和 ISVS 之间的关系。ISVS 分为两个子层，即信息安全价值链和信息安全安全实践。

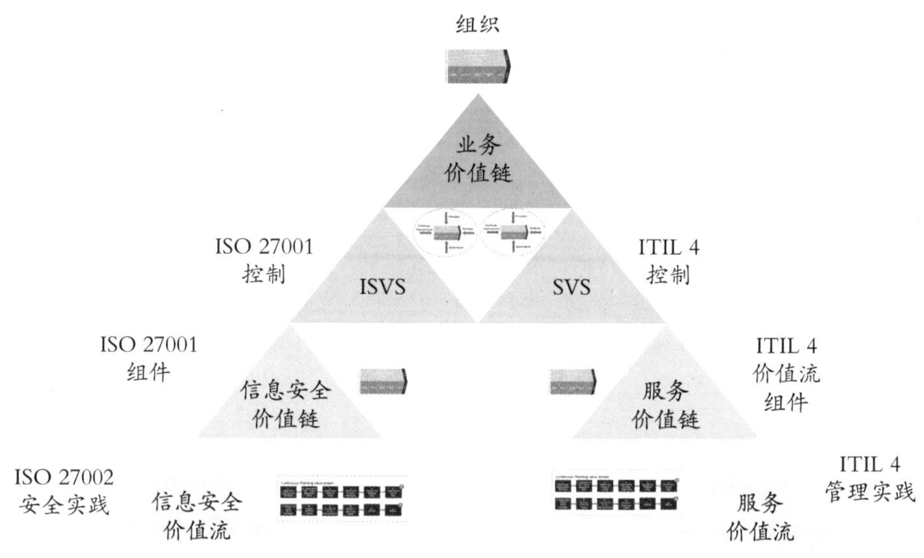

图 2.5.10　ISVS 概览

6. SVS

图 2.5.11 展示了 SVS 的服务价值链。该图与 ISVS 的价值链（图 2.5.7）保持相同，与 ITIL 4 中通常的图片有所不同。这是为了展示 ISVS 和 SVS 之间的关系。

图 2.5.13 基于持续安全金字塔概述了这一关系，本书稍后部分将会介绍该图，并将在第 七节从价值流层面进行阐述。

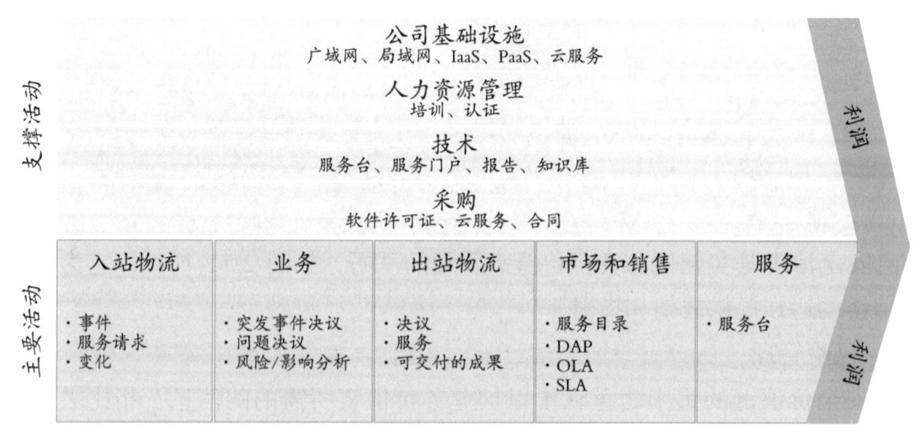

图 2.5.11　服务价值链

7. DVS

图 2.5.12 展示了 DVS 的开发价值链，该图与 ISVS 的图保持相同，以显示 ISVS 与 DVS 之间的关系。

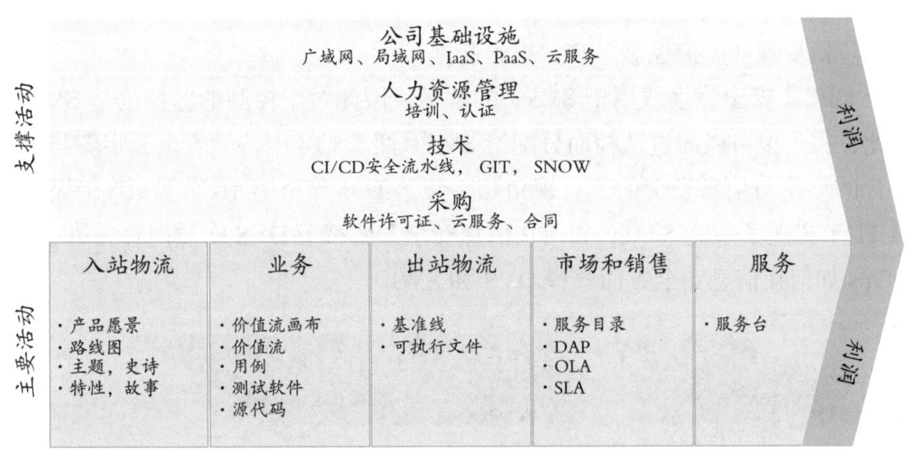

图 2.5.12　开发价值链

8. 集成价值体系

图 2.5.3 所示的持续安全金字塔也适用于图 2.5.13 中的价值体系，该金字塔控制着价值体系中的价值链。

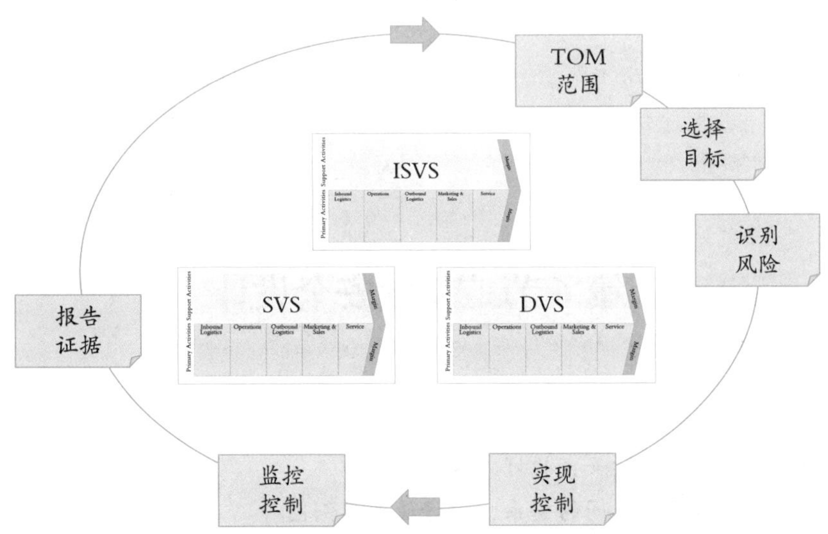

图 2.5.13　ISVS、DVS 和 SVS 模型上的持续安全金字塔

（1）ISVS

步骤“TOM 范围”和“选择目标”属于 ISVS 的范畴。原因是边界活动属于 ISO 27001 标准的规定范畴。这同样适用于确定信息安全目标。

（2）DVS

步骤“识别风险”属于 ISVS 和 DVS 的范畴。因为 ISVS 确实能够自主确定信息安全风险。然而，在 DVS 中，也识别出被归类为信息安全风险的风险。步骤“实现控制”仅属于 DVS，因为风险的对策必须得以实现。产品和服务在 DVS 中得以实现，包括控制措施。

（3）SVS

SVS 包括步骤“监控控制”和“报告证据”。

由于 CI/CD 安全流水线属于 SVS）的范畴，因此对于控制的监控也是 SVS 的一部份。因此，报告也可以通过监控而分配给 SVS。图 2.5.14 中持续安全金字塔与价值观系统相结合的形象与信息安全的三重视角相一致。第 6 节至第 10 节为 ISVS 提供具体内容。第 11 节描述了敏捷 Scrum 如何在信息安全方面赋予 DVS 实质内容，第 12 节描述了 DevOps 如何在信息安全方面解释 DVS 和 SVS。

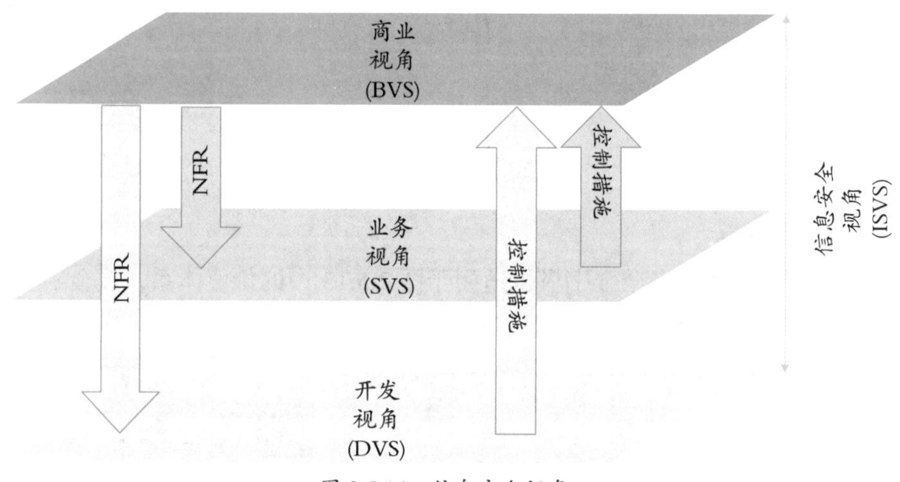

图 2.5.14　信息安全视角

第 6 节　持续安全设计

提要

- 价值流是可视化持续安全的好方法。
- 要显示角色和用例之间的关系，最好使用用例图。
- 最详细的描述是用例描述，此描述可以分为两层。

阅读指南

持续安全的设计旨在快速了解需要实施的步骤。这从定义一个只有步骤的理想流程价值流开始。然后可以使用用例图来详细设计这些步骤。最后，用例描述是更详细地描述步骤的理想方式。

一、持续安全价值流

图 2.6.1 展示了 ISVS 价值流的重要组成部分之一，涵盖了初始实施 ISVS 所需的安全实践。这些实践是塑造持续安全的关键因素，因此整个 ISVS 的生命周期都与之息息相关。下一节将以用例的形式详细阐述每项安全实践。

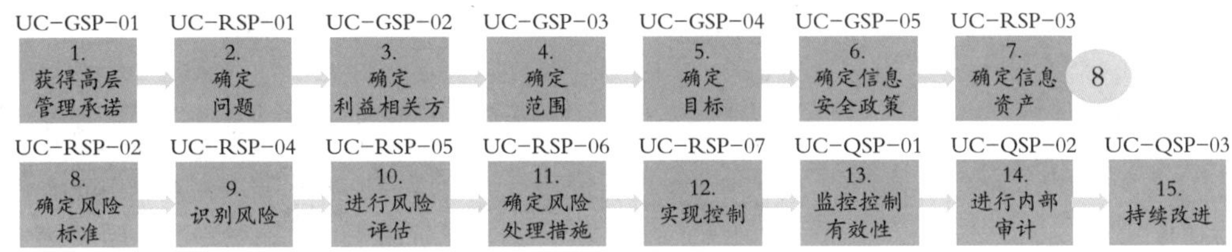

图 2.6.1　持续安全价值流

表 2.6.1 包含了图 2.6.1 中的 ISVS 用例概述，包括描述用例最重要的术语。

表 2.6.1　ISVS 的用例术语对照

使用案例	UC-ID	相关术语
获得高层管理承诺	UC-GSP-01	最高管理承诺、SRC（Security, Risk and Compliancy, 安全，风险和合规）、承诺声明
确定问题	UC-RSP-01	内部问题、IPOPS、外部问题、PESTLE、CRAMM 问题、问题日志
确定利益相关方	UC-GSP-02	利益相关方登记册、事件登记
确定范围	UC-GSP-03	资产登记、价值链、价值流、服务组合、产品组合、系统上下文图、利益相关方登记册
确定目标	UC-GSP-04	CIA、ISVS 目标、SMART、CSF、KPI、规范
确定信息安全政策	UC-GSP-05	ISVS 范围、ISVS 利益相关方、信息安全政策、行为准则
确定信息资产	UC-RSP-03	服务组合、产品组合、资产组、资产类别、CMDB
确定风险标准	UC-RSP-02	触发标准、优先标准、验收标准、测试标准、发现标准、事件标准、证据标准
识别风险	UC-RSP-04	ISVS 范围、内部问题日志、外部问题日志、CRAMM 问题日志、风险标准
进行风险评估	UC-RSP-05	资产组、ISVS 范围、信息安全政策、ISVS 目标、风险标准
确定风险处理措施	UC-RSP-06	处置方案、修改 / 避免 / 分享 / 保留（Modify/Avoid/Share/Retain, MASR）、风险控制、风险登记
实现控制	UC-RSP-07	处置计划、CIA 矩阵、Jira 工单、残留风险
监控控制有效性	UC-QSP-01	控制定义数据库、安全设计、REST API、受控对象、证据收集器、控制证据数据库、持续的信息安全审计引擎
进行内部审计	UC-QSP-02	ISO 27001 标准框架、适用性声明、风险标准、SRC 委员会
持续改进	UC-QSP-03	信息安全事故、不合格品（non-conformity, NC）、CSI 登记册

二、持续安全用例图

图 2.6.2 将持续安全的价值流转换为用例图。其中添加了角色、工件和存储。这种视图的优点是显示了更多的细节，这些细节可以提供对过程进程的洞察。

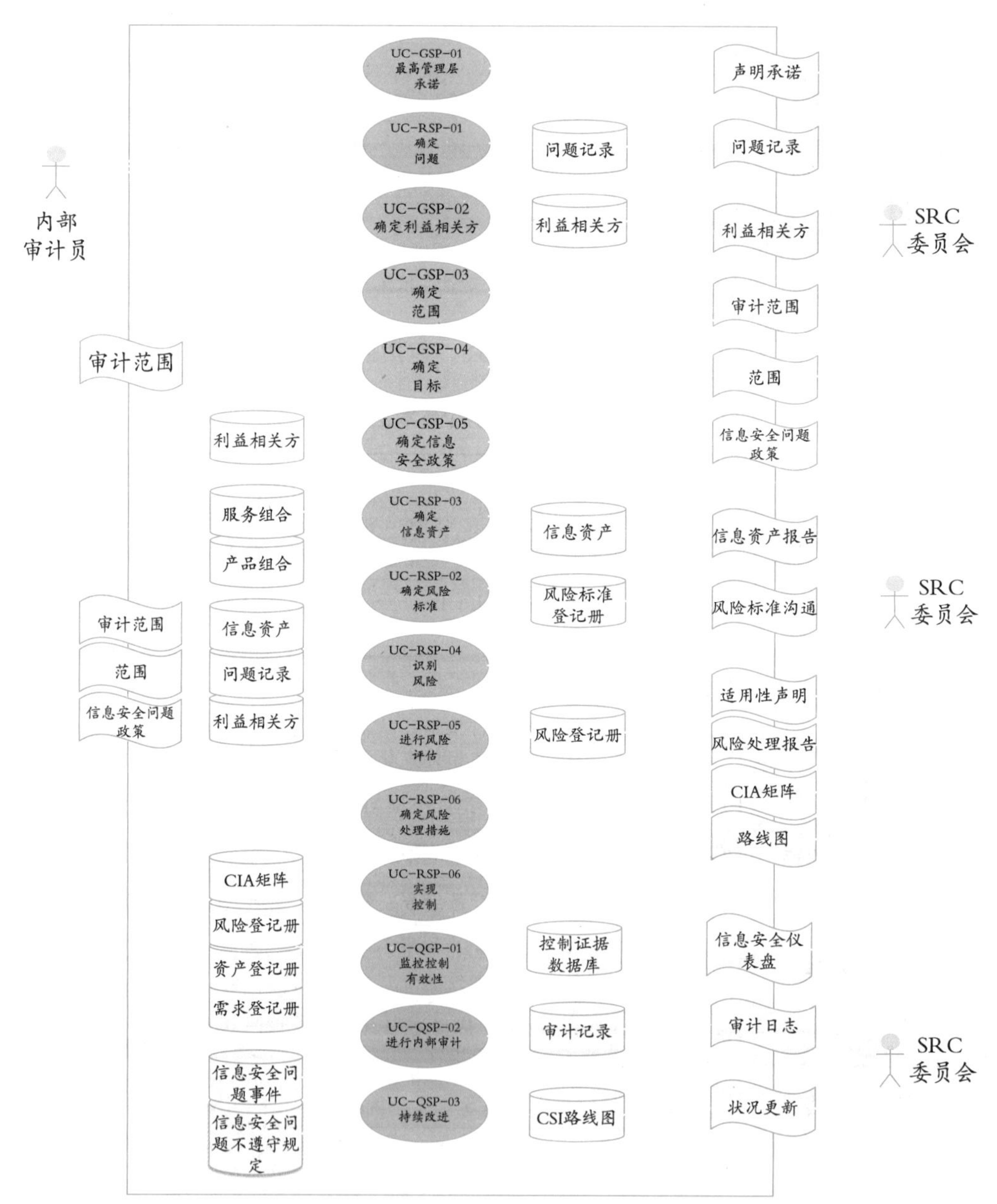

图 2.6.2　持续安全用例图

三、持续安全用例

表 2.6.2 显示了用例的模板，表格中左列部分表示属性，中间列则提示该属性是不是必须要输入的，右列是对属性含义的简要说明。

表 2.6.2　用例模板

<table>
<tr><th>属性</th><th>√</th><th colspan="4">描述</th></tr>
<tr><td>ID</td><td>√</td><td colspan="4"><Name>-UC-<Number></td></tr>
<tr><td>命名</td><td>√</td><td colspan="4">用例的名称</td></tr>
<tr><td>目标</td><td>√</td><td colspan="4">用例的目的</td></tr>
<tr><td>摘要</td><td>√</td><td colspan="4">用例的简要描述</td></tr>
<tr><td>前提条件</td><td></td><td colspan="4">在执行用例之前必须满足的条件</td></tr>
<tr><td>成功结果</td><td>√</td><td colspan="4">用例执行成功时的结果</td></tr>
<tr><td>失败结果</td><td></td><td colspan="4">用例失败的结果</td></tr>
<tr><td>性能</td><td></td><td colspan="4">适用于本用例的性能标准</td></tr>
<tr><td>频率</td><td></td><td colspan="4">执行用例的频率，以自己选择的时间单位表示</td></tr>
<tr><td>参与者</td><td>√</td><td colspan="4">在用例中起作用的参与者</td></tr>
<tr><td>触发条件</td><td>√</td><td colspan="4">触发执行本用例的事件</td></tr>
<tr><td rowspan="2">场景（文本）</td><td rowspan="2">√</td><th>S#</th><th>参与者</th><th>步骤</th><th>描述</th></tr>
<tr><td>1.</td><td>谁来执行这一步骤?</td><td>步骤</td><td>对该步骤如何进行的简要描述</td></tr>
<tr><td rowspan="2">场景变化</td><td rowspan="2"></td><th>S#</th><th>变量</th><th>步骤</th><th>描述</th></tr>
<tr><td>1.</td><td>步骤偏差</td><td>步骤</td><td>与场景的偏差</td></tr>
<tr><td>开放式问题</td><td></td><td colspan="4">设计阶段的开放式问题</td></tr>
<tr><td>规划</td><td>√</td><td colspan="4">用例交付的截止期限</td></tr>
<tr><td>优先级</td><td>√</td><td colspan="4">用例的优先级</td></tr>
<tr><td>超级用例</td><td></td><td colspan="4">用例可以形成层次结构，在本用例之前执行的用例称为超级用例或基本用例</td></tr>
<tr><td>交互</td><td></td><td colspan="4">用户交互的描述、板块或模拟图</td></tr>
<tr><td rowspan="3">关系</td><td></td><td colspan="2">流程</td><td colspan="2">……</td></tr>
<tr><td></td><td colspan="2">系统构建块</td><td colspan="2">……</td></tr>
<tr><td></td><td colspan="2">……</td><td colspan="2">……</td></tr>
</table>

基于此模板，我们可以为持续安全用例图的每个用例填写该模板，也可以选择为用例图里的所有用例填写一个模板。此选择取决于所需的详细程度。本书的这部分在用例图级别使用了一个用例。价值流的步骤和用例图的步骤保持一致。表 2.6.3 给出了一个用例模板的示例。

表 2.6.3　持续安全用例

属性	√	描述
ID	√	UCD-CY-01
命名	√	UCD 持续安全
目标	√	本用例的目的是持续和全面地建立对 ISVS 价值链的控制，包括管理应急因素（人员、流程、合作伙伴和技术）。这是通过持续监控信息安全控制的设计、存在和运行的有效性并使用反馈来改进控制以确定的。这些控制措施是对未能实现信息安全目标（目标）的风险的抵御措施，并源于价值链的 TOM
摘要	√	ISVS 首先提高组织管理层的信息安全意识。利益相关方根据已识别的风险来源问题来确定。这为确定 ISVS 范围以及信息安全目标和信息安全策略的提供了可能性。信息载体（资产）是基于这种治理来确定的。根据问题和资产，确定风险并提供所需的控制。根据信息安全政策和目标，内部审计确定还需要哪些改进
前提条件	√	实现正常运作的 ISVS 的先决条件是： • 信息安全具有紧迫感或愿景 • 信息安全有明确的责任人
成功结果	√	在成功完成持续安全价值流的情况下，所交付的结果是是： • 管理层关于承诺的声明 • 内部及外部问题清单 • 利益相关方清单 • 既定的信息安全价值流范围 • 既定的信息安全价值流目标 • 编制的信息安全政策 • 识别的信息安全资产 • 制定的风险评估标准 • 列明的信息安全风险登记册 • 风险及控制措施分类 • 内部审计发现的问题清单 • 已解决的信息安全事件 • 跟踪处理的不合规项清单 • 填写的 CSI 登记册 • 配备的信息安全监控设施、
失败结果	√	• ISVS 实施不成功的因素包括： • 缺乏管理层对实施信息安全措施的支持 • 未能将所有利益相关方纳入 ISVS 的实施过程 • ISVS 的范围过小或过大 • 无法满足信息安全 SLA 规范的要求 • 对信息安全状况缺乏清晰的认识 • 不了解信息安全风险的性质以及如何对其进行分类和管理 • 未进行内部信息安全评估 • 缺乏处理或处理不当的信息安全事件 • 无法预防和解决不符合项 • 缺乏信息安全监控设施
性能	√	ISVS 用例的执行速度取决于触发条件
频率	√	ISVS 每年至少全面实施一次。此外，ISVS 的用例是在信息安全事件、不合格、变更和项目的情况下执行的

续表

<table>
<tr><th>属性</th><th>√</th><th colspan="4">描述</th></tr>
<tr><td>参与者</td><td>√</td><td colspan="4">安保人员、安全经理、价值流经理</td></tr>
<tr><td>触发条件</td><td>√</td><td colspan="4">时间的推移（每年）是通过所有用例的触发条件。此外，还有信息安全事件、不符合项、变更和项目等方面的触发因素</td></tr>
<tr><td rowspan="11">场景（文本）</td><td rowspan="11">√</td><td>S#</td><td>参与者</td><td>步骤</td><td>描述</td></tr>
<tr><td>1</td><td>安全负责人</td><td>获得高层管理承诺</td><td>ISVS-UC-GSP-01
本用例包括管理层对 ISVS 带来的价值的认识。在此基础上可以正式确定价值</td></tr>
<tr><td>2</td><td>安全负责人</td><td>确定问题</td><td>UC-RSP-01
本用例的目的是为了调查与保密性、完整性和可用性相关的问题，以便在问题日志中记录这些问题</td></tr>
<tr><td>3</td><td>安全负责人</td><td>确定利益相关方</td><td>ISVS-UC-GSP-02
本用例的目的是确定和登记内部和外部利益相关方，并根据模板对其进行分类。在注册过程中，管理角色、权限、兴趣、支持、联系人、沟通日期和阈值 / 兴趣领域</td></tr>
<tr><td>4</td><td>安全负责人</td><td>确定范围</td><td>ISVS-UC-GSP-03
本用例的目的是在服务、产品、地理位置、客户或价值流方面确立 ISVS 的范围</td></tr>
<tr><td>5</td><td>安全负责人</td><td>确定目标</td><td>ISVS-UC-GSP-04
本用例的目的是确定 ISVS 的目标。用保密性、完整性和可用性来表示</td></tr>
<tr><td>6</td><td>安全负责人</td><td>确定信息安全政策</td><td>ISVS-UC-GSP-05
本用例的目的是整理一条简短的文字，指示实施 ISVS 的驱动因素并鼓励员工实施安全性。这还包括制定行为准则和提供意识培训</td></tr>
<tr><td>7</td><td>安全经理</td><td>确定信息资产</td><td>ISVS-UC-RSP-03
在此步骤中，制定必须保护的信息的载体列表</td></tr>
<tr><td>8</td><td>安全经理</td><td>确定风险标准</td><td>ISVS-UC-RSP-02
本用例的目的是为了创建和维护信息安全风险的触发标准、优先级标准和接受标准，以应对信息安全风险</td></tr>
<tr><td>9</td><td>安全经理</td><td>识别风险</td><td>ISVS-UC-RSP-04
本用例的目的是为了确定要评估的风险登记册</td></tr>
<tr><td>10</td><td>安全经理</td><td>进行风险评估</td><td>ISVS-UC-RSP-05
本用例的目的是对已识别的风险进行分类</td></tr>
</table>

续表

<table>
<tr><th>属性</th><th>√</th><th colspan="4">描述</th></tr>
<tr><td rowspan="5">场景
（文本）</td><td rowspan="5">√</td><td>11</td><td>安全经理</td><td>确定风险处理措施</td><td>ISVS-UC-RSP-06
本用例的目的是为每一个需要控制的风险确定如何通过给风险指定一个处理方案来减轻或消除风险</td></tr>
<tr><td>12</td><td>安全经理</td><td>实现控制</td><td>ISVS-UC-RSP-07
本用例的目的是根据风险处理选项，选择处理风险的控制措施</td></tr>
<tr><td>13</td><td>监控设施</td><td>监控控制有效性</td><td>ISVS-UC-QSP-01
通过定义每个控制的测量处方和确定测量频率，可以实现控制有效性的自动化测量。测量不应仅仅关注生产环境，还要关注控制的整个生命周期</td></tr>
<tr><td>14</td><td>内部审计师</td><td>进行内部审计</td><td>ISVS-UC-QSP-02
内部审计提供了一份调查结果清单和解决这些调查结果的建议</td></tr>
<tr><td>15</td><td>安全负责人</td><td>持续改进</td><td>ISVS-UC-QSP-03
持续改进包括带有状态监控的信息安全事件列表和带有后续跟踪的不符合项列表。此外，还保留了持续服务改进维护登记册</td></tr>
<tr><td rowspan="2">场景上的偏差</td><td rowspan="2"></td><th>S#</th><th>变量</th><th>步骤</th><th>描述</th></tr>
<tr><td></td><td></td><td></td><td></td></tr>
<tr><td>开放式问题</td><td></td><td colspan="4"></td></tr>
<tr><td>规划</td><td>√</td><td colspan="4"></td></tr>
<tr><td>优先级</td><td>√</td><td colspan="4"></td></tr>
<tr><td>超级用例</td><td></td><td colspan="4"></td></tr>
<tr><td>接口</td><td></td><td colspan="4"></td></tr>
<tr><td rowspan="2">关系</td><td></td><td colspan="2"></td><td colspan="2">……</td></tr>
<tr><td></td><td colspan="2"></td><td colspan="2">……</td></tr>
</table>

第 7 节　持续安全最佳实践

提要

- 持续安全的附加值在于其提高了控制监控的频率，并将现有控制措施进行整合，从而识别和弥补控制漏洞。
- 在持续安全中，内部审计师的角色从控制的所有者和裁判转变为教练。

阅读指南

本节将广泛讨论 ISVS 安全实践，包括治理安全实践、风险安全实践和质量安全实践。这些构建块将在第 8 节（治理安全实践）、第 9 节（风险安全实践）和第 10 节（质量安全实践）中进行定义。这些安全实践是 ISVS 及其控制价值流的基石。本节还简要描述了一些用例，并在第 11 节对每个价值流进行诠释。

一、最佳实践

图 2.7.1 显示了所有安全实践。每个安全实践都是一个或多个 ISVS 价值流或 ISVS 价值链控制的构建块。

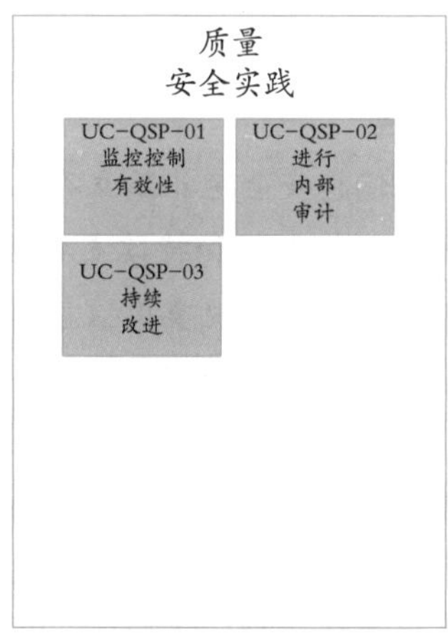

图 2.7.1　信息安全实践

二、价值流示例

图 2.7.2 概述了来自 ISVS 的价值流示例。这些价值流基于图 2.7.1 所示的构建块。这意味着来自持续安全价值流的所有安全实践都得到了重复使用。在使用持续安全价值流设计 ISVS 之后，这些价值流示例被用于 ISVS 的运营阶段。

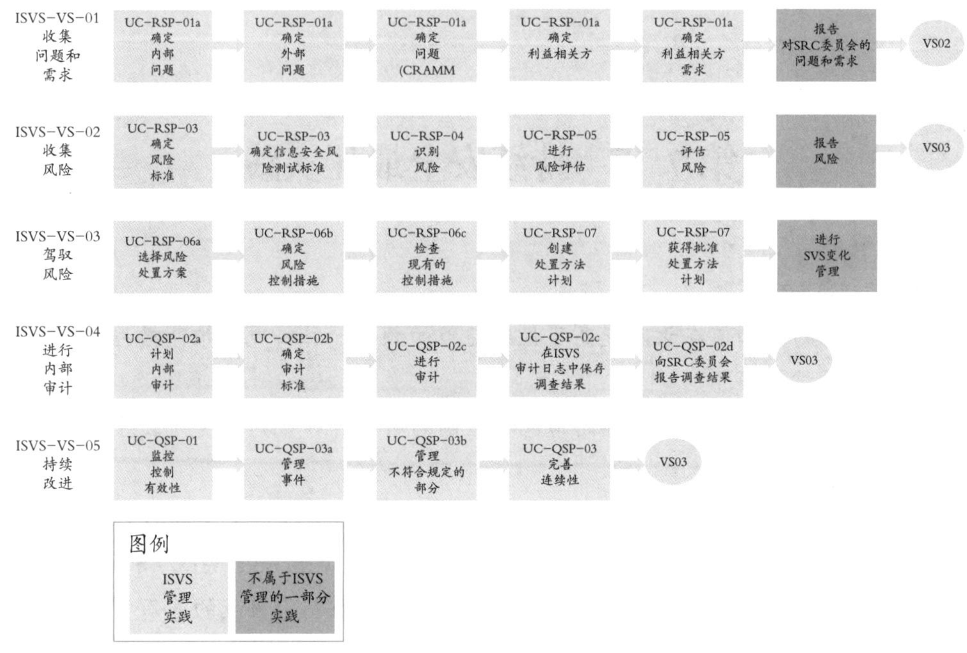

图 2.7.2　信息安全价值流

第 8 节　治理安全实践

提要

• 信息安全绝非孤立存在的技术问题，而是组织战略的重要组成部分。因此，高层管理的积极参与和持续支持至关重要。建立定期召开的 SRC 委员会，由高管成员直接参与决策，是体现重视信息安全的重要举措。此外，公开发布每位管理人员的信息安全承诺宣言，亦能彰显组织对安全的重视程度。

• ISVS 的治理需要充分认识其利益相关方，并密切跟踪与 ISVS 相关的事件。这不仅可以将利益相关方的需求纳入治理体系，还可以洞察它们对信息安全政策的影响。

• 在 ISVS 治理中，厘清业务价值链中对信息安全提出要求的环节，是制定和实施安全措施的基础。

• ISVS 以保密性、完整性和可用性为目标。为了实现这些目标，我们需要将潜在的安全风险转化为相应的应对措施，即 CSF。这些 CSF 通过设定标准并制定 KPI 进行衡量，并定期报告给 SRC 委员会，作为治理的重要组成部分。

• 信息安全政策是 ISVS 的基石，是整个组织在信息安全方面所遵循的准则。它阐述了信息安全方面的共同核心价值观，为安全实践提供指引。

阅读指南

在确定 ISVS 范围之后，本节将在后续部分详细阐述五项信息安全治理实践。

一、治理安全实践范围

治理安全实践是指图 2.8.1 中定义的 ISVS 价值链所遵循的最佳实践。

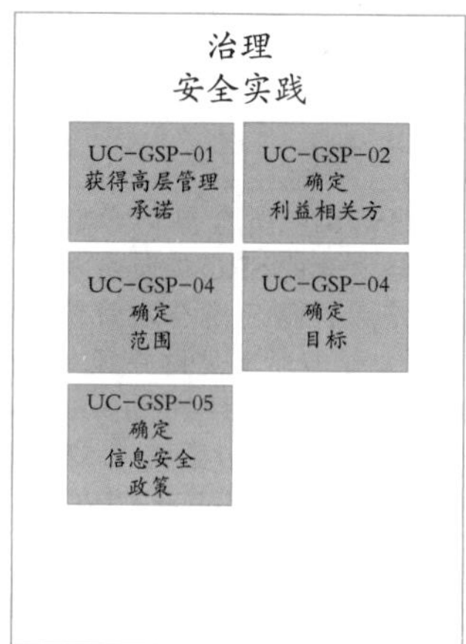

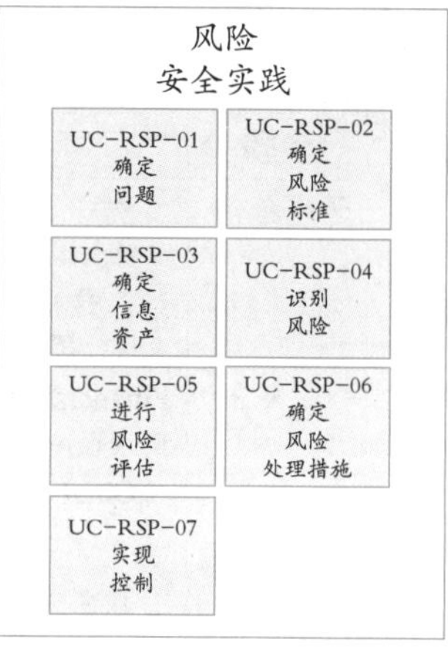

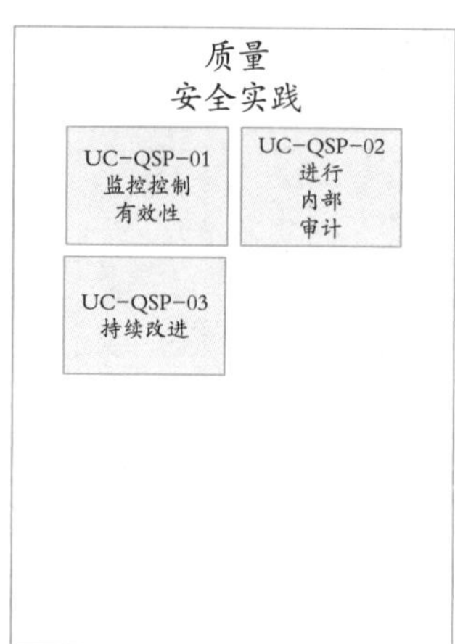

图 2.8.1 治理安全实践

二、获得高层管理层承诺

该 ISVS 安全实践是 ISVS 的基础，在引入 ISVS 时必须首先完成。

1. 用例

获得高层管理层承诺用例如表 2.8.1 所示。

表 2.8.1 用例 - 获得高层管理层承诺

属性	√	描述
ID	√	ISVS-UC-GSP-01
命名	√	获得高层管理承诺
目标	√	本用例的目的是让组织的最高管理层承诺遵守信息安全策略
摘要	√	合适的人在合适的地方必须致力于 ISVS 的实现和管理。这是通过创建 SRC 委员会并定义包括承诺声明在内的职位描述来实现的
前提条件		实现管理层承诺的前提条件是： • 赋予信息安全以实质的紧迫感或愿景 • 信息安全的所有权
成功结果	√	• 成立了 SRC 委员会，负责安全、风险和合规工作 • 每个 SRC 委员会的成员都有各自的岗位描述 • 每个 SRC 委员会的成员都有一份承诺声明 • SRC 委员会重点关注信息安全政策
失败结果		• 不存在管理层需要遵守信息安全政策的强制性义务 • 未获得 ISO 27001 的认证 • ISVS 的实施和实现并没有被整合到员工的工作方式中
性能		• LT： 1 天 • PT： 1 小时 • %C/A： 99%

续表

<table>
<tr><th>属性</th><th>√</th><th colspan="4">描述</th></tr>
<tr><td>频率</td><td></td><td colspan="4">每年审查一次</td></tr>
<tr><td>参与者</td><td>√</td><td colspan="4">信息安全顾问</td></tr>
<tr><td>触发条件</td><td>√</td><td colspan="4">每年一次</td></tr>
<tr><td rowspan="4">场景
（文本）</td><td rowspan="4">√</td><td>S#</td><td>参与者</td><td>步骤</td><td>描述</td></tr>
<tr><td>1.</td><td>信息安全顾问</td><td>界定角色</td><td>首先，必须定义 ISVS 中所需要的角色，从负责审批信息安全政策的 SRC 委员会成员开始。这些人必须是承担信息安全政策责任的员工。通常情况下，这包括首席财务官（Chief Financial Officer, CFO）、首席执行官（Chief Executive Officer, CEO）和首席信息安全官（Chief Information Security Officer, CISO）</td></tr>
<tr><td>2.</td><td>信息安全顾问</td><td>建立 SRC 委员会</td><td>首先需要建立 SRC 委员会，明确其运作目的、会议频率和时长，以及议程安排</td></tr>
<tr><td>3.</td><td>信息安全顾问</td><td>承诺声明草案</td><td>每位 SRC 委员会成员都需要提交一份承诺声明，这些承诺声明应公开发布，让所有人知晓委员会成员的职责和使命</td></tr>
</table>

2. 定义

高层管理层的坚定承诺是 ISVS 扎根于组织的关键因素。这种承诺体现在信息安全委员会（SRC）的成立上，该委员会负责制定和遵守信息安全政策。为了使这一承诺具体化，每位 SRC 成员都应撰写并发布一份承诺书。

3. 目标

信息安全实践的目标是确定 ISVS 如何创造价值，从而激发管理层对实施、设定目标和监控 ISVS 的积极参与，而不是将它视为一种负担。

4. 示例

承诺声明可以采用用户故事的形式撰写，以便解释角色、需求和理由。表 2.8.2 提供 3 个示例，这些承诺声明可以发布在内部网上。

表 2.8.2　承诺声明的示例

<table>
<tr><th colspan="2">在线支付服务（Online Payment Service,OPS）的承诺声明</th></tr>
<tr><td colspan="2">本页显示了 OPS 高层管理人员对 OPS ISVS 的承诺。CEO、CFO 和 CISO 建立了 SRC 委员会，并签署了他们的承诺声明，作为 OPS 信息安全政策的基石。</td></tr>
<tr><th>利益相关方</th><th>承诺声明</th></tr>
<tr><td>CEO
@name_cfo</td><td>作为 在线支付服务 公司的 CEO
我希望 建立一个 ISVS
这样 我们客户的交易可以得到最高水平的安全保障</td></tr>
<tr><td>CISO
@name_ciso</td><td>作为 在线支付服务 公司的 CISO
我希望 在我们的在线支付服务中实施信息安全控制
这样 我可以保证我们在遵守法律和法规的情况下实现我们承诺的服务
而且 我也可以提供证据表明所有必需的控制措施是有效的</td></tr>
</table>

续表

在线支付服务（Online Payment Service,OPS）的承诺声明	
CFO @name_cfo	作为 在线支付服务 公司的 CFO 我希望 对我们的在线支付服务实施信息安全控制 这样 我们就能确保客户得到他们所要求的高质量服务 而且我们有信心建立可持续且安全的信息预置。

5. 最佳实践

许多管理者希望获得 ISO 27001 认证，原因之一是客户要求。在这种情况下，他们的动机是增加收入。然而，这恰恰不是 ISO 27001 认证的原意。获得认证的动机必须与盈利目的分开。当然，良好的质量控制会提升企业形象，从而可能对经营成果产生积极影响（尤其对于以盈利为目的的商业组织而言）。

缺乏承诺的特征包括：

- 高层管理人员（CFO、CEO、CIO 等）不将 ISO 27001 视为价值，而仅仅看作需要削减的成本项目。
- 安全风险与合规委员会没有每月抽出一个小时的时间来讨论相关事项。
- 信息安全是管理议程中的最后一项，甚至不会被讨论。
- 职位分类系统中没有安全主管或安全经理的职位，也没有与之对应的职责、权力和义务。
- 没有针对信息安全的意识培训。
- 没有信息安全预算。
- 项目中不包含信息安全要求或留给信息安全的时间过少。
- 出现以下言论："别担心，我付钱给审计师，他会按我的要求做"或"我们一直寻找一个'理解我们需求'的'务实'审计师"。

这样的组织，只有在已经遭受形象损害、需要进行尽职调查、客户要求或政府要求监督的情况下，才会对信息安全进行投资。而在这种情况下，是无法引入 ISO 27001 的。

三、确定利益相关方

ISVS 安全实践确保了 ISVS 利益相关方登记册的建立和维护。

1. 用例

表 2.8.3 显示了确定利益相关方的用例。

表 2.8.3　用例 - 确定利益相关方

属性	√	描述
ID	√	ISVS-UC-GSP-02
命名	√	确定利益相关方
目标	√	确定、注册和分类内部和外部的利益相关方。在注册过程中，对角色、权限、兴趣、支持、联系人、沟通日期和利益阈值范围进行管理

<table>
<tr><th>属性</th><th>√</th><th colspan="4">描述</th></tr>
<tr><td>摘要</td><td>√</td><td colspan="4">根据内部和外部问题，安全分析师每年应对利益相关方进行 4 次评估。与 ISVS 相关的所有与利益相关方有关的重要事件都记录在此注册表的日志文件中</td></tr>
<tr><td>前提条件</td><td></td><td colspan="4">• 登记内部利益相关方
• 登记外部利益相关方</td></tr>
<tr><td>成功结果</td><td>√</td><td colspan="4">• 代表内部和外部各方的利益相关方已经注册
• 这些关系是用利益来定义的
• ISVS 最重要的事件已经注册
• 根据 ISVS 的分类级别，向相利益关方告知 ISVS 的状态
• 已建立利益相关方的需求</td></tr>
<tr><td>失败结果</td><td></td><td colspan="4">• 利益相关方尚未确定，因此没有告知 ISVS 的状态</td></tr>
<tr><td>性能</td><td></td><td colspan="4">• LT： 1 天
• PT： 1 小时
• %C/A： 99%</td></tr>
<tr><td>频率</td><td></td><td colspan="4">一年 4 次</td></tr>
<tr><td>参与者</td><td>√</td><td colspan="4">信息安全顾问负责分析内部和外部问题并向利益相关方更新最新信息，在合适的情况下注册登记。</td></tr>
<tr><td>触发条件</td><td>√</td><td colspan="4">• 时间：每年更新 4 次
• 活动：如信息安全博览会等活动
• 重大变化：新的利益相关方</td></tr>
<tr><td rowspan="5">场景（文本）</td><td rowspan="5">√</td><th>S#</th><th>参与者</th><th>步骤</th><th>描述</th></tr>
<tr><td>1.</td><td>信息安全顾问</td><td>登记利益相关方</td><td>一条新的记录被添加到利益相关方登记</td></tr>
<tr><td>2.</td><td>信息安全顾问</td><td>对利益相关方进行分类</td><td>利益相关方根据重要性（利益）和权力进行分类</td></tr>
<tr><td>3.</td><td>信息安全顾问</td><td>登记要求</td><td>利益相关方对信息安全的要求被记录下来，因为它们必须被包括在风险识别中</td></tr>
<tr><td>4.</td><td>信息安全顾问</td><td>注册活动</td><td>年度内部和外部审计等活动也会被添加</td></tr>
</table>

2. 定义

利益相关方实质上是受 ISVS 活动影响的个人或团体，他们对 ISVS 的运营、决策和发展有着至关重要的影响。

3. 目标

ISVS 作为一个价值体系，需要清晰识别出与系统互动并保持密切联系的关键利益相关方。

4. 示例

利益相关方通常可能包括：

- 股东

- 审计师
- 云服务商
- 客户
- 供应商
- 管理团队成员
- 国家银行
- 隐私监管机构
- 产品负责人
- 安全审计委员会成员

5. 最佳实践

ISVS 应当记录并维护利益相关方信息，如表 2.8.4、2.8.5、2.8.6 所示。

表 2.8.4 利益相关方——影响和利益

利益相关方	低影响	高影响
高度重视	• 产品负责人	• 审计员 • 云服务商 • 客户 • 管理团队成员 • 隐私监管机构 • 安全审计委员会成员
低重要性	• 产品负责人	• 股东 • 国家银行

表 2.8.5 利益相关方——注册

利益相关方	角色	在 ISVS 中	影响力（0-10）	利益（0-10）	支持（RAG）	联系我们	日期	主题
内部利益相关方								
名称 - 利益相关方					•	•	•	•
					•	•	•	•
外部利益相关方								
名称 - 利益相关方					•	•	•	•
					•	•	•	•

表 2.8.6 利益相关方——注册解释

属性	含义	示例
角色	利益相关方在 ISVS 中的角色	见上面的示例（股东、审计师……）
在 ISVS 中	角色对 ISVS 的意义	在 ISVS 设计的组织的客户可能要求在开展业务之前实施信息安全要求

续表

属性	含义	示例
影响	从 1 到 10 的数字表示利益相关方对 ISVS 的影响力，具体体现在对 ISVS 所需调整方面	审计师可能会要求在认证之前要求对 ISVS 进行更改
利益	从 1 到 10 的数字表示利益相关方对 ISVS 的重要性，反之亦然，也表示 ISVS 对利益相关方的重要性	高重要性表示 ISVS 与利益相关方之间的信息交换频率高于低重要性
支持	此列表明为了实现 ISVS 目标需要对该利益相关方投入多少关注。RAG 代表红、琥珀、绿。高关注为红色，仅关注为琥珀色，无关注为绿色	绿色：客户的所有要求都得到了满足 琥珀色：审计师确定并非所有的信息安全要求都得到满足 红色：由于供应商不符合安全标准，必须被替换
联系我们	在 ISVS 设计的组织内，每个利益相关方都将分配给一名员工。该员工是该利益相关方的联系人	@人 1 @人 2
日期	下一次联系的日期	YYYY-MM-DD
主题	瓶颈（障碍）和需要讨论的重要的（感兴趣的）领域	应与供应商讨论信息交换的加密机制

四、确定范围

此 ISVS 安全实践确定了 ISVS 的范围。

1. 用例

表 2.8.7 显示了确定范围的用例。

表 2.8.7 用例 - 确定范围

属性	√	描述
ID	√	ISVS-UC-GSP-03
命名	√	确定范围
目标	√	本用例的目的是确立 ISVS 的范围
摘要	√	ISVS 范围决定了业务价值链的哪些部分必须符合 ISO 27001 标准
前提条件		• 信息安全资产是已知的 • 利益相关方是已知的
成功结果	√	• 范围已被确定
失败结果		• 范围还没有确定
性能		• LT： 1 小时 • PT： 1 小时 • %C/A： 99%
频率		每年 4 次

续表

<table>
<tr><th>属性</th><th>√</th><th colspan="4">描述</th></tr>
<tr><td>参与者</td><td>√</td><td colspan="4">ISVS 的范围由 SRC 委员会决定</td></tr>
<tr><td>触发条件</td><td>√</td><td colspan="4">• 时间（每年）
• 业务价值链（业务变更）</td></tr>
<tr><td rowspan="5">场景
（文本）</td><td rowspan="5">√</td><td>S#</td><td>参与者</td><td>步骤</td><td>描述</td></tr>
<tr><td>1.</td><td>SRC 委员会</td><td>确定可以明确范围的条件</td><td>确定范围取决于许多条件，示例中至关重要的条件包括：
• 客户：是否有客户要求组织获得认证？
• 努力：扩大 ISVS 的范围将带来多少工作量？
• 人员：由于范围局限，是否有员工需因不同客户而采用不同工作方式？是否会产生对部分客户提供服务，而对另外一部分客户无法提供服务的矛盾？</td></tr>
<tr><td>2.</td><td>SRC 委员会</td><td>确定范围</td><td>基于以下方面确定范围：
• 客户
• 产品 / 服务
• 组织单位
• 地域</td></tr>
<tr><td>3.</td><td>SRC 委员会</td><td>计划范围变更</td><td>计划何时实施范围上的变更</td></tr>
<tr><td>4.</td><td>SRC 委员会</td><td>要求重新审计</td><td>如果出现变更要求，外部审计师必须确定这是否需要进行新的审计</td></tr>
</table>

2. 定义

ISVS 的范围指示了业务价值链的哪些部分符合所选的标准框架（ISO 27001）。

3. 目标

确定范围的目标是基于期望管理，让利益相关方了解该范围。

4. 示例

本示例将展示如何按照以下条件界定 ISVS 的范围：

- 质量
  - 范围是否易于解释？
  - 员工是否能理解并牢记范围？
- 标准框架
  - 哪些控制措施未涵盖于所应用的标准框架（ISO 27001）之中，为什么？
- 业务
  - 哪些业务价值流涵盖在 ISVS 的范围内？
  - 哪些产品和服务与这些价值流相关？

    - 哪些物理位置必须涵盖在范围内？
- 利益相关方
    - 哪些具有影响力的利益相关方涵盖在 ISVS 范围内？
    - 组织在实施 ISVS 方面依赖哪些供应商？
- 信息资产
    - 考虑到标准框架、业务和利益相关方的范围，哪些信息资产涵盖在 ISVS 范围内？
    - 公司中哪些部门参与管理这些资产的价值流？
    - 目前有哪些控制措施用于保护信息资产？

这里是一个关于确定范围的示例：

> ISVS 的范围是完整的 OPS 组织，为金融交易提供解决方案，包括服务组合和产品组合中定义的以下服务和产品：
>
> - <>
> - <>
> - <>

表 2.8.8 展示了范围定义的示例。

表 2.8.8　范围定义

范围地区	范围来源	范围内示例
业务	价值链 价值流 服务组合 产品组合 系统上下文图	• ISVS 涵盖所有业务价值流 • ISVS 包括以下服务和产品：…… • 以下国家和地区在 ISVS 的范围内
利益相关方	利益相关方登记册	所有利益相关方都在 ISVS 的范围内
信息资产	资产清单	所有的信息资产都被视为 ISVS 的一部分，因此也是 CIA 矩阵和控制的一部分

5. 最佳实践

总而言之，将范围设定为涵盖整个业务价值链是最优选择。这样做可以清晰地向所有人传达 ISVS 所涵盖的内容，即使客户提出调整范围的要求，也不必进行改动。这一原则同样适用于标准框架（适用性声明）中的范围界定。

五、确定目标

此 ISVS 安全实践确定了 ISVS 的目标。

1. 用例

表 2.8.9 显示了确定目标的用例。

表 2.8.9　用例 – 确定目标

<table>
<tr><th>属性</th><th>√</th><th colspan="4">描述</th></tr>
<tr><td>ID</td><td>√</td><td colspan="4">ISVS-UC-GSP-04</td></tr>
<tr><td>命名</td><td>√</td><td colspan="4">确定目标</td></tr>
<tr><td>目标</td><td>√</td><td colspan="4">本用例的目的是为了定义 ISVS 的目标以确保 ISVS 的结果能创造业务价值</td></tr>
<tr><td>摘要</td><td>√</td><td colspan="4">通过 SMART 定义了基于 CIA 目标的 ISVS。基于这些 CIA 目标，如果无法实现某个方面的目标，则会根据相关资产类型来确定风险。
应对措施被定义为 CSF，并通过使用 KPI 和标准来衡量，以实现可量化。这些 KPI 会被定期监控和报告</td></tr>
<tr><td>前提条件</td><td></td><td colspan="4">无</td></tr>
<tr><td>成功结果</td><td>√</td><td colspan="4">ISVS 的目标已经确立</td></tr>
<tr><td>失败结果</td><td></td><td colspan="4">ISVS 的成果并没有为企业带来附加价值</td></tr>
<tr><td>性能</td><td></td><td colspan="4">• LT： 1 小时
• PT： 1 小时
• %C/A： 99%</td></tr>
<tr><td>频率</td><td></td><td colspan="4">一次性审查和年度审查</td></tr>
<tr><td>参与者</td><td>√</td><td colspan="4">SRC 委员会决定 ISVS 的目标</td></tr>
<tr><td>触发条件</td><td>√</td><td colspan="4">时间（每年）</td></tr>
<tr><td rowspan="7">场景（文本）</td><td rowspan="7">√</td><th>S#</th><th>参与者</th><th>步骤</th><th>描述</th></tr>
<tr><td>1.</td><td>SRC 委员会</td><td>确定目标</td><td>为 CIA 的每一个方面定义 SMART 目标</td></tr>
<tr><td>2.</td><td>SRC 委员会</td><td>分析风险</td><td>针对每种资产类型，分析未实现 CIA 目标的风险</td></tr>
<tr><td>3.</td><td>SRC 委员会</td><td>制定控制措施</td><td>为每个风险确定控制措施（CSF）</td></tr>
<tr><td>4.</td><td>SRC 委员会</td><td>确定 KPI</td><td>为每个 CSF 确定 KPI</td></tr>
<tr><td>5.</td><td>SRC 委员会</td><td>设定监控标准</td><td>为每个 KPI 确定监控标准</td></tr>
<tr><td>6.</td><td>SRC 委员会</td><td>建立监控体系</td><td>为每个 KPI 或者标准确定反应式和预防性的监控机制</td></tr>
</table>

2. 定义

ISVS 的 CIA 目标是为了给信息安全政策赋予实质内容。

3. 目标

ISVS 的 CIA 目标使其能够确定信息安全政策是否得到有效实施。

4. 示例

表 2.8.10 显示了一个 CIA 目标的示例。

表 2.8.10　CIA 目标

CIA	目标	风险	CSF	KPI	标准
保密性	核心服务的数据集和 CI/CD 安全流水线的保密性：在 2023 年，ISVS 范围内最多发生 3 起重大保密性事件，优先级为 1 级，修复时间最多为 4 小时	密码被盗	密码过期	密码重置时间	30
			双因素认证	MFA 百分比	100
		入侵者	监控	入侵者的数量	0
完整性	核心服务的数据集和 CI/CD 安全流水线的完整性：在 2023 年，ISVS 范围内最多发生 3 起重大保密性事件，优先级为 1 级，修复时间最多为 4 小时	数据不正确、不完整或不准确	数据事务附带业务规则	已保护的数据事务百分比	100
		数据在运输过程中被改变	数据传输附带 CRC 码	已保护的数据传输百分比	100
可用性	核心服务的数据集和 CI/CD 安全流水线的可用性：在 2023 年，ISVS 范围内最多发生 3 起重大保密性事件，优先级为 1 级，修复时间最多为 4 小时	数据丢失	备份	# 每年的恢复测试	2
		组件故障	冗余组件	冗余组件百分比	100

5. 最佳实践

对于 ISVS 而言，设定涵盖 CIA 矩阵的 3 个维度（保密性、完整性和可用性）的目标至关重要。 通过对未能实现这些目标的风险进行分析，就可以制定相应的对策来消除或减轻这些风险。这些措施构成了 CSF，这些 CSF 必须基于 KPI 及其标准加以识别和衡量，也应该被涵盖在 CIA 模型中。

六、确定信息安全政策

此 ISVS 安全实践确定 ISVS 的信息安全政策。

1. 用例

表 2.8.11 显示了确定信息安全政策的用例。

表 2.8.11　用例 - 确定信息安全政策

属性	√	描述
ID	√	ISVS-UC-GSP-05
命名	√	确定信息安全政策
目标	√	本用例的目的是定义 ISVS 的信息安全策略
摘要	√	信息安全策略根据 ISVS 的范围和利益相关方来指定，这被转化为行为准则（Code of Conduit, CoC），以便参与 ISVS 的组织中每个人都清楚自己在信息安全方面的的责任和期待。这些准则将在信息安全意识培训中进行讲解
前提条件		无
成功结果	√	• 信息安全政策已制定 • 行为准则已制定 • 信息安全意识培训已进行

续表

属性	√	描述			
失败结果		• 信息安全政策尚未制定 • 参与 ISVS 的人不知道对他们的期望是什么			
性能		• LT：1 小时 • PT：1 小时 • %C/A：99%			
频率		一次性审查和年度审查			
参与者	√	SRC 委员会决定 ISVS 的信息安全政策和行为准则			
触发条件	√	时间（每年）			
场景（文本）	√	S#	参与者	步骤	描述
		1.	SRC 委员会	信息安全政策制定	信息安全政策的制定需要基于以下两方面考虑： • ISVS 的范围：可能包含需要涵盖在信息安全政策中的额外内容 • 利益相关方：它们的需求也可能需要在信息安全政策中得到解决 信息安全政策的制定应与所有参与 ISVS 的人员共同进行，以确保该政策得到遵守
		2.	SRC 委员会	信息安全政策发布	信息安全政策应发布在每个人都经常经过且容易看到的醒目位置
		3.	处置专家/处置工作者	编制行为准则	ISVS 的利益相关方共同制定行为准则
		4.	ISVS 工作人员	遵循信息安全意识培训	ISVS 相关人员参加了信息安全意识培训。他们在成功通过考试的基础上获得证书

2. 定义

信息安全政策是一句简明扼要的声明，阐明应用 ISVS 的商业理由。行为准则是一系列所有 ISVS 利益相关方必须遵守的原则。出于实际需求，该准则可以根据不同员工群体（例如业务部门和信息通信技术部门）进行细化。

3. 目标

制定信息安全政策的目的是与参与 ISVS 的员工一起形成一份政策声明，指明组织通过实施信息安全希望实现什么目标。行为准则的目的是将信息安全政策转化为必须遵守的行为准则。

4. 信息安全策略示例

以下策略强调了信息安全对组织的重要意义，这表明该组织的观点、思维方式和工作方法的基础是渗透着 ABC 组织与其客户的共同利益的。

> "ABC 组织成立于支持政府机构实现安全数据传输领域，因此，相关信息资产的信息安全对于 ABC 组织及其客户而言都至关重要，并应采取相应措施加以保护。ABC 组织通过将信息安全融入其工作流程和部署的 CI/CD 安全流水线中实现这一目标，该流水线用于提供安全的数据传输服务。"

5. 行为准则示例

表 2.8.12 显示了一个部分完成的适用于业务员工和 IT 员工的行为准则的用例。

表 2.8.12　用例 - 业务和 IT 的行为准则

文章	主题	编码	ISO 参考文献	政策参考
1.1	移动设备上的数据	以下信息不应储存在移动设备上： • 客户数据 • 项目数据 • ……	ISO 27001 规范	政策
1.2	远程工作	……	……	……
1.3	雇佣结束	……	……	……
1.4	清理桌面政策	……	……	……
1.5	信息标签	……	……	……
……	……	……	……	……

表 2.8.13 显示了一个部分完成的适用于 IT 员工的行为准则模板。

表 2.8.13　IT 行为准则模板

文章	主题	编码	ISO 参考文献	政策参考
2.1	备份	所有资产都根据 CIA 矩阵和资产清单进行分类。根据此分类，将确定备份和恢复策略，以便针对每个资产执行正确的备份和恢复测试操作	ISO 27001 规范	政策 工作方式 策略
2.2	不间断电源（UPS）	不间断电源每年进行两次测试	ISO 27001 规范	政策 工作方式
2.3	……	……	……	……

6. 最佳实践目标

对于 ISVS 而言，设定涵盖 CIA 矩阵的 3 个维度（保密性、完整性和可用性）的目标至关重要。通过对未能实现这些目标的风险进行分析，就可以制定相应的对策来消除或减轻这些风险。这些措施构成了 CSF，这些 CSF 必须基于 KPI 及其标准加以识别和衡量，也应该被涵盖在 CIA 模型中。

7. 最佳实践行为准则

行为规范的实施往往意味着行为转变和时间投入。部门领导可以每月下班后巡查一次部门，从中大致了解团队成员对部分行为规范条例的遵守情况。可以使用红、黄、绿 3 种颜色的卡片进行反馈。

团队领导还可以定期组织团队成员座谈，共同评估行为规范的有效性和必要性，并就分布式反馈卡进行讨论和改进，以便改进后续的实施方式。

第 9 节　风险安全实践

提要

• 在信息安全领域，各种问题可能都会对组织的成果构成威胁。这些问题都是潜在的风险，需要加以管理。用于识别外部问题的实用工具包括 PESTLE 框架，对于内部问题，可以使用 IPOPS 框架，最后，CRAMM 方法可以根据需要由信息安全保护的资产，编列一份通用问题清单。

• 风险安全实践的实施中使用了诸如触发器、测试用例、优先级、接受度、发现、事件和证据等概念。这些术语的使用需要明确的标准，例如将优先级估计为无、低、中或高等标准。

• 风险管理关注存储在资产中的信息的安全性。这些资产必须基于分类模型透明化，以便创建和填充资产清单。

• 风险识别需要广泛的风险来源，例如问题、资产、变更、事件和要求。这些风险来源可以映射到记录了风险控制措施的 CIA 矩阵中。

• 在风险评估安全实践中，根据风险发生的可能性和对 CIA 矩阵 3 个方面的潜在影响，可以对识别出的风险进行分类。

• 为了制定应对计划，将为经过分类的风险分配一个相应的应对措施（MASR）。控制措施的构建由 SVS 负责，不属于 ISVS 的范畴。

阅读指南

在阐述范围之后，本节将在后续部分分别讨论七项治理安全实践。

一、风险安全实践范围

风险安全实践是 ISVS 的运营最佳实践。它们在图 2.9.1 中定义。

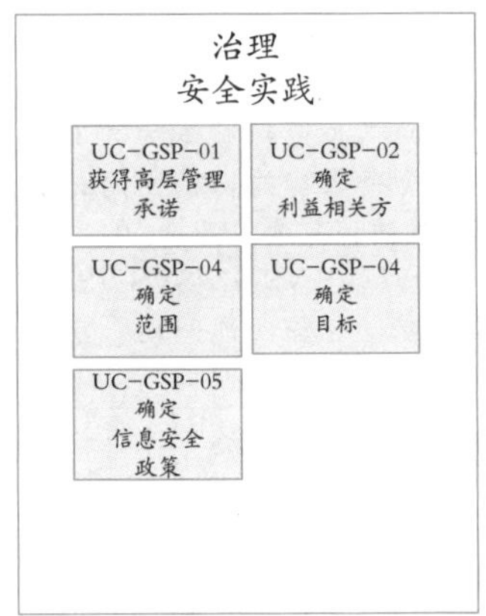

风险
安全实践
UC-RSP-01
确定
问题
UC-RSP-02
确定
风险
标准
UC-RSP-03
确定
信息
资产
UC-RSP-04
识别
风险
UC-RSP-05
进行
风险
评估
UC-RSP-06
确定
风险
处理措施
UC-RSP-07
实现
控制

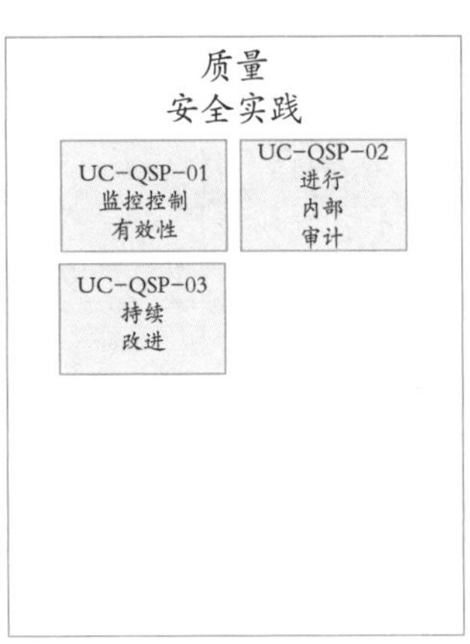

图 2.9.1　风险安全实践

二、确定内部问题

1. 内部问题用例

确定内部问题的用例如表 2.9.1 所示。

表 2.9.1 用例 - 确定内部问题

<table>
<tr><th>属性</th><th>√</th><th colspan="4">描述</th></tr>
<tr><td>ID</td><td>√</td><td colspan="4">ISVS-UC-RSP-01a</td></tr>
<tr><td>命名</td><td>√</td><td colspan="4">确定内部问题</td></tr>
<tr><td>目标</td><td>√</td><td colspan="4">本用例的目的是在服务组织中调查哪些与 CIA 相关的问题，以便将它们注册到 ISVS 问题日志中</td></tr>
<tr><td>摘要</td><td>√</td><td colspan="4">安全分析师会判断当前内部问题是否已得到控制或是需要更多关注。然后，分析师会根据以下因素来决定是否需要识别新的内部问题：
• 使用 IPOPS 模板
• 对 SVS 的流程输出进行分析，可以识别出内部问题
• 已解决的不合格项和信息安全事件可能留存残留风险，必须加入内部问题登记册来管理
• ISVS 目标监控时可能会发现 CSF 失控，进而转化为内部问题</td></tr>
<tr><td>前提条件</td><td></td><td colspan="4">• 存在内部问题登记册
• 存在 SVS 流程
• 不合格项和信息安全事件残留风险得到了注册和解决
• 监控的 ISVS 目标</td></tr>
<tr><td>成功结果</td><td>√</td><td colspan="4">• 问题日志被填充并显示内部问题的当前状态
• 输入某些内部问题以进行风险识别</td></tr>
<tr><td>失败结果</td><td></td><td colspan="4">内部问题未得到识别和管理，可能导致信息安全事件</td></tr>
<tr><td>性能</td><td></td><td colspan="4">• LT： 1 天
• PT：1 小时
• %C/A： 99%</td></tr>
<tr><td>频率</td><td></td><td colspan="4">每年两次</td></tr>
<tr><td>参与者</td><td>√</td><td colspan="4">分析内部问题的安全分析师</td></tr>
<tr><td>触发条件</td><td>√</td><td colspan="4">• 时间（每年两次）
• 主要变化
• 高度优先的信息安全事件</td></tr>
<tr><td rowspan="3">场景
（文本）</td><td rowspan="3">√</td><td>S#</td><td>参与者</td><td>步骤</td><td>描述</td></tr>
<tr><td>1.</td><td>安全分析师</td><td>审查优先级</td><td>安全分析师审查最新版本的内部问题日志，并检查当前的内部问题是否仍然具有正确的优先级。
此外，由于 ISVS VS-02/ISVS VS-03 中的风险管理，一些内部问题可能会从列表中删除</td></tr>
<tr><td>2.</td><td>安全分析师</td><td>IPOPS 评估</td><td>安全分析师使用 IPOPS（信息资产、人员、组织、产品和服务系统及流程）模板和风险分类模型来定义和分类新的内部问题</td></tr>
</table>

续表

属性	√	描述			
场景（文本）	√	3.	安全分析师	评估 SVS	安全分析师对 SVS 价值流的输出进行评估，以确定新的内部问题。相关的 SVS 价值流包括： • 事件管理（监控 CIA 事件） • 事件管理(CIA 客户事件、应用程序等) • 问题管理（问题的原因） • 服务水平管理（与 CIA 相关的 SLA 违规标准） • 典型的候选人是残留风险
		4	安全分析师	评估不合格项	安全分析师评估已关闭的不合格项，以定义和分类新的内部问题
		5	安全分析师	评估与 ISVS 目标的偏差	安全分析师评估 ISVS 目标的监控输出，以确定和分类新的内部问题
		6	安全分析师	风险管理	高优先级的内部问题用于风险管理流程的输入

2. 定义

内部问题是指组织在信息安全领域内部对成果的潜在威胁。这些问题是需要加以管理的风险。

3. 目标

本用例的目标是确保相关内部问题得到充分识别和映射，并对潜在的成果损失威胁进行控制。

4. 示例

表 2.9.2 提供了一个内部问题登记册的示例。

表 2.9.2　示例 - 内部问题登记册

问题类型	问题 #	内部问题
信息资产	IIR-001	控制标签没有得到正确实施，影响业务流程的产出
	IIR-002	信息资产的管理缺乏更新和授权
	IIR-003	CIA 风险矩阵缺失更新或未获授权
人	IIR-100	缺乏基于 ISO 27001 的正式行为准则
	IIR-101	专家垄断形成权力壁垒，威胁业务和 ISVS 目标的实现
	IIR-102	信息安全意识淡薄
组织机构	IIR-200	盲目追求 ISVS 的快速扩张
	IIR-201	高层管理或股东施压，影响 ISVS 目标的实现

续表

问题类型	问题 #	内部问题
产品和服务	IIR-300	使用组织没有产权的软件
	IIR-301	缺乏对供应商的信息安全策略的控制
	IIR-302	组织使用的是无法保证持续性的供应商软件
系统和流程	IIR-400	购买了不符合信息安全策略的应用程序

5. 最佳实践 -IPOPS 工作方式

（1）目标

IPOPS 分析是监控业务战略和规划的重要工具。它是一种评估内部组织的方法，用于确定是否存在可能影响组织成果的因素。通过分类，可将公司关键内部问题作为需要控制的风险来解决。

（2）背景

IPOPS 是一个缩写词，代表以下内部问题类型：

- 信息资产（Information assets）。
- 人员（People）。
- 组织（Organisation）。
- 产品和服务（Product and service）。
- 系统和流程（Systems and process）。

ISO 27001 标准要求对内部问题进行登记并保持最新状态。我们可以通过使用 IPOPS 模型进行分类分析，再通过得到的内部问题类型对内部问题进行分类。

（3）工作方式模板 – IPOPS 因素

表 2.9.3 概述了可能的 IPOPS 因素。对于每个内部问题类型，都列举了一些被列为 IPOPS 分析中内部问题的示例因素。

表 2.9.3　示例 - IPOPS 因素

内部问题类型	问题	示例因素
信息资产	哪些信息资产问题会影响 ISVS 的结果?	个人数据、财务信息、品牌名称、源代码等因素
人	哪些人的问题会影响 ISVS 的结果?	招聘和选拔、角色变动、认证等因素
组织机构	哪些组织问题会影响 ISVS 的结果?	组织快速变革可能会导致 ISVS 无法及时调整，控制功能失效，无法满足新的安全需求
产品和服务	哪些产品和服务问题会影响 ISVS 的结果?	知识产权、供应商锁定、数字黑客、托管服务等因素
系统和流程	哪些系统和程序问题会影响 ISVS 的结果?	入职流程、计算机、数字技术、纸质系统、电子表格等

（4）工作方式模板 – IPOPS 分类

表 2.9.4 提供了一个模板，根据对组织结果的影响来选择和分类 IPOPS 因素。

表 2.9.4　示例 – IPOPS 分类

类别	信息资产	人	组织机构	产品和服务	系统和流程
可能的因素					
商业影响					
影响类型					
影响速率					
影响严重程度					
时间范围					

可能的因素：< 见表 2.9.3>

业务影响：< 对组织的业务成果有什么影响？ >

影响类型：< 对业务成果影响是增加还是减少？ >

影响率：< 影响是可变的还是随时间稳定的？ >

影响的严重程度 :< 影响的严重程度是什么？ >

时间范围：< 该因素在多长时间以内变得相关？ >

（5）工作方式指南

材料

内部问题分类所需的材料如下：

- IPOPS 因素。
- IPOPS 分类模板。

步骤

以下是用来确定和分类内部问题的步骤，这些问题可以用来识别需要控制的风险。

- 基于表 2.9.4 创建 IPOPS 分类矩阵。
- 可能的因素。参照表 2.9.3 提供的示例，根据 IPOPS 类别确定哪些因素可以影响业务结果。
- 业务影响。确定 IPOPS 因素对结果的业务影响：
  - 哪个价值链部分受到影响？
  - 哪些价值流受到影响？
  - 哪个精益指标（LT、PT、%C/A）受到影响？
- 影响类型。确定内部问题对结果的影响：
  - 未知
  - 可能为负
  - 负面
  - 可能为正

- 正面

- 影响率指示内部问题的影响代码。从以下数值中选择一个：
  - 增加
  - 减少
  - 不变
  - 未知
- 影响严重程度：
  - 未知
  - 不重要（低）
  - 重要（中等）
  - 严重（高）
- 时间范围：
  - 短期
  - 长期
  - 未知

另一种方法是将新内部问题与已分类的内部问题进行比较。最后，也可以通过不相互透露信息的方式举行会议，来找出最高分的问题类型。

输出

- 更新后的内部问题日志。
- 内部问题被识别为风险。

三、确定外部问题

1. 用例

表 2.9.5 显示了确定外部问题的用例。

表 2.9.5　用例 – 确定外部问题

属性	√	描述
ID	√	ISVS-UC-RSP-01b
命名	√	确定外部问题
目标	√	本用例的目的是调查哪些外部问题在信息提供的 CIA 方面对组织的结果构成潜在威胁。必须对这些问题进行分类和管理，并在必要时将其作为风险进行管理
摘要	√	安全分析师会判断当前外部问题是已得到控制还是需要更多关注。然后，安全分析师使用 PESTLE 分析法来确定是否应该识别新的外部问题
前提条件		存在外部问题登记册
成功结果	√	• 填充问题日志并显示外部问题的当前状态 • 输入某些外部问题以进行风险识别

续表

<table>
<tr><th>属性</th><th>√</th><th colspan="4">描述</th></tr>
<tr><td>失败结果</td><td></td><td colspan="4">外部问题未得到识别和管理，可能导致信息安全事件</td></tr>
<tr><td>性能</td><td></td><td colspan="4">• LT：1 天
• PT：1 小时
• %C/A：99%</td></tr>
<tr><td>频率</td><td></td><td colspan="4">每年两次</td></tr>
<tr><td>参与者</td><td>√</td><td colspan="4">分析问题的安全分析师</td></tr>
<tr><td>触发条件</td><td>√</td><td colspan="4">• 时间（每年两次）
• 主要变化
• 高度优先的信息安全事件</td></tr>
<tr><td rowspan="4">场景
（文本）</td><td rowspan="4">√</td><td>S#</td><td>参与者</td><td>步骤</td><td>描述</td></tr>
<tr><td>1.</td><td>安全分析师</td><td>审查优先级</td><td>安全分析师审查最新版本的外部问题日志，并检查当前的外部问题是否仍然具有正确的优先级。
此外，由于 ISVS VS-02/ ISVS VS-03 中的风险管理，一些外部问题可能会从列表中删除</td></tr>
<tr><td>2.</td><td>安全分析师</td><td>PESTLE 评估</td><td>安全分析师使用 PESTLE（政治、经济、社会、技术、法律、环境）和风险分类模型来定义和分类新的内部问题</td></tr>
<tr><td>3</td><td>安全分析师</td><td>风险管理</td><td>高优先级的内部问题用于风险管理流程的输入</td></tr>
</table>

2. 定义

信息安全领域中，外部问题是指对组织信息安全成果构成外部威胁的因素。这些问题是潜在风险，需要进行管理。

3. 目标

本用例的目标是确保已正确识别相关外部问题，并控制住可能导致成果损失的潜在威胁。

4. 示例

表 2.9.6 展示了一个外部问题登记册的示例。

表 2.9.6 示例 – 外部问题登记册

问题类型	问题 #	外部问题
政治	EIR-001 #	国际贸易关税
经济	EIR-100	更便宜的劳动力
社会	EIR-200	文化规范
技术	EIR-300	数字化

续表

问题类型	问题 #	外部问题
法律	EIR-400	GDPR
环境	EIR-500	可持续性

5. 最佳实践 –PESTLE 工作方式

（1）目标

PESTLE 分析是一种用于监控企业的战略和规划基本工具，也是评估企业环境、识别可能影响组织成败的关键因素的方法。通过分类分析，可以将那些对公司至关重要的外部问题转化为需要加以控制的风险。

（2）背景

以下是 PESTLE 分析框架涵盖的 6 个方面：

- 政治。
- 经济。
- 社会。
- 技术。
- 法律。
- 环境。

ISO 27001 标准要求对外部问题进行登记并保持最新状态。我们可以通过使用 PESTLE 模型进行分类分析，再通过得到的外部问题类型对外部问题进行分类。

（3）工作方式模板 – PESTLE 因素

表 2.9.7 概述了可能的 PESTLE 因素。对于每个外部问题类型，都列举了一些被列为 PESTLE 分析中外部问题的示例因素。

表 2.9.7　示例 – PESTLE 因素

外部问题类型	问题	示例因素
政治	哪些政治问题会影响 ISVS 的结果？	国际贸易关税、签证要求、英国脱欧等因素
经济	哪些经济问题会影响到 ISVS 的结果？	更低廉的劳动力成本、更少的教育资源、更少的工作时间、通货膨胀、利率等因素
社会	哪些社会问题会影响 ISVS 的结果？	文化规范、用户偏好、年龄等因素
技术	影响 ISVS 结果的技术问题是什么？	技术创新、流程自动化
法律	影响 ISVS 结果的法律和监管问题是什么？	AVG 等法律法规必须转化为对 ISVS 的要求
环境	影响 ISVS 结果的环境问题有哪些？	可持续性、绿色编码等因素

（4）工作方式 – PESTLE 分类

表 2.9.8 提供了一个用于选择和分类 PESTLE 因素的模板，根据这些因素对组织结果的影响。

表 2.9.8　示例 – PESTLE 分类

类别	政治	经济	社会	技术	法律	环境
可能的因素						
商业影响						
影响类型						
影响速率						
影响严重程度						
时间范围						

- 可能的因素：见表 2.9.7。
- 业务影响：对组织的业务成果有什么影响？
- 影响类型：对业务成果影响是增加还是减少？
- 影响率：影响是可变的还是随时间稳定的？
- 影响的严重程度：影响的严重程度是什么？
- 时间范围：该因素在多长时间以内变得相关？

（5）工作方式指南

材料

外部问题分类所需的材料如下：

- PESTLE 因素。
- PESTLE 分类模板。

步骤

以下是用来确定和分类外部问题的步骤，这些问题可以用来识别需要控制的风险。

- 基于表 2.9.8 创建 PESTLE 分类矩阵。
- 可能的因素。参照表 2.9.7 提供的示例，根据 PESTLE 类别确定哪些因素可以影响业务结果。
- 业务影响。确定 PESTLE 因素对结果的业务影响：
  - ◎ 哪个价值链部分受到影响？
  - ◎ 哪些价值流受到影响？
  - ◎ 哪个精益指标（LT、PT、%C/A）受到影响？
- 影响类型。确定外部问题对结果的影响：
  - ◎ 未知
  - ◎ 可能为负
  - ◎ 负面
  - ◎ 可能为正
  - ◎ 正面
- 影响率。指示外部问题的影响代码，从以下数值中选择一个：
  - ◎ 增加

◎ 减少

◎ 不变

◎ 未知

- 影响严重程度。指示外部问题的影响严重程度，从以下数值中选择一个：

◎ 未知

◎ 不重要（低）

◎ 重要（中等）

◎ 严重（高）

- 时间范围。指示外部问题的时间范围，从以下数值中选择一个：

◎ 短期

◎ 长期

◎ 未知

另一种方法是将新外部问题与已分类的外部问题进行比较。最后，也可以通过不相互透露信息的方式举行会议来找出最高分的问题类型。

输出

- 更新后的外部问题日志
- 外部问题被识别为风险

四、确定 CRAMM 问题

1. 用例

表 2.9.9 显示了一个确定 CRAMM 问题的用例。

表 2.9.9 用例 – 确定 CRAMM 问题

属性	√	描述
ID	√	ISVS-UC-RSP-01c
命名	√	确定 CRAMM（CCTA 风险评估方法论）问题
目标	√	本用例的目的是根据 CIA 矩阵和 CRAMM 方法识别问题
摘要	√	根据 CIA 矩阵中确定的资产矩阵和通用威胁列表，创建问题清单以将其识别为风险登记册中的风险
前提条件		CIA 矩阵是最新的
成功结果	√	所有资产组的问题都是根据通用威胁列表进行识别
失败结果		没有考虑对资产组的主要威胁
性能		• LT：1 天 • PT：1 小时 • %C/A：99%
频率		每年一次

续表

<table>
<tr><th>属性</th><th>√</th><th colspan="4">描述</th></tr>
<tr><td>参与者</td><td>√</td><td colspan="4">识别信息安全问题的安全分析师</td></tr>
<tr><td>触发条件</td><td>√</td><td colspan="4">时间（每年）</td></tr>
<tr><td rowspan="4">场景（文本）</td><td rowspan="4">√</td><td>S#</td><td>参与者</td><td>步骤</td><td>描述</td></tr>
<tr><td>1.</td><td>安全分析师</td><td>创建风险识别矩阵</td><td>必须创建一个双轴矩阵：
• 资产组
• 威胁
丰富资产组轴，增加 CIA 评级，以表明该资产组对 CIA 的重要性</td></tr>
<tr><td>2.</td><td>安全分析师</td><td>突出漏洞</td><td>对于每个组合，如果资产组容易受到威胁，单元格必须涂成红色。</td></tr>
<tr><td>3.</td><td>安全分析师</td><td>建立风险</td><td>威胁必须转化为问题（可能的风险）</td></tr>
</table>

2. 定义

CRAMM 问题是组织信息安全领域中对目标实现的潜在威胁。这些问题是需要管理的潜在风险。

3. 目标

本用例的目标是确保相关 CRAMM 问题已被正确映射，并已控制潜在的成果损失威胁。

4. 示例

表 2.9.10 提供了 CRAMM 威胁的示例。资产记录在 ISVS 资产清单中，我们通过确定资产组对威胁的脆弱性来发现 CRAMM 问题。其中，高优先级 CRAMM 问题要包含在 ISVS 风险登记册中。

表 2.9.10　示例 - CRAMM 威胁

CRAMM#	CRAMM 威胁
CRAMM-001	窃听
CRAMM-002	企业间谍活动
CRAMM-003	雷击
CRAMM-004	火灾
CRAMM-005	盗窃
CRAMM-006	通信设施故障
CRAMM-007	维护错误
CRAMM-008	欺诈
CRAMM-009	用户错误

续表

CRAMM#	CRAMM 威胁
CRAMM-010	匿名活动
CRAMM-011	信息泄露
CRAMM-012	恶意代码
CRAMM-013	审计工具滥用
CRAMM-014	信息系统滥用
CRAMM-015	数据意外篡改
CRAMM-016	业务流程中断
CRAMM-017	未经授权的使用软件
CRAMM-018	未经授权的物理访问
CRAMM-019	未经授权的软件安装
CRAMM-020	未经授权访问信息系统
CRAMM-021	未经授权的记录更改
CRAMM-022	未经授权使用受版权保护的材料
CRAMM-023	密码泄露
CRAMM-024	洪水
CRAMM-025	违反法律
CRAMM-026	人为灾难
CRAMM-027	自然灾难
CRAMM-028	渗透测试造成的损坏
CRAMM-029	第三方造成的损坏
CRAMM-030	违反合同关系
CRAMM-031	社会工程
CRAMM-032	软件错误
CRAMM-033	罢工
CRAMM-034	设备故障
CRAMM-035	恐怖袭击
CRAMM-036	未经授权的网络访问
CRAMM-037	破坏行为
CRAMM-038	日蚀

续表

CRAMM#	CRAMM 威胁
CRAMM-039	停电
CRAMM-040	服务中断
CRAMM-041	记录销毁
CRAMM-042	泄露机密信息
CRAMM-043	伪造记录
CRAMM-044	污染
CRAMM-045	泄露信息

5. 最佳实践 -CRAMM 工作方式

（1）目标

CRAMM 分析是一种评估方法，用于检查公认的威胁在何种程度上应该作为 CRAMM 问题纳入风险分析中。

（2）背景

CRAMM 模型是信息安全领域最广泛使用的模型之一，如图 2.9.2 所示。风险由资产对威胁的脆弱性决定。如果资产容易受到威胁，则风险很高。

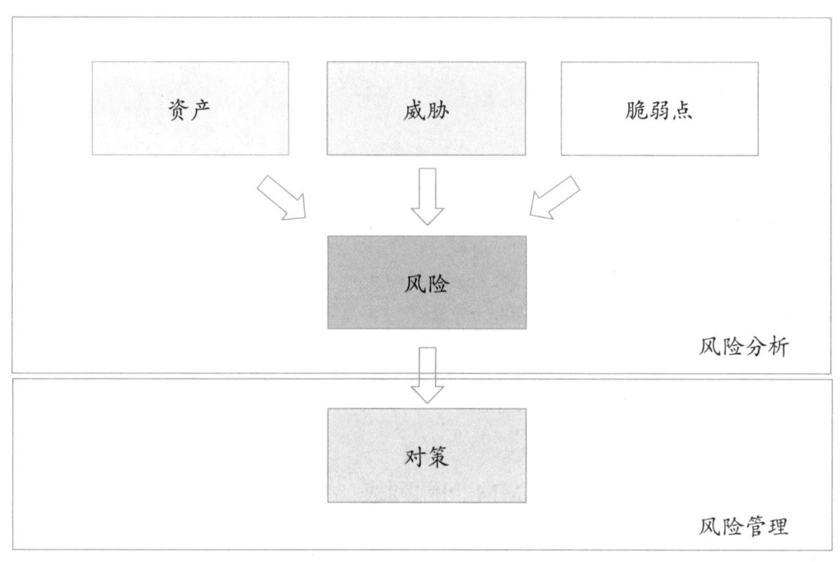

图 2.9.2　CRAMM 模型

（3）工作方式模板 – CRAMM 分析

表 2.9.11 展示了用于生成 CRAMM 风险分析问题列表的模板。第一列列出了威胁，之后各列为资产，最后一列是构成风险分析基础的 CRAMM 问题，这些 CRAMM 问题根据威胁和资产组的组合显示。

表 2.9.11　CRAMM 分析模板

CRAMM 威胁	数据资产组						CRAMM 问题
	客户数据	账户数据	……	……	……	……	—
CIA- 代码	M-M-L	M-M-H	……	……	……	……	—
CRAMM-001 窃听	无	无					—
CRAMM-002 企业间谍活动	低	低					• 窃取客户文件 • 窃取账户
CRAMM-008 欺诈	中	中					• 滥用客户数据 • 滥用账户
CRAMM-031 社会工程	中	高					• 泄露客户数据 • 丢失登录名

（4）工作方式指南

材料

CRAMM 问题分类所需的材料如下：

- 资产清单。
- CIA 矩阵。
- CRAMM 威胁库。

步骤

基于 CRAMM 确定和分类问题以识别风险控制点，步骤如下：

- 根据表 2.9.11 为每个资产组构建 CRAMM 分类矩阵。
- 在模板中输入威胁。
- 在模板中输入资产类型。
- 确认威胁等级。
- 确定最后一列中的 CRAMM 问题。

输出

- 要包含在风险分析中的 CRAMM 问题列表。

五、确定风险标准

1. 用例

表 2.9.12 显示了确定风险标准的用例。

表 2.9.12　用例 – 确定风险标准

<table>
<tr><th>属性</th><th>√</th><th>描述</th></tr>
<tr><td>ID</td><td>√</td><td>ISVS-UC-RSP-02</td></tr>
<tr><td>命名</td><td>√</td><td>确定风险标准</td></tr>
<tr><td>目标</td><td>√</td><td>本用例的目的是确定以下信息安全风险标准：
• 触发标准
• 测试标准
• 优先级标准
• 接受标准
• 发现标准
• 事件标准
• 证据标准</td></tr>
<tr><td>摘要</td><td>√</td><td>信息安全风险的风险评估标准基于以下标准创建和维护：
• 风险评估触发标准（触发标准）
• 风险识别标准（测试标准）
• 风险优先级标准（优先级标准）
• 风险接受标准（接受标准）
• 发现的问题或不合格项的分类标准（发现标准）
• 事件优先级标准（事件标准）
• 信息安全证据保存标准（证据标准）
风险测试标准隶属于用例 UC-RSP-02-02</td></tr>
<tr><td>前提条件</td><td></td><td>有负责维护风险评估标准以确保合理应用的安全分析师</td></tr>
<tr><td>成功结果</td><td>√</td><td>• ISVS 的激活条件明确定义（触发标准）
• 风险识别方法明确定义
• 风险优先级明确定义（优先级标准）
• 风险接受或管理条件明确定义（接受标准）</td></tr>
<tr><td>失败结果</td><td></td><td>• 重要事件没有触发信息安全风险评估（触发标准）
• 为风险分配的优先级不正确（优先级标准）
• 风险未被识别为风险的情况下就已经发生了（接受标准）</td></tr>
<tr><td>性能</td><td></td><td>• LT：1 天
• PT：1 小时
• %C/A：99%</td></tr>
<tr><td>频率</td><td></td><td>每年一次</td></tr>
<tr><td>参与者</td><td>√</td><td>负责信息安全风险评估标准的安全分析师</td></tr>
<tr><td>触发条件</td><td>√</td><td>时间（每年）</td></tr>
<tr><td>触发条件</td><td>√</td><td><table>
<tr><th>S#</th><th>参与者</th><th>步骤</th><th>描述</th></tr>
<tr><td>1.</td><td>安全分析师</td><td>创建或审查风险触发标准</td><td>必须评估现有的针对信息安全风险的标准是否会损害组织的成果</td></tr>
<tr><td>2.</td><td>安全分析师</td><td>创建或审查风险测试标准制</td><td>识别风险时必须应用各种规则，需要在每年的风险识别和分类过程中定义和审查这些规则，以确保其有效性</td></tr>
</table></td></tr>
</table>

续表

属性	√	描述			
场景（文本）	√	3.	安全分析师	创建或审查风险优先级标准	风险按照发生概率和影响程度进行分类。必须在风险分类过程中每年定义和评估这些分类，以确保其有效性。
		4	安全分析师	创建或审查风险接受标准	风险可接受性标准是决定优先级风险是否被接受的关键因素。它明确了哪些风险需要保留（接受）或采取其他处理措施。如果不接受风险，则必须对其进行处理，从选择处理选项开始。可供选择的处理选项包括： • 管控 • 分担 • 回避

2. 定义

风险管理涉及多种风险标准：风险触发标准、风险测试标准、风险优先级标准和风险接受标准。

风险触发标准：定义了 ISVS 价值流的触发条件。

风险测试标准：定义了识别和分类新风险时应用的标准，这些标准用于确定风险识别的基础风险对象。

风险优先级标准：用于对风险进行优先级排序，以便优先解决最重要的风险。

风险接受标准：用于确定哪些风险需要管控（橙色和红色），哪些风险可以接受（灰色和绿色）。所有标为橙色或红色的风险都视为不可接受，并优先作为需治理的风险。其余风险将作为持续改进的一部分进行风险降低评估。

风险发现标准：在内部审计过程中，总会发现一些不符合标准的情况。这些不符合标准的情况会有不同的严重程度，需要根据标准进行评估。

事件优先级标准：用于确定信息安全事件的优先级。

证据标准：信息安全事件的处理需要严格遵守证据保留规则，包括：

- 哪些类型的信息安全事件需要数据证据？
- 需要哪些信息作为证据？
- 何时收集证据？
- 证据应该存放在哪里？

3. 目标

本用例的目标是确认已正确识别出相关的内部问题，并控制了潜在的结果损失威胁。

4. 示例

表 2.9.3 提供了内部问题登记册的示例。

（1）风险触发标准

以下是一些常见的风险触发标准示例：

- 组织结构发生重大变动，影响内部或外部利益相关方的定义。
- 新利益相关方希望使用可能涉及信息安全要求的核心服务。
- 出现高优先级的内部或外部问题。
- 发生于优先级 1 的信息安全事件（CIA 相关）之后。
- 最长间隔不超过一年。

（2）风险测试标准

以下是一些常见的风险测试标准示例：

- 资产清单中的资产被分组（资产组），详见表 2.9.3。
- 资产组进一步细分为资产类型。
- 在风险分析过程中，资产类型会被单独评估，并被视为独立的资产。
- 在每个资产类型中，需要单独评估和处理的资产，会在资产清单中进行唯一标识。
- 内部和外部问题被视为资产组，并在风险识别中予以考虑。
- 在风险识别过程中，每个资产组都会根据 CRAMM 威胁进行列表检查。如果资产组容易受到威胁，则将威胁转换为风险声明。
- 利益相关方的信息安全需求被视作资产组，并被纳入风险识别，但仅包含那些构成成果风险的差距分析缺口。

（3）风险优先级标准

风险的优先级由其影响和发生的可能性共同决定(即风险是否会成为现实)。表2.9.13 列出了根据影响和可能性代码可以判断的优先级，表 2.9.14 列出了风险优先级标准的示例。因此，高可能性（3）和高影响（3）对应于优先级 9，风险的优先级记录在风险日志（风险登记册）中。

表 2.9.13　风险优先级标准

机会		影响			
		无（0）	低（1）	中（2）	高（3）
		用例	价值流程步骤	影响一个或多个启用价值流	影响一个或多个业务价值流
无（0）	5 年内发生一次	0	0	0	0
低（1）	每年发生一次	0	1	2	3
中（2）	每年发生一到两次	0	2	4	6
高（3）	每年发生数次	0	3	6	9

表 2.9.14 风险优先级标准示例

机会		影响			
		无（0）	低（1）	中（2）	高（3）
		用例	价值流程步骤	影响一个或多个启用价值流	影响一个或多个业务价值流
无（0）	5 年内发生一次				
低（1）	每年发生一次		交易损失 虚假发票		个人身份信息泄露
中（2）	每年发生一到两次			公布 QA 数据 向错误的人发送 QA 数据	未正确应用控制标签，导致控制措施无法发挥作用
高（3）	每年发生数次				

（4）风险接受标准

根据信息安全风险的接受准则，确定哪些风险必须控制（橙色和红色），哪些风险可以接受（灰色和绿色），表 2.9.15 列出了风险优先级标准。

表 2.9.15 风险接受标准

机会	影响			
	无（0）	低（1）	中（2）	高（3）
无（0）	0	0	0	0
低（1）	0	1	2	3
中（2）	0	2	4	6
高（3）	0	3	6	9

（5）风险发现标准

内部审计中几乎总会发现问题（不符合）。但是，不符合有不同的严重程度，如表 2.9.16 所示。

表 2.9.16 内部审计发现标准

级别	描述	子类型	关键词	示例
不符合（NC）	未满足要求	ISO 27001 定义了严重不合格的强制性要求	有证据表明存在遗漏	信息安全政策的范围没有定义。 有一个政策点没有实施

续表

级别	描述	子类型	关键词	示例
待观察	审计过程中发现的事实陈述，并以无法提供的客观信息为依据	轻微的缺陷：一个未实施的酌情（自行决定）确定的政策要点	有证据表明存在遗漏	日志文件中缺少一天
改进机会（Opportunity for Improvement, OFI）	现有证据表明，一项要求已得到有效实施。然而，基于审计师的经验和知识，通过改进方法可以实现更高的有效性或稳健性		建议改进	备份控制中缺少一次审查

（6）事件优先级标准

表 2.9.17 列出了用于确定事件优先级的影响代码。

表 2.9.17 信息安全事件影响代码

编码	影响	解释	示例		
			保密性	完整性	可用性
0	一项控制措施不合格	目前没有影响，因为只有控制没有生效，但目前还没有造成任何损害	一个密码没有及时更新	一个校验和没有被使用	没有记录到一次备份的证据
1	一个用户、一个信息对象或应用程序	在一个价值流中，有一个用户经历了一次信息安全事件	一个用户使用了另一个用户的密码	一个用户使用另一个用户的密码	由于账户被封锁，一个用户无法使用核心服务
2	特定客户的所有用户，以及一个或多个信息对象或应用程序交互的所有用户	与特定客户相关的全部用户，或与特定应用程序相关的全部用户。 该客户在一个或多个价值流中经历信息安全事件	特定信息系统的所有用户。 该客户的账户名和密码被盗	该客户的MySQL数据库无法读取	该客户的所有用户都无法访问核心服务
3	所有客户的所有用户、所有信息对象或应用程序	在提供服务的重要组件中发生了信息安全事件	所有客户的所有用户的账号和密码均被盗	所有客户的MySQL数据库都无法读取	所有客户的所有用户都不能访问核心服务

表 2.9.18 包含了紧急程度编码，用于确定信息安全事件的优先级。代码列中代码的含义如下：

- N= 无。
- L= 低。
- M= 中。
- H= 高。

表 2.9.18　信息安全事件的影响代码

编码	紧急程度	解释	实例		
			保密性	完整性	可用性
N	功能方面： 控制措施不合格	不紧急，因为只有控制没有生效，但目前还没有造成任何损害	一个密码没有及时更新	一个校验和的测试结果没有保存	一个备份的证据没有保存
	财务方面： 没有损失		对用户的功能没有影响	对用户的功能没有影响	对用户的功能没有影响
L	功能方面： 在 CIA 事件之前，有一个解决方案	组织可以继续进行另一系列的步骤，或继续进行日常工作，但必须采取一些措施	一个用户可以重置密码	一份损坏的电子表格可以修复	另一台笔记本可以用于登录
	财务方面： 损失了可接受的金额		虽然不会造成功能损失，但会降低工作效率	虽然不会造成功能损失，但会降低工作效率	虽然不会造成功能损失，但会降低工作效率
M	功能方面： CIA 事件影响导致一个或多个支持价值流受损或停止运作。核心价值流是否存在因 CIA 事件而受到影响或延误的步骤。	如果财务或新员工入职等支持性价值流无法正常运作，核心价值流依然可以继续工作和履行职责	由于账户丢失必须重置	在某些情况下，功能可能只是性能下降，但工作仍然可以完成，即使客户能够看到服务交付的延迟，进而降低对服务组织的信任	功能退化
	财务方面 重大财务损失或事件未能迅速解决		这会阻碍业务功能，因为所有用户都必须重置密码，从而耽误了他们的工作	一些自动化功能失灵，虽然可以手动执行，但导致重要客户的交付延迟，进而降低了他们对服务提供者的承诺的信任度	这会造成损失，因为超过了交货日期
H	功能方面： 多个核心价值流因 CIA 的一次事件而受到影响或无法工作	若整个价值流失效，需将其列为最高优先级，可能需要紧急恢复	由于网络的中断，导致某位客户的文件可能被访问	该服务提供商的负面新闻报道不断增加	价值流瘫痪，所有功能在价值流中都无法发挥作用
	财务方面： 组织的形象岌岌可危，既要遵守合同期限，又因 CIA 事件面临压力		事件持续的时间越长，被盗文件就越多	事件持续的时间越长，损失的金额就越多	事件持续的时间越长，导致的经济损失越大

- 不符合 / 无：仅表示某项法规存在单一不合规项，尚未造成损害，需进行核查。
- 低优先级：低级别信息安全事件紧急性和影响均较低，经安全经理批准后，产品负责人可进行控制。
- 中优先级：中等级别信息安全事件由安全经理负责管理。

- 高优先级：高级别信息安全事件由安全经理控制，但决策必须经 SRC 管理层批准。

信息安全事件优先级如表 2.9.19 所示。

表 2.9.19 信息安全事件优先级

		影响			
		无（0）	低（1）	中（2）	高（3）
机会	无（0）	不符合 / 无	不符合 / 无	不符合 / 无	不符合 / 无
	低（1）	不符合 / 无	低	低	中型
	中（2）	不符合 / 无	低	中型	高
	高（3）	不符合 / 无	中型	高	高

（7）证据标准

表 2.9.20 列出了在信息安全事件证据登记之前的标准。

表 2.9.20 信息安全事件证据矩阵

事件类型	媒介类型	设备	对象	时机	位置
行动	确定曝光	确定根本原因	确定信息	收集证据	保留证据
法律上的数据泄露	社交媒体 新闻通讯 电视	S3 应用	客户信息 个人数据 检测日期 / 时间 导致数据泄露的操作日志 / 线索	第一次发现是什么时候？	安全日志
法律上的数据处理	合同	安全日志	合同缺失数据	第一次发现是什么时候？	安全日志
行为准则未遵守	全部	手机、笔记本、存储空间	文件标识 日志测试 电子邮件信息	第一次发现是什么时候？	安全日志

六、确定信息资产

1. 用例

表 2.9.21 显示了确定信息安全资产的用例。

表 2.9.21 用例 - 确定信息安全资产

属性	√	描述
ID	√	ISVS-UC-RSP-03
命名	√	确定信息安全资产
目标	√	本用例的目的是确定哪些信息资产属于 ISVS 的范围

续表

<table>
<tr><th>属性</th><th>√</th><th colspan="4">描述</th></tr>
<tr><td>摘要</td><td>√</td><td colspan="4">ISMS需要保护的信息资产，在战略层面根据服务组合和产品组合进行清点，在运营层面进行验证</td></tr>
<tr><td>前提条件</td><td></td><td colspan="4">• 服务组合是最新的
• 产品组合是最新的
• CMDB是最新的</td></tr>
<tr><td>成功结果</td><td>√</td><td colspan="4">• 资产类别已被识别
• 每个类别的资产（子）组已被识别</td></tr>
<tr><td>失败结果</td><td></td><td colspan="4">资产没有被完全识别，导致ISVS的范围太小，这可能导致信息安全风险未被识别</td></tr>
<tr><td>性能</td><td></td><td colspan="4">• LT：1小时
• PT：1小时
• %C/A：99%</td></tr>
<tr><td>频率</td><td></td><td colspan="4">每年一次</td></tr>
<tr><td>参与者</td><td>√</td><td colspan="4">信息安全负责人（TISO）根据安全分析师的分析，决定资产类别和资产（子）类别</td></tr>
<tr><td>触发条件</td><td>√</td><td colspan="4">时间（每年）</td></tr>
<tr><td rowspan="4">场景（文本）</td><td rowspan="4">√</td><th>S#</th><th>参与者</th><th>步骤</th><th>描述</th></tr>
<tr><td>1.</td><td>安全分析师</td><td>资产盘点</td><td>资产类别将根据服务组合和产品组合进行识别</td></tr>
<tr><td>2.</td><td>安全分析师</td><td>资产组划分</td><td>资产组将根据资产类别和CMDB中的内容进行识别</td></tr>
<tr><td>3.</td><td>安全分析师</td><td>资产子组划分</td><td>如果资产组过于庞杂，可以将它们进一步细分为资产子组</td></tr>
</table>

2. 定义

信息安全资产是指承载信息的产品和服务，这些信息必须按照约定的信息安全要求进行保护。

3. 目标

本用例的目标是创建并维护一个所有对信息安全重要的资产清单，它的内容基于组织的产品和服务组合，因为它包含了组织实现其业务目标所使用的所有产品和服务。

4. 示例

图2.9.3提供了信息资产层次结构的概述。这种层次结构使得将信息安全风险与一组对象而不是单个的物理对象（配置项）联系起来成为可能，这也将在风险测试标准中的用例ISVS-UC-RSP-03中描述。

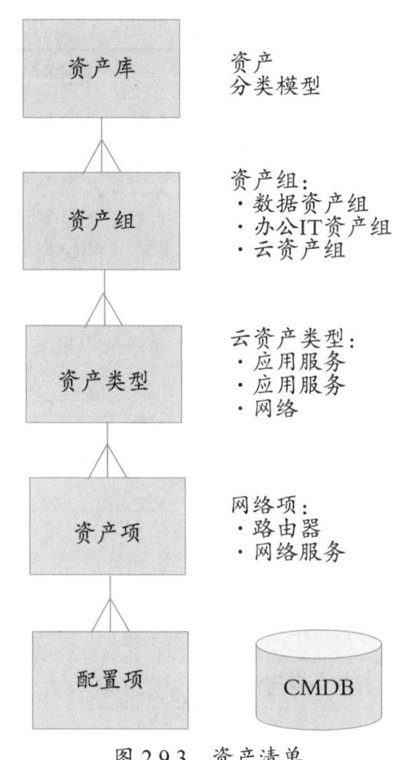

图 2.9.3　资产清单

七、识别风险

1. 用例

表 2.9.22 显示了识别信息安全风险的用例。

表 2.9.22　用例 – 识别信息安全风险

属性	√	描述
ID	√	ISVS-UC-RSP-04
命名	√	识别信息安全风险
目标	√	本用例的目的是确定要评估的风险登记册
摘要	√	风险识别基于以下内容： • ISVS 的范围 • 内部问题登记册 • 外部问题登记册 • CRAMM 问题登记册 • 风险标准： ◦风险触发标准 ◦风险接受标准 ◦风险测试标准 在此背景下，根据 ISVS 的范围和风险标准，选择 CIA 矩阵的资产组以及相关问题

续表

<table>
<tr><th>属性</th><th>√</th><th colspan="4">描述</th></tr>
<tr><td>前提条件</td><td></td><td colspan="4">• 信息安全风险标准已经定义（风险标准登记册）
• 信息安全测试标准已经定义（风险标准登记册）
• 内部问题登记册已更新（内部问题登记册）
• 外部问题登记册已更新（外部问题登记册）
• CRAMM 风险登记册已更新（CRAMM 问题登记册）</td></tr>
<tr><td>成功结果</td><td>√</td><td colspan="4">所有资产组的所有风险都已列出</td></tr>
<tr><td>失败结果</td><td></td><td colspan="4">重要资产组如果从风险处理评估中遗漏，可能会对 ISVS 的结果产生负面影响</td></tr>
<tr><td>性能</td><td></td><td colspan="4">• LT：1 天
• PT：1 小时
• %C/A：99%</td></tr>
<tr><td>频率</td><td></td><td colspan="4">每年一次</td></tr>
<tr><td>参与者</td><td>√</td><td colspan="4">识别信息安全风险的安全分析师</td></tr>
<tr><td>触发条件</td><td>√</td><td colspan="4">时间（每年）</td></tr>
<tr><td rowspan="4">场景（文本）</td><td rowspan="4">√</td><th>S#</th><th>参与者</th><th>步骤</th><th>描述</th></tr>
<tr><td>1.</td><td>安全分析师</td><td>导入问题</td><td>风险登记册需要根据其优先级和风险标准，填充来自 CIA 矩阵的资产以及内部问题、外部问题和 CRAMM 问题</td></tr>
<tr><td>2.</td><td>安全分析师</td><td>登记来源</td><td>已识别的风险必须通过登记参考 ID 来指明其来源</td></tr>
<tr><td>3.</td><td>安全分析师</td><td>分配唯一风险编号</td><td>同一个风险可能影响多个资产，因此每个风险都必须分配一个唯一的风险编号</td></tr>
</table>

2. 定义

信息安全风险是指可能导致负面后果的事件（由某种原因引起），这些后果会对利益相关方产生不利影响，并影响 ISVS 目标的实现。

3. 目标

ISO 27001 标准要求组织对风险进行识别和评估。首先需要开展风险识别，即列举所有可能存在的威胁和漏洞。然后，需要评估每个风险的潜在影响和发生可能性，以便进行风险评估和制定风险应对措施。风险管理的目标包括：

- 全面概述当前所有需要控制的风险。
- 关注对最终结果最关键的风险。
- 支持风险评估的开展。

4. 示例

表 2.9.23 是一个风险识别的示例。

表 2.9.23　风险识别

风险识别 <IT 部 >					
资产类型	资产	资产 CIA 代码	来源 ref#	风险 ID	风险
硬件设施	服务器	H-M-L	CRAMM-#007	R022	供应商因安装或配置服务器不当而可能造成损害
……	……	……	……	……	……

5. 最佳实践——风险识别的工作方式

（1）目标

此工作方式的目的是为了识别新的风险。

（2）背景

图 2.9.4 显示了风险的生命周期。

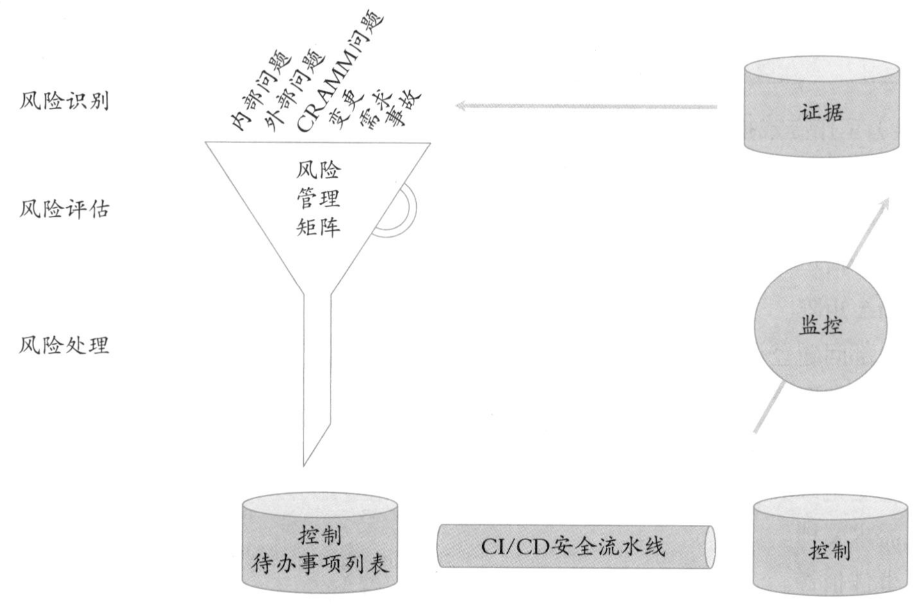

图 2.9.4　风险的生命周期

生命周期的第一步是根据问题、变更、新客户的需求以及交付产品和服务的事件识别新的风险。这一步已经进行了详细描述，后续步骤将在下面定义的用例 ISVS-UC-RSP-05 和 ISVS-UC-RSP-06 中展开。

（3）工作方式模板——风险识别

表格 2.9.24 展示了创建风险列表的模板，这些风险必须纳入风险分析。首先，模板中包括资产列（资产类型和具体资产）。接着我们需要列出该资产的 CIA 代码和相关的 CRAMM 问题，然后基于这些信息还需要分配风险 ID，并详细描述该风险。表 2.9.25 是对风险识别项目的解释。

表 2.9.24　模板 – 风险识别

风险识别 < 资产组 >					
资产类型	**资产**	**资产 CIA 代码**	**来源 ref#**	**风险 ID**	**风险**
< 资产类型 >	< 资产 >	< CIA 代码 >	< CRAMM Ref#>	< 风险标识 >	< 风险 >

表 2.9.25　风险识别项目解释

项目	解释
资产组	风险发生的资产组别，具体可以参考风险测试标准来确定风险的适用资产
资产类型	风险发生的资产类型
资产	风险发生的资产
CIA 代码	CIA 矩阵中定义的资产的 CIA 代码
REF#	风险的来源（见图 2.9.4）
风险识别	唯一的风险编号
风险	风险的描述

（4）工作方式指南

材料

识别风险所需的材料如下：

- 资产清单。
- CIA 矩阵。
- 内部问题登记册。
- 外部问题登记册。
- CRAMM 风险评估登记册。
- 变更记录。
- 需求文档。
- 事件报告。

步骤

识别新风险的步骤：

- 检查内部问题登记册更新内容，是否有新增问题需要归类为风险。
- 检查外部问题登记册更新内容，是否有新增问题需要归类为风险。
- 检查 CRAMM 风险评估登记册更新内容，是否有新增问题需要归类为风险。
- 评估 SVS 系统中的变更记录、需求文档和事件报告，是否有引发新风险的潜在因素。
- 将新识别到的风险填入风险登记册。
- 按照风险识别模板对新风险进行分类。

输出

- 风险登记册已更新，包含所有已识别的风险。

八、进行风险评估

1. 用例

表 2.9.26 显示了进行风险评估的用例。

表 2.9.26　用例 – 进行风险评估

属性	√	描述			
ID	√	ISVS-UC-RSP-05			
命名	√	进行风险评估			
目标	√	本用例的目的是为了评估已识别的风险			
摘要	√	已识别的风险将根据其发生概率和对 CIA 方面的影响进行分类			
前提条件		• 信息安全风险的风险标准已定义：ISVS 风险标准登记册 • 信息安全的测试标准已定义：ISVS 风险标准登记册 • 风险已识别：ISVS-UC-RSP-04			
成功结果	√	所有信息安全风险都针对所有资产组进行分类，考虑到 ISVS 的范围、信息安全政策、信息安全目标以及信息安全风险标准和信息安全测试标准			
失败结果		风险分类不正确，可能会导致信息安全风险的处理计划不正确			
性能		• LT：1 天 • PT：1 小时 • %C/A：99%			
频率		每年一次			
参与者	√	负责评估信息安全风险的安全分析师			
触发条件	√	时间（每年）			
场景（文本）	√	S#	参与者	步骤	描述
		1.	安全分析师	风险评估	确定已识别风险的概率评估和影响
		2.	安全分析师	风险评估	根据风险优先矩阵确定评估风险的优先级

2. 定义

风险评估是通过确定风险的概率和影响来确定其优先级的过程，涉及根据概率和影响来确定风险的优先级。

3. 目标

风险评估的目标是评估风险的影响与机会，以便进行风险评估（风险优先级）和风险处理。

本评估的目的：

- 确保了解风险实现时的损失。
- 确保了解风险发生的概率。
- 确保可以评估风险（计算优先级）。

4. 示例

在风险识别用例（ISVS-UC-RSP-04）中，风险被确定并记录在风险登记册中，见表 2.9.24。

表 2.9.27　风险识别的模板

风险识别 < 资产组 >					
资产类型	**资产**	**资产 CIA 代码**	**来源 ref#**	**风险 ID**	**风险**
< 资产类型 >	< 资产 >	<CIA 代码 >	<CRAMM Ref#>	< 风险标识 >	< 风险 >

表 2.9.28 包含了风险评估过程中填写的列，它涉及用于表示概率和影响的 CIA 代码。

表 2.9.28　风险评估模板

风险评估 < 资产组 >								
机会			**影响**			**优先级**		
C	I	A	C	I	A	C	I	A
<L-M-H>	<L-M-H>	<L-M-H>	<L-M-H>	<L-M-H>	<L-M-H>	<L-M-H>	<L-M-H>	<L-M-H>

5. 最佳实践——风险评估的工作方式

（1）目标

此工作方式的目的是根据 CIA 确定风险的概率、影响和优先级。

（2）背景

如图 2.9.4 所示，风险评估构成风险识别和风险处理之间的联系。

（3）工作方式模板 – 风险评估

表 2.9.29 显示了根据概率和影响对风险进行分类的模板。为此，使用了风险优先级标准（见表 2.9.15）。

表 2.9.29　风险评估模板

风险评估 < 资产组 >								
机会			**影响**			**优先级**		
C	I	A	C	I	A	C	I	A
<L-M-H>	<L-M-H>	<L-M-H>	<L-M-H>	<L-M-H>	<L-M-H>	<L-M-H>	<L-M-H>	<L-M-H>

（4）工作方式指南

材料

识别风险所需的材料如下：

- 已识别风险。
- 风险优先级表。
- 对基本对象的知识和经验。

步骤

在风险评估中填充风险登记册的步骤：

- 根据以往经验，确定每个已识别风险的概率和影响。
- 将其记录在风险登记册中。

或者，也可以：

- 将其他风险的概率和影响进行比较。
- 与其他领域专家一起，通过不相互透露信息的方式进行评估以确定概率和影响。

这是为风险评估风险表填写步骤：

- 根据风险矩阵的风险概率和影响，确定风险的优先级。
- 将风险优先级登记在风险登记表中。

输出

- 风险登记册已更新，包含新的风险的概率、影响和优先级

九、执行风险处理方案

1. 用例

表 2.9.30 为风险处理方案的用例。

表 2.9.30　用例 – 风险处理方案

属性	√	描述
ID	√	ISVS-UC-RSP-06a
命名	√	选择处理方案
目标	√	本用例的目的是在每次评估中选择适当的风险处理选项
摘要	√	信息安全风险的处理选项是根据评估后的风险来选择的，以确定如何处理该风险，以下是认可的选项： • 改变风险 • 规避风险 • 分担风险 • 保留风险
前提条件		• 已对 ISVS-UC-RSP-05 进行了风险评估 • 风险处理方案已经确定
成功结果	√	选择了处理方案，以便启动正确的风险处理
失败结果		处理方案未知，这可能意味着选择了错误的风险处理
性能		• LT：1 天 • PT：1 小时 • %C/A：99%
频率		每年一次
参与者	√	为风险分配处理方案的安全分析师

续表

属性	√	描述			
触发条件	√	时间（每年）			
场景（文本）	√	S#	参与者	步骤	描述
		1.	安全分析师	选择处理方案和风险	安全分析师负责针对已识别的风险，选择合适的处置方案
		2.	安全分析师	选择“改变风险”处理方案	对于可以“缓解或消除 / 终止”的风险，将其分类为“M”类，并为其指定“改变风险”处理方案
		3.	安全分析师	选择“规避风险”处理方案	对于可以通过采取措施使其无法发生的风险，将其分类为“A”类，并为其指定“规避风险”处理方案
		4.	安全分析师	选择“分担风险”处理方案	对于可以通过外包责任（而不是问责）下放的风险，将其归类为“S”类，并为其指定“分担风险”处理方案
		5.	安全分析师	选择“保留风险”处理方案	对于被接受的会发生的风险，将其归类为“R”类，并为其指定“保留风险”处理方案

2. 定义

风险处理方案是应对风险的选择，MASR 表示 4 个方案选项，即修改、避免、分担和保留。

3. 目标

风险处理方案的目标是能够将控制分配给风险处理选项。这样，风险就可以得到正确的管理。

4. 示例

表 2.9.31 显示了风险处理方案的模板。

表 2.9.31　基于 MASR 的风险处理方案

风险处理方案		
风险标识	风险	MASR
<风险标识>	<风险>	<M ｜ A ｜ S ｜ R>
……	……	……

5. 最佳实践——风险处理的工作方式

（1）目标

此工作方式的目的是在已进行风险评估的基础上确定风险的处理方案。

（2）背景

表 2.9.23 显示了风险处理方案的解释。

表 2.9.32　风险处理方案的解释

处理方案	意义	工作方式
控制风险	通过实施控制措施，减少风险发生的可能性	解决工作发放的笔记本电脑被盗风险的一个方法是制定政策，要求员工将设备随身携带并妥善保管
避免风险	通过避免导致风险的任何活动来避免风险。如果无法通过安全控制手段来控制风险，那么适合选择本项	如果不能承担笔记本电脑被盗的风险，则可以决定禁止员工在办公室外使用。此方案降低了员工的便利性，但极大地改善了安全状况
分担风险	与第三方分担风险	应对网络安全威胁，有两种方式可供选择：一是将安全运营和维护外包给专业机构，二是购买网络安全保险，确保在灾难发生时拥有足够的资金及时响应和补救。 这两种方法都非万全之策，因为最终对数据和系统安全负责的仍是组织本身。但对于资源有限的组织而言，这可能是应对网络安全风险的最佳解决方案
保留风险	接受风险	这种选择意味着该组织接受风险，并认为处理成本高于其造成的损失

（3）工作方式指南

材料

识别风险所需的材料如下：

- 处理方案。
- 适用性声明。

步骤

建立处理方案的步骤：

- 选择处理选项之前，请首先检查是否存在已定义的对策，可以在以下内容中找到：
  - ISO 27001 标准附录 A
  - CIA 矩阵
  - 风险登记表
- 如果需要其他处理方式，请选择对应的风险处理方案。
- 准备就绪后，需要同步附录 A、CIA 矩阵和风险登记表。

输出

- 风险登记册已根据处理方案进行更新。

十、确定风险处理措施 - 控制

1. 用例

表 2.9.33 显示了确定风险控制的用例。

表 2.9.33　用例 - 确定风险控制

<table>
<tr><th>属性</th><th>√</th><th>描述</th></tr>
<tr><td>ID</td><td>√</td><td>ISVS-UC-RSP-06b</td></tr>
<tr><td>命名</td><td>√</td><td>确定风险控制</td></tr>
<tr><td>目标</td><td>√</td><td>本用例的目的是根据风险处理方案选择处理风险的控制措施</td></tr>
<tr><td>摘要</td><td>√</td><td>对于每一种风险，都要确定与处理方案所指明的目标相匹配的控制措施，控制措施被细分为已完成的缓解措施和待完成的缓解措施</td></tr>
<tr><td>前提条件</td><td></td><td>• 风险提供了一个处理方案
• 风险处理方案已经确定</td></tr>
<tr><td>成功结果</td><td>√</td><td>控制措施适用于为风险所选择的处理方案</td></tr>
<tr><td>失败结果</td><td></td><td>该控制不适合管理风险</td></tr>
<tr><td>性能</td><td></td><td>• LT：1 天
• PT：1 小时
• %C/A：99%</td></tr>
<tr><td>频率</td><td></td><td>每年一次</td></tr>
<tr><td>参与者</td><td>√</td><td>负责为风险分配控制权的安全分析师</td></tr>
<tr><td>触发条件</td><td>√</td><td>时间（每年）</td></tr>
<tr><td>场景（文本）</td><td>√</td><td>
<table>
<tr><th>S#</th><th>参与者</th><th>步骤</th><th>描述</th></tr>
<tr><td>1.</td><td>安全分析师</td><td>为“修改”处理选项分配控制措施</td><td>对于“M”风险，已经采取的缓解措施和尚未采取的缓解措施都必须记录在风险登记表中</td></tr>
<tr><td>2.</td><td>安全分析师</td><td>为“规避”处理选项分配控制措施</td><td>对于“A”级风险，必须确定一个对策，使风险不能发生。这可以记录在“已完成的缓解措施”或“待完成的缓解措施”中</td></tr>
<tr><td>3.</td><td>安全分析师</td><td>为“分担”处理选项分配控制措施</td><td>对于“S”级风险合同，必须定义 SLA 和 DAP，以便与供应商分担风险。然而，责任仍然在于客户方</td></tr>
<tr><td>4.</td><td>安全分析师</td><td>为“保留”处理选项分配控制措施</td><td>对于“R”风险，不需要采取任何行动来预防风险。如果风险确实发生，明智的做法是同时指明残留风险和抑制措施</td></tr>
</table>
</td></tr>
</table>

2. 定义

控制是风险管理的一种方式。控制的选择取决于指定的风险处理方案。

3. 目标

风险控制的目的是防止风险发生或降低其影响。

4. 示例

表 2.9.34 给出了风险处理方案应用的示例。表 2.9.35 是对各个项目的解释。

表 2.9.34　基于 MASR 的风险处理方案

风险识别					风险评估						风险评估			风险处理								
	CIA评级				概率			影响			风险			风险应对		风险控制			残留风险			风险状态
资产组	控制评估报告	编号#	风险编号#	风险	保密性	完整性	可用性	保密性	完整性	可用性	保密性	完整性	可用性	基于MASR的风险应对措施	已完成的缓解措施	待完成的缓解措施	处置计划	附录A引用	保密性	完整性	可用性	

表 2.9.35　风险处理方案的解释

属性	描述
MASR	风险处理方案
已完成的缓解措施	对这种风险的控制已经实施
待完成的缓解措施	对这一风险的控制还没有实施
处理方案	指为了执行缓解措施而必须实施的计划，可以参考 Jira 待办事项列表。执行上述处理选项的协议也包含在 Jira 待办事项列表中
附录 A 参考	如果此风险与 ISO 27001 标准附录 A 中的一项或多项控制措施相关，则必须输入对应的附录 A 控制措施编号

5. 最佳实践 ——风险处理的工作方式

（1）目标

此工作方式目的在于建立风险控制流程。

（2）背景

如图 2.9.4 所示，风险处理构成了风险生命周期的末端。

（3）工作方式模板 – 风险处理

表 2.9.34 展示了风险处理模板。

（4）工作方式指南

材料

识别风险所需的材料如下：

- 已评估的风险。
- 资产组。
- CIA 评级。
- 风险描述。

步骤

每年都应该对风险来源进行评估，以确定是否存在需要考虑的新风险。对于每个新识别出的风险，系统会识别其涉及的资产组并进行登记，同时记录 CIA 评级、风险来源参考编号和风险文本。

输出

- 更新后的风险登记册已经涵盖了控制措施及其状态。

十一、实施现有控制措施

1. 用例

表 2.9.36 显示了风险控制分配的用例。

表 2.9.36　用例 - 风险控制分配

<table>
<tr><th>属性</th><th>√</th><th colspan="4">描述</th></tr>
<tr><td>ID</td><td>√</td><td colspan="4">ISVS-UC-RSP-06c</td></tr>
<tr><td>命名</td><td>√</td><td colspan="4">定期检查现有控制措施</td></tr>
<tr><td>目标</td><td>√</td><td colspan="4">本用例的目的是探究是否能够将风险控制措施与附录 A、CIA 矩阵、原则、模型和政策中现有的控制措施相匹配，以丰富控制措施体系。通过映射，可能需要对未使用的附录 A 控制措施进行设置并使它被接受，或者对其概率和影响进行进一步分析（风险评估）。
如果假设风险管理有效，则必须扩展 CIA 矩阵。
此检查也会在发生在分配处理方案给风险之前。在这个用例中，会遍历所有的风险并审查所有的控制来源，从而保持整个控制措施体系的更新</td></tr>
<tr><td>摘要</td><td>√</td><td colspan="4">对于每个风险，ISO 27001 附录 A 的控制集和 CIA 矩阵用来丰富控制的定义</td></tr>
<tr><td>前提条件</td><td></td><td colspan="4">• 风险和处理方案已确定
• 风险与控制措施相联系</td></tr>
<tr><td>成功结果</td><td>√</td><td colspan="4">控制措施已经得到了加强，包括了附录 A 和 CIA 矩阵控制，以及其他原则、模型或政策</td></tr>
<tr><td>失败结果</td><td></td><td colspan="4">控制措施没有得到加强，而且附录 A 和 CIA 矩阵控制的管理方式也不清楚</td></tr>
<tr><td>性能</td><td></td><td colspan="4">• LT：1 天
• PT：1 小时
• %C/A：99%</td></tr>
<tr><td>频率</td><td></td><td colspan="4">每年两次</td></tr>
<tr><td>参与者</td><td>√</td><td colspan="4">安全分析师将附录 A 的控制措施与风险进行匹配</td></tr>
<tr><td>触发条件</td><td>√</td><td colspan="4">每年两次。</td></tr>
<tr><td rowspan="2">场景
（文本）</td><td rowspan="2">√</td><th>S#</th><th>参与者</th><th>步骤</th><th>描述</th></tr>
<tr><td>1.</td><td>安全分析师</td><td>检查附录 A</td><td>风险登记表中的每个控制都需要与附录 A 进行匹配评估。
如果匹配，则将附录 A 控制的引用添加到风险中</td></tr>
</table>

续表

属性	√	描述			
场景（文本）	√	2.	安全分析师	检查 CIA 矩阵	风险登记册中的每个控制都需要与 CIA 矩阵进行匹配评估。 如果匹配，则将 CIA 矩阵控制的引用添加到风险中。 如果 CIA 矩阵为空，则此 CIA 矩阵根据风险登记册中的资产和残留风险填充
		3.	安全分析师	检查原则	将风险与信息安全原则相结合，以便于更深入地理解如何管理风险
		4.	安全分析师	检查模型	将风险与信息安全模型相匹配，以便于更好地理解如何管理风险
		5.	安全分析师	检查政策	用信息安全策略调整风险，进一步提高遵守这些控制措施的重要性

2. 定义

无适用定义。

3. 目标

无适用目标。

4. 示例

无适用示例。

十二、实现控制

1. 用例

表 2.9.37 显示了制定控制风险处理计划的用例。

表 2.9.37　用例 – 制定控制风险处理计划

属性	√	描述
ID	√	ISVS-UC-RSP-07
命名	√	实现控制（处理计划草案）
目标	√	本用例的目的是为风险处理计划做准备，包括更新包含已管理风险的对策的 CIA 矩阵
摘要	√	针对每项已完成风险缓解措施的风险，都将制定相应的处理计划。该计划包括检查路线图中是否已规划了相关的史诗或特性。如果没有，则将创建 Jira 工单
前提条件		ISVS 风险登记册中填写了“已采取的缓解措施”和“待采取的缓解措施”两个字段
成功结果	√	风险处理计划已制定，残留风险可控（低于 6）
失败结果		风险未有应对方案，风险失控

续表

<table>
<tr><th>属性</th><th>√</th><th colspan="4">描述</th></tr>
<tr><td>性能</td><td></td><td colspan="4">• LT：1 天
• PT：1 小时
• %C/A：99%</td></tr>
<tr><td>频率</td><td></td><td colspan="4">每年一次</td></tr>
<tr><td>参与者</td><td>√</td><td colspan="4">负责制定处理方案的安全分析师</td></tr>
<tr><td>触发条件</td><td>√</td><td colspan="4">时间（每年）</td></tr>
<tr><td rowspan="8">场景（文本）</td><td rowspan="8">√</td><th>S#</th><th>参与者</th><th>步骤</th><th>描述</th></tr>
<tr><td>1.</td><td>安全分析师</td><td>确定范围</td><td>明确需要制定处置方案的风险。可通过选择“需采取缓解措施”列已填写的风险来实现</td></tr>
<tr><td rowspan="2">2.</td><td rowspan="2">安全分析师</td><td rowspan="2">更新 CIA 矩阵</td><td>更新现有的 CIA 矩阵，以控制风险</td></tr>
<tr><td>这些控制措施将在 SVS 变更价值流实施时生效</td></tr>
<tr><td>3.</td><td>安全分析师</td><td>检查路线图</td><td>对于已纳入路线图的处置措施，仍需制定处理计划，以确保充分理解风险，并就实施对策的规划达成一致。处置方案中必须填写路线图上的史诗编号和特性编号（如适用）</td></tr>
<tr><td>4.</td><td>安全分析师</td><td>创建 Jira 工单</td><td>为所有处置方案在信息安全 史诗中添加 Jira 工单。史诗的内容将提交 SRC 委员会批准，并作为月度管理审查和报告的一部分</td></tr>
<tr><td>5.</td><td>安全分析师</td><td>确定残留风险</td><td>根据已执行的缓解措施和计划的缓解措施，确定残留风险并将其登记在风险登记册中</td></tr>
<tr><td>6.</td><td>安全分析师</td><td>更新状态</td><td>已制定处置方案的风险状态设为“计划中”</td></tr>
</table>

2. 定义

处置计划是对风险进行管理的详细方案，通过实施一个或多个控制措施来加以应对。

3. 目标

处置计划的目标是使风险控制具体化，从而使组织掌控风险。以下几点至关重要：

- 必须分析和规划已识别并优先排序的风险的应对措施。
- 应对措施和计划必须达成一致。
- 处置计划必须记录在案，作为审计证据。

4. 示例

表 2.9.38 展示了处理计划的模板。

表 2.9.38　模板 – 处理计划

处理计划归属	描述
处理方案	从风险登记册中复制该值。该值必须是已定义好的处理方案之一
控制措施 1	定义减轻损害所需的措施。还需要关注此类损害是否也可能出现在组织的其他地方，并可能需要同时进行控制
开始	<控制措施开始日期>
结束	<控制措施结束日期>
修复行动 1	定义修复损害所需的措施
开始	<修复措施开始日期>
结束	<修复措施结束日期>
预防性行动 1	定义预防风险再次发生所需的措施
开始	<预防措施开始日期>
结束	<预防措施结束日期>
路线图	<路线图规划>
单页史诗故事	<单页史诗故事>
Jira 工单	请参考用于执行这些操作的 Jira 工单

5. 最佳实践 – 处理计划的工作方式

（1）目标

此工作方式的目的在于确定管理风险所需的措施。

（2）背景

表 2.9.37 显示了处理计划的模板。

（3）工作方式指南

材料

识别风险所需的材料如下：

- 待处理风险的信息。
- ISVS 相关的信息记录：
  - 利益相关方
  - 问题
  - 信息安全风险史诗
  - 单页史诗故事

步骤

以下是用于制定处理计划的步骤：

- 在制定处理计划之前，首先查阅现有的控制措施：
  - 附录 A（ISVS 仪表盘一致性矩阵）CIA 矩阵（ISVS CIA 矩阵）
  - 风险登记册（ISVS 风险登记册）

- 填写风险处理计划

询问安全经理，该方案是否属于路线图范围。如果是，安全经理可以批准处理计划；否则，处理计划必须提交给 SRC 委员会。

输出

- 每项风险都拥有对应的处理计划。

第 10 节　质量安全实践

提要

- 内部审计先行，随后进行外部审计。
- 内部审计应由具备可证明的知识、技能和经验的人员执行。
- 内部审计应基于标准框架（ISO 27001）及其衍生的审计准则，例如适用性声明。风险准则也属于审计准则范围。
- 对于内部审计，必须确定资产清单的质量、利益相关方及其需求。
- 内部审计的执行必须基于审计计划。
- 内部审计期间的发现应编制成审计报告。
- 应根据信息安全事件持续改进。

阅读指南

在确定范围之后，本节将在后续部分详细阐述 7 项治理安全实践。

一、质量安全实践范围

质量安全实践包括进行内部审计和持续改进，如图 2.10.1 中所示。

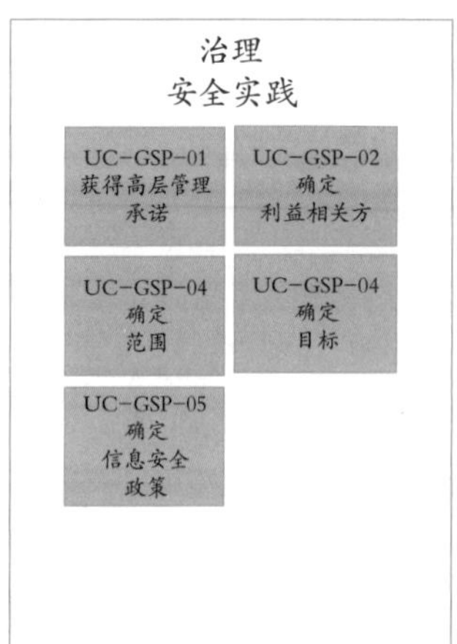

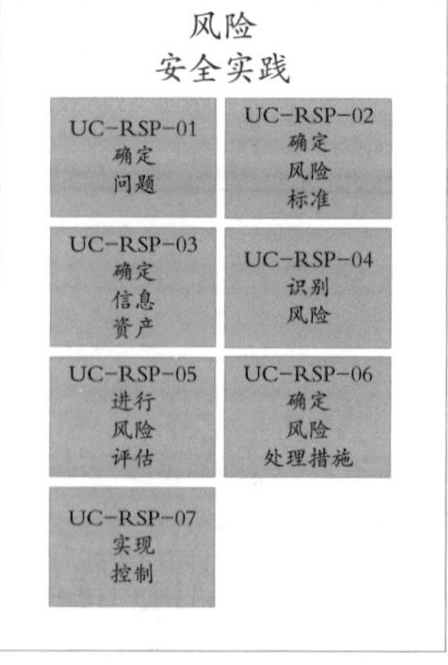

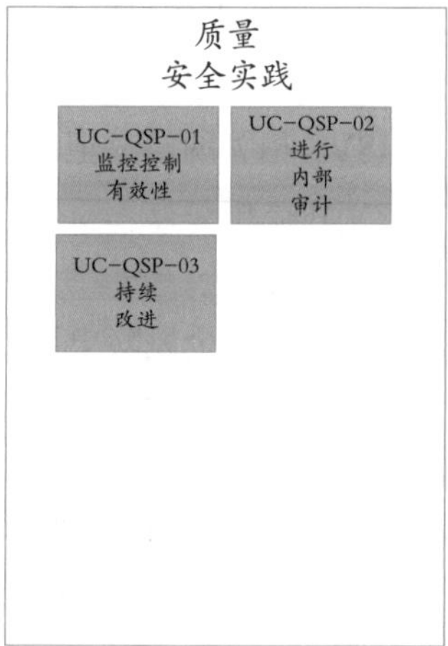

图 2.10.1　质量安全实践

二、监控控制有效性

1. 用例

表 2.10.1 显示了监控控制有效性的用例。

表 2.10.1　用例 - 监控控制有效性

<table>
<tr><th>属性</th><th>√</th><th>描述</th></tr>
<tr><td>ID</td><td>√</td><td>ISVS-UC-QSP-01</td></tr>
<tr><td>命名</td><td>√</td><td>监控控制有效性</td></tr>
<tr><td>目标</td><td>√</td><td>本用例的目的是在整个控制的生命周期中，以自动化方式监控已识别的控制措施的有效性</td></tr>
<tr><td>摘要</td><td>√</td><td>列出所有的控制措施，并确定每个控制措施的有效性检查频率和测量方法（测量指南）。
根据控制措施列表和频率，制定整年的控制措施与时间对照矩阵。
然后，为每个控制措施建立一个监控设施，该设施可以从需求到控制措施退出生产进行自动测量。收集的证据将在 ISVS 控制仪表板上的领先和滞后报告中显示</td></tr>
<tr><td>前提条件</td><td></td><td>• 控制措施已定义
• 这些控制措施的测量方法已知
• 控制的重要性已知</td></tr>
<tr><td>成功结果</td><td>√</td><td>• 控制仪表盘为控制的有效性提供了正确、完整、及时和准确的描述</td></tr>
<tr><td>失败结果</td><td></td><td>• 部分控制措施未得到正确测量，可能导致风险无法及时得到管理
• 对控制措施的测量并不完整，导致其有效性无法在控制仪表盘上呈现，进而无法有效控制风险
• 控制措施的测量结果更新不及时或信息传递延迟，都会导致对控制状态存在盲点，无法有效管理风险
• 测量结果缺乏精确性，导致控制仪表盘上关于控制措施有效性的呈现失真
• 控制措施本身定义、构建、测试或实施方面存在缺陷</td></tr>
<tr><td>性能</td><td></td><td>• LT：15 分钟
• PT：5 分钟
• %C/A：99.99%</td></tr>
<tr><td>频率</td><td></td><td>每 15 分钟或设定的频率</td></tr>
<tr><td>参与者</td><td>√</td><td>负责监控设施的安全分析师和执行监控工作的自动监控设施</td></tr>
<tr><td>触发条件</td><td>√</td><td>时间</td></tr>
<tr><td>场景（文本）</td><td>√</td><td><table>
<tr><th>S#</th><th>参与者</th><th>步骤</th><th>描述</th></tr>
<tr><td>1.</td><td>安全分析师</td><td>建立控制清单</td><td>必须为所有定义的控制措施建立一个清单</td></tr>
<tr><td>2.</td><td>安全分析师</td><td>测量频率和测量说明</td><td>必须为每个控制确定测量频率和测量指令</td></tr>
</table></td></tr>
</table>

续表

<table>
<tr><th>属性</th><th>√</th><th colspan="4">描述</th></tr>
<tr><td rowspan="4">场景（文本）</td><td rowspan="4">√</td><td>3.</td><td>安全分析师</td><td>监控计划</td><td>监控计划由控制和测量指令组成，其中指示了每个控制的测量频率</td></tr>
<tr><td>4.</td><td>安全分析师</td><td>调整监控设施</td><td>监控设施针对每个控制进行调整，仪表板提供正确、完整、及时、准确的信息</td></tr>
<tr><td>5.</td><td>安全分析师</td><td>生产</td><td>所有待测对象的更改以及所有控制的更改都是基于 CI/CD 安全流水线来测量的</td></tr>
<tr><td>6.</td><td>监控设施</td><td>监控控制</td><td>在 CI/CD 流水线和生产环境中测量控制</td></tr>
</table>

2. 定义

控制措施有效性的监控涵盖整个生命周期的各个阶段的全部对象和所有控制措施。监控依据利益相关方的要求和 ISO 27001 标准框架制定的测量规则进行，全面评估控制措施的实施效果。

3. 目标

该监控设施能够帮助评估服务组织是否正在有效实现 ISVS 目标。

4. 示例

监控设施涵盖以下内容：

- 资产清单中列出的所有资产。
- 适用性声明中包含的所有控制措施。
- 信息、应用程序和基础设施层面的 CIA 矩阵中所有对象及其 CIA 评级。

5. 最佳实践 – 监控措施的工作方式

（1）目标

此工作方式的目的是描述如何设计用于监控信息安全控制有效性的监控设施。

（2）背景

类似与持续审计的监控架构，图 2.10.2 展示了涵盖信息安全控制有效性监控的监控架构，该架构的详细解释在《持续安全》（2022 年版）一书中进行了描述。

（3）控制定义数据库

监控架构通过将控制定义记录在数据库中来保证其唯一性。每个控制都以 Gherkin 语言等形式定义。

（4）安全设计

根据此定义，软件开发人员或购买者应制定安全设计，以实施控制措施。

（5）受控对象

根据资产清单和控制定义，可以推断出控制适用于哪些资产（受控对象）。开发人员必须为基础设施、应用程序（包括 CI/CD 安全流水线工具）开发 REST API，以便证据收集器可以读取 JSON 格式的必要证据。

（6）证据收集器

证据收集器是实际的信息安全监控工具。证据收集器根据控制定义数据库，确定需要读取哪些控制以及何时读取。证据存储在控制证据数据库中。

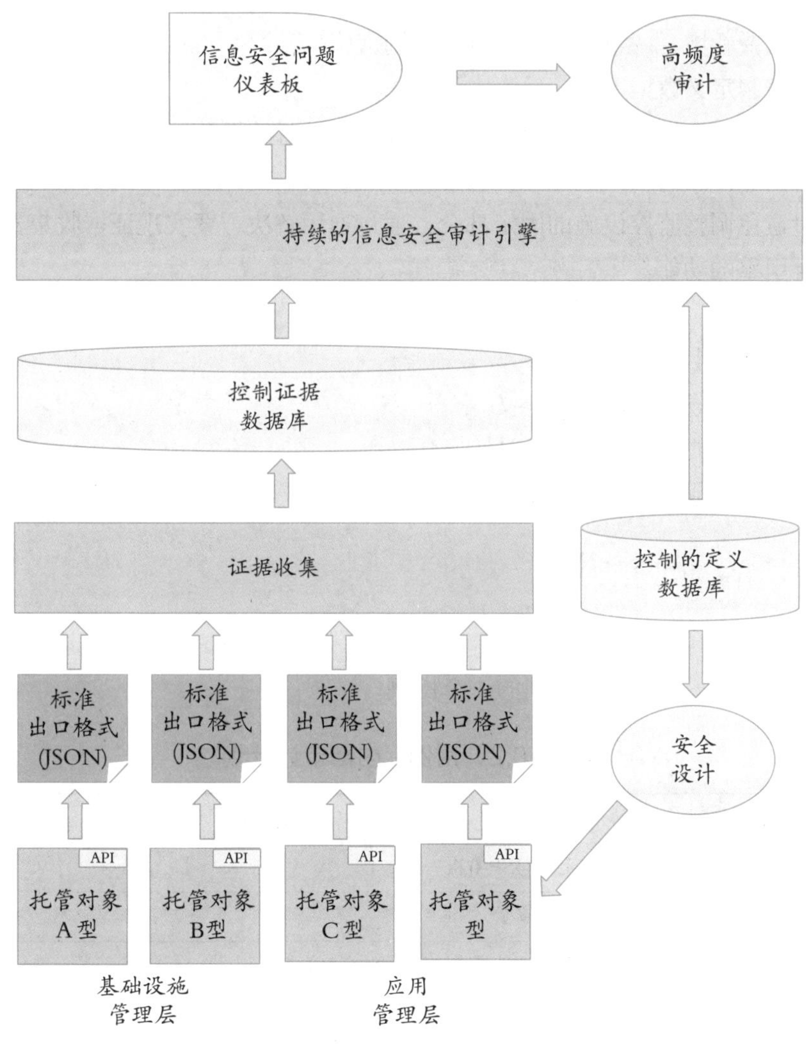

图 2.10.2　用于监控控制有效性的监控架构

（7）工作方式指南

监控设施会根据利益相关方（资产或托管对象）的新需求或修改需求，以及新发现风险（控制措施）进行调整。如果风险不再重要或功能过时，则会关闭现有控制措施。

材料

设置监控措施所需的材料如下：

- ISVS 目标。
- CIA 矩阵。
- 风险登记册。

- 需求登记册。
- 资产清单。
- CI/CD 安全流水线。

步骤

调整监控设施的步骤如下：

- 确定需要新增、调整或者删除哪些控制措施。
- 更新控制定义数据库。
- 创建新的安全设计或调整现有设计，或删除过时的设计。
- 构建读取证据的接口。
- 尽量避免调整监控设施的固定部分，通过通用解决方案实现证据收集器和持续信息安全审计引擎的功能。

输出

调整过程将产生以下结果：

- 新增、修改或删除的控制定义。
- 新增、修改或删除的安全设计。
- 新增、修改或删除的 REST API。

三、进行内部审计 - 计划

1. 用例

表 2.10.2 显示了内部审计计划的一个用例。

表 2.10.2　用例 - 内部审计计划

属性	√	描述
ID	√	ISVS-UC-QSP-02a
命名	√	安排内部审计
目标	√	本用例的目的是制定新的内部审计计划
摘要	√	通过本用例制定的审计计划进行内部审计
前提条件		组织内部有一名独立的内部审计师，具备相应的知识、技能和经验。独立性是指构建 ISVS 的人与执行内部审计的人不能为同一人
成功结果	√	内部审计已安排
失败结果		• 如果内部审计没有在正确的范围内进行，结果就是不充分的 • 由于范围不正确，ISVS 中可能存在未检测到的遗漏 • 该组织最终可能会失去认证
性能		• LT：1 天 • PT：1 小时 • %C/A：99%
频率		每年一次

续表

属性	√	描述			
参与者	√	负责制定审计计划的内部审计师			
触发条件	√	时间（每年）			
场景（文本）	√	S#	参与者	步骤	描述
		1.	内部审计师	确定内部审计的日期	内部审计师根据业务规划数据来制定内部审计计划
		2.	内部审计师	检查 ISVS 的范围	内部审计师询问 SRC 是否需要调整范围
		3.	内部审计师	准备一套模板	内部审计师根据 WoW 内部审计创建一套新的模板
		4.	内部审计师	制定内部审计计划	内部审计师根据模板制定审计计划
		5.	内部审计师	获得批准的内部审计计划	SRC 委员必须批准内部审计计划

2. 定义

内部审计计划是获取和保持控制的重要步骤。内部审计在外部审计之前进行，每年定期开展一次。

3. 目标

内部审计的目标是确定 ISVS 的目标是否有效实现，以及信息安全策略是否得到遵循。

4. 示例

内部审计计划应涵盖以下要素：

- 内部审计目标。
- 内部审计对象。
- 内部审计范围。
- 内部审计方法。
- 内部审计结果。
- 内部审计时间。
- 合规声明。
- 签名。

5. 最佳实践 – 内部审计的工作方式

（1）目标

此工作方式的目的是概述内部审计应该包括哪些方面。

（2）背景

表 2.10.3 提供了内部审计计划模板。

表 2.10.3 内部审计模板

属性	描述
目标	内部审计的目的包括： • 确保 ISVS 实现其目标 • 检查是否符合 ISO 27001 标准 • 确保客户与信息安全基线相关的 SLA 得到满足
相关方	明确内部审计的委托人和内部审计的执行人
范围	内部审计的范围应与 ISVS 中定义的范围保持一致
办法	审计方法可以参考内部审计工作方式
结果	关于结果的协议如下： • 内部审计师将适应性或差距分析的结果记录在 ISVS 中 • 本内部审计的结果将报告给 SRC • 行动要点被放在 Jira 中 • 内部审计师接受纠正结果，并更新状态
时间	通常约定在工作时间，在被审计单位的办公场所进行
合规性	内部审计师必须通过 ISO 27001 认证，并以独立的视角进行审计
签名	内部审计计划是一份正式文件，必须签名

（3）工作方式指南

内部审计每年进行一次。如果内部人员符合内部审计师的角色描述，则可以由内部人员执行。

材料

准备内部审计计划所需的材料如下：

- ISVS。
- ISVS 注册表。
- ISVS 资产。

步骤

内部审计计划的编制步骤如下：

- 获取内部审计模板。
- 将模板内容复制到 ISVS 登记册 / 内部审计相关的文档中。
- 调整内部审计计划。
- 填写内部审计计划并命名，如“内部审计计划 2024-01”。
- 开展内部审计并记录结果。内部审计可以分阶段进行，但最终的审计结果需要及时汇总，并与后续整改行动计划分开记录，避免混淆。
- 将内部审计报告提交给安全经理。
- 落实整改措施。
- 向安全经理汇报并就后续改进任务的分配和执行达成共识。

输出

最终将产生以下结果：

- 内部审计计划。
- 内部审计结果。
- 内部审计报告。
- 内部审计行动清单。

四、执行内部审计 - 标准

1. 用例

表 2.10.4 显示了内部审计标准的一个用例。

表 2.10.4　用例 - 内部审计标准

<table>
<tr><th>属性</th><th>√</th><th colspan="4">描述</th></tr>
<tr><td>ID</td><td>√</td><td colspan="4">ISVS-UC-QSP-02b</td></tr>
<tr><td>命名</td><td>√</td><td colspan="4">确定内部审计标准</td></tr>
<tr><td>目标</td><td>√</td><td colspan="4">本用例的目的是审查和更新审计标准</td></tr>
<tr><td>摘要</td><td>√</td><td colspan="4">内部审计以审计标准为基础，这些标准必须在审计前进行审查和更新</td></tr>
<tr><td>前提条件</td><td></td><td colspan="4">已制定内部审计计划</td></tr>
<tr><td>成功结果</td><td>√</td><td colspan="4">内部审计标准已经创建或审查并根据需要进行调整</td></tr>
<tr><td>失败结果</td><td></td><td colspan="4">如果不对审计标准进行审查和更新，内部审计可能导致错误的结论。该组织最终可能会失去 ISO 27001 认证</td></tr>
<tr><td>性能</td><td></td><td colspan="4">• LT：3 天
• PT：1 小时
• %C/A：99%</td></tr>
<tr><td>频率</td><td></td><td colspan="4">每年一次</td></tr>
<tr><td>参与者</td><td>√</td><td colspan="4">确定适用于审计的审计标准的内部审计师</td></tr>
<tr><td>触发条件</td><td>√</td><td colspan="4">年度</td></tr>
<tr><td rowspan="3">场景（文本）</td><td rowspan="3">√</td><th>S#</th><th>参与者</th><th>步骤</th><th>描述</th></tr>
<tr><td>1.</td><td>内部审计师</td><td>确定内部审计标准</td><td>内部审计师首先制定或更新以下审计标准：
• 适用性声明（Statement of Applicability, SOA）
• 信息安全风险的触发标准
• 信息安全风险的测试标准
• 信息安全风险的优先级标准
• 信息安全风险的接受标准</td></tr>
<tr><td>2.</td><td>内部审计师</td><td>审核内部审计输入</td><td>内部审计师首先审查或更新以下审计输入：
• 资产组
• 利益相关方
• 利益相关方 CIA 矩阵要求</td></tr>
</table>

2. 定义

内部审计标准是进行内部审计之前必须满足的前提条件。

3. 目标

内部审计标准用例的目标是确保审计基础是最新且完整的。审计基础包括风险标准、资产、利益相关方和要求。

4. 示例

内部审计计划包括以下几点：

- 内部审计目标。
- 内部审计参与方。
- 内部审计范围。
- 内部审计方法。

内部审计结果：

- 内部审计时间。
- 合规声明。
- 签名。

五、进行内部审计 - 绩效

1. 用例

表 2.10.5 显示了内部审计绩效的一个用例。

表 2.10.5　用例 - 内部审计绩效

属性	√	描述
ID	√	ISVS-UC-QSP-02c
命名	√	执行绩效内部审计
目标	√	本用例的目的是为了描述内部审计应该如何进行
摘要	√	内部审计以审计计划和审计标准为根据分成两部分：ISVS 要求和 ISVS 控制
前提条件		• 审计计划已经制定 • 审计标准已被修订和更新
成功结果	√	进行内部审核并存储结果
失败结果		如果不进行内部审计，可能会发现 ISVS 中的遗漏，最终导致该组织失去 ISO 27001 认证
性能		• LT：5 天 • PT：3 天 • %C/A：99%
频率		每年一次
参与者	√	执行内部审计的内部审计师

续表

<table>
<tr><th>属性</th><th>√</th><th colspan="4">描述</th></tr>
<tr><td>触发条件</td><td>√</td><td colspan="4">时间（每年）</td></tr>
<tr><td rowspan="6">场景（文本）</td><td rowspan="6">√</td><td>S#</td><td>参与者</td><td>步骤</td><td>描述</td></tr>
<tr><td>1.</td><td>内部审计师</td><td>审计 ISVS 是否符合 ISO 27001 标准</td><td>• 复制审计结果模板
• 审计遵循 ISO 27001 的条款和附录 A</td></tr>
<tr><td>2.</td><td>内部审计师</td><td>谁在接受审计</td><td>对于所有的要求：
• 确定应接受采访人员，他们可能是上次审核时的相同人员，但必须是同一角色，以确保一致性</td></tr>
<tr><td>3.</td><td>内部审计师</td><td>静态证据</td><td>对于所有的要求：
• 判断是否链接到静态证据
• 仍然是最新版本
• 存在偏差（NC）
• 存在改进机会或继续观察</td></tr>
<tr><td>4.</td><td>内部审计师</td><td>动态证据</td><td>对于所有的愿望：
• 完成审查方法，可能与去年相同，但由于 ISVS 的改进，可能更先进
• 抽查动态证据并检查它们是否是：最新的、存在异常（NC）、存在改进机会或继续观察</td></tr>
<tr><td>5.</td><td>内部审计师</td><td>完成审计报告</td><td>• 在 ISVS 审计日志中记录每个发现
• 标记发现级别
• 提供结论</td></tr>
</table>

2. 定义

ISO 27001 内部审计是组织自行开展的一项审计，目的是评估组织是否符合 ISO 27001 标准的要求，抑或存在哪些偏离之处。

3. 目标

内部审计的目标是衡量信息安全策略及其所制定的 ISVS 目标的有效性，并在必要时进行调整，确保组织的信息安全策略与实际情况相匹配并满足其信息安全需求。

4. 示例

无适用示例。

六、进行内部审计 - 报告

1. 用例

表 2.10.6 显示内部审计报告的一个用例。

表 2.10.6　用例 – 内部审计报告

属性	√	描述
ID	√	ISVS-UC-QSP-02d
命名	√	内部审计报告
目标	√	本用例的目的是为了描述内部审计师应该如何向 SRC 委员会汇报审计结果
摘要	√	基于执行的审计和存储的审计发现，内部审计师向 SRC 委员会报告审计结果
前提条件		• 内部审计已经完成 • 审计发现记录在审计日志中的 Jira 工单中
成功结果	√	内部审计的结果已向 SRC 委员会报告
失败结果		内部审计师的发现未被报告。 SRC 委员会无法知悉信息安全方面的调查发现，进而可能导致信息安全重视程度降低和相关需求优先级下降
性能		• LT：3 天 • PT：1 小时 • %C/A：99%
频率		每年一次
参与者	√	负责将内部审计报告给 SRC 的内部审计师
触发条件	√	时间（每年）
场景（文本）	√	S# | 参与者 | 步骤 | 描述 1. | 内部审计师 | 汇总审计发现 | 内部审计师汇总审计发现，使之达到能够简明扼要地反映整体情况的层次 2. | 内部审计师 | 报告审计发现 | 内部审计师向 SRC 委员会报告审计发现，以提高对 ISVS 状况的认识

2. 定义

无适用定义。

3. 目标

无适用目标。

4. 示例

无适用示例。

七、持续改进 - 事件

1. 用例

表 2.10.7 显示了持续改进事件的用例。

表 2.10.7　用例 – 持续改进事件

属性	√	描述			
ID	√	ISVS-UC-QSP-03a			
命名	√	处理信息安全事件			
目标	√	本用例的目的是执行处理信息安全事件所需的所有步骤（从注册到结束）			
摘要	√	应及时对信息安全事件进行登记、分类和控制。根据情况采取补救措施。此外还应分析事件原因，并在必要时采取预防措施			
前提条件		无			
成功结果	√	• 事件得到分析、控制和解决 • 确定事件原因，防止重复发生 • 如果无法防止重复发生，则将该风险添加到风险登记册中			
失败结果		如果事件未能解决，就必须升级处理，调动更多的知识和技术，或者接受该事件			
性能		• LT：1 天 • PT：1 小时 • %C/A： 99%			
频率		每次发生信息安全的时候			
参与者	√	负责处理信息安全事件的安全分析师			
触发条件	√	时间（每年）			
场景（文本）	√	S#	参与者	步骤	描述
		1.	安全分析师	登记事件	为信息安全事件分配新的唯一编号，以便登记追踪。 记录事件的内部或外部来源，以便追踪并获取更多详细信息。 记录这些事件的日期和时间，以便与其他实时信息（如真实用户监控日志文件）建立关联。 内部和外部审计的发现也被纳入这一过程，即使可能不需要控制和补救
		2.	安全分析师	定义事件	准确定义信息安全事件的内容
		3.	安全分析师	分类事件	根据事件 CIA 评级进行分类
		4.	安全分析师	控制事件	必须控制风险，以防止发生进一步的损害
		5.	安全分析师	事件纠正	必须纠正事件的后果。 这些纠正措施已经得到落实
		6.	安全分析师	确定事件的根本原因	为了防止事件再次发生，必须对事件的原因进行分析
场景（文本）	√	7.	安全分析师	确定预防措施	基于根本原因分析，必须制定预防措施，并由 SRC 委员会批准，以防止事件再次发生。 如果不接受预防措施，则必须在 ISVS 的风险日志中接受再次发生的风险

续表

属性	√	描述			
场景（文本）	√	8.	安全分析师	计划预防措施	如果预防措施已获批准，就必须在路线图上进行规划
		9.	安全分析师	更新状态	事件状态一旦发生变化，将立即更新
		10.	安全分析师	分类为不符合项（NC）	在事件的根本原因中，要检查该事件是否为不符合项。 在这种情况下，必须检查不符合项是否有定义的控制措施。如果是，应调查其影响。如果没有控制措施，就必须增加控制措施。 如果事件也是不符合项，则还会执行用例 UC-QSP-03b。对于那些基于不符合项发现的事件，仍然要遵循这一步骤，但可以更快地完成

2. 定义

无适用定义。

3. 目标

无适用目标。

4. 示例

无适用示例。

八、持续改进 - 不符合项

1. 用例

表 2.10.8 显示了持续改进不符合项的用例。

表 2.10.8　用例 – 持续改进不符合项

属性	√	描述
ID	√	ISVS-UC-QSP-03b
命名	√	处理信息安全不符合项
目标	√	本用例的目的是执行处理不符合事件所需的所有步骤
摘要	√	一旦事件违反 ISO 27001 要求、政策或控制，该事件将被视为不符合项
前提条件		无
成功结果	√	对不符合项事件进行分析以获得控制。如果存在控制，则检查其有效性并酌情进行调整。如果不存在控制，则必须创建一个控制。如果无法防止重复发生，则将该风险添加到风险登记册中
失败结果		没有识别出不符合项，因此无法适当地记录
性能		• LT：1 天 • PT：1 小时 • %C/A：99%

续表

属性	√	描述			
频率		每次出现不符合项的时候			
参与者	√	负责监控 CSI 的安全分析师			
触发条件	√	时间（每年）			
场景（文本）	√	S#	参与者	步骤	描述
		1.	安全分析师	登记不符合项	将不符合项登记在事件记录中，并重复使用事件记录字段
		2.	安全分析师	定义控制措施	核实是否存在相关控制措施
		3.	安全分析师	测试控制措施的有效性	对找到的控制措施进行有效性测试
		4.	安全分析师	创建控制措施	如果不存在针对该不符合项的控制措施，则创建控制措施
		5.	安全分析师	状态更新	不符合项状态发生变更后，在事件记录中立即更新其状态

2. 定义

无适用定义。

3. 目标

无适用目标。

4. 示例

无适用示例。

九、持续改进 - CSI

1. 用例

表 2.10.9 显示了持续改进 CSI 的一个用例。

表 2.10.9　用例 – 持续改进 CSI

属性	√	描述
ID	√	ISVS-UC-QSP-03c
命名	√	持续服务改进
目标	√	本用例的目的是利用 CSI 注册表监控 ISVS 改进情况
摘要	√	CSI 注册表包括以下信息的登记和监控：信息安全事件、不符合事项、内部审计发现、外部审计发现、每月运营 ISVS 审查和年度 ISVS 审查及处理计划
前提条件		CSI 项目持续收集在 ISVS 的安全实践中
成功结果	√	CSI 项目审批如果超出安全经理的职责范围，则由 SRC 委员会根据优先级和预算进行审批
失败结果		CSI 项目保持开放

续表

<table>
<tr><th>属性</th><th>√</th><th colspan="4">描述</th></tr>
<tr><td>性能</td><td></td><td colspan="4">• LT：1 小时
• PT：1 小时
• %C/A：99%</td></tr>
<tr><td>频率</td><td></td><td colspan="4">每月</td></tr>
<tr><td>参与者</td><td>√</td><td colspan="4">负责监控 CSI 的安全分析师</td></tr>
<tr><td>触发条件</td><td>√</td><td colspan="4">时间（每年）</td></tr>
<tr><td rowspan="4">场景
（文本）</td><td rowspan="4">√</td><td>S#</td><td>参与者</td><td>步骤</td><td>描述</td></tr>
<tr><td>1.</td><td>安全分析师</td><td>登记 CSI 记录</td><td>所有 CSI 项目均已被收集登记。若某项安全实践拥有专属登记工具，例如事件或处置计划，则应与其建立链接，从而完整呈现整体工作量及需优先处理的 CSI 项目。
如 CSI 项目数量太过庞大，可采用占位符进行概括，例如涵盖所有事件。
在占位符中，可按月纳入绩效指标，例如超出 SLA 规范期限的未结信息安全事件数量</td></tr>
<tr><td>2.</td><td>安全分析师</td><td>报告</td><td>向 SRC 报告 CSI 现状</td></tr>
<tr><td>3.</td><td>安全分析师</td><td>升级</td><td>如超出 SLA 标准，则予以升级处理</td></tr>
</table>

2. 定义

CSI 登记簿是 ISVS 的核心信息安全仪表盘，用于可视化以下 CSI 项目：

- 信息安全事件。
- 不符合项。
- 内部审计发现。
- 外部审计发现。
- 月度 ISVS 运营审查发现。
- 年度 ISVS 审查发现。
- 整改计划。

3. 目标

CSI 登记簿旨在持续（前置）和定期（滞后）提供 ISVS 改进点的状态信息。

4. 示例

表 2.10.10 显示了一个 CSI 登记簿示例。

表 2.10.10　CSI 登记簿示例

CSI#	Type	Subject	Description	Status	PTA	Deadline
#	{ NC, incident, … }	<keyword>	{Text|Reference}	{Open|Closed}	<@..>	<YYY-MM-DD>

第 11 节　持续安全与敏捷 Scrum

提要

- 敏捷 Scrum 是对敏捷宣言中定义的敏捷理念的具体应用。
- 有 4 项风险安全实践构成了与敏捷 Scrum 流程的关系。这些实践可以轻松映射到敏捷 Scrum 工件和敏捷 Scrum 事件。
- 将信息安全与敏捷 Scrum 流程相结合非常容易。

阅读指南

本节介绍了敏捷和敏捷 Scrum 的定位之后，讨论了敏捷宣言，并指出哪些要点对系统开发的有效性和效率很重要，接着讨论了敏捷开发方法、敏捷 Scrum，最后展示了如何将持续安全纳入敏捷 Scrum 开发过程。

一、定位

敏捷 Scrum 软件开发过程为 DVS（见图 2.11.1）提供了内容。

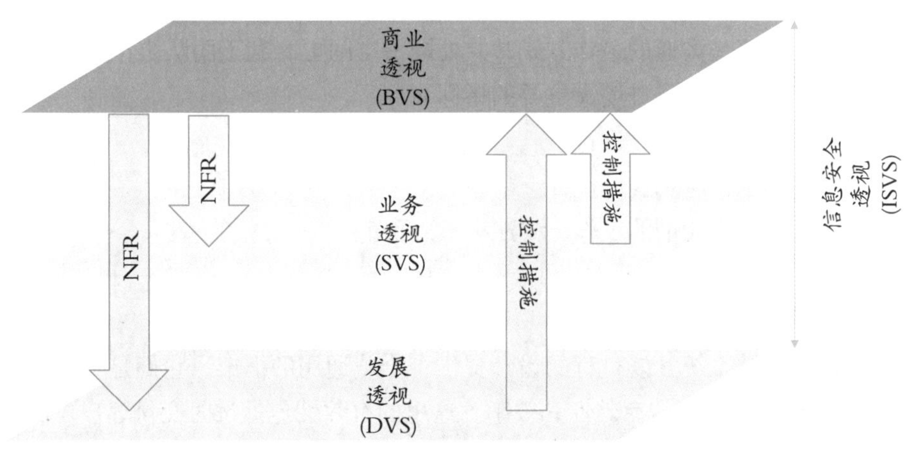

图 2.11.1　敏捷与敏捷 Scrum 的定位

基于 ISVS ，可以确定利益相关方，并对其信息安全领域的需求进行梳理。 随后，将这些需求映射到 CIA 矩阵上，以判断是否需要新增控制措施或修改现有措施。 所需的控制措施变更将会作为产品待办事项中的非功能性需求转达给 DVS。安全验证方案不属于敏捷 Scrum 流程，超出了其定位范围。

二、敏捷宣言

本书在定义敏捷时，参考了敏捷软件开发宣言，该宣言于 2001 年在美国犹他州的一次非正式会议上由 17 位软件开发人员共同制定。

敏捷软件开发的宣言		
我们通过实践和帮助他人实践，不断探索开发软件的更佳之道。在实践过程中，我们逐渐重视以下价值观： • 个人和互动高于过程和工具。 • 可运行的软件高于详尽的文档。 • 客户合作高于合同谈判。 • 响应变化高于遵循计划。 • 尽管右侧所列事项也具有一定价值，但我们更看重左侧的价值观。		
Kent Beck	James Grenning	Robert C. Martin
Mike Beedle	Jim Highsmith	Steve Mellor
Arie van Bennekum	Andrew Hunt	Ken Schwaber
Alistair Cockburn	Ron Jeffries	Jeff Sutherland
Ward Cunningham	Jon Kern	Dava Thomas
Martin Fowler	Brian Marick	
© 2001 年，上述人名为作者。此宣言可自由复制，但须完整包含本版权声明。		

敏捷宣言起草者还提出了 12 条敏捷系统开发原则：

①客户满意至上，通过快速、持续交付有用的软件来实现。

②即使是在项目后期，我们也欢迎需求的变更。

③定期交付可运行的软件（以周为单位，而非月为单位）。

④开发人员与熟悉业务的人员进行紧密协作，并保持每日沟通。

⑤项目依赖于积极主动且可靠的人员。

⑥面对面的交流是沟通的最佳方式，共处同一空间更有利于团队协作。

⑦可运行的软件是衡量进度最重要的指标。

⑧开发过程可以随时持续进行。

⑨始终关注技术卓越和良好设计。

⑩简单至上，不做无谓的工作，专注于核心价值。

⑪团队自我组织。

⑫根据实际情况进行调整。

这些原则为敏捷系统开发过程的设计提供了全球通用的框架。它们是重要的原则，能够提升 Scrum 开发过程的有效性和效率。这里的有效性包括按时交付客户（隐含）需要的结果（上市时间）。表格 2.11.1 中具体阐述了这些原则如何保障项目成功。

表 2.11.1　敏捷系统开发的有效性方面

P#	关键词	对有效性的贡献
1, 3	快速 每周 持续交付 延迟变更	信息系统的开发必须敏捷高效，才能快速交付价值。所以我们摒弃了将整个系统一次性交付的瀑布式模型，转而采用迭代增量的方式，以周为单位的高频次进行交付。这种持续交付的模式确保了价值的快速流转，让“快”真正体现在为用户带来新增功能和优化体验上，而非单纯的开发速度。 在持续迭代的过程中，难免会出现用户组织在接近交付节点时才提出需求调整的需求。敏捷开发方法 Scrum 能够很好地应对这种变化。这不是说我们可以随意添加或修改功能，而是要通过细化现有需求并重新理解迭代中的目标，在灵活调整中实现既定目标，确保最终交付的系统能够满足用户的实际需要

续表

P#	关键词	对有效性的贡献
2	客户满意度	对于决定客户满意度的因素而言，功能上市时间至关重要。这不仅是因为信息系统功能在许多组织中决定了业务目标的快速和有效实现，更在于其以短周期、持续和灵活的方式快速提供和适应新功能，进而保障上市时间
1, 4	易用软件 了解业务	对信息系统的扩展或适配，必须为客户带来增值，同时具备可操作性。这只有在建立良好的客户对话，明确客户对功能和质量的期望的情况下才能实现。客户应由熟悉业务流程的组织用户或其他代表进行沟通
5, 7	有动力 值得信赖 工作 技术卓越 良好的设计	构建高效的信息系统需要精湛的技艺（技术卓越）。培养和保持这种技艺，则需要投入大量精力和毅力（有动力），以及坚定的承诺（值得信赖）。Scrum 开发过程的动态性更是对技艺提出了更高要求。 一个信息系统是否有效，关键在于它能否切实满足需求。精良的设计在此发挥着至关重要的作用。这种设计将通过层层递进式迭代不断完善
12	形势	德利乌(De Leeuw)在他的范式中早已指出,流程必须根据具体情况进行调整。当环境发生变化，团队进行自我组织时，也必须关注适应后的外部世界——偶然因素。例如，客户突然改变了业务流程、进行组织重组、安排公司合并和 / 或拆分

表 2.11.2 列出了影响 Scrum 开发过程效率的因素。

表 2.11.2　敏捷系统开发的效率方面

P#	关键词	对效率的贡献
6	同一地点	德明（Deming）在其《走出危机》（1986 年版）中指出，拆除墙壁是改进流程的关键因素。同在一处工作可以改善沟通
8	扩展性	开发的信息系统的体系结构必须确保无需调整大部分已实现的功能即可进行扩展。例如，信息系统的额外数据源必须易于连接，而无需重写现有软件。这允许添加增量并确保持续供应
10	请勿	在敏捷的世界里，消除“浪费”（无用事务）是设计和组织 Scrum 开发过程的重要起点。必须始终确定哪些事情不需要做，因为它要么重复做，要么没有增加价值
11	自我组织	让团队制定他们自己的游戏规则，比强迫团队遵守别人想出的规则要有效得多。自我组织能力是实现这一目标的重要前提。然而，在许多组织中，明智的做法是首先遵循正式的、定义明确的 Scrum 流程，然后再考虑所需的调整

三、敏捷方法

多年来，已经开发出许多部分符合敏捷宣言 12 项原则的信息系统开发方法。维基百科列出了以下方法：

- 敏捷 Scrum（1986 年）。
- 动态系统开发方法（Dynamic Systems Development Method, DSDM）（1995 年）。
- 极限编程（Extreme Programming, XP）（1996 年）。
- Crystal Clear 和其他 Crystal 方法（1996 年）。
- 敏捷建模。
- 自适应软件开发（Adaptive Software Development, ASD）。
- 面向功能开发（Feature Driven Development, FDD）。
- 精益软件开发。
- 敏捷统一流程（Agile Unified Process, AUP）。
- 持续集成。
- 进化型项目管理（Evolutionary Project Management, EVO）。

这些方法的解释可以在维基百科中找到。

增量式软件开发的优点是：

- 开发过程变得可预测，因为每个增量都会估计和测试工作量。
- 快速看到结果，因为不会交付单体应用软件，而是总是交付整体的一部分。
- 交付的内容始终对用户有增值意义。
- 复杂性被隔离在可管理的部分中。
- 用户组织的代表能够在中途设定优先级。
- 开发被赋予重点，关注首先开发哪些方面。
- 基于用户组织的演示和验收定期转移功能。

本书基于敏捷 Scrum 方法，用于集成持续安全性。

四、敏捷 Scrum

本节简要讨论了敏捷 Scrum 方法。

关于 Scrum

1993 年，杰夫·萨瑟兰（Jeff Sutherland）创建了 Scrum 流程。他从竹内（Takeuchi）和野中（Nonaka）1986 年的一项研究中借用了“敏捷 Scrum”一词。

这项研究发表在《哈佛商业评论》上。在这项研究中，竹内和野中将高绩效的跨职能团队与橄榄球队的阵型进行了类比。

敏捷 Scrum 是一个用于执行复杂项目的敏捷框架。敏捷 Scrum 最初是为系统开发项目而设置的。但它对任何复杂的、创新的工作领域都很适用，有无限可能。

敏捷的 Scrum 在 30 秒内完成：

- 产品负责人创建一个有优先级的愿望清单，称为产品待办事项列表。
- 在迭代计划期间，团队会通过愿望清单上的部分内容，形成迭代待办事项列表。
- 团队决定如何实施这些组件。
- 团队有一个时间范围，称为迭代，以完成工作。
- 每天确定进度。
- 在迭代过程中，Scrum 教练会监控团队是否专注于实现目标。

续表

• 在迭代结束时，可交付成果必须有可能投入生产，准备好供用户使用，在商店的橱窗里展示或向利益相关方展示。 • 迭代结束时要进行迭代评审和迭代回顾。 • 在迭代结束时，团队从愿望清单中选择一组新的项目，开始另一个迭代。 来源：Scrum 联盟官网

1. 敏捷 Scrum 方法

在敏捷 Scrum 方法中，一个团队共同努力实现目标并赢得竞争。这里的重要因素是：

- 跨领域团队。
- 1—4 周的迭代。
- 敏捷 Scrum 具有灵活性，可以应对需求和愿望的变化，即使它们发生在晚期。

2. 敏捷 Scrum 开发流程

图 2.11.2 显示了简化的敏捷 Scrum 开发流程。流程是从左到右读取的，流程的输入由以功能请求的形式定义的新功能请求，如逃逸缺陷等事故也可以被视为此过程的输入。工作库包含在产品待办事项列表中，由产品所有者负责优先级设置。优先级最高的产品待办事项列表项（ Product Backlog Item, PBI ）将会包含在下一个迭代计划中。将 PBI 转换为要由开发团队执行的任务，迭代的结果是原则上可以在生产中部署的产品。

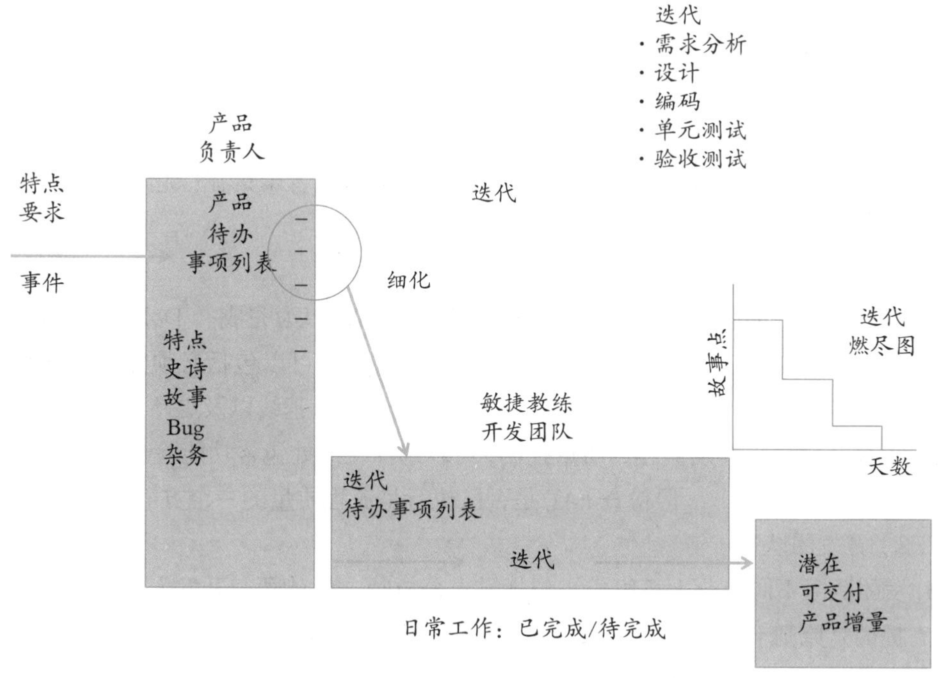

图 2.11.2　敏捷 Scrum 开发过程

迭代进度可以通过迭代燃尽图来监控。迭代可以捆绑在一起形成一个发布，也可以在发布燃尽图中进行规划。图 2.11.3 显示了各种敏捷 Scrum 团队。

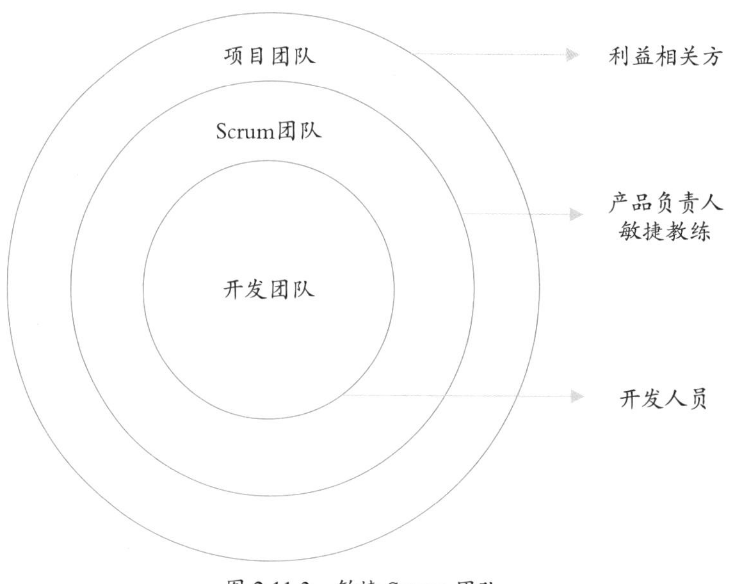

图 2.11.3　敏捷 Scrum 团队

核心是由 7 名左右的员工组成的开发团队，该团队负责设计、构建和测试软件。围绕它的是敏捷 Scrum 团队，包括开发团队成员、产品所有者和敏捷教练。项目团队由 Scrum 团队和利益相关方组成。

3. 敏捷 Scrum 术语

人们在定义敏捷 Scrum 方法时会使用许多特定术语，并以多种方式解释和应用这些术语。本书的这部分将描述最重要的术语。

（1）每日例会

一个迭代的每一天都以会议开始，Scrum 团队的参与者聚集在一起，回顾前一天的进度并讨论当天的工作，在这里也会提到障碍。

（2）DoD

DoD 指出了产品必须满足哪些验收标准才能将其宣布为完成。DoD 中的验收标准通常需要适用于所有 PBI，而不是特定用户故事。DoD 可以包括必须完成的活动，例如执行代码审查、描述并成功执行单元测试、创建和签出基线以及更新事件目录以进行监控。DoD 主要用于开发流程的质量控制，可以选择在此处包含功能验收测试（Functiona Acceptance Test, FAT），但检查 FAT 是否已执行是流程质量的一个方面。

（3）开发团队

开发团队由不同专业人员组成，包括需求分析师、设计师、开发人员和测试人员。值得一提的是原则上每个团队成员都可以执行任何活动。开发团队通常由 7 人组成（可视情况增减两人），他们自己组织起来。这意味着他们根据自己的需要自行定义 Scrum 流程。迭代的最终结果是一个可以交付给最终用户的可行产品。开发团队通常只执行 Scrum 开发流程。然而，可潜在发布的产品的部署也可以由开发团队完成，不然就要由部署团队负责完成。

（4）史诗

史诗广义地描述了完整且具有附加值的业务功能或产品功能。史诗分解为多个功能。史诗持续约一个季度。

（5）逃逸缺陷

这是软件发布后由用户发现的错误（缺陷）。管理层会将其定义为事故，因为这个错误应该在验收测试中被发现。

（6）功能

功能描述产品的高层部分，它是史诗的细化，用于描述用户希望实现的产品的新功能。

（7）障碍

阻碍生产力的障碍，例如工具不足、管理要求的干扰、知识或技能不足等。

（8）产品待办事项列表

这是一个优先级列表，涵盖了实现项目所需的具体细项，也就是 PBI。

（9）PBI

PBI 可以有多种大小和含义。常见的 PBI 包括了功能、史诗级用户故事、用户故事、错误、杂务。每个 PBI 的优先级是已知的。史诗用户故事是伟大的用户故事。Bug 是需要完成以修复缺陷的工作，而杂务是需要完成但对业务没有直接附加值的工作。

（10）产品负责人

产品负责人是负责开发的产品的所有者，这里的产品可以是信息系统或服务。产品负责人也称为资产所有者，通常他们是被委派的资产所有者，这意味着他们可以代表组织高层的管理人员行事。产品负责人充当客户，由开发团队为其制作产品。为此，他们需要为待完成工作设置优先级。这也称为细化，待执行活动的列表也称为产品待办事项列表。

（11）项目团队

项目团队由 Scrum 团队加上利益相关方组成。

（12）重构

重做、开发或编程某个部分以使其更好并可维护。

（13）细化

史诗级用户故事太大而无法在一个迭代里进行。一旦史诗用户故事位于产品待办事项列表的顶部，它必须分解为较小的部分以便能放置在迭代中。精细化产品待办事项里表的要求使它们在定义上更清晰，也称为梳理。在列表细化期间，同时可以确定 PBI 的工作量和优先级。

（14）敏捷教练

每个团队都由一个敏捷教练监督。敏捷教练确保遵循正确的 Scrum 流程，组织会议并安排设施事宜，包括必要的硬件、软件和安排培训。需要注意的是敏捷教练不是项目经理，这意味着他不负责根据时间、金钱和质量要求交付结果，也不负责人力资源管理，例如招聘和选拔、任职、评估和奖励以及裁员。敏捷教练负责的是确保团队能够专注于已商定的迭代目标，例如确保团队不必花费时间进行第三方部署，又或者在人手不足或有额外要求的情况下能提供帮助。敏捷教练还会负责所有 Scrum 团队需要的供应商的签约事宜，例如必要的工具。

（15）Scrum 团队

Scrum 团队由产品负责人、敏捷教练和开发团队组成。

（16）迭代

在迭代中，实现迭代待办事项列表中的任务。在 Scrum 中，使用了时间盒管理原则，迭代通常在 1—4 周内完成。

（17）迭代待办事项列表

类似于产品待办事项列表，迭代待办事项列表是指在某个迭代周期内需要完成的具体任务列表。它为团队提供了清晰的工作指引，确保团队成员朝着共同的目标高效协作。

（18）迭代待办事项列表计划会议

迭代计划会是启动一个新迭代的关键环节。在此次会议中，产品负责人、敏捷教练和开发团队共同参与，确定即将到来的迭代周期中要完成的 PBI。

（19）迭代燃尽图

迭代燃尽图是敏捷开发团队用来跟踪迭代进度的一种可视化工具。它以图表形式呈现了团队每天的工作进展，帮助实时监控冲刺目标的实现情况。图表中，横轴表示时间，通常以天为单位；纵轴表示团队已完成的工作量，可以使用多种单位，其中故事点（story point）是最常用的单位之一，它反映了迭代中已完成和剩余的故事点的数量，直观地展示了进度的变化。

（20）故事点

故事点是 Scrum 团队用来估算完成一个用户故事所需工作量的相对单位，这里需要评估的工作量是充分考虑复杂性和不确定性的。需要注意，故事点与实际耗时无关，而是与团队选定的基准故事进行比较。不同的团队可能对同一个故事分配不同的故事点，但实际赋予的权重是一样的。这与功能点分析方法中的功能点不同，功能点与实际耗时之间存在直接关系。此外，故事点还可以由产品负责人根据开发难度和业务价值进行权重调整，适用于主题、史诗、特性和故事等规划对象。

（21）主题

主题是为期一年的规划对象，可以细化为史诗。

（22）用户故事

用户故事是对功能进一步细化。

（23）用户故事格式

用户故事格式采用固定的格式，例如：“作为 < 角色 >，我希望 < 做什么 >，以便 < 达到什么目的 >”。它用日常商务语言描述了用户的需求，并包含“谁”“做什么”和“为什么”3 个要素。

（24）速度

速度是衡量开发团队生产力的绩效指标，表示团队在一个迭代周期内能够完成的工作量。速度可以根据以往迭代中已完成的 PBI 进行计算，它的单位与 PBI 的估算单位相同，可以是故事点、天或小时。速度为团队和环境提供了估算能力和预期结果的依据。

五、敏捷 Scrum 中的持续安全

敏捷开发环境的特点是软件变动率高，这也意味着对控制的需求不断增加。图 2.11.4 中用方框标注了在此环境下发挥最重要作用的安全实践。

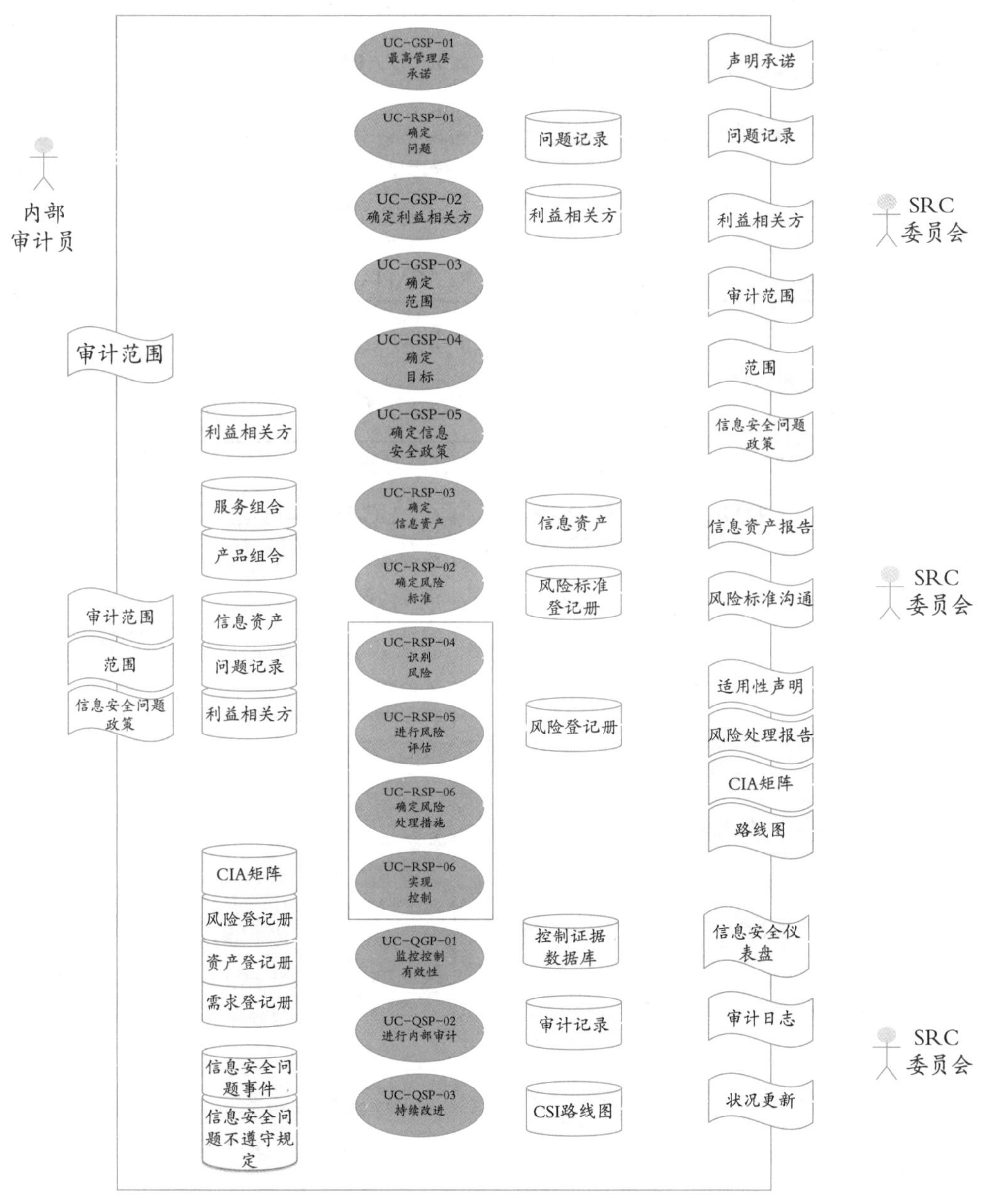

图 2.11.4　持续安全用例图

通过将这 7 项安全实践映射到敏捷 Scrum 的价值流中，可以建立 ISVS 和 DVS 之间的联系，其他 ISVS 安全实践主要起到辅助作用，无需集成到 DVS 中。这些安全实践很容易融入敏捷式 Scrum 的事件和工件，详见表 2.11.3 。

表 2.11.3　敏捷 Scrum 中的持续安全

工件	缩写	意义
产品待办事项列表	PBL（Produce Backlog ）	PBL 是待实现的产品或服务的有序项目清单。PBL 项目（PBI）可以涉及功能需求和非功能需求，包括来自利益相关方的信息安全要求
迭代待办事项列表	SBL（Sprint Backlog）	SBL 是在某个迭代阶段要实现的 PBI 的子集，例如这涉及定义控制措施和实现用于获取证据的 REST API
定义就绪	DoR（Definition of Ready）	DoR 是在迭代开始前必须满足的一组要求，例如检查要实现的对象是否已列入资产登记册，以及是否需要实施控制措施
完成定义	DoD	DoD 是指要实现的产品增量必须满足的一组要求。例如，基于已定义的控制措施和已实现的 REST API，成功测试证据的可提取性

表 2.11.4 显示了持续安全与敏捷 Scrum 工件的对应关系。

表 2.11.4　持续安全与敏捷 Scrum 工件的对应关系

制品	识别风险 UC-RSP-04	风险评估 UC-RSP-05	风险处理 UC-RSP-06	实现控制 UC-RSP-07
PBL	在创建 PBL 时，必须识别 PBL 中的每个项目的风险	将识别的风险通过 CIA 评级进行分类	确定每个风险的控制措施（MASR）。 选择或定义最适合产品负责人目标水平和风险偏好的控制措施，然后把控制措施加入 PBL	确保控制措施的细化工作不超过一个迭代的 50%
SBL	补充 PBL 项目后，需对新增的 PBL 项目进行风险识别，并将其纳入 SBL 中。 随着时间的推移，还可对已识别的控制措施进行完整性和准确性的检查	对新增确定的风险进行 CIA 评级分类	确定每个额外风险的处理方案（MASR）。 选择或定义最适合产品负责人的目标水平和风险偏好的控制措施，然后把控制措施加入 SBL	控制措施是以迭代方式进行的
DoR	DoR 包含用于识别新风险的核对清单	DoR 确保所有的 SBL 项目启动前都要完成 CIA 评级。在此基础上，可以建立额外的必要控制措施	DoR 规定必须为所有重大风险确定处理方案（MASR）	DoR 规定只有在完成对 SBL 项目的识别、评估和处理后，才能开始实施控制措施
DoD	DoD 包含用于确定用于确定风险识别是否完整的核对清单	DoD 要求在风险评估过程中必须应用 CIA 评级	DoD 规定必须建立并使用 MASR	DoD 要求必须对控制措施进行测试，以确保其对风险控制的有效性和效率

表 2.11.5 显示了持续安全在敏捷 Scrum 事件上的对应关系。

表 2.11.5　持续安全与敏捷 Scrum 事件上的对应关系

制品	识别风险	风险评估	风险处理	实现控制
	UC-RSP-04	UC-RSP-05	UC-RSP-06	UC-RSP-07
迭代规划	见 SPL	见 SPL	见 SPL	见 SPL
迭代进行	在特殊情况下，迭代执行过程可能会发现新的风险	对新识别的风险进行 CIA 评级分类	确定每个额外风险的处理方案（MASR）。选择或定义最适合产品负责人的目标水平和风险偏好的控制措施，然后把控制措施加入 SBL	这些控制措施是在迭代阶段建立的
日常工作	迭代中的新风险可以作为障碍在每日 Scrum 会议中报告	—	—	—
迭代评审	—	—	—	在迭代评审中展示已实现的控制并寻求反馈
迭代回顾	评估风险识别，并寻求改进	评估风险评估，并寻求改进	评估风险应对，并寻求改进	评估风险实现，并寻求改进

六、差异

敏捷 Scrum 和持续安全是相互延伸的概念。两者都致力于缩短交付时间并减少浪费。与经典的 ISO 27001 相比，这些概念的结合具有以下优势。

（1）频率

短期迭代使得控制措施的实施速度更快。

（2）集成

ISVS 的要求成为产品待办事项列表的一部分，直接被纳入迭代周期。 例如，可以优先考虑信息安全，开发团队可以学习如何编写安全软件，在需求文档和设计文档中，安全控制的质量可以得到保证。

（3）及时性

短期迭代可以充分应对信息安全事件，将潜在损失降到最低。

第 12 节　持续安全与 DevOps 对比

提要

- DevOps 是开发与运维协作概念。
- DevOps 与持续安全的集成可从“持续万物”概念进行，因为在该概念中 DevOps

的各个方面都是在“持续”的基础上进行的。

阅读指南

本节描述了 DevOps 的定位、概念以及与持续安全的集成。

一、DevOps 定位

DevOps 赋予 DVS（开发）和 SVS（运营）实质意义，见图 2.12.1。

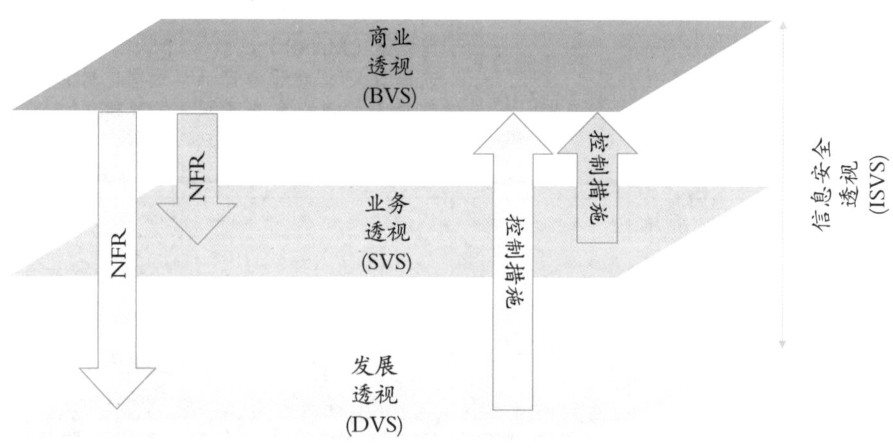

图 2.12.1　DevOps 定位

基于 ISVS 确定利益相关方并评估它们对信息安全领域的需求。这些需求会被映射到 CIA 安全矩阵上，以确定是否需要新增控制措施或者修改现有措施。

最终，所需的控制措施调整将传递给 SVS 和 DVS，以便它们可以作为 NFR 被纳入产品待办事项列表。

二、DevOps 概念

1. DevOps 起源

近年来，许多组织已经体验到使用如敏捷 Scrum 和看板等敏捷方法的好处——工件交付速度加快，质量提高，同时成本也降低了。但也存在一个明显的缺点，即敏捷开发与传统服务管理在信息管理、应用管理、基础设施管理和信息安全等领域存在冲突。这主要是因为服务组织无法满足敏捷开发人员的灵活性需求。但更重要的原因是，开发团队与服务管理和信息安全团队之间的差距日益扩大。敏捷文化所倡导的快速、沟通和协作与传统的以控制为主的服务管理组织并不匹配。因此，开发团队可以快速交付软件，但无法快速将软件投入生产。这个问题要求一种根本性的协作方式变革。

2. DevOps 简介

这个问题的解决方案在于采用DevOps方法。DevOps打破传统开发（Dev）与运维（Ops）的壁垒，将这两个原本分隔的领域融合成一个团队，使知识和技能得以共享，并保持一致的工作方法。这会对服务管理流程和信息安全流程的设置方式产生深远影响，需要进行相应调整和优化。DevOps 的优势是在能够保持高度控制的前提下缩短产品上市时间。

3. DevOps 可视化

DevOps 8 字环概述了持续生产和管理软件的各个阶段。在图 2.12.2 中，我们将图 2.5.1 所示的持续安全金字塔模型的各个层级映射到了 DevOps 8 字环上。

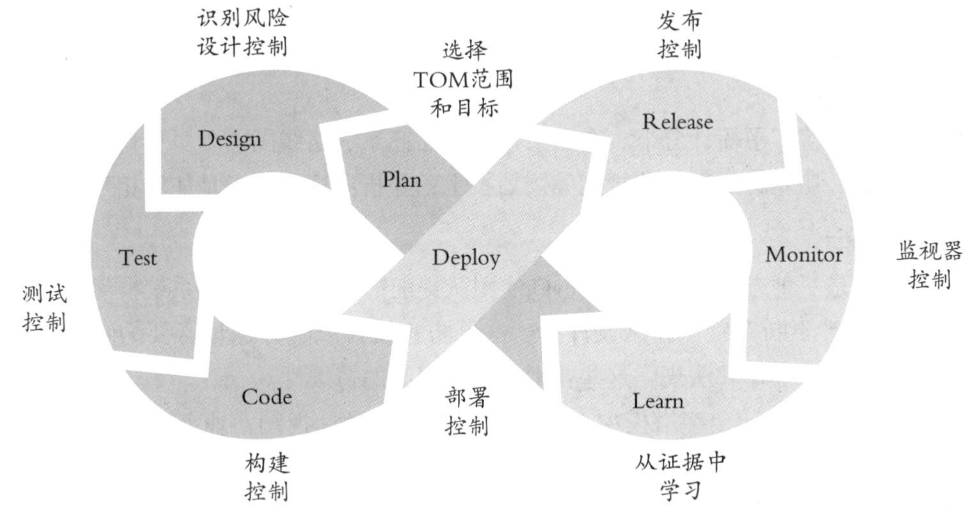

图 2.12.2　DevOps 8 字环中的持续安全

持续万物的概念将 DevOps 8 字环的所有阶段描述为持续进行的活动。表 2.12.1 显示了 DevOps 8 字环的步骤与持续万物的各个方面之间的关系。

表 2.12.1　持续万物各方面

开发活动		运营活动	
1	持续规划（Plan）	6	持续发布（Release）
2	持续设计（Design）	7	持续监控（Monitor）
3	持续测试（Test）	8	持续学习（Learn）
4	持续集成（Code）	9	持续安全
5	持续部署（Deploy）	10	持续评估

持续审计（9）和持续评估（10）尽管与其他持续领域的术语，如持续机器人和持续增长一样重要，却未被纳入 DevOps 8 字环中。这是为了保持 DevOps 8 字环的简洁清晰。《持续万物》（2022 年版）一书对 DevOps 8 字环的各个阶段进行了详细解释。

“持续”一词描述了 DevOps 团队工作的一系列特征。首先，相较于传统系统开发，其行动频率更高。这不仅体现在构建速度上，还体现在部署速度上，部署频率可能从几分钟到几小时或几天不等。此外，“持续”还指代一种整体的工作视角。例如，监控不局限于生产环境，而是涵盖所有环境。不仅要监控产品和服务，还要监控价值流，甚至关注人员的知识和技能，这与 ITIL 4 中的人员、流程、合作伙伴和技术观相一致。最后，“持续”还意味着 DevOps 8 字环的所有阶段都相互关联。

例如，持续测试在“计划”“设计”“编码”“部署”和“监控”等步骤中均有使用。后续内容简要定义了“持续万物”中的各个阶段。

4. 持续规划

持续规划旨在通过对信息提供进行的更改实现业务流程成果的改进，从而实现业务目标。这种方法适用于多个层面，针对每个层面都提供敏捷规划技术，用于细化更高层面的规划。如此，便能在战略、战术和操作层面以敏捷的方式进行规划，尽可能减少开销并创造最大价值。

持续规划涵盖了平衡计分卡、企业架构、产品愿景、路线图、单页史诗故事、产品待办事项列表、版本计划和迭代规划等规划技术，并指出这些技术是如何相互联系的。

5. 持续设计

持续设计是一种方法，旨在让 DevOps 团队提前简要地思考信息系统框架，并在敏捷项目中让设计不断完善（新兴设计）。这可防止接口风险并保证必要的知识转移，以支持管理层遵守法律和法规。这些要素保证了组织的持续性。

持续设计包括设计金字塔模型，其中定义了以下设计视图：业务、解决方案、设计、需求、测试和代码视图。持续设计涵盖了信息系统的整个生命周期。前 3 个视图是在价值流图和用例等现代设计技术的基础上完成的。然而，有效应用持续设计的重点在于将设计融入行为驱动开发（Business Driven Development, BDD）和测试驱动开发（Test Driven Development, TDD）以及持续文档编制中。

6. 持续测试

持续测试是一种旨在于软件开发过程中提供快速反馈的方法，该方法是在开始构建解决方案之前将“做什么”和“怎么做”定义为测试用例。因此，需求、测试用例和验收标准的概念集成在一种方法中。本书使用定义、业务案例、架构、设计和最佳实践定义了持续测试。

本书讨论的概念包括变更模式、理想的测试金字塔、测试元数据、BDD、TDD、测试策略、测试技术、测试工具以及单元测试用例在持续测试中的作用。

7. 持续集成

持续集成是一种全面的精益软件开发方法，旨在以增量和迭代的方式制造并投入生产的持续软件，以减少浪费作为高度优先事项。

由于功能可以提前投入生产，持续集成的增量和迭代方法使得快速反馈成为可能。这样做可以减少浪费，因为产品修正的速度更快，得益于错误发现得更早，而且可以更快解决。本书在定义、业务用例、架构、设计和最佳实践的基础上讨论持续集成。

这里讨论的概念包括变更模式、持续集成的应用、储存库的使用、代码质量、绿色代码、成功构建、重构、基于安全的开发和内置故障模式。

8. 持续部署

持续部署是一种全面的精益生产方法，旨在以增量和迭代方式部署和发布持续软件，其中上市时间和高质量至关重要。持续部署可实现快速反馈，因为在生产 CI/CD 安全流水线的较早阶段就可以检测错误，从而实现快速修复，降低成本，减少浪费。持续部署基于定义、业务用例、架构、设计和最佳实践进行讨论。

这里讨论的概念包括变更模式、持续部署的应用、系统持续部署安排的分步计划以及允许进行循环部署的许多模式。

9. 持续监控

持续监控旨在掌控核心价值流（业务流程）并支持其背后的辅助价值流。与传统监控不同，持续监控更聚焦于产出改进，并以整体视角衡量价值流，涵盖 PPPT 4 个维度：人员（People）、流程（Process）、合作伙伴（Partners）和技术（Technology）的整个 CI/CD 安全流水线。这使得识别和消除或缓解价值流中的瓶颈成为可能。

持续监控将通过持续监控层模型中定义的监控功能进行讨论。该模型对市场上可用的监控工具进行分类。本书对每种监控原型都定义了其定义、目标、测量属性、要求、示例和最佳实践。此外，本书还将根据变更管理者模式以及架构原则和模型，指导如何开展基于持续监控的设置。

10. 持续学习

持续学习旨在掌控实现组织战略所需的各项能力。持续学习为人力资源管理提供了一种逐层探索组织需求和能力并将其转化为能力轮廓的方法。能力轮廓在此定义为产生特定结果的特定 Bloom 层次的知识、技能和行为组合。能力轮廓随后合并为角色，进而形成职能，最终构建出敏捷型人才结构。

本书将基于持续学习模型来讨论持续学习，该模型可以将价值链战略逐步转化为员工的个人发展路线图。这部分内容还将结合变更管理模式以及架构原则和模型，介绍如何在组织中组织持续学习。

11. 持续评估

持续评估是一种旨在使 DevOps 团队在业务、开发、运营和安全领域不断发展知识和技能的方法。持续评估为 DevOps 团队提供了一个工具，使他们了解他们在发展方面的现状，并指导他们下一步的发展方向。

本书将基于持续评估的商业案例、两种评估模型的架构和评估问卷来讨论持续评估。DevOps 立方体模型基于这样的理念而构建，即可以从一个立方体的 6 个不同角度来查看 DevOps，即“流程”“反馈”和“持续学习”“治理”“流水线”和“质量保证”。DevOps 持续万物模型基于持续万物的视角：“持续规划”“持续设计”“持续测试”“持续 集成”“持续部署”“持续监控”“持续文档化”“持续学习”。

12. 持续审计

持续审计旨在使 DevOps 团队能够以短期周期的方式证明他们能够以快速步伐实现、投产和管理新产品或改进产品。这样一来，在需求和设计阶段就考虑哪些风险需要减轻或消除，可以有效预防合规风险。

该部分内容将解释持续审计金字塔模型，该模型描述了赋予持续审计实际意义的 6 个步骤，即确定范围、确定目标、识别风险、实现控制、设置监控设施和证明控制的有效性。因此，持续审计概念涵盖了风险管理的整个生命周期，使得风险始终处于受控状态。

三、持续安全在 DevOps 中的应用

流程、反馈和持续学习是 DevOps 理念的核心要素。这些要素将有助于缩短产品上市时间，并消除技术负债（因快速开发而累积的难以维护的代码）。这要求高度掌控整个过程。图 2.12.3 中的矩形框涵盖了此处发挥最重要作用的安全实践。

通过将这 4 个安全实践描绘在 DevOps 8 字环上，可以建立 ISVS 和 DevOps 之间的紧密联系。其他 ISVS 安全实践虽然也起到支持作用，但不需要集成到 DevOps 中。

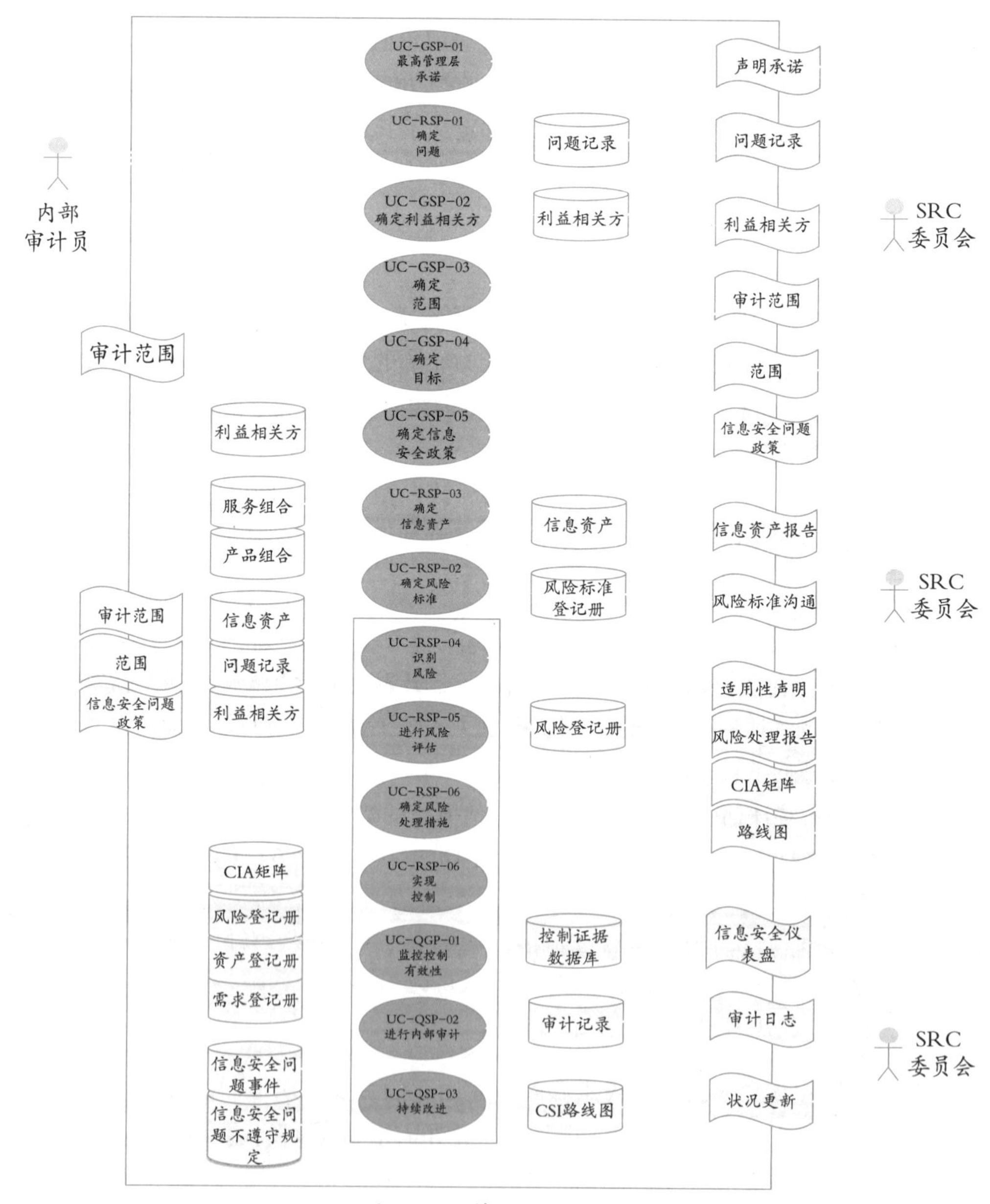

图 2.12.3　持续安全用例图

表 2.12.2 表明了这些安全实践很容易集成到 DevOps8 字环中。

表 2.12.2　DevOps 中的持续安全

DevOps 领域	缩写	与持续安全的关系
持续规划	CP	持续规划的一部分是识别风险（UC-RSP-04）和编写处理计划（UC-RSP-06）。 同时还必须规划用于确定控制措施有效性的监控设施的建设和维护（UC-QSP-01）
持续设计	CN	必须设计用于控制控制措施的监控设施（UC-QSP-01）。 此外，为了实现控制措施，必须对 REST API、规则以及验证规则正确运行的证据进行设计（UC-RSP-07）
持续测试	CT	测试监控设施(UC-QSP-01)以及各个控制装置的运行情况(UC-RSP-07)是一项定期活动，用于确定监控设施和运行控制是否仍然有效
持续集成	CI	监控设施（UC-QSP-01）和控制措施的实现（UC-RSP-07）是在持续集成中进行的
持续部署	CD	控制措施必须在所有环境中生效。监控设施必须成为 CI/CD 安全流水线的一部分（UC-QSP-01）。这应该无需人工操作即可引入新的、修改的或移除的控制措施
持续监控	CM	必须对控制进行监控，以便能够持续地收集证据（UC-QSP-01）。控制措施的监控设施可以使用现有的监控设施，如端到端测量、服务测量、组件测量等
持续学习	CL	DevOps 中的持续学习和改进还包括信息安全方面的内容（UC-QSP-03）
持续审计	CA	ISVS（UC-QSP-02）的内部和外部审计属于持续审计
持续评估	CS	ISVS（UC-QSP-02）的内部和外部审计属于持续审计

四、持续安全与 DevOps 中的区别

DevOps 和持续安全是遵循同一模式的概念，相较于传统的 ISO 27001 年度审计方法，将两者结合具有以下优势。

（1）频率

高频次验证控制措施的有效性，可持续提供风险受控的证据流。这得益于 DevOps 流程中控制措施的高度自动化程度。

（2）集成

DevOps 与持续安全将 ISVS 的要求直接纳入产品待办事项列表，并将其无缝嵌入 CI/CD 安全流水线的自动化控制中。例如，当提交代码时，系统可以自动检测源代码是否存在恶意软件。这种将控制措施的生命周期管理、控制措施有效性监控功能与 DevOps 集成的方式，使得 CI/CD 安全流水线真正成为“安全”的实践。

（3）及时性

CI/CD 安全流水线的高速运行，使信息安全事件发生时能够快速调整控制措施，从而限制潜在损害。

（4）可审计性

CI/CD 安全流水线中的审计日志可自动记录变更，实现完整的可追踪性。如果与 Jira 和 GIT 等工具结合使用，整个流程的授权和上线也都清晰可查。GIT 的版本控制功能还会记录着每一次控制措施的部署版本和时间，让安全管理透明可视。

（5）监控

持续监控的整体监控机制让信息安全目标的衡量变得轻而易举，从而实现运营控制的大幅自动化。

第三章
持续 SLA

第1节　持续SLA简介

阅读指南

本节介绍“持续SLA”这一章的目的、背景和结构。

一、目标

本章的目标是讲述持续SLA的基本知识以及应用持续万物这一领域的技巧和窍门。

二、背景

本章包含了持续实施敏捷项目服务协议的各种技术。持续SLA是DevOps 8字环的组成之一，如图3.1.1所示。

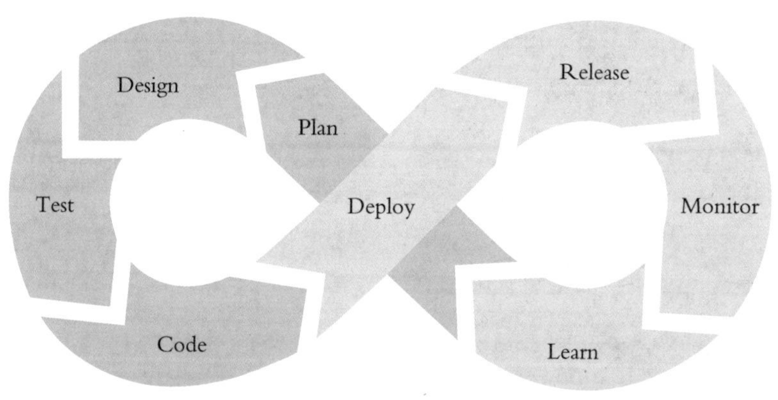

图3.1.1　DevOps 8字环

DevOps 8字环提供了持续生产软件需要遵循的步骤，因此是定义“持续SLA”这一概念的良好基础。

“持续万物”概念以待执行的持续活动形式描述了DevOps 8字环的所有阶段。表3.1.1显示了DevOps 8字环和持续万物在各个方面的对应关系。

表3.1.1　持续万物的各方面

开发活动		运营活动	
1	持续规划（Plan）	5	持续部署（Deploy）
2	持续设计（Design）	6	持续发布（Release）
3	持续测试（Test）	7	持续监控（Monitor）
4	持续集成（Code）	8	持续学习（Learn）

为了保持 DevOps 8 字环的简洁，持续审计、持续评估和持续 SLA 等概念在 DevOps 8 字环中没有体现，其他诸如“持续文档化”等方面的持续性概念也因其结构简洁而被省略。

“持续”一词指的是就敏捷项目中 SLA 的各个方面协商达成一致和进行监控。

在敏捷项目中，协议并非一成不变，而是需要持续评估和优化，以确保实现预期产品和服务质量。同时，SLA 也应与核心价值流的目标保持动态同步。最后，持续 SLA 的范围也需予以考量，它应涵盖赋予业务流程实质的核心价值流，确保其目标与协议紧密契合。

三、结构

本章描述了如何从组织的战略出发，自上而下地塑造持续 SLA。在讨论这个方法之前，首先来讨论持续 SLA 的基本概念和基本术语、定义、基石和架构。在接下来的章节中会讨论后续步骤。

1. 基本概念和基本术语

本书的这部分阐述了持续 SLA 涉及的基本概念和基本术语。

2. 持续 SLA 定义

有一个关于持续 SLA 的共同定义是很重要的。因此，本书的这部分界定了这个概念，并讨论了敏捷项目中质量控制失败的问题及其成因。

3. 持续 SLA 基石

本书的这部分讨论了如何通过变更模式来定位持续 SLA，在此我们将得到以下问题的答案：

- 持续 SLA 的愿景是什么（愿景）？
- 职责和权限是什么（权力）？
- 如何应用持续 SLA（组织）？
- 需要哪些人员和资源（资源）？

4. 持续 SLA 架构

本书的这部分介绍了持续 SLA 的架构原则和模型。架构模型包括持价值路线图模型、持续 SLA 模型和价值流映射模型。

5. 持续 SLA 设计

持续 SLA 的设计定义了持续 SLA 价值流和用例图。

6. 持续 SLA 模型

持续 SLA 模型基于价值路线图为持续 SLA 提供了实质内容，并给出了持续 SLA 的最佳实践。

7. 持续 SLA 评估

本部分将基于持续 SLA 的评估来衡量持续 SLA 的成熟度。

四、阅读指南

（1）敏捷项目

本节所述的方法完全适用于 DevOps 项目以及其他如敏捷 Scrum 项目的敏捷方法。此处需要特别说明，本节中使用的“敏捷项目”一词，既指 DevOps 项目，也指其他形式的敏捷工作方式。

（2）价值流

本节将讨论业务流程中的核心价值流。本书中提到的启用价值流是服务管理流程和信息安全流程。

第 2 节　基本概念和基本术语

提要

应用持续 SLA 需要知识、技能、时间，因此需要成本投入。成本投入必须得到回报。持续 SLA 的商业价值在于通过有效和高效地准备核心价值流来实现战略，以防止局部优化和战略实现的延迟。

在设定 SLA 规范方面，持续 SLA 与持续规划（见《持续规划》（2022 年版））和持续设计（见《持续设计》（2022 年版））密切相关。此外，持续 SLA 还应嵌入所有 DevOps 涉及的领域。

阅读指南

本节在讨论持续 SLA 的概念之前，首先定义基本概念和基本术语。

一、基本概念

本部分介绍了一系列与持续 SLA 有关的基本概念，包括价值路线图、持续 SLA、SLA 控制模型以及 BVS、DVS 和 SVS/ISVS 的集成等，并指出了持续 SLA 可以应用的场景以及何时经典 SLA 就足够的情况。这些概念通过一系列将在下一部分定义的术语进行描述。

1. 价值路线图模型

图 3.2.1 展示了简化的价值路线图模型。该模型旨在通过 4 个步骤，在组织战略与以待实现的产品和服务形式支持的核心价值流之间建立联系。这些步骤在敏捷实现阶段之前，例如敏捷 Scrum 冲刺阶段。

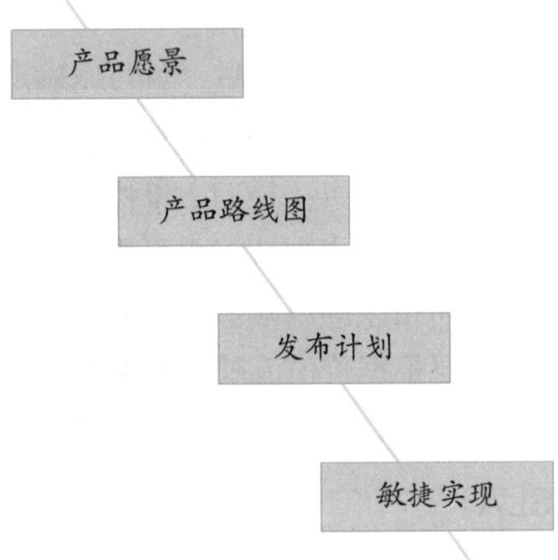

图 3.2.1　价值路线图模型

首先是规划产品愿景，它涵盖了即将实现的产品和服务的商业案例，在这一步同时确定了主题。然后，在产品路线图中，主题被细化为史诗并分配给相应的负责人。例如，对于市场营销人员来说，他们可以基于产品功能时间线概览来进行市场营销活动的安排。接着使用发布规划描述下一个版本要交付的功能。最后在敏捷 Scrum 中正常进行迭代，以交付功能。

2. 持续 SLA 模型

图 3.2.2 展示了持续 SLA 模型的简化版本。SLA 设计的起点是平衡计分卡中定义的战略，该计分卡也定义了如何改进服务成果。

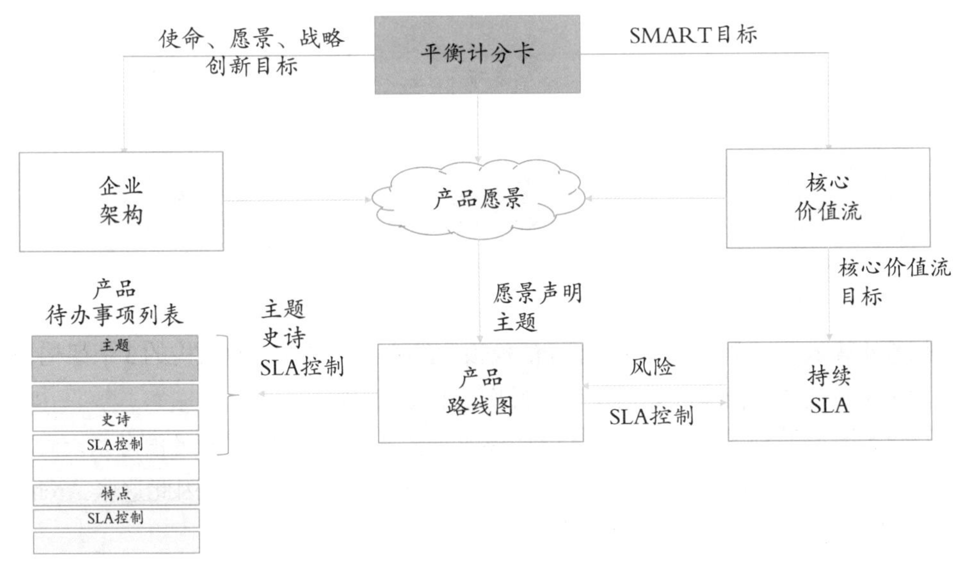

图 3.2.2　持续 SLA 模型

随后，企业架构师会分析当前情况（现状），以及为了实现基于未来情况（未来状态）和迁移路径的战略要如何进行变革。这为产品愿景奠定了基础，并决定了创建新解

决方案的业务案例。

在与价值流所有者和相关价值流经理协商后，就可以确定产品愿景并将其转化为产品路线图。产品路线图是对主题的进一步细化，包括需要实现的史诗。史诗是代表季度工作量的大小的MVP。史诗被放置在一年（横向）和利益相关方（纵向）的季度矩阵中。这里重要的是以单页史诗故事的形式定义史诗。单页史诗故事解决了服务水平经理传达给产品所有者的核心价值流目标所衍生的风险。

在确定路线图的过程中，还要根据价值流映射和架构构建块来确定产品和相关服务带来的风险，并将这些风险被转化为SLA控制的控制措施，放在产品待办事项列表中。

3. 敏捷项目中的持续 SLA

图 3.2.3 概述了 SLA 控制在敏捷项目中的作用。在敏捷 Scrum 项目的所有计划会议中，都会有一个环节用来确认核心价值流以及客户认可的产品和服务的质量是否存在风险。这些风险经过分析后会转化为控制措施。可衡量的控制措施是 SLA 控制，它会作为待完成的工作被放在产品待办事项列表中。风险也可能在 SVS 或 ISVS 中被识别，然后通过 SLA 控制进行管理。

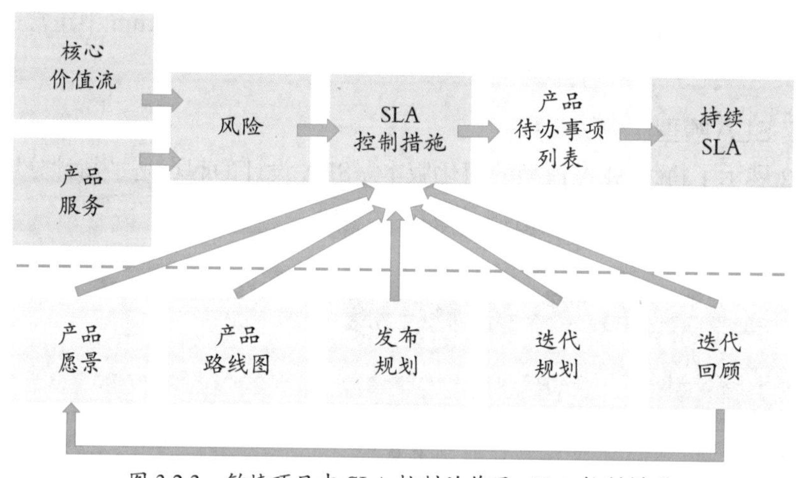

图 3.2.3　敏捷项目中 SLA 控制的作用 –SLA 控制模型

4. Archimate 中的持续 SLA

图 3.2.4 展示了一个 Archimate 图表的模板，它展示了构成企业架构的 3 个架构视图。这里的 SLA 通过了价值流经理的认可，此图表代表 BVS。

图 3.2.5 展示了 SVS 的 Archimate 设计视图，与递归模型相似（见《信息系统管理》，2011 年版），图中流程取自 BiSL、ASL 和 ITIL 等服务管理模型。因此这张 Archimate 图也可以看作是服务管理架构的架构视图。

企业架构　　　　BVS

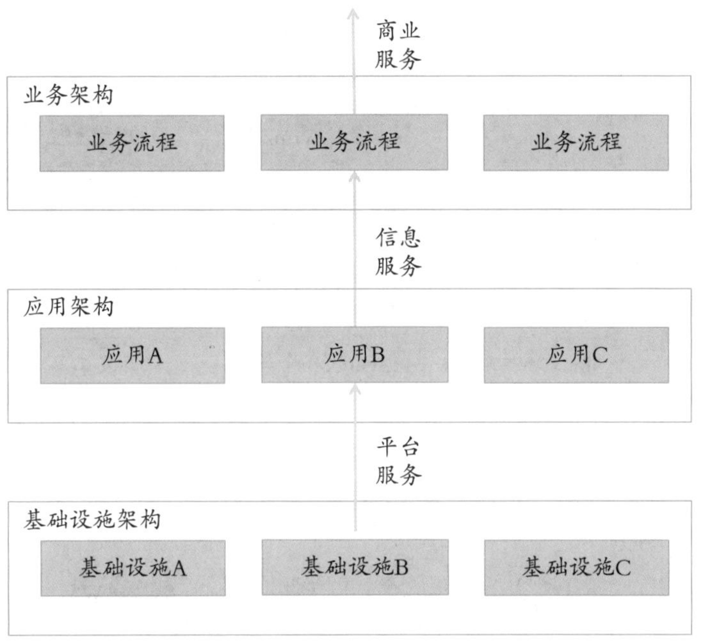

图 3.2.4　BVS 的 Archimate 设计

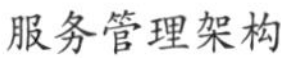

SVS

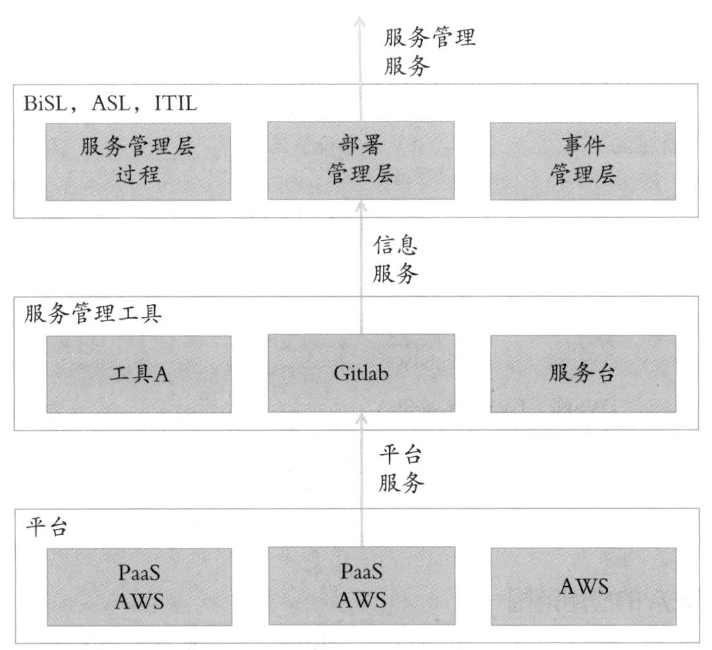

图 3.2.5　SVS 的 Archimate 设计

图 3.2.6 展示了 DVS 的 Archimate 架构图，图中描绘的流程均为开发流程。这张 Archimate 架构图直观地呈现了开发架构的整体结构。

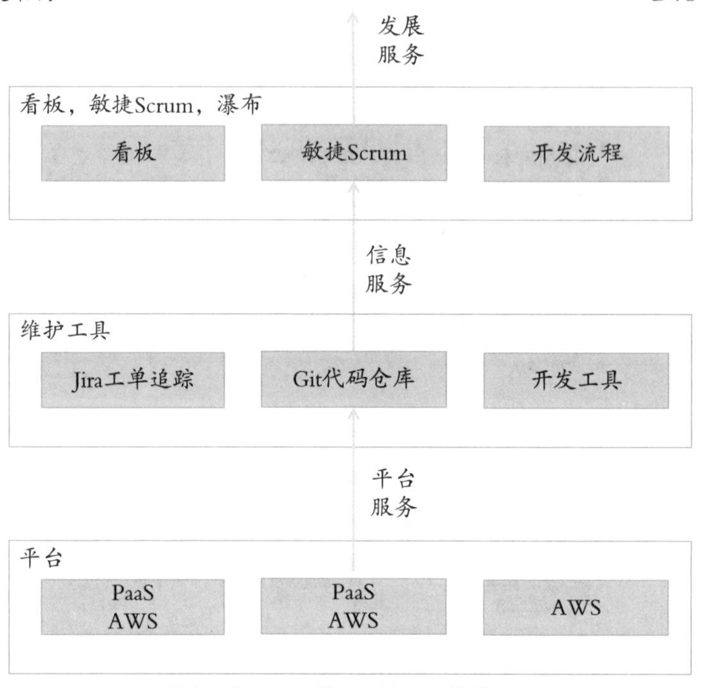

图 3.2.6　DVS 的 Archimate 设计

图 3.2.7 概述了 DVS、BVS 和 SVS 之间的关系。与 SVS 类似，还可以添加 ISVS。BVS、SVS 和 ISVS 中的风险必须作为 SLA 控制纳入 DVS 的规划对象，以便对其进行实现和监控。因此，SLA 控制也是达成 SLA 协议的基础。

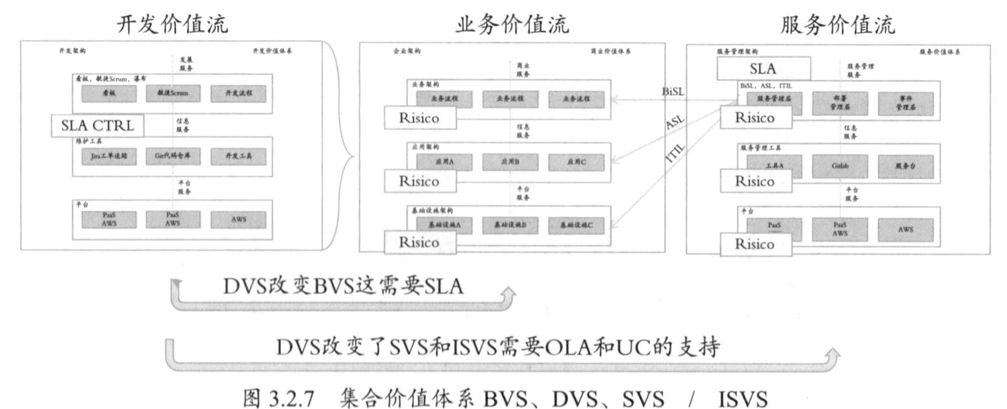

图 3.2.7　集合价值体系 BVS、DVS、SVS　/　ISVS

5. 持续 SLA 的应用范围

图 3.2.8 概述了持续 SLA 的应用范围。纵轴“核心业务”和横轴“创新率”指示了 SLA 的 4 个应用领域。

图 3.2.8　持续 SLA 的应用范围

（1）第一象限

核心业务依赖于 IT 服务的组织通常更倾向于自行开发这些 IT 服务。这也是 DevOps 倡导的方式。在这种情况下，应用持续 SLA 至关重要。SLA 控制的应用频率至少应该达到每次迭代就应用一次。

（2）第二象限

如果 IT 服务不是用于核心价值流，通常会选择购买外包服务。这尤其适用于高创新性场景。在这种情况下，可以使用经典 SLA（见《SLA 最佳实践》，2011 年版）。由于创新程度高，调整 SLA 的频率可以从一年一次提高到每季度一次。

（3）第三象限

如果 IT 服务提供频率较低，并且不用于核心价值流，则可以应用经典 SLA，一年进行一次审查。

（4）第四象限

创新频率较低但核心业务依赖性较高的 IT 服务，比起使用经典 SLA 更适合采用持续 SLA。这是因为业务依赖于 IT 服务，IT 部门也因此承担了战略性承诺。SLA 控制应用频率可以仅限于路线图层面，无需每次迭代都进行应用。

二、基本术语

本部分定义了与持续 SLA 有关的基本术语。

1. 平衡计分卡

图 3.2.9 显示的是平衡计分卡。这是卡普兰和诺顿在著作《领先的平衡计分卡》（2004 年版）中定义的战略管理工具。1990 年，他们调查了财务状况良好的公司由于破产而很快从证券交易所消失的现象。

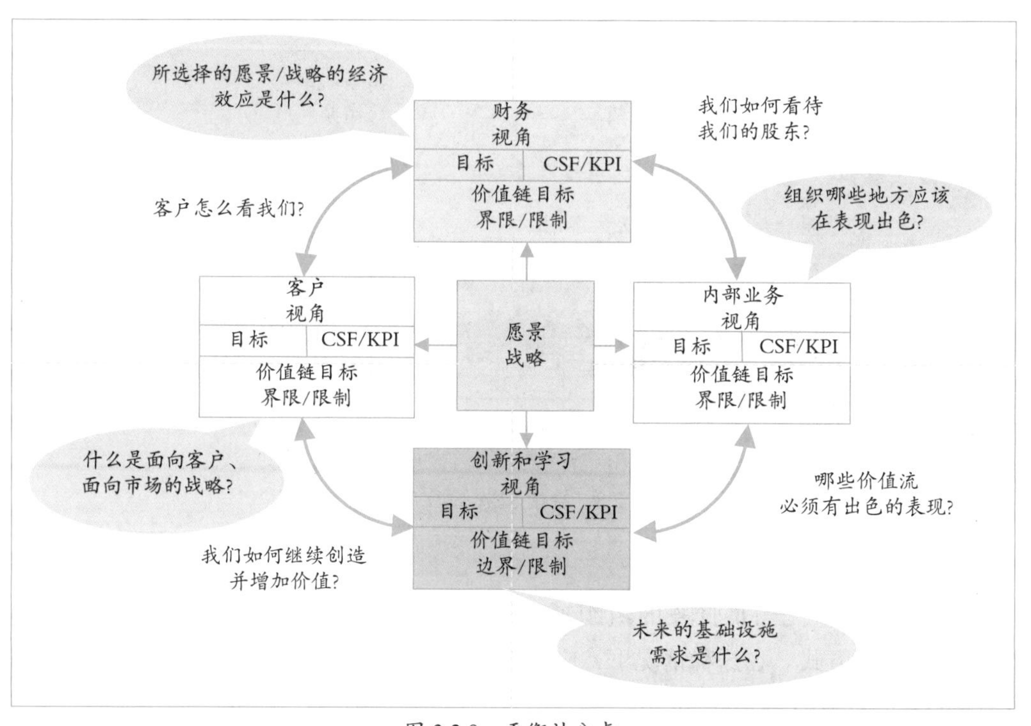

图 3.2.9　平衡计分卡

（来源：《领先的平衡计分卡》，2004 年版）

证券交易所的股票价值不足以确定一个组织的健康，必须有比财务指标更多的指标。他们很快得出的结论是，除了财务指标，在确定组织的价值方面还有 3 个重要因素：生产过程的内部质量、创新能力和客户满意度。他们以计分卡的形式来描述这 4 个因素，即客户视角、财务视角、内部业务视角和创新和学习视角。计分卡内容以组织的愿景和战略为基础。

“平衡”一词表示为计分卡之间的纵向和横向关系。例如，组织的盈利能力由于对创新的投资而下降，客户满意度通过对内部组织的投资来提高。每个计分卡包括长远目标、措施、阶段目标和计划。平衡计分卡本质上是管理业绩指标的分类模型。

2. 企业架构

图 3.2.10 概述了企业架构模型，该模型旨在为组织战略的实现提供基于架构原则和架构模型的战略指导。

事实上，这些是某种类型的需求和设计，但没有选择具体工具，也没有提供细节。例如，指导方向可防止重复解决方案和构建错误在新服务中蔓延，还能指明如何通过迁移路径从当前状态到达未来状态。

为了确保方向的完整性，企业架构被划分为不同的视图，如图 3.2.10 展示了 4 个衍生自 Zachman 企业架构模型视图，所有架构框架都以此模型为基础，通过这些视图可以查看架构的不同视角。

顶层视图聚焦于业务架构，它为用户组织的设计提供方向。信息架构则涉及用户组织运转所需的信息。应用架构为新应用的设计和实现提供方向，最后，基础设施架构为应用所需的底层设施设计提供方向。

Zachman 企业架构模型的一个特点是它所用的疑问代词。通过将这些代词与架构视图垂直放置，可以指示特定视图的内容。

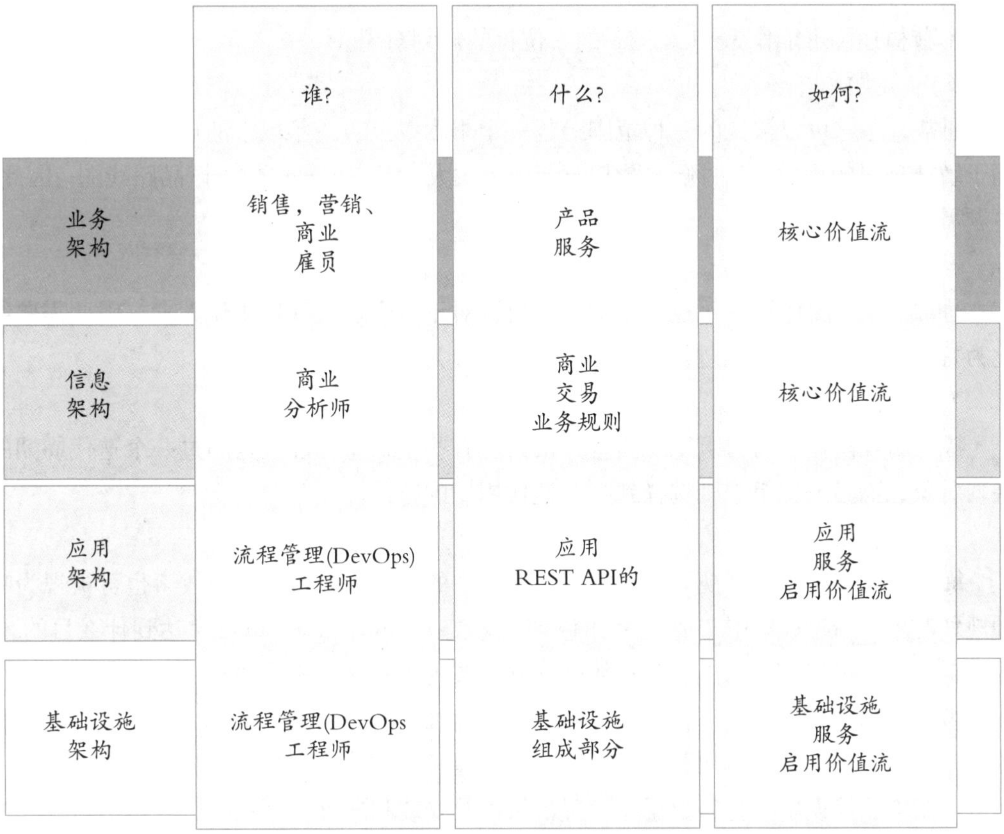

谁?
什么?
如何?
业务
架构
销售，营销、
商业
雇员
产品
服务
核心价值流
信息
架构
商业
分析师
商业
交易
业务规则
核心价值流
应用
架构
流程管理(DevOps)
工程师
应用
REST API的
应用
服务
启用价值流
基础设施
架构
流程管理(DevOps
工程师
基础设施
组成部分
基础设施
服务
启用价值流

图 3.2.10　企业架构

3. 路线图

路线图是按时间顺序进行的规划，以季度为单位，由拥有最终交付成果的利益相关方制定交付计划。图 3.2.11 展示了路线图模板。第一列列出利益相关方名称，待实现的产品包含在四个季度列（Q1、Q2、Q3 和 Q4）中，这些产品以史诗的形式呈现。

利益相关方
Q1史诗
Q2史诗
Q3史诗
Q4史诗
发布计划
R1.0
R2.0
R3.0

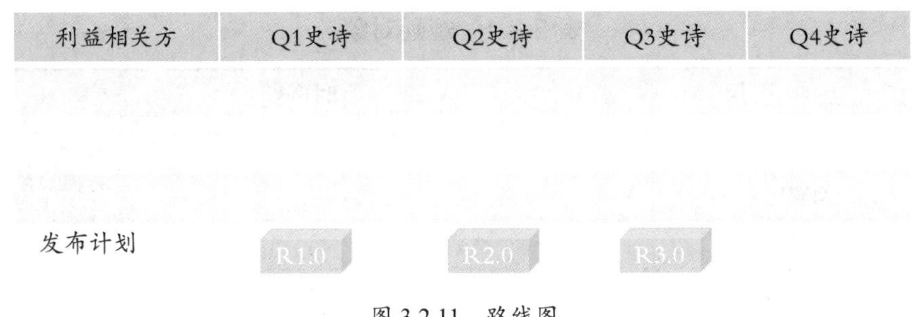

图 3.2.11　路线图

4. 规划对象

敏捷开发框架 Scrum 中最常见的规划对象是特性、用户故事和任务。除此之外，主题和史诗也常被使用。对于不同类型的规划对象的确切大小并没有统一的标准，因此，每个组织都应该定义自己的基准。由于产品待办事项列表中将 SLA 控制作为规划对象，因此本节概述了可能作为 SLA 控制的占位符的规划对象。

（1）主题

通常，主题可以被视为一种范围跨越一个季度以上、一年以下的规划对象，大约相当于敏捷项目的规模。有时候主题甚至会因为太大，无法被直接放入产品路线图。因此，主题需要被细化为史诗。

（2）史诗

通常，一个史诗不会超过一个季度。史诗对于一个迭代周期来说太大，因此需要细化为特性。一些组织会跳过特性直接将史诗拆分为用户故事。

（3）特性

特性的规模在不同的组织之间差异很大。有些组织将特性视为超过一个迭代周期的规划对象，而另一些组织则选择到半个迭代周期的特性。

（4）用户故事

每个人都将用户故事视为可以安排在迭代中的对象。同时，用户故事也可被视为一种规划对象。用户故事用“作为 < 角色 >，我希望 < 做什么 >，以便 < 达到什么目的 >”的固定格式来描述业务功能。用户故事通常也被视为用技术术语描述的技术对象计划。一些组织还会使用操作故事，这些故事定义了运维团队（DevOps 中的 Ops）需要完成的工作。通常，这些操作故事会在迭代期间创建，是迭代计划的一部分。操作故事的示例包括调整监控设施、为新数据库设置备份以及安装和配置应用程序。

（5）任务

许多组织也在迭代中使用任务作为规划对象。任务的最长完成时间为两天，通常建议为一天。这样做是为了防止因状态监控而产生的浪费，因为超过一天的任务会产生更多的监控负担。

表 3.2.1 概述了规划对象与参考对象的对应关系以及本书推荐的时间跨度。MVP 表示只交付对于目前而言最基本的功能集合，不包含额外的功能。

表 3.2.1 规划对象

规划对象	引用	时间范围
主题	项目	最多一年
史诗	MVP	最多一个季度
特性	变更	不仅仅是一个迭代
故事	工作项	最多半个迭代
任务	工作项	最多一天

5. 价值链

1985 年，迈克尔·波特在其著作《竞争优势：创造和维持卓越绩效》（1998 年版）中提出了价值链的概念，见图 3.2.12。波特认为，一个组织通过一系列具有战略意义的活动为客户创造价值，这些活动从左到右看就像一条链条，随着链条的延伸，组织及其利益相关方的价值创造也不断增加。波特认为，一个组织的竞争优势源于它在其价值链活动的一个或多个方面做出的战略选择。

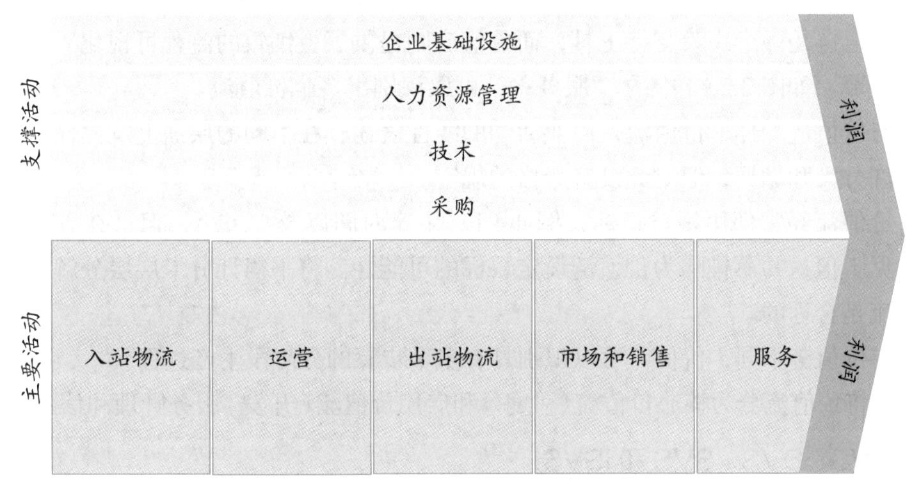

图 3.2.12　波特的价值链

（来源：《竞争优势：创造和维持卓越绩效》，1998 年版）

该价值链与下一小节描述的价值流模型具有几个显著的不同之处。这些差异主要体现在以下方面：

- 价值链被用来支持企业战略决策。因此，它的应用范围是总体的公司层面。
- 价值链展示了生产链中哪些环节创造了价值，哪些环节没有。价值从左到右增加，每个环节都依赖于之前的环节（链条左侧）。
- 价值链是线性的、操作性的，旨在体现价值的累积过程，并不适用于流程建模。

6. 价值流

价值流概念的起源并没有明确的来源。但许多组织已经在不知不觉中应用了这一概念，例如丰田汽车的丰田生产系统。价值流是一种可视化流程的工具，描述了组织内一系列增加价值的活动。图 3.2.13 概述了价值流模板，价值流中的每个步骤都代表一系列活动，这些步骤也被称为用例。

本书中将用例定义为对价值流中参与者活动的描述。价值流可以理解为一种流程，两者间的差别在于应用层面。流程描述了“谁做什么”来建立一个流程，而价值流则是一种分析工具，通过应用精益指标（LT、PT 以及 % C/A）来测量价值流，进而消除其中的浪费。

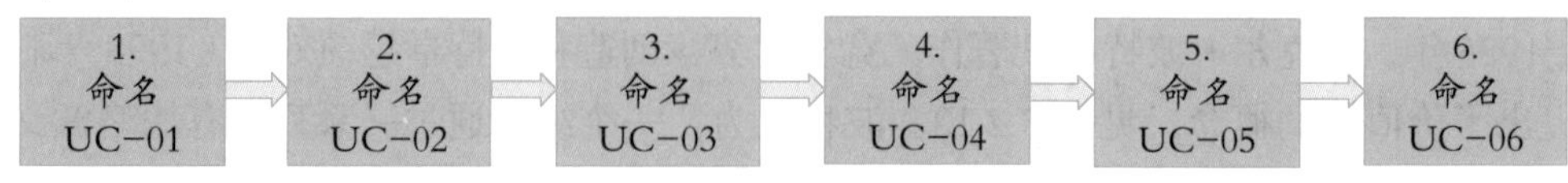

图 3.2.13　价值流模板

尽管价值流在概念上与价值链类似，但也有重要区别。我们可以通过以下方面进行对比：

- 价值链是一个决策支持工具，而价值流则提供了更细致的流程可视化。在价值链的某一环节，如图 3.2.12 中的“服务”，可以识别出多个价值流。
- 与价值链一样，价值流是商业活动的线性表述，在不同的层面上发挥作用。原则上不允许分叉和循环，但对此没有严格的规定。
- 价值流经常使用精益指标，例如 LT、生产时间以及 % C/A，但这在价值链层面并不常见。但这并不排除为价值链设定目标的可能性。将平衡计分卡层层分解到价值链和价值流是合理的。
- 与价值链不同，价值流可以识别具有多个步骤的分阶段生产过程。

本书将价值流分为核心价值流（业务）和启用价值流（开发、服务管理和信息安全）。

7. BVS、DVS、SVS 和 ISVS

在 ITIL 4 中，定义了 SVS，为服务组织提供了实质性内容。SVS 的核心是服务价值链。SVS 可放置在图 3.2.12 中“技术”层的支持活动。这是波特价值链（BVS）的整体递归，意味着价值链的所有部分都以服务价值链的形式复制到 SVS 中，如图 3.2.14 所示。

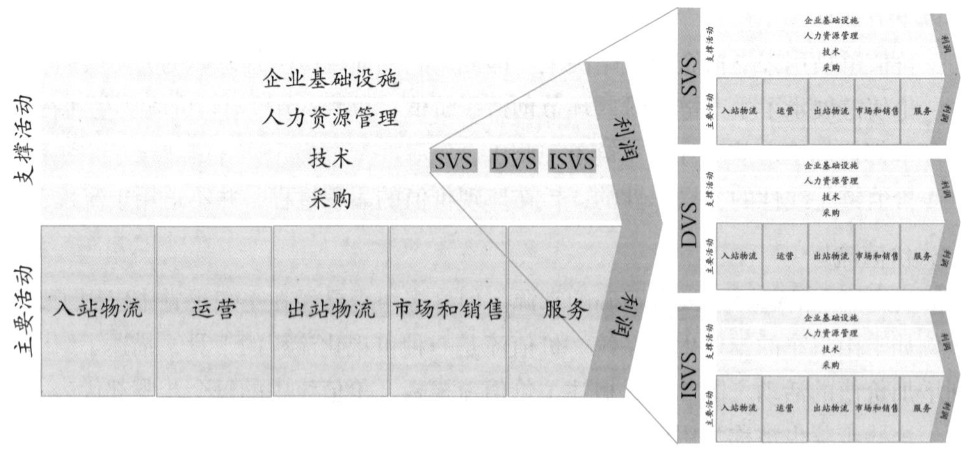

图 3.2.14　波特的递归价值链

（来源：《竞争优势：创造和维持卓越绩效》，1998 年版）

另一种递归可视化如图 3.2.15 所示。

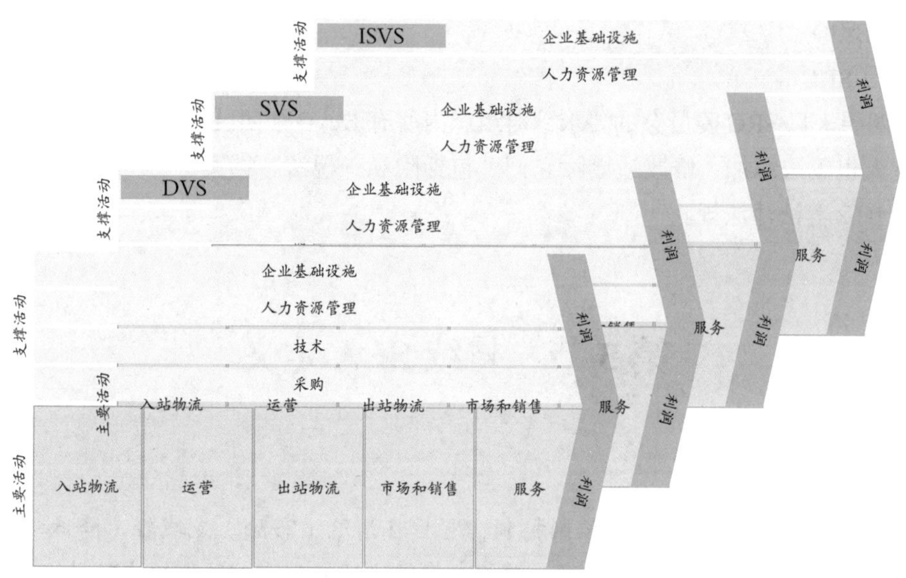

图 3.2.15　另一种波特的递归价值链

（来源：《竞争优势：创造和维持卓越绩效》，1998 年版）

这种递归并不是新概念，因为在《信息系统管理》（ 2011 年版）中已将其视为递归原则。业务流程（R）被递归地描述为管理流程。类似于 SVS，ISVS，即 ISO 27001:2013 中定义的 ISMS，也可以被视为波特价值链的递归。这同样适用于定义系统开发价值流的 DVS。本书对 ISMS 采用了不同的缩写，即 ISVS。

两种可视化的区别是，图 3.2.15 假设价值链具有波特结构，而 ITIL 4 中定义的 SVS 没有波特结构。因此将 Matruskas 定义为如图 3.2.14 所示则更为合适。

作为 ITIL 4 SVS 核心的服务价值链有一个运营模型，用作指示价值流的活动框架。服务价值链模型是静态的，只有当价值流贯穿其中、共同创造和交付价值时，才会产生价值。

8. DoD

本节用一个四层模型来定义 DoD。

（1）工作方式

第一层是 DevOps 团队的工作方式。他们负责管理实践，例如如何使用 GIT 来控制版本。

（2）完成

第二层是产品负责人验收标准，每轮迭代都有独特的产品负责人验收标准，并且每轮迭代结束时，标准会被移除并添加新的标准到下一轮迭代中。

基于验收标准，产品负责人决定交付的产品是否“完成”。

（3）SLA 控制

第三层是一直存在于 DoD 中并持续维护的 SLA 控制。每个迭代可以添加、更改或移除 SLA 控制，并需要确定是否需要回归测试，或者只测试新的 / 修改的 SLA 控制。由产品负责人负责此层。对于还没有管理但可以接受的风险，添加了被动控制层，纳入

未管理的风险。

（4）SRC

第四层来自 SRC 委员会的要求，对组织内所有 DevOps 团队都具有约束力。即使产品负责人也无法添加、修改或删除它们。包括隐私、税法、档案法、ISO 27001、ISAE 3402 Type 2 等法律法规。

第 3 节　持续 SLA 定义

提要

• 持续 SLA 应被视为一种控制机制，它旨在消除（移除）或减轻（降低）未能实现核心价值流目标的风险。在这里，对核心价值流目标未达成风险的应对措施（CSF）被定义为 SLA 控制措施，这些 SLA 控制措施通过 KPI 和标准进行监控。

• SLA 控制措施必须被纳入产品待办列表并进行优先级排序。

• 已实施 SLA 控制措施的有效性和效率是 DoD 的一部分，由产品负责人进行监控。

• 持续 SLA 应被视为一种识别和管理风险的整体方法，以确保核心价值流目标的实现，从而最大限度地提升业务成果。

阅读指南

本节描述了持续 SLA 的背景和定义，并描述了过程中的常见问题和持续 SLA 提供的解决方案。

一、背景

持续 SLA 的目的是确定无法实现核心价值流目标的风险。因此，本质上持续 SLA 就是核心价值流目标的 CFS。这些应对措施必须经过有效性和效率测试。关键成功因素（KSF）和 KPI 的组合构成 SLA 控制。如果这些控制措施不符合预期，就必须在现有的敏捷项目或者将要进行的敏捷项目中加入 SLA 控制，即将 SLA 控制作为规划对象放在产品待办事项列表上。根据 SLA 控制的范围，它可以是一个主题、史诗、特性或者故事。SLA 控制可能需要调整应用程序，但也可能需要对基础设施、核心或启用价值流、培训和合同进行调整。这样全面的控制可以防止某些方面被遗忘，确保实现预期的成果改进。

二、定义

本节对持续 SLA 的定义如下。

持续 SLA

持续 SLA 关注对产品待办事项列表中放置的、需要控制的风险进行持续和全面的转换，将其转化为可衡量的对策，即 SLA 控制，以确保核心价值流的有效性和效率，从而提升成果。

“持续”一词强调的是对对核心价值流产生负面影响的非受控风险进行高频监控。“整体”指的是持续 SLA 的范围（见图 3.2.7）。不仅需要监控 BVS（例如核心价值流）内部的风险，还需要审查 SVS/ISVS（例如所有启用价值流）中的风险。例如，SVS 包括 CI/CD 安全流水线的控制，其中必须包含自动化的 SLA 控制，以确保 SLA 标准的实现。持续 SLA 包括 PPPT 等方面的 SLA 控制。

三、应用

持续万物的每个应用都必须基于业务案例。本节描述了持续 SLA 方面的典型问题。规避或减少这些问题就构成了采用持续 SLA 的业务案例。

1. 有待解决的问题

表 3.3.1 列出了需要解决的问题。

表 3.3.1　持续 SLA 中的常见问题

P#	问题	解释
P1	核心价值流目标缺乏持续监控	核心价值流经理认为他们的核心价值流目标和 SLA 之间没有关联，甚至更糟的是他们制定的核心价值流目标与组织战略不相符
P2	核心价值流目标并未转化为在敏捷项目中实施的具体措施	在敏捷项目启动阶段，除了需要实现的核心价值流功能之外，还必须考量源自核心价值流目标的质量要求，例如最大数据丢失量、数据恢复时间（服务连续性）、竞争对手数量、用户数量（服务容量）、服务平均修复时间（服务可用性）、交易耗时（服务性能）以及交易量（服务容量）
P3	持续 SLA 价值流的任务、职责和权限尚未分配或分配不正确	产品负责人和 SLA 经理必须齐心协力，推动持续 SLA 价值流，为核心价值流所有者和管理者提供服务，必须就谁来做什么事达成共识
P4	SLA 控制措施与待实现解决方案的需求并无直接关联	规划对象必须与持续 SLA 的内容有关系。例如，可以通过将核心价值流的 CSF 或者 KPI 转化为待实现的对象（SLA 控制措施），并将这些对象放入产品待办事项列表中，在迭代中实现和测试它们。一般来说，这可以通过查看 BVS、SVS 和 ISVS 的集成模型中的风险来完成，如图 3.2.7 所示
P5	持续 SLA 的制定没有充分考虑核心价值流和启用价值流的现状	如果不深入了解价值流的当前状态，就无法针对变更或将新信息系统接入现有架构制定可靠的持续性 SLA
P6	衡量 SLA 控制的有效性和效率的标准是在多个工具中管理的	在实践中，管理服务质量的工具有很多，如服务管理工具中的解决时间、产品待办事项列表跟踪工具、CI/CD 安全流水线等。这些工具的集成通常存在局限性，导致在衡量 SLA 管控措施时存在功能重叠的多种工具并用的情况

2. 根本原因

找出问题的原因的久经考验的方法是 5 个“为什么”。例如，对于部分组织没有使用或者没有完全使用 SLA 方法，则可以确定以下 5 个“为什么”。

（1）为什么我们没有实施持续 SLA？

因为敏捷 Scrum 指南中对产品负责人角色的描述看起来已经可以满足需求，但在实践中发现，这个角色并不会对服务提供的质量方面产生影响。

（2）为何在管理层面缺乏对持续性和整体性自上而下 SLA 方法的需求?

在迭代计划期间没有 SLA 经理在场，管理人员无法将核心价值流目标转化为 DevOps 团队的产品待办事项列表。

（3）为何服务水平经理未参与产品待办事项列表的制定?

因为在敏捷工作方式中，该角色的定义尚不明确。

（4）为什么服务水平经理的作用不被认可?

因为 DevOps 团队认为自己比服务水平经理更了解自身需求。

（5）为什么没有价值系统或价值流专门用于控制？

因为他们无法理解他们的行为对整个信息系统链的影响。

这种树形结构的 5 个“为什么”问题使我们有可能找到问题的根源。必须先解决根源问题，才能解决表面问题。

第 4 节　持续 SLA 基石

提要

- 持续 SLA 的应用需要自上而下的驱动和自下而上的实施。
- 持续 SLA 要求架构和设计部门积极参与架构和设计风险应对措施。
- 持续 SLA 的设计应从一个能够表达其必要性的愿景开始。
- 对持续 SLA 的有用性和必要性达成共识十分重要，这可以避免在敏捷项目中产生过多争论，并为统一的工作方法奠定基础。
- 变更模式不仅有助于建立共同愿景，而且有助于引入价值路线图，其中风险应对措施包含在里程碑中。
- 如果没有设计权力平衡步骤，就无法开始实施持续 SLA 的最佳实践（组织设计）。这主要涉及产品负责人和服务水平经理之间的关系。
- 持续 SLA 强化了一个追求快速反馈的左移组织的形成。因为 KSF/KPI（SLA 控制）的有效性在迭代待办事项（Sprint Backlog Item，SBI）完成之前就得到了证明。
- 每个组织都必须对持续 SLA 的变更模式进行自己的解读和实施。

阅读指南

本节首先讨论可以应用于实现 DevOps 持续 SLA 的变更模式。该变更模式包括 4 个步骤，从反应持续 SLA 愿景和实施持续 SLA 的业务案例开始，然后阐述权力平衡，其中既要关注持续 SLA 的所有权，也要关注任务、职责和权限；接下来是组织和资源两个步骤，组织是实现持续 SLA 的最佳实践，资源用于描述人员和工具方面。

一、变更模式

图 3.4.1 所示的变更模式为结构化设计持续 SLA 提供了指导。

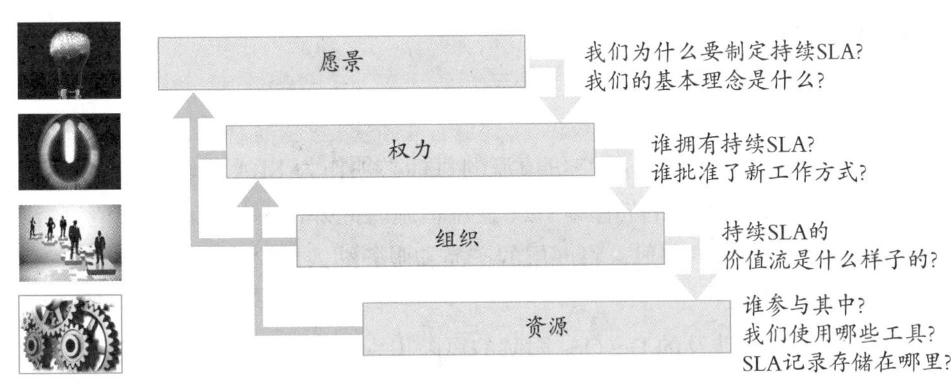

图 3.4.1　变更模式

通过从持续 SLA 所需实现的愿景入手，可防止我们在毫无意义的争论中浪费时间。在此基础上，我们可以确定权力关系层面的责任和权限划分。在权力平衡确定之后，就可以定义工作方式，最后才是资源和人员的配置。

图 3.4.1 右侧的箭头表示持续 SLA 的理想设计路径。左侧的箭头表示在箭头所在的层发生争议时回溯到的层级。因此，有关应该使用何种工具（资源）的讨论不应该在这一层进行，而应该作为一个问题提交给持续 SLA 的所有者。如果对如何设计持续 SLA 价值流存在分歧，则应重提持续 SLA 的愿景。以下各部分将详细讨论这些层级的内容。

二、愿景

图 3.4.2 展示了持续 SLA 的变更模式的步骤图解。图中左侧部分（我们想要什么？）列出了实施持续 SLA 的愿景所包含的各个方面，以避免发生图中右侧部分的负面现象（我们不想要什么？）。也就是说，图中右侧的部分是持续 SLA 的反模式。下面是与愿景相关的持续 SLA 指导原则。

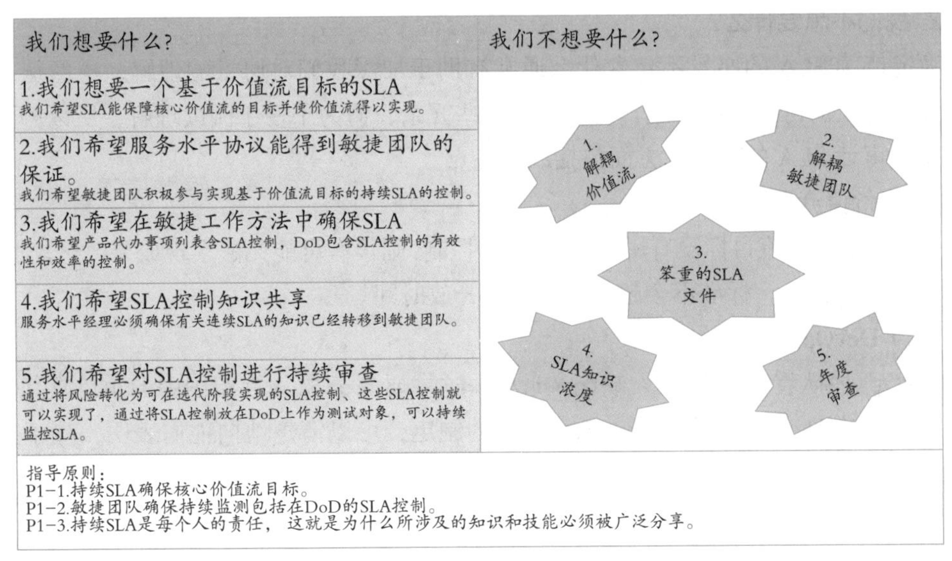

图 3.4.2　变更模式——愿景

1. 我们想要什么？

持续 SLA 的愿景通常包括包括以下几点。

（1）价值流目标

为提升核心价值流的产出，核心价值流的目标必须作为 SLA 的输入。未能实现这些核心价值流目标的风险必须转化为 SLA 控制措施。此外，不仅要利用价值流目标来发现风险，还要进行价值流映射，将底层的产品和服务纳入风险分析。

（2）DevOps 团队

SLA 控制应该根据涉及的 DevOps 团队的风险识别研讨会制定。引导 DevOps 团队识别关键价值流中的风险，并将它们转化为可衡量的控制措施，即 SLA 控制。更进一步地讲，它涵盖了 BVS、SVS 和 ISVS 的风险。本书中，术语“SLA 控制”特指这些可衡量的控制措施。这样一来，DevOps 工程师可以参与其中，并将风险管理融入自身的生产流程。

（3）控制措施

DevOps 团队为产品负责人关注的风险定义 SLA 控制。不受控制的风险会被定义为被动完成。如果这些风险随着时间的推移逐渐显现，仍然可以通过定义 SLA 控制措施进行管控。产品负责人还需要确定 SLA 控制措施的优先级，并将其列入产品待办事项列表，以确保 SLA 控制措施的有效性和高效性。

（4）知识共享

持续 SLA 价值流定义了实现持续 SLA 的步骤。DevOps 团队必须接受培训以执行该持续 SLA 价值流。服务级别经理将成为 DevOps 团队的教练。

（5）SLA 审查

通过将 SLA 控制措施整合到敏捷工作方式（Agile Way of Working，AWoW）中，可以将周期缩短到通常为期两周的迭代而不是一年。

2. 我们不想要什么？

确定持续 SLA 的愿景不包含什么通常有助于加深我们对愿景的理解，虽然从相反的角度思考之前讨论过的话题，在行文上有些冗余，但为了便于阅读理解，所以分开讨论。持续审计 SLA 的反模式方面包括以下各点。

（1）价值流目标

如果核心价值流目标没有用于设置 SLA 控制，则很有可能无法实现成果改进。通常，SLA 基于尽力义务，标准不会超出服务台的开放时间。

（2）DevOps 团队

DevOps 团队看上去对 SLA 缺乏亲近感，这主要源于 SLA 在组织中的角色及其负面含义。通过让 DevOps 团队参与 SLA 控制的制定，可以清楚地向他们表明，除了正在实现的功能之外，这些本质上是最重要的工件，而且通过使用 DevOps 工程师提高组织成果的过程实际上非常有趣。

（3）控制措施

DevOps 团队通常对核心价值流的质量缺陷没有太多洞察力。重点在于功能性。将

SLA 控制与敏捷工作方法整合可以解决这个问题。

（4）知识共享

持续 SLA 价值流定义了实现持续 SLA 的步骤。DevOps 团队必须接受培训以执行该持续 SLA 价值流。服务级别经理将成为 DevOps 团队的教练。

由于只有服务水平经理负责持续 SLA 的价值流，因此大多数 DevOps 团队对此并不熟悉，通常将其视为与自己无关的事务。通过在产品待办事项列表启动和迭代计划会议期间将服务水平经理指定为 DevOps 团队的教练，可以改善这一现状。

（5）SLA 审查

对于一个经过敏捷设计和维护的服务，经典 SLA 最大的缺陷是其一年一次的审查周期。对于快速变化的服务，一年一次的 SLA 审查远远不够。SLA 控制措施必须发挥关键作用。

三、权力

图 3.4.3 显示了持续 SLA 变更模式的权力平衡，它的结构与愿景部分相同。

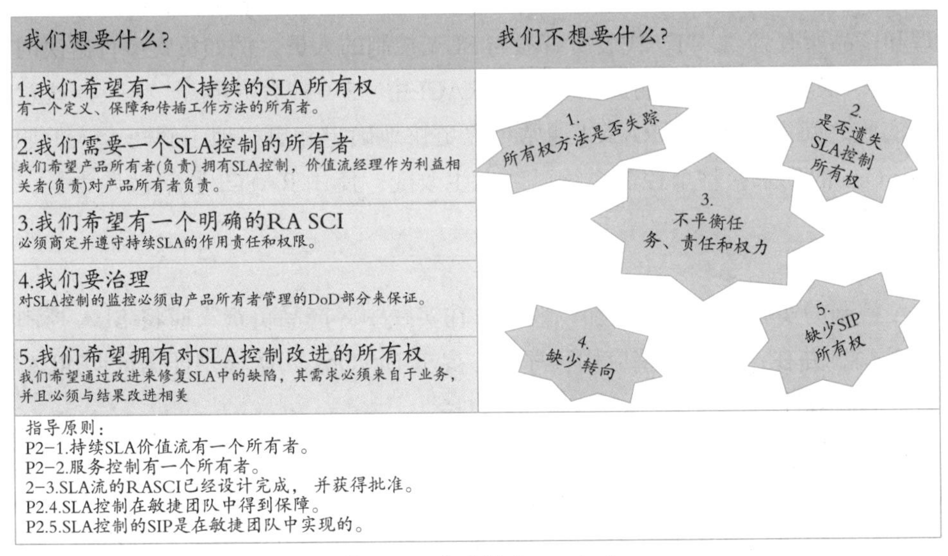

图 3.4.3　变更模式——权力

1. 我们想要什么？

持续 SLA 的权力平衡通常包括包括以下几点：

（1）价值流的所有权

在 DevOps 中，我们经常讨论所有权。这里我们讨论的是持续 SLA 的所有权。答案就藏在敏捷 Scrum 的基本原则中。肯・施瓦伯在其著作《敏捷项目管理与 Scrum》（2015 年版）中写道，敏捷教练是敏捷 Scrum 框架内开发过程的所有者。敏捷教练必须让开发团队觉得是他们自己塑造了敏捷 Scrum 的流程和控制措施，而不是这个流程只有一个负责人。

对于持续 SLA 价值流而言，为了跨多个团队高效运行，就需要 DevOps 团队统一执行流程。例如，一个持续 SLA 通常会涉及多个 DevOps 团队。如果每个团队都采用不同的 SLA 控制实施方法，对 SLA 控制进行有效的治理就会变得十分困难。因此，持续 SLA 价值流的所有权理想情况下应该由服务水平经理承担。服务水平经理与价值流经理共同商定 SLA。产品负责人和价值流经理的角色可以由同一人担任。

（2）SLA 控制的所有权

SLA 控制权最好由产品负责人负责，原因在于 SLA 控制与应用程序和产品待办事项列表有关，而产品负责人可以管理这些内容。在 DevOps 团队中，当产品负责人也负责将应用程序投入生产时，这种安排尤其有效。在敏捷 Scrum 团队中，如果产品负责人不参与应用程序的部署和发布，就有可能会引发一些讨论。因此理想情况下，SLA 控制最好定义为只由一个 DevOps 团队拥有一个 SLA 控制，以便产品负责人可以自行管理。

（3）RASCI

RASCI 代表了责任（Responsibility）、问责（Accountability）、支持（Supportive）、咨询（Consulted）和告知（Informed）。担任“R”角色的人负责监控结果（持续 SLA 目标）的实现并向持续 SLA 价值流所有者（“A”）报告。所有的 DevOps 团队共同致力于为持续 SLA 的目标做出贡献，代表“S”。“C”可以分配给价值流所有者、价值流经理和产品所有者。“I”代表所有参与 SLA 控制的人员，例如负责事件解决时间的服务台。RASCI 优于 RACI 的原因是，在 RACI 中“S”被合并到了“R”。这意味着责任和实施之间没有区别。RASCI 通常可以更快地确定和更好地了解每个人的职责。随着 DevOps 的到来，整个控制系统已经发生改变，使用 RASCI 通常被认为是一种过时的治理方式。

（4）治理

SLA 控制的实施和管理必须加以监控。在实践中，产品负责人应将 SLA 控制纳入 DoD 的范畴，并在迭代中调整应用程序后，要求 DevOps 团队提供证据证明 SLA 控制的有效性和高效性。

（5）SIP 所有权

对于反复出现的 SLA 缺陷，应通过服务改进计划（Service Improvement Plan, SIP）进行解决。这类缺陷通常源于 SLA 控制无效或低效，或缺少必要的控制措施。因此，SIP 应作为一项待办事项列入产品待办事项列表。

2. 我们不想要什么？

以下几点是关于权力平衡的持续 SLA 的典型反模式。

（1）价值流的所有权

将持续 SLA 的所有权交给产品负责人并不是一个好的选择，因为这会使得决策同一件事情人会变得更多。持续 SLA 的价值流必须是明确的，以便服务水平经理、价值流经理和产品负责人之间能以相同的方式交流。

（2）SLA 控制的所有权

将 SLA 控制的所有权交给服务水平经理并不是一个明智的决定。如果这样做，

DevOps 团队中的服务水平经理就将需要承担创建和监控 SLA 控制的角色，这是不符合敏捷原则的。因此，必须区分价值流的所有权和 SLA 控制的所有权。

（3）RASCI

敏捷 SLA 价值流中的 RASCI 不能完全分配给 DevOps 团队，因为价值流经理必须确保其目标达成，并且帮助 DevOps 团队协调工作。

（4）治理

SLA 控制的控制权无法交给开发人员，因为需求是由核心和启用价值流设置的。

（5）SIP 所有权

对于反复出现的 SLA 缺陷，应通过 SIP 进行解决。这类缺陷通常源于 SLA 控制无效或低效，或缺少必要的控制措施。因此，SIP 应作为一项待办事项列入产品待办事项列表。

四、组织

图 3.4.4 显示了持续 SLA 的变更模式的组织步骤，其结构与愿景和权力关系的结构相同。

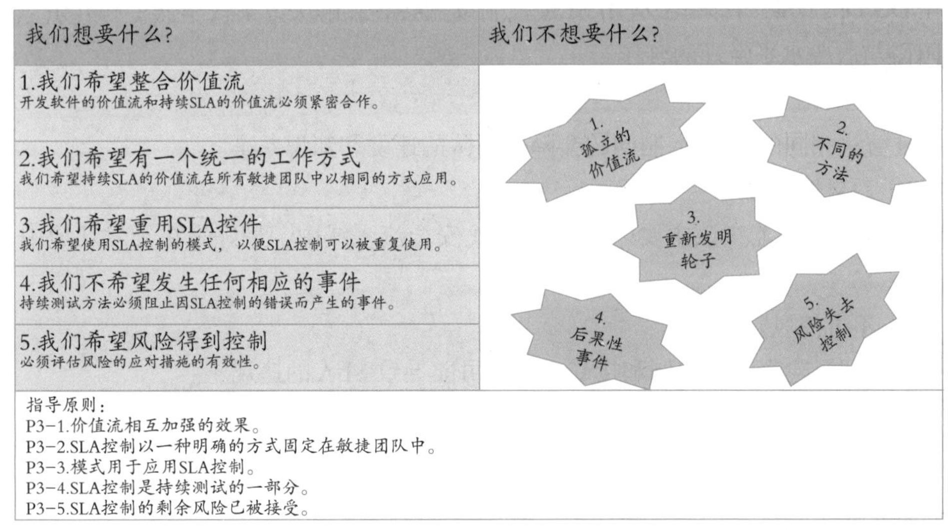

图 3.4.4　变更模式——组织

1. 我们想要什么?

持续 SLA 的组织层面通常包括以下几点。

（1）集成价值流

持续 SLA 价值流（SVS）和 DVS 各自拥有独立存在的价值，重要的是，价值流之间的协作应该明确定义。

（2）统一工作方法

SLA 控制在 DevOps 团队中的应用必须清晰明确，以确保 DevOps 团队之间的协作以及与服务水平管理人员之间的合作顺畅进行。

（3）模式化

在定义和实施层面，对 SLA 控制进行标准化非常重要，不仅便于重复使用，还能节省开发工作量。

（4）后果性事件

SLA 控制是程序化的，因此可能存在导致事件的错误。SLA 控制必须经过彻底测试，尤其是针对异常路径（流程出错）和安全事件路径。

（5）不可控风险

实施风险应对措施并不意味着消除所有风险，有时只能减轻风险的影响。在这种情况下，需要接受残留风险的存在。

2. 我们不想要什么？

以下几点是关于组织层面的持续 SLA 的典型反模式。

（1）集成价值流

如果持续 SLA 的价值流和开发价值流无法协同工作，那么在生产环境中实施适当的 SLA 控制措施的可能性将大大降低。

（2）统一工作方法

在 DevOps 团队内部单独应用 SLA 控制可能会导致解决方案效率低下和冗余，同时也会阻碍与服务水平经理的合作。

（3）模式化

反复解决相同的 SLA 控制问题会降低团队的速度和知识共享。

（4）后果性事件

SLA 控制的功能应该主要体现在 CI/CD 安全流水线中，最好是在开发环境中发挥作用。

（5）不可控风险

如果残留风险得不到控制和接受，就有可能导致 SLA 的违规。

五、资源

1. 我们想要什么？

持续 SLA 的资源和人员层面通常包括以下几点。

（1）整合 SLA 控制知识

DevOps 工程师需要不断学习和适应，人力资源部门应给予支持。通过评估可以识别团队的优势和需要提升的技能，并制定与人力资源政策和员工协议相匹配的培训计划。例如，如果人力资源管理政策没有规定，或者相关 Dev 工程师的职位描述没有提到运维工程师技能，那么就不能强迫 Dev 工程师掌握运维工程师技能。

（2）技能矩阵

建立职能、角色与技能的对应矩阵，可以清晰地了解团队的技能覆盖面，避免出现技能缺口。评估在此过程中发挥重要作用，评估问题既可以针对技能也可以针对职能和角色。

（3）个人教育计划

个人教育计划能激励 DevOps 工程师不断学习和成长。

2. 我们不想要什么？

以下几点是关于资源和人员层面的持续 SLA 的典型反模式。

（1）整合 SLA 控制知识

人力资源管理人员如果没有意识到持续万物和持续 SLA 的价值，就会阻碍 DevOps 成熟度的提升，进而影响必要的 SLA 控制的调整。摩擦可能源于多种原因，例如对 DevOps 工程师的发展有不同看法等。因此，人力资源管理政策必须与持续万物政策或变更模式保持一致。

（2）技能矩阵

缺乏对现有技能的概述，可能会导致个人目标的遗失，并把技能提升的责任完全交由个人或团队承担。这不仅会导致整体失控，而且还会多次导致 DevOps 工程师的自我提升意愿下降。将人力资源管理任务委托给一线经理也会产生同样的影响。

（3）个人教育计划

与 DevOps 工程师就知识、技能和发展计划达成具体协议，应该被视为一种帮助，而不是一种义务。通过这种方式定义 个人教育计划，可以将其变成激励 DevOps 工程师发展的积极因素。

第 5 节　持续 SLA 架构

提要

- 持续 SLA 必须从核心价值流的目标开始，自上而下设计。
- 要获得一套合适的 SLA 控制，需要来自架构的指导。

阅读指南

本节描述了持续 SLA 的架构原则和架构模型，即持续计划模型、价值路线图以及规划和设计模型。

一、架构原则

在变更模式的 4 个步骤中涌现出了一系列的架构原则，本节将介绍这些内容。为了更好地组织这些原则，我们将它们划分为 4 个方面，即 PPPT。

1. 人员

持续 SLA 存在以下关于人员的架构原则。如表 3.5.1 所示 。

表 3.5.1　人员架构原则

P#	PR-People 001
原则	持续 SLA 是每个人都应该承担的责任，因此相关知识和技能必须得到广泛分享
理由	管理价值系统（BVS, SVS 和 ISVS）的风险需要 IT 部门所有角色的合作
含义	所有 IT 员工必须意识到核心价值流目标的重要性，并确保通过在服务组织中采取措施来实现目标。这适用于 BVS、SVS 以及 ISVS
P#	PR-People-002
原则	持续 SLA 与人力资源管理相结合
理由	识别和管理风险需要大量的知识和技能。因此，与人力资源管理部门的合作是实现对相关员工进行充分投资的前提
含义	必须明确现有知识水平与期望水平之间的差距
P#	PR-People-003
原则	技能培训与个人教育计划相结合
理由	知识水平的提升必须客观化
含义	个人教育计划必须与员工协商制定
P#	PR-People-004
原则	持续 SLA 价值流需要指定一个所有者
理由	必须定义该价值流连续 SLA 的工作方式并进行监控。这需要一名价值流经理和拥有者
含义	价值流的拥有者必须被授予权限，以强制执行价值流的操作
P#	PR-People-005
原则	SLA 控制需要指定一个所有者
理由	每个 SLA 控制必须只有一个所有者，以确保 SLA 控制被创建和监控
含义	必须建立标准来确定将 SLA 控制项的所有权分配给谁

2. 流程

持续 SLA 存在以下关于流程的架构原则。如表 3.5.2 所示。

表 3.5.2　流程架构原则

P#	PR-Process-001
原则	持续 SLA 保障核心价值流目标的实现
理由	对于价值流目标，我们将识别可能导致目标无法实现的风险。这些风险被转化为应对措施（CSF），在本节中被称为 SLA 控制。SLA 控制是持续 SLA 的一部分，由服务组织来管理
含义	价值流目标必须经过分析，这需要具备必要的技能
P#	PR-Process-002
原则	DevOps 团队要保证对包含在 DoD 中的 SLA 控制进行持续监控
理由	产品负责人将已经实现的 SLA 控制放在 DoD 上，以便在确认迭代待办事项完成时进行检查
含义	对迭代待办事项的每个“完成”认定都需要对 SLA 控制进行审查
P#	PR-Process-003

续表

原则	持续 SLA 流的 RASCI 已设计并授予
理由	任务、责任和权限必须是明确的
含义	必须制定 RASCI 表并与所有相关方达成一致
P#	PR-Process-004
原则	SLA 控制由 DevOps 团队保护
理由	基于价值流的风险以及基于 BVS、SVS 和 ISVS 的产品和服务的风险会话的 SLA 控制的定义由 DevOps 团队完成。由产品负责人创建 SLA 控制，并对其进行优先排序，而后将其放在产品待办事项列表上
含义	团队成员必须了解 SLA 控制的生命周期并接受培训
P#	PR-Process-005
原则	由 DevOps 团队中实施 SLA 控制的 SIP
理由	SLA 控制可能包含导致事件的错误。如果这些错误变得结构化并阻碍 SLA 规范的实现，必须制定 SIP
含义	必须建立事件和 SLA 控制建立联系
P#	PR-Process-006
原则	价值流相辅相成，互相加强
理由	持续 SLA 的价值流和 DVS 的价值流必须紧密结合，协同工作
含义	虽然应该制定 RASCI，但更重要的是两个价值流的员工应该共同决定什么是最适合他们的工作方式
P#	PR-Process-007
原则	SLA 控制以一种明确的方式存在于 DevOps 团队中
理由	明确的工作方法使得应用 SLA 控制变得更加容易，监控质量也更简单，如监控设施的调整
含义	DevOps 团队必须遵循统一的工作方法
P#	PR-Process-008
原则	模式用于应用 SLA 控制措施
理由	模式是针对标准问题的标准解决方案。通过创建模式库，可以实现解决方案的重复利用
含义	必须建立和维护一个模式库
P#	PR-Process-009
原则	SLA 控制是持续测试的一部分
理由	必须选择合适的测试对象来证明 SLA 控制的有效性和效率
含义	为便于测试 SLA 控制，应该调整测试技术
P#	PR-Process-010
原则	SLA 控制的剩余风险已被接受
理由	如果无法消除风险，可以采取进一步的缓解措施。产生的剩余风险必须被接受，因为它不受 SLA 控制。如果需要，可以设计和测试压制性措施，以在风险发生时限制损失
含义	必须衡量 SLA 控制的风险管理的有效性

3. 政策

持续 SLA 的选择也必须记录，这些选择也称为政策。如表 3.5.3 所示。

表 3.5.3　政策架构原则

B#	主题	政策要点
BL-01	SLA 控制	SLA 控制是由 DevOps 团队在路线图级别（史诗）、发布计划级别（功能）和迭代计划级别（故事）组成
BL-02	SLA 控制	待实现的 SLA 控制必须在产品待办事项列表上
BL-03	SLA 控制	产品负责人拥有 SLA 控制权
BL-04	SLA 控制	已实现的 SLA 控制在每次已实现的迭代待办事项完成后以及冲刺结束时或为了确保 SLA 准则的遵守，都会提交给 DoD 进行审查。
BL-05	教练	服务水平经理辅导 DevOps 团队
BL-06	持续 SLA	服务水平经理负责持续 SLA 价值流
BL-07	持续 SLA	DevOps 团队统一执行持续 SLA

二、架构模型

本节使用了 3 种持续 SLA 的架构模型，分别是价值路线图模型、持续 SLA 模型和价值流映射模型。

1. 价值路线图模型

图 3.5.1 展示了价值路线图架构模型。

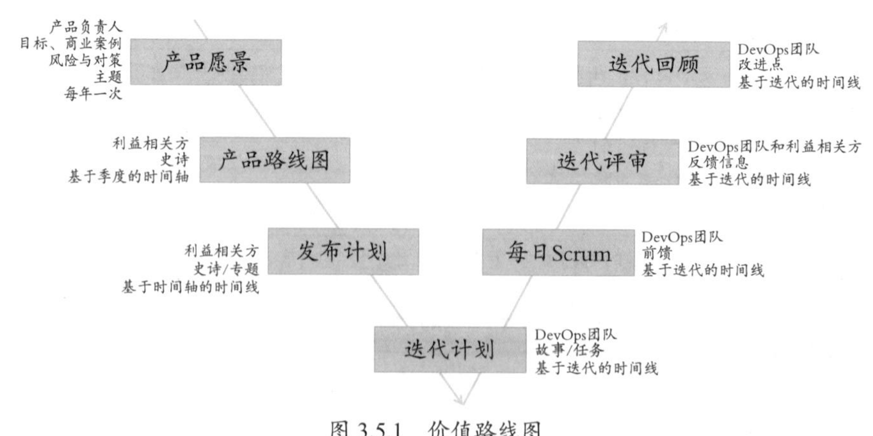

图 3.5.1　价值路线图

（来源：《敏捷项目管理入门》，2017 年版）

（1）产品愿景

该模型表明，敏捷项目应该从构思愿景开始，愿景基于企业架构和由其定义的项目组合。产品愿景包括愿景陈述和业务案例。业务案例基于风险分析，并包含针对风险的应对措施。

（2）产品路线图

分析出产品的利益相关方，并与利益相关方一起制定产品路线图。路线图包括每个利益相关方在每季度中要完成的史诗。因此，每个史诗都由一个拥有该史诗的利益相关方负责。

（3）发布计划

发布计划来自路线图，包括迭代计划以及其中包含的史诗和功能。这些计划会进一步细化到每个迭代周期。

（4）迭代计划

迭代计划符合敏捷 Scrum 计划的要求，这也适用于价值路线图的后续步骤。熟悉 TMAP 中的 V 模型的人会注意到这并不是 V 模型。因此，左侧和右侧的步骤之间不存在 V 模型中所示的对应关系。

2. 持续 SLA 模型

图 3.5.2 展示了持续 SLA 模型，这个模型是对图 3.2.2 所示简化版本的细化和扩展。

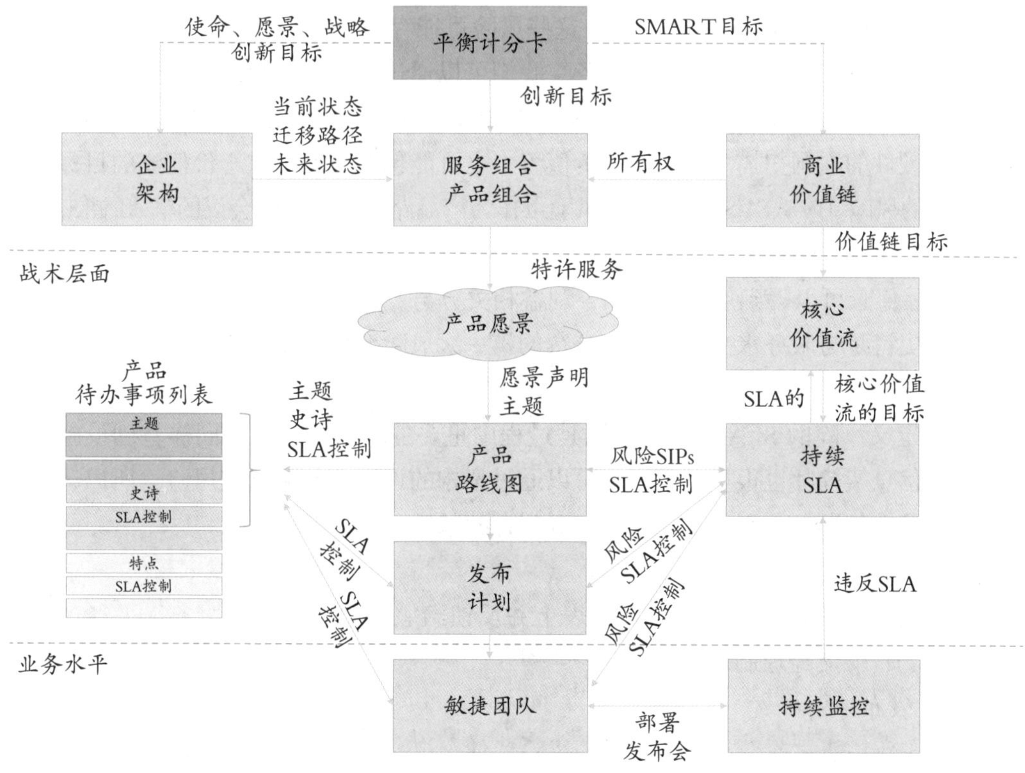

图 3.5.2　持续 SLA 模型

（1）平衡计分卡

该模型从平衡计分卡（也称为业务平衡计分卡）的策略控制开始。平衡计分卡是基于财务视角、内部视角、创新视角和客户视角的记分卡来控制和监控组织策略。 每个视角都有一个 SMART 目标以及实现这些目标的先决条件，这些目标就是核心价值流目标。业务平衡计分卡也经常级联到 SVS、ISVS 和 DVS，这样目标也会变得更加具体。

（2）企业架构

基于平衡计分卡的使命、愿景、战略和的 SMART 目标，企业架构决定了在业务、信息、应用和技术领域必须发生哪些变化以实现这一战略。为此，定义了当前状况（当前状态）、未来状况（未来状态）和迁移路径。

（3）产品组合

基于架构分析，可以明确哪些服务和产品需要添加到相关产品组合中、删除或更改。

（4）产品愿景

为授权服务分配一个产品负责人，制定产品愿景。在此基础上，组成一个主题。计算业务案例，并进行初步风险扫描，因为这些必须被包含在敏捷项目的业务案例中。

（5）价值链 / 核心价值流

价值链是由平衡计分卡控制的，这种控制转化为核心价值流。

（6）持续 SLA

为了制定持续 SLA，需要从服务水平管理者和核心价值流管理者那里确定核心价值流的风险为起点，与 DVS 密切配合。这些风险可能存在于核心价值流本身，也可能存在于支持这些核心价值流的产品和服务。我们可以通过价值流映射来发现这些风险，因此，可以在 BVS 中识别风险。然而，SVS 和 ISVS 的启用价值流也支持核心价值流，例如软件和硬件的漏洞扫描。这些支持价值流中也可能包含对实现核心价值流的目标产生负面影响的风险。BVS、SVS 和 ISVS 的风险可作为产品路线图中风险会议的输入（图 3.2.7）。

（7）产品路线图

由产品愿景可以得到产品路线图，利益相关方与产品负责人一起在路线图中规划史诗。这些史诗是与服务水平经理一起进行的第一次风险会议的基础，风险会议的基础来自为其创建服务的价值流的核心价值流目标的风险，也包括服务和产品风险。DevOps 团队需要定义风险的 SLA 控制，所以是过程中重要的利益相关方。同样基础设施、应用程序和信息架构师也很重要，因为可以通过架构的设计范围来确定风险。所以，风险分析通常是在信息、应用和基础设施三方配合的基础上进行的。

（8）产品待办事项列表

SLA 控制应放在产品待办事项列表上并反馈给服务水平经理。服务水平经理根据 SLA 控制为价值流经理制定 SLA。

（9）发布计划

在发布新功能之前会有一个简短的风险评估会议，旨在确认生产环境是否已经准备就绪。在生产验收测试（Production Acceptance Test，PAT）中将评估所有新的风险。

（10）DevOps 团队

产品负责人拥有 SLA 控制，并将其放在产品待办事项列表上。如果 DevOps 团队已经实现了 SLA 控制，它将通过验收测试并得到产品负责人的确认。之后，SLA 控制被添加到 DoD 中由产品负责人管理的部分（每个迭代的验收标准和整个产品待办事项列表的 SLA 控制）。

（11）持续监控

通过持续监控（见《持续控制》，2022 年版）来实现在生产环境中监控 SLA 控制的有效性，监控中得到的测量数据将传递给服务水平经理。服务水平经理可以在此基础上制定 SLA 报告和 SIP。然而，持续监控的作用还不止于此，因为 SLA 控制也可以在 CI/CD 安全流水线中被监控。

3. 价值流映射模型

图 3.5.3 展示了价值流映射模型。

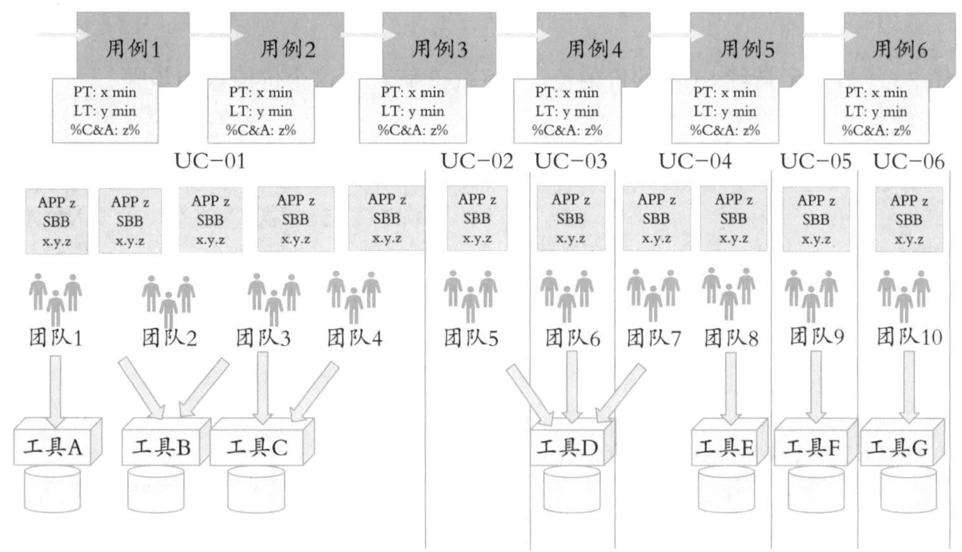

图 3.5.3　价值流映射模型

这个模型有 3 个作用。首先，它描述了 SLA 所依据的业务价值流。价值流中的每个步骤都是一个描述部分管理组织的用例。其次，价值流的指标是采用精益指标来体现的，即 LT、PT 以及 %C/A。价值流的瓶颈可以是一种性能下降（限制），也可以是功能限制（边界）。解决边界问题也可以解决性能问题。最后，通过映射关系指明在价值流的每个步骤中使用哪些应用程序和哪些架构构建块，还指出了哪些 DevOps 团队参与了这些构建块的开发和管理。

确定价值流的主要瓶颈很重要，因为它可能会危及价值流的目标。这种风险是服务水平管理人员纳入持续 SLA 的基础。确定瓶颈、解决问题并确定下一个瓶颈是服务水平经理将与价值流经理一起执行的持续过程。服务水平经理根据价值流与 DevOps 团队协调瓶颈解决方案。

第 6 节　持续 SLA 设计

提要

- 价值流是可视化持续 SLA 的好方法。
- 要显示角色和用例之间的关系，最好使用用例图。

- 最详细的描述是用例描述，此描述可以分为两层。

阅读指南

持续 SLA 的设计旨在快速了解需要实施的步骤。这从定义一个只有步骤的理想流程价值流开始。然后可以使用用例图来详细设计这些步骤。最后，用例描述是更详细地描述步骤的理想方式。

一、持续 SLA 价值流

图 3.6.1 展示了持续 SLA 的价值流。表 3.6.2 解释了这个价值流的步骤。

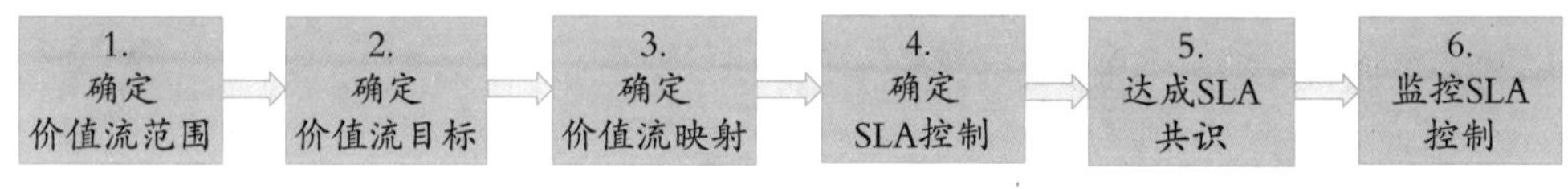

图 3.6.1　持续 SLA 价值流

二、持续 SLA 用例图

在图 3.6.2 中，持续 SLA 的价值流已转化为用例图。

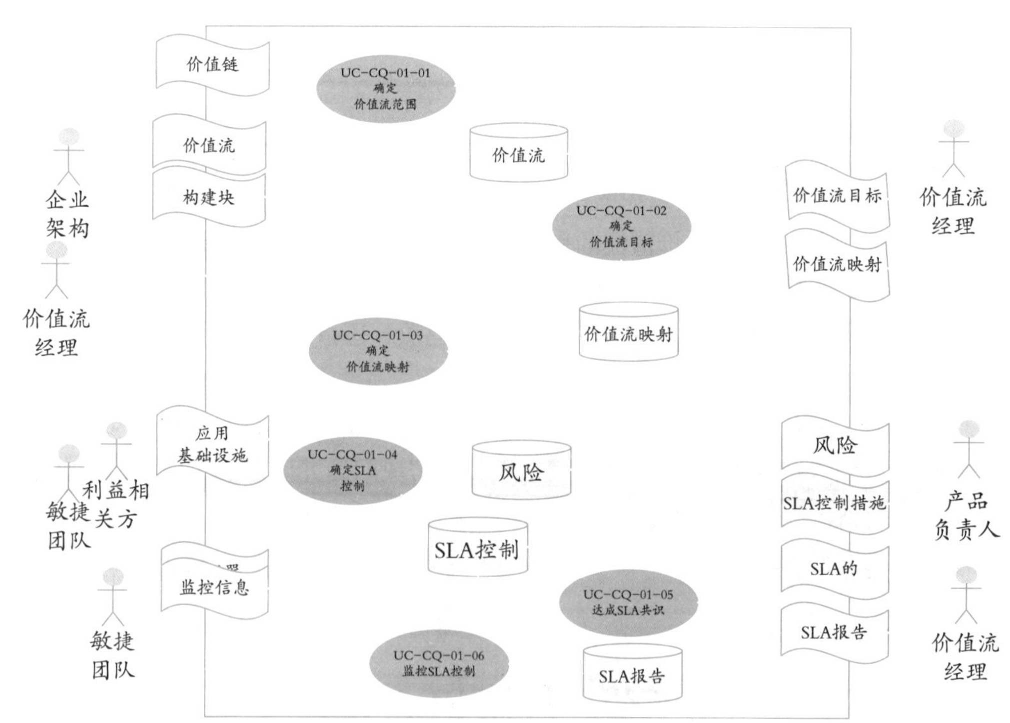

图 3.6.2　用于准备持续 SLA 的用例图

角色、工件存储已被添加其中。此视图的优点是可以显示更多的详细信息，帮助了解流程的进展。服务水平经理参与了所有的步骤。由于这个原因，服务水平经理不包括在用例图中。

三、持续 SLA 用例

表 3.6.1 展示了用例模板，表格中左列部分表示属性，中间列则提示该属性是不是必须要输入的，右列是对属性含义的简要说明。

表 3.6.1　用例模板

<table>
<tr><th>属性</th><th>√</th><th colspan="4">描述</th></tr>
<tr><td>ID</td><td>√</td><td colspan="4"><Name>-UC<Nr></td></tr>
<tr><td>名称</td><td>√</td><td colspan="4">用例的名称</td></tr>
<tr><td>目标</td><td>√</td><td colspan="4">用例的目的</td></tr>
<tr><td>摘要</td><td>√</td><td colspan="4">用例的简要说明</td></tr>
<tr><td>前提条件</td><td></td><td colspan="4">用例执行前必须满足的条件</td></tr>
<tr><td>成功时的结果</td><td>√</td><td colspan="4">用例执行成功时的结果</td></tr>
<tr><td>发生故障时的结果</td><td></td><td colspan="4">用例未执行成功时的结果</td></tr>
<tr><td>性能</td><td></td><td colspan="4">适用于此用例的性能标准</td></tr>
<tr><td>频率</td><td></td><td colspan="4">以自定义的时间单位表示的用例执行频率</td></tr>
<tr><td>参与者</td><td>√</td><td colspan="4">用例的参与者</td></tr>
<tr><td>触发条件</td><td>√</td><td colspan="4">触发用例执行的事件</td></tr>
<tr><td rowspan="2">场景（文本）</td><td rowspan="2">√</td><th>S#</th><th>参与者</th><th>步骤</th><th>描述</th></tr>
<tr><td>1.</td><td>执行此步骤的人员</td><td>步骤</td><td>执行步骤的简要说明</td></tr>
<tr><td rowspan="2">场景上的偏差</td><td rowspan="2"></td><th>S#</th><th>变量</th><th>步骤</th><th>描述</th></tr>
<tr><td>1.</td><td>步骤的偏差</td><td>步骤</td><td>场景上的偏差</td></tr>
<tr><td>开放式问题</td><td></td><td colspan="4">设计阶段的开放式问题</td></tr>
<tr><td>规划</td><td>√</td><td colspan="4">用例交付的截止日期</td></tr>
<tr><td>优先级</td><td>√</td><td colspan="4">用例的优先级</td></tr>
<tr><td>超级用例</td><td></td><td colspan="4">用例可以形成一个层级结构，在此用例之前执行的用例称为超级用例或基本用例</td></tr>
<tr><td>交互</td><td></td><td colspan="4">用户界面的描述、图片或设计模型</td></tr>
<tr><td rowspan="3">关系</td><td></td><td>流程</td><td colspan="3">……</td></tr>
<tr><td></td><td>系统构建块</td><td colspan="3">……</td></tr>
<tr><td></td><td>……</td><td colspan="3">……</td></tr>
</table>

基于此模板，我们可以为持续 SLA 用例图的每个用例填写该模板，也可以选择为用例图里的所有用例填写一个模板。此选择取决于所需的详细程度。本书的这部分在用

例图级别使用了一个用例。价值流的步骤和用例图的步骤保持一致。表 3.6.2 给出了一个用例模板的示例。

表 3.6.2　持续 SLA 用例

属性	√	描述
ID	√	UCD-CP-01
名称	√	UCD 持续 SLA
目标	√	本用例的目标是持续确定核心价值流的 SLA 控制并对其进行监控，以永久地确保该核心价值流的目标
摘要	√	基于企业的价值链（BVS），在核心价值流层面确定范围。为每个核心价值流确定目标，并绘制核心价值流映射，以评估核心价值流的风险，并通过 SLA 控制控制这些风险。 在 DevOps 团队中，在路线图规划、发布计划和迭代计划期间，识别新风险及其对 SLA 控制的影响。必要时，将对 SLA、SLA 控制或监控设施进行调整。将适用的 SLA 汇报给产品负责人
前提条件	√	有一个核心价值流并且有一个或多个 DevOps 团队
成功时的结果	√	在成功执行持续 SLA 过程的情况下，所交付的结果是： • 确立了核心价值流 • 确立了新服务的愿景 • 确立了新服务的 SWOT • 已识别的的核心价值流的风险 • 确定的 SLA 控制 • 评估过的 SLA 控制的有效性 • 调整后的监控设施 • 提供的 SLA 报告
发生故障时的结果	√	以下原因会导致持续 SLA 的失败： • 核心价值流的风险还没有确定 • DevOps 团队没有参加风险评估会议 • SLA 控制没有定义 • SLA 控制没有应用 • SLA 控制的监控设施尚未实现或使用
性能	√	随着每一个路线图规划、发布计划和迭代计划，必须关注新的或修改的风险以及相关的 SLA 控制
频率	√	对于一个敏捷项目，持续 SLA 价值流只执行一次。每个计划会议都会重复确定风险和 SLA 控制（用例确定 SLA 控制）：路线图季度计划会议、发布计划会议和迭代计划会议
参与者	√	企业架构师、领域架构师、价值流所有者、价值流经理、服务水平经理、产品负责人和 DevOps 团队。 每个步骤都会指定最终负责的角色，完整的 RASCI 定义可参阅表 3.7.1
触发条件	√	DevOps 团队已经成立。 规划会议已经开始

<table>
<tr><th>属性</th><th>√</th><th colspan="4">描述</th></tr>
<tr><td rowspan="7">场景
（文本）</td><td rowspan="7">√</td><td>步骤</td><td>参与者</td><td>步骤</td><td>描述</td></tr>
<tr><td>1</td><td>价值流所有者</td><td>确定范围</td><td>在价值路线图的产品愿景步骤中，新的或修改的服务被映射到波特的价值链上。
在此基础上，确定受敏捷项目影响的核心价值流，该项目为新的或修改的服务提供实质内容。这种影响可能是积极的、中性的或消极的。负面的影响被转化为风险和 SLA 控制</td></tr>
<tr><td>2</td><td>价值流所有者</td><td>确定价值流目标</td><td>每个核心价值流目标都是基于业务目标而确定的，即质量目标、功能目标和成熟度目标。
这些目标可能会因新的或修改后的服务的实现而受到不利的影响。因此，敏捷项目的商业案例必须通过 SWOT 分析确定，这一过程在价值路线图的 产品愿景确定中进行。
在此基础上，确定对核心价值流目标的影响。在可能的情况下，制定 SLA 控制措施以减轻或消除影响，或调整核心价值流的目标</td></tr>
<tr><td>3</td><td>价值流所有者</td><td>确定价值流映射</td><td>对核心价值流的价值流映射分析，可以深入了解核心价值流的步骤、瓶颈、企业要使用的应用程序、架构工具和参与的 DevOps 团队</td></tr>
<tr><td>4</td><td>服务水平经理</td><td>确定控制</td><td>价值流画布为核心价值流的当前和预期状况提供了一个良好的描述。
风险和 SLA 控制是有边界的。最后，在架构构建块的基础上进行 3 次风险会议</td></tr>
<tr><td>5</td><td>服务水平经理</td><td>商定 SLA</td><td>最好与核心价值流经理商定 SLA，因为他也是价值流目标的管理者。价值流经理和产品负责人的角色可以分配给同一个人，也可能有更多的产品负责人参与到一个价值流支持的应用中</td></tr>
<tr><td>6</td><td>服务水平经理</td><td>监控 SLA 控制</td><td>必须监控 SLA 控制的有效性，以便 SLA 可以实施</td></tr>
<tr><td rowspan="2">场景上的偏差</td><td rowspan="2"></td><td>S#</td><td>变量</td><td>步骤</td><td>描述</td></tr>
<tr><td></td><td></td><td></td><td></td></tr>
<tr><td>开放式问题</td><td></td><td colspan="4"></td></tr>
<tr><td>规划</td><td>√</td><td colspan="4"></td></tr>
<tr><td>优先级</td><td>√</td><td colspan="4"></td></tr>
<tr><td>超级用例</td><td></td><td colspan="4"></td></tr>
<tr><td>交互</td><td></td><td colspan="4"></td></tr>
<tr><td rowspan="2">关系</td><td rowspan="2"></td><td colspan="2">……</td><td colspan="2"></td></tr>
<tr><td colspan="2">……</td><td colspan="2"></td></tr>
</table>

第 7 节　持续 SLA 模型

提要

- 持续 SLA 价值流映射到持续 SLA 模型可以很好地概述服务水平经理的参与情况。
- 风险来源表中对这种映射关系有详细描述。
- RASCI 表提供了服务水平经理参与的总体概况。

阅读指南

本节介绍持续 SLA 的模型，在模型基础上描述了持续 SLA 价值流步骤；然后，对每个风险的起源进行详细描述；接着通过 RASCI 表格对服务水平经理的作用做进一步解释；最后解释了传统服务水平经理的工作与敏捷服务水平经理的区别。

之后几节则描述了持续 SLA 模型的每一个步骤，定义价值流范围（8）、定义价值流目标（9）、定义价值流映射（10）、定义 SLA 控制（11）、同意 SLA 规范（12）以及监控 SLA 控制（13）。

一、持续 SLA 模型

本节概述了持续 SLA 模型，如图 3.7.1 所示，并基于持续模型（图 3.5.2）描述了持续 SLA 的价值流（图 3.6.1）。

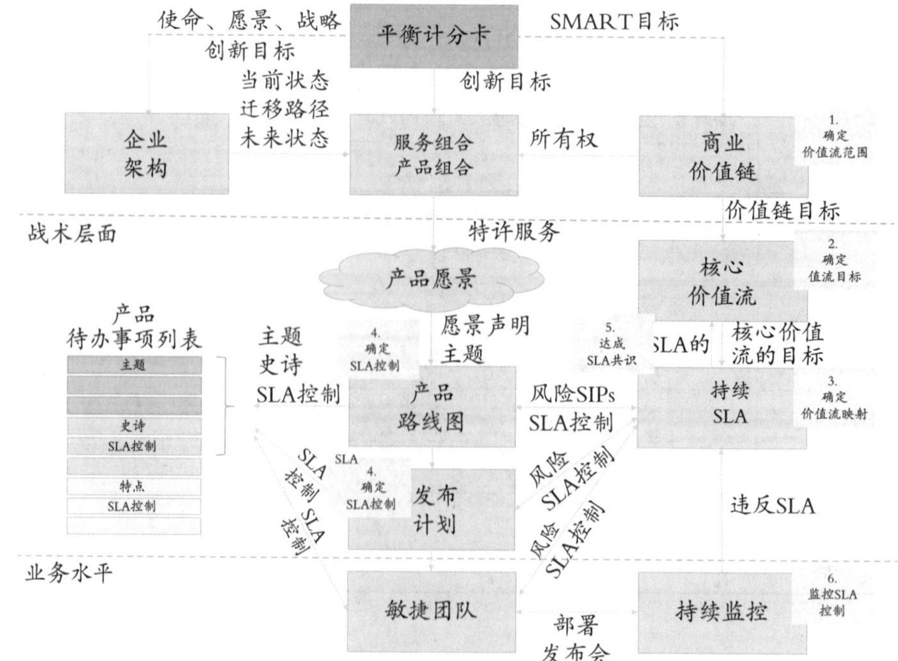

图 3.7.1　持续 SLA 模型

二、风险来源

SLA 的控制措施是对风险的对策。图 3.7.2 概述了价值路线图中每个步骤的风险来源。

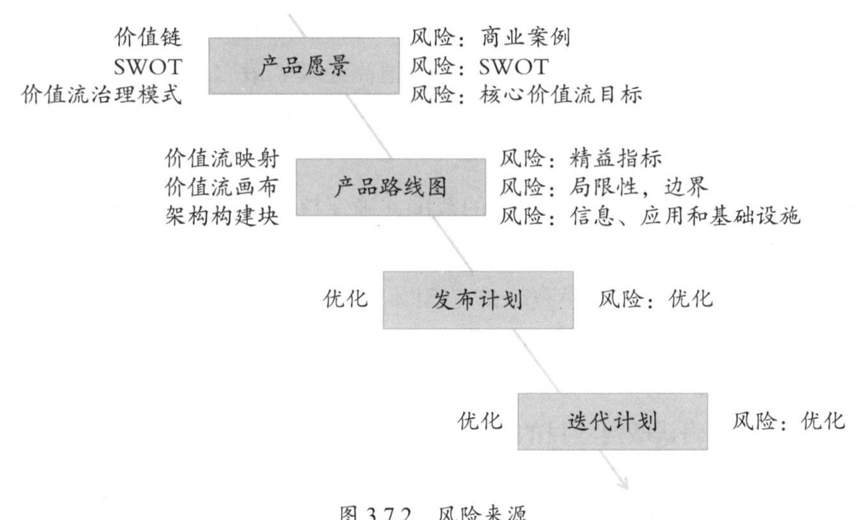

图 3.7.2　风险来源

三、持续 SLA RASCI 模型

表 3.7.1 描述了持续 SLA 价值流中的角色的定义。

表 3.7.1　持续 SLA 价值流的 RASCI 表

使用案例	负责人	责任归属	支持	咨询	通知
确定价值流的范围（1）	价值流经理	价值流所有者	企业架构师 产品负责人 服务水平经理	DevOps 团队	DevOps 团队
确定价值流目标（2）	价值流经理	价值流所有者	服务水平经理 产品负责人	DevOps 团队	DevOps 团队
确定价值流映射（3）	价值流经理	价值流所有者	领域架构师 服务水平经理 产品负责人	DevOps 团队	DevOps 团队
确定 SLA 控制（4）	产品负责人	服务水平经理	领域架构师 DevOps 团队	DevOps 团队	DevOps 团队
确定 SLA 规范（5）	价值流经理	服务水平经理	产品负责人	DevOps 团队	DevOps 团队
监控 SLA 控制（6）	产品负责人	服务水平经理	DevOps 团队	DevOps 团队	DevOps 团队

（1）价值流所有者

价值流所有者的职责包括根据核心价值流确定敏捷项目的范围，确定核心价值流的目标，以及确定核心价值流映射。通常情况下，价值流的所有者和管理者是同一个人。

价值流所有者也可以将任务委托给价值流管理者。

（2）价值流经理

核心价值流经理是产品负责人的利益相关方，因此负责确定项目的核心价值流的范围，并向核心价值流所有者报告。这也适用于核心价值流的目标和核心价值流映射。这些任务通常由核心价值流所有者委托给核心价值流经理。最后，核心价值流经理基于产品负责人和服务水平经理商定的 SLA 控制，与服务水平经理就 SLA 规范达成一致。

（3）服务水平经理

服务水平经理支持定义核心价值流的范围并确定核心价值流的目标。也包括核心价值流映射。与其他人不同，服务水平经理可以建立核心价值流和应用程序之间的关系。服务水平经理最终对 SLA 控制负责，这是 SLA 的基础。服务水平经理与价值流经理一起签订 SLA 并最终负责监控 SLA 的规范。

（4）产品负责人

产品负责人需要确认敏捷项目的核心价值流范围，同样也负责定义核心价值流目标和核心价值流映射。产品负责人负责建立对产品待办事项列表的 SLA 控制，并将其作为 DevOps 运营的一部分进行监控。

（5）设计师

企业架构师拥有核心价值流和应用环境的端到端的视图，并可以就核心价值流方面的敏捷项目的范围向核心价值流所有者提供建议。领域架构师对所设计的应用程序的架构有很好的了解，可以就应用程序与核心价值流的映射提出建议。领域架构师还可以提供确定信息、应用和基础设施风险及应对措施（SLA 控制）所需的构件表。

（6）DevOps 团队

DevOps 团队参与到持续 SLA 价值流的所有步骤中，因此必须咨询和通知他们。他们扮演的最重要的角色是共同确定风险和对策（SLA 控制）。这为 SLA 控制的计划、构建和测试提供的坚实基础，这也是服务水平经理在敏捷环境中取得成功的核心。

四、服务级别经理职位描述

本节的这部分从 PPPT 4 个角度介绍了敏捷服务水平经理与传统的服务水平经理之间的区别。

（1）人员

敏捷服务水平经理通过成为 DevOps 团队的积极参与者（教练），更多地参与到产品的生产过程中。所以服务水平经理需要具备使用精益指标、价值流、价值流画布和其他可视化的价值流等方法的能力。当涉及核心价值流的质量时，敏捷服务水平经理还应该更多地承担风险经理的角色。

这也意味着对核心价值流、信息、应用和基础设施构件的全面了解。正是基于更大的能力和对现状的全面了解，服务水平经理才有可能在 DevOps 团队中发挥更积极的作用。

（2）流程

从表 3.7.1 可以看出，敏捷服务水平经理在持续价值流的所有步骤中都有重要作用，从确定范围到监控 SLA 控制。通过更多地扮演 Scrum 教练的角色，敏捷服务水平经理在 DevOps 团队中起到积极的正面作用。

（3）合作伙伴

敏捷服务水平经理可以改善 DevOps 团队与内外部世界之间的关系。其中内部供应商包括提供 CI/CD 安全流水线的 DevOps 团队，外部供应商包括提供一些工具和应用程序的供应商。此外，还可能需要与该组织的合作伙伴达成协议。通过参与 DevOps 团队以及根据协议管理借口，可以创造巨大的附加价值。

（4）技术

服务水平管理的作用是管理核心价值流目标无法实现的风险。这些风险需要 SLA 的控制，这些控制不仅仅针对技术上的风险。因此，敏捷服务水平经理必须更深入地研究 ICT 的架构和趋势。

第 8 节　确定价值流范围（1）

提要

- 价值链模型可以用来确定敏捷项目的核心价值流。
- 市场上已经拟定了许多模型来描述如何塑造核心价值流。
- 可以由定制或软件包形式的软件支持核心价值流。

阅读指南

价值流范围是通过自上而下的方法确定的，可以基于价值路线图和价值链模型来确定。价值流范围的确定发生在价值路线图的第一步，即产品愿景。如图 3.8.1 中第一步所示 。

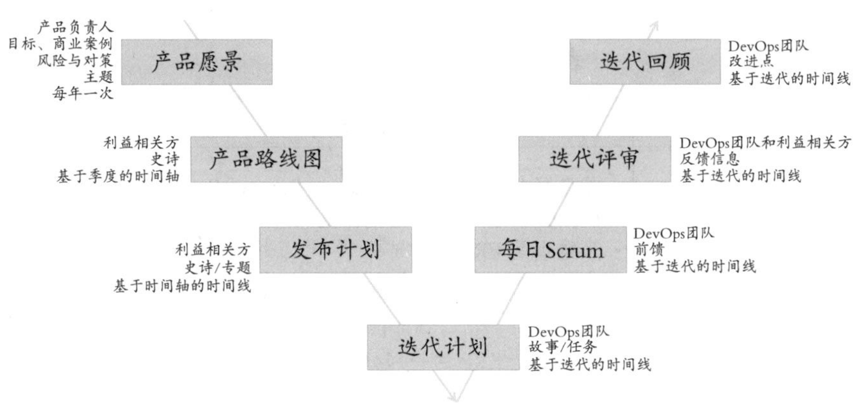

图 3.8.1　价值路线图中的定位

一、价值链

图 3.8.2 显示了波特价值链。

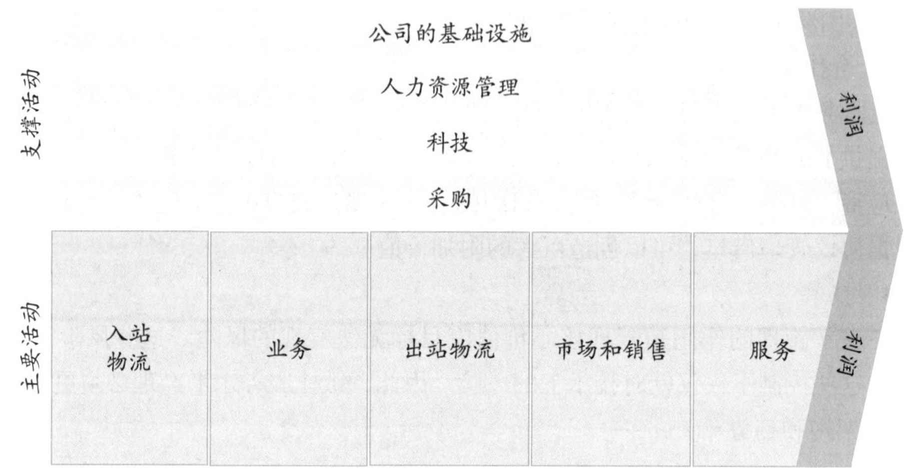

图 3.8.2 波特价值链

来源：（《竞争优势：创造和维持卓越绩效》，1998 年版）

价值链在实现价值路线图的第一步中发挥作用，用于选择组织需要为新的或调整的服务提供而调整的核心价值流（主要活动）。

价值链也可以用来表示启用价值流（支持活动）。支持价值流包括服务管理（SVS）、信息安全（ISVS）和开发管理（DVS）。此外，价值路线图中确定了主题和愿景，并制定了业务案例。

表 3.8.1 列出了价值链中每个步骤的核心价值流示例 。价值流通常在架构参考模型中定义，软件供应商还将此类模型应用于可以通过云或本地许可证购买的软件包中。敏捷项目关注的是使软件包适合自己组织所需的调整。SLA 控制必须被包含在客户 SLA 和与软件包供应商的合同中。

表 3.8.1 核心价值流示例

步骤	价值流	模型	软件包
入库物流	• 供应商 • 采购 • 股票 • 债权人	• 信息服务采购库（Information Services Procurement Library，ISPL）会影响采购 • 采购也是 ERP 的一部分	• SAP • Track
业务	• 制造	• 制造也是 ERP 的一部分	• Arena PLM • GanttPro • NC-Vision • WATS

续表

步骤	价值流	模型	软件包
出库物流	• 物流 • 运输	• 供应链运作参考模型（Supply Chain Operations Reference，SCOR）	• AFAS • Visma
市场和销售	• 广告 • 客户（CRM） • 销售 • 债务人	• 识别、区分、互动和定制（Identify, Differentiate, Interact, and Customise，IDIC）	• Dynamics 365 • Sales force
服务	• 维护 • 维修	• 信息技术基础设施库（Information Technology Infrastructure Library，ITIL）	• TOPdesk

当软件包支持核心价值流并且需要与竞争对手进行差异化竞争时，软件包越来越多地被自编应用程序所取代。毕竟，竞争对手也可以购买软件包，这意味着在该领域无法进行竞争，例如更快的上市时间。如果核心价值流不影响竞争力，则会购买标准软件包来替换其自己的应用程序。

第 9 节　确定价值流目标（2）

提要

• 在确定了敏捷项目所涉及的核心价值流后，可以用 SWOT 分析确定敏捷项目的业务案例。

• 业务案例的风险是第一个 SLA 控制的基础。

• 价值流治理模型显示了核心价值流目标和 SLA 控制之间的关系，以及交付和管理支持价值流（DVS, ISVS, SVS）的业务可识别对象。

• 基于成熟度模型，可以确定哪些能力还不够强大、无法管理 SLA 控制，从而实现核心价值流的目标。

阅读指南

以核心价值流确定 SLA 的范围后，确定核心价值流的目标非常重要，因为目标是确认 SLA 控制的主导。本节通过 SWOT 分析和价值流治理模型讨论了如何确定核心价值流目标。

一、SWOT 分析

业务案例包括高级别的风险分析，例如基于 SWOT 的分析，如图 3.9.1 所示。 这些风险可以转化为 SLA 控制。

SWOT	支持你的核心价值流目标	损害了你的核心价值流目标
在你的组织内	强度 • …… • …… • ……	弱点 • …… • …… • ……
在你的组织外	机会 • …… • …… • ……	威胁 • …… • …… • ……

图 3.9.1　SWOT 分析

二、价值流治理模型

图 3.9.2 提供了核心价值流（业务）和启用价值流（SVS、ISVS 和 DVS）的整体概览。核心价值流有 3 个目标：

（1）绩效目标

（2）功能目标

（3）成熟度目标

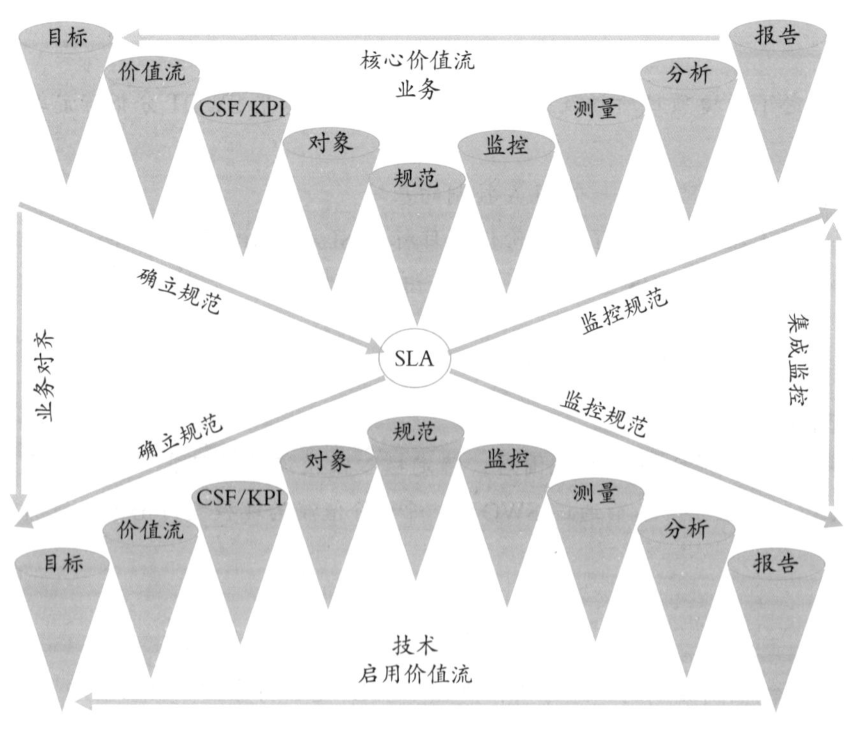

图 3.9.2　价值流治理模型

绩效目标代表价值创造的程度，源自业务目标。功能目标是指核心价值流所提供的服务或产品。成熟度目标表示核心价值流的预置程度，以能力成熟度模型（Capability

Maturity Model, CMM）的成熟度等级来衡量，如图 3.9.3 所示。

未实现绩效目标的风险可以通过 CSF 来缓解降低或预防乃至消除，并以 KPI 来衡量 CSF 的有效程度。因此，KSF 是 SLA 控制的同义词。核心价值流使用由启用价值流按照商定的 SLA 规范交付的对象。

这也适用于启用价值流，启用价值流也具有必须得到管理的价值流目标。服务水平经理以运营水平协议（Operational Level Agreement，OLA）的形式与启用价值流经理达成协议。

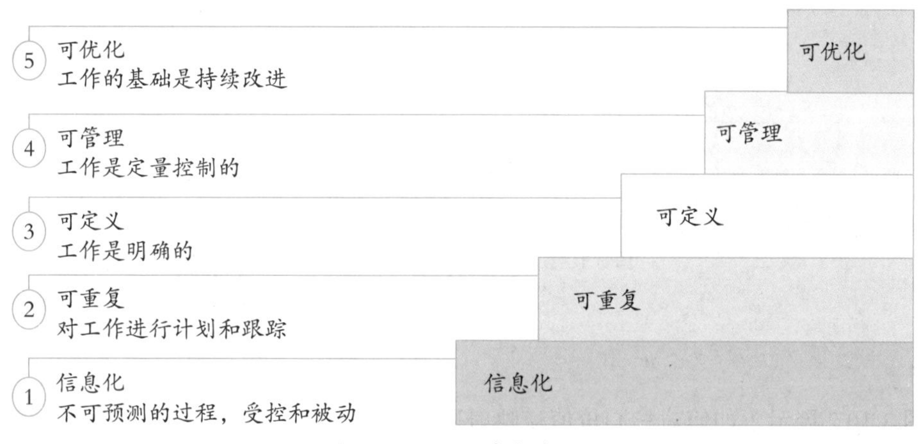

图 3.9.3　CMM 成熟度目标

核心价值流的成熟度越高，就越容易保证 SLA 控制。理想情况下，核心价值流处于 4 级（受管理）是最佳状态。但就荷兰的现状来看，核心价值流基本是 2 级（可重复）。核心价值流不成熟的主要原因是手工作业仍然有比较大的比重，因此，数字化是许多组织正在考虑的突破口，这也能增加实现核心价值流目标的确定性。

第 10 节　确定价值流映射（3）

提要

- 核心价值流可以通过价值流模型可视化。
- 核心价值流为企业的价值创造提供了实质内容。因此，这些核心价值流的目标构成了必须通过 SLA 控制进行管理的风险的基础。
- 核心价值流映射模型可用于确定所选核心价值流的精益指标。
- 此外，该模型可以用于映射构建块并找到生成和维护这些构建块的 DevOps 团队。

阅读指南

价值路线图的第二步是产品路线图，它为管理所选核心价值流的风险奠定了基础。通过执行核心价值流映射，可以在持续 SLA 价值流的下一步进行风险分析以获取信息。

一、价值路线图

路线图的确定可以产生许多 SLA 控制，并发生在价值路线图的第二步 " 产品路线图 " 中，如图 3.10.1 所示。

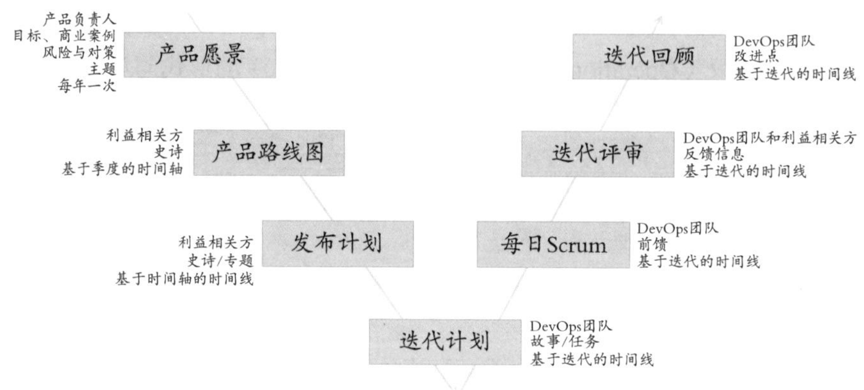

图 3.10.1　在价值路线图中的定位

二、价值流映射

图 3.10.2 展示了如何对核心价值流映射进行建模。核心价值流映射的核心是新服务或修改后的服务的核心价值流。精益指标是根据核心价值流（用例）的每个步骤进行识别的，并与应用程序的架构构建块和管理它们的 DevOps 团队以及他们使用的工具进行映射。关于架构构件的解释在《持续设计》（2023 年版）一书中有描述。

由精益指标可以看到的浪费能被转化为效率风险，并可以通过 SLA 控制进行管理。

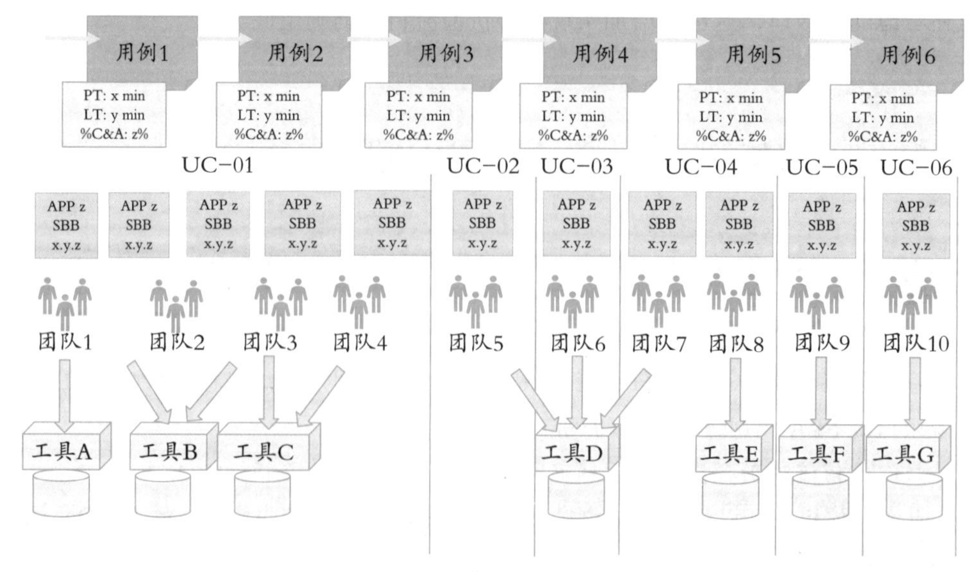

图 3.10.2　价值流映射模型

第 11 节　确定价值流控制（4）

提要

- 价值流画布模型可用于可视化核心价值流的当前状态和未来状态。
- 未来状态是根据改进点（改进项目）来确定的。
- 改进项目是基于性能和功能的限制来确定的。
- 通过确定价值流的精益指标，可以明确定义限制和边界。

阅读指南

本节概述了核心价值流风险的起源，随后，用价值流画布来说明如何利用 SLA 控制来从当前状态转移到未来状态。

一、价值路线图

路线图的确定可以产生许多SLA控制，这发生在价值路线图的第二步“产品路线图”，如图 3.11.1 中所示。

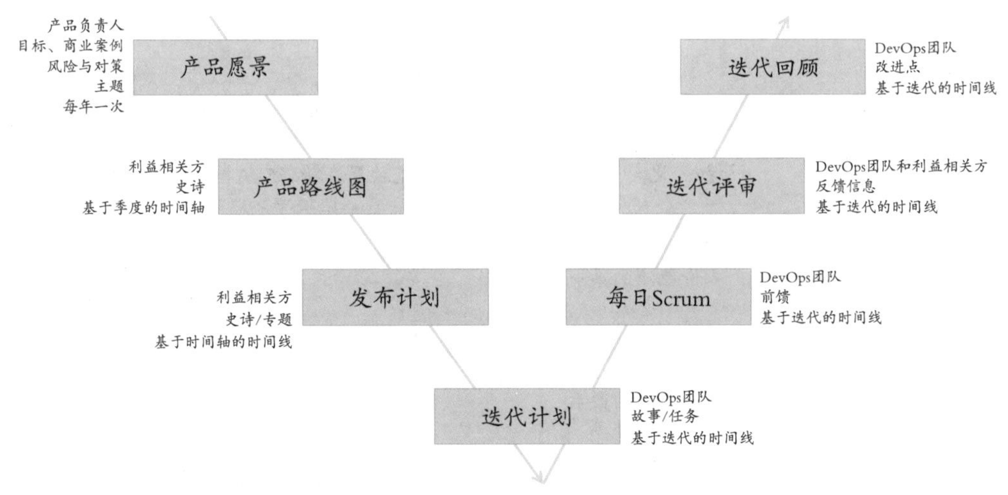

图 3.11.1　在价值路线图中的定位

二、价值流画布

价值流画布模型用于确定一个核心价值流的当前和未来状态。在这里，我们首先给出了价值流画布模型的内容，然后给出了一个模板和示例。

1. 内容

价值流画布的内容是：

- 元数据：
  - 价值流的触发
  - 价值流的第一步和最后一步
  - 价值流的执行频率
- 当前状态：
  - 价值流的当前步
- 未来状态：
  - 价值流的未来步骤
- 边界和限制：
  - 边界：
    - 由于功能缺陷造成的结果限制
  - 限制：
    - 由于性能限制造成的结果限制
- 改进项目：
  - 可以做哪些改进来弥补功能上的缺陷（边界）或降低性能上的限制（限制）

2. 模板

图 3.11.2 是一个价值流画布的模板。

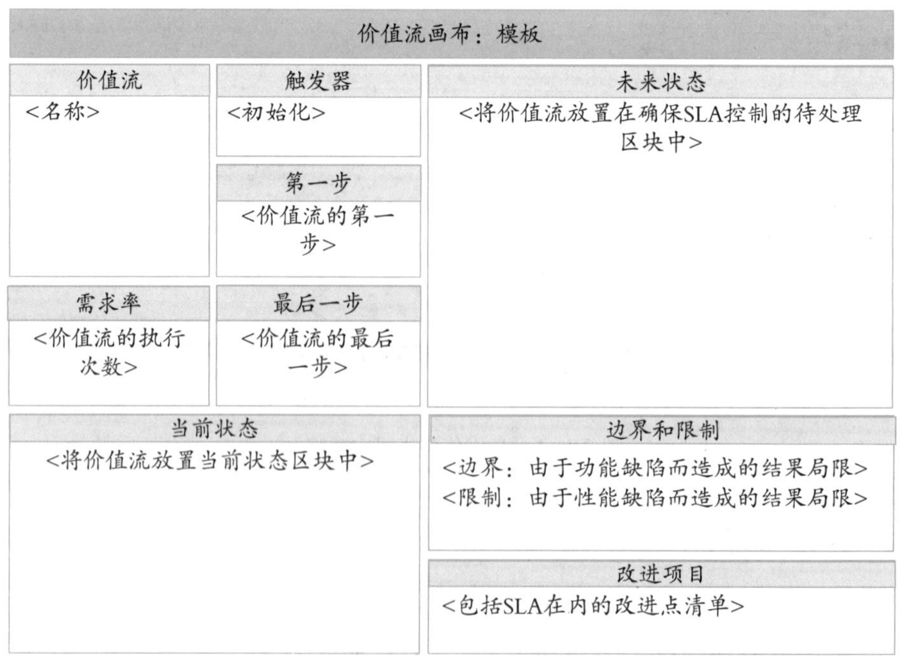

价值流画布：模板
价值流
<名称>
触发器
<初始化>
未来状态
<将价值流放置在确保SLA控制的待处理区块中>
第一步
<价值流的第一步>
需求率
<价值流的执行次数>
最后一步
<价值流的最后一步>
当前状态
<将价值流放置当前状态区块中>
边界和限制
<边界：由于功能缺陷而造成的结果局限>
<限制：由于性能缺陷而造成的结果局限>
改进项目
<包括SLA在内的改进点清单>

图 3.11.2　价值流画布模板

（1）价值流

价值流的名称位于左上方，名称应包含整个从开始到结束的价值流。

（2）触发条件

每个价值流都由现实中的一个事件开始的。这不是价值流的第一步，而是导致价值流的第一步被执行的事件。

（3）第一步 / 最后一步

确定价值流的范围很重要，就因为往往存在价值流链。因此，确定价值流的第一步和最后一步是非常重要的。

（4）需求率

价值流必须执行的次数可以决定实施改进的商业案例。从另一个层面讲，需求率也是一种风险，因为要实施的核心服务可能无法提供实现价值流目标所需的性能。如果不能接受这种风险的几率和影响，就必须为此建立 SLA 控制措施，作为风险的对策。

（5）当前状态

当前状态代表价值流的步骤，也是是后面将详细介绍的用例。在当前状态下，必须确定当前在性能（限制）和功能（边界）方面的限制在哪里，必须对这将要创建的价值流进行预测。该预测可以通过对精益指标（LT、PT 和 %C/A）的测量和估计来确定。这些指标可以指示风险，因为如果价值流中存在大量的浪费，价值流的目标可能就无法实现。对于持续 SLA，只使用估计值即可，不一定要精确，知道价值流中的痛点在哪里就足够了。一般来说，只要有合适的 SME，就可以在一小时内建立价值流画布。

如果不接受这些风险，就必须为已识别的风险定义 SLA 控制。例如，如果生产过程中产品的 LT 持续时间比客户要求的时间长，那么回购的数量将急剧下降，产品的盈利能力也随之下降。产品的完成度和准确度不符合客户要求，就会导致这种情况。

（6）边界和限制

每个信息系统都有阻碍成果改进的瓶颈。这些既可以是边界，也可以是限制。解决边界（功能约束）也可以提高性能。因此，边界和限制都是风险的来源，需要 SLA 的控制。

（7）改进项目

通过边界和限制可以确认 SLA 控制。这些 SLA 控制可作为产品待办事项列表的输入，它们可以作为主题、史诗、特性或故事放在产品待办事项列表上。

（8）未来状态

如果改进措施使得当前状态得以调整，将制定一个未来状态，状态中包含价值流中实施 SLA 控制所必须的内容。

3. 示例

图 3.11.3 展示了一个价值流画布模型的示例， 这是一个在线保单管理服务。

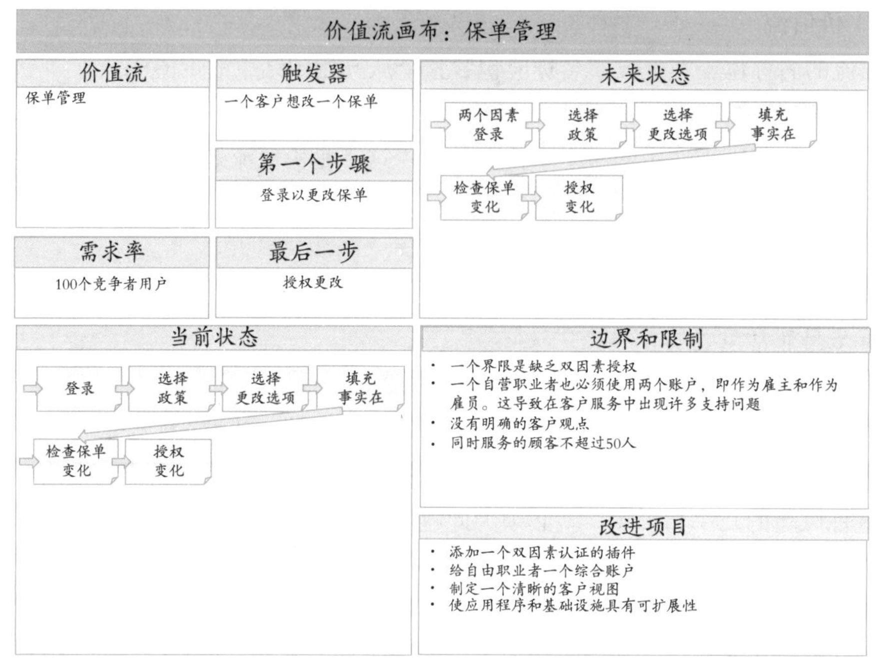

图 3.11.3　用于政策管理的价值流画布

（1）价值流名称

该价值流的名称是“在线保单管理服务”。

（2）触发条件

触发条件是需要更改保单。每天产生 100 次需求，而信息系统只能处理 50 个并发用户。

（3）第一 / 最后一步

第一步是激活登录，最后一步是由客户授权进行更改。

（4）需求率

需求率显示有 100 个用户同时改变保单，没有区分保单的类型。

（5）当前状态

当前状态显示了一些重要的步骤。

（6）边界和限制

如果没有双因素认证，可能会出现使用被盗密码进行欺诈的行为。所以，边界是双因素认证。这是一个必须用 SLA 控制来消除和监控的安全问题。对于既是雇主又是雇员的自营职业者来说，必须使用两个账户，这也被视为一种边界，这样他们必须登录两次才能获得保险的全部情况。可以通过 SLA 控制来管理信息的可访问性程度（所需账户的数量、屏幕的数量、鼠标点击的数量），这是一个质量方面的风险。

没有明确的客户视图是一种边界，因为这会导致客户和供应商在互动过程中出现沟通延迟，造成浪费。客户不断被转移到其他部门，而供应商也不知道客户已经拥有哪些保险产品，这种不充分的管理也是客户友好性的风险，可以通过 SLA 控制来控制。

最后，对信息系统并发用户数量的限制是一种性能限制。可以通过 SLA 控制来解决和监控。由价值流经理和产品负责人决定在敏捷项目中需要承担哪些风险，以及通过哪些方式来控制这些风险。将风险完整地纳入 SLA，并记录哪些 SLA 控制可以实施非常重要。

（7）改进项目

改进项目指的是通过 SLA 控制措施来解决已识别出的价值流边界和限制的解决方案。

（8）未来状态

未来状态显示了为了实施改进需要对价值流进行哪些调整，未来状态中不需要显示所有的改进项目。同样，并非所有的限制和界限都必须位于相关的价值流中。相邻的价值流可能是正在进行的价值流的性能下降的根本原因。

SLA 控制包括在价值路线图的下一步，即价值流映射，该图将引导每个利益相关方通过史诗完成路线图。该步骤将确定如何实施这些 SLA 控制，以便将其放在产品待办事项列表上。

三、架构构建块

本节的这部分以咖啡服务为案例，通过架构构建块进行风险分析示例。这些构建块可以在图 3.11.4 所示的价值流映射中找到。完整的构建块图可以在图 3.11.5、图 3.11.6 和图 3.11.7 中找到，分别展示了咖啡服务中的 SBB-I、SBB-A 和 SBB-T 的类型的构建块图。这些构建块对于实现咖啡服务的所有核心价值流至关重要。

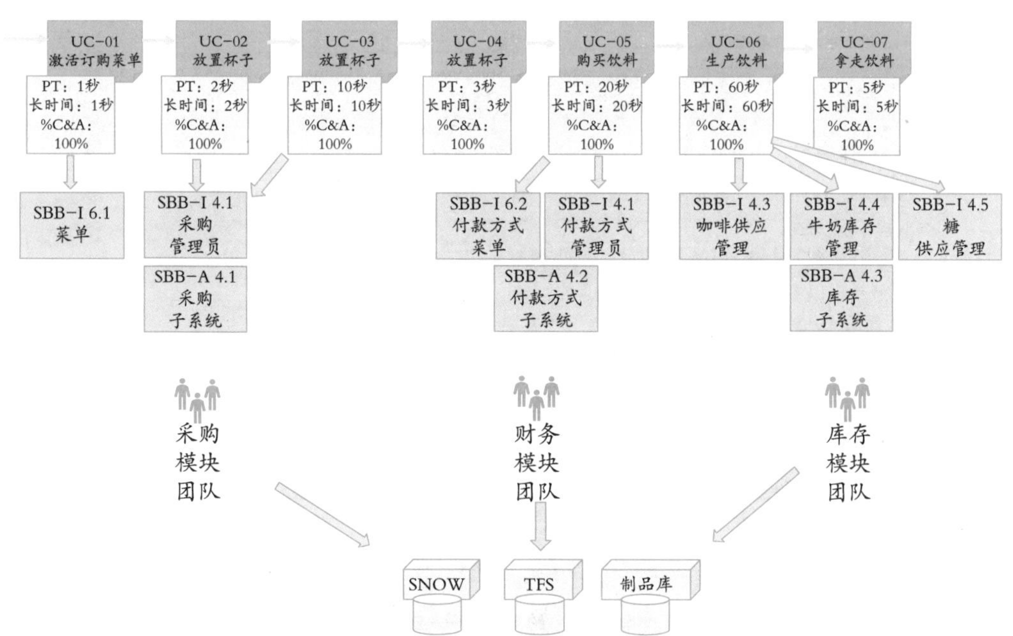

图 3.11.4　咖啡服务的核心价值流映射

咖啡服务SBB-I

层										
7.信息服务	SBB-I 7.1 购买 服务	SBB-I 7.2 缴费 服务	SBB-I 7.3 清洁 服务	SBB-I 7.4 <名称>	SBB-I 7.5 <名称>	SBB-I 7.6 <名称>	SBB-I 7.7 <名称>	SBB-I 7.8 <名称>	SBB-I 7.9 <名称>	SBB-I 7.10 <名称>
6.用户界面模式	SBB-I 6.3 购买 菜单	SBB-I 6.3 付款方式 菜单	SBB-I 6.3 清洁选项 菜单	SBB-I 6.3 在线 帮助	SBB-I 6.5 <名称>	SBB-I 6.6 <名称>	SBB-I 6.7 <名称>	SBB-I 6.8 <名称>	SBB-I 6.9 <名称>	SBB-I 6.10 <名称>
5.商业报告模式	SBB-I 5.1 使用 统计	SBB-I 5.2 收入 报告	SBB-I 5.3 清洁 报告	SBB-I 5.4 <名称>	SBB-I 5.5 <名称>	SBB-I 5.6 <名称>	SBB-I 5.7 <名称>	SBB-I 5.8 <名称>	SBB-I 5.9 <名称>	SBB-I 5.10 <名称>
4.信息对象	SBB-I 4.1 购买 管理员	SBB-I 4.2 缴费 管理员	SBB-I 4.3 咖啡库存 管理部	SBB-I 4.4 牛奶库存 管理部	SBB-I 4.5 糖库存 管理部	SBB-I 4.6 <名称>	SBB-I 4.7 <名称>	SBB-I 4.8 <名称>	SBB-I 4.9 <名称>	SBB-I 4.10 <名称>
3.信息配置对象	SBB-I 3.1 价格 配置	SBB-I 3.2 付款方式 配置	SBB-I 3.3	SBB-I 3.4 <名称>	SBB-I 3.5 <名称>	SBB-I 3.6 <名称>	SBB-I 3.7 <名称>	SBB-I 3.8 <名称>	SBB-I 3.9 <名称>	SBB-I 3.10 <名称>
2.信息接口	SBB-I 2.1 购买 统计数据	SBB-I 2.2 咖啡使用方 法统计数据	SBB-I 2.3 牛奶使用方 法统计数据	SBB-I 2.4 糖使用方法 统计数据	SBB-I 2.5 餐馆 菜谱	SBB-I 2.6 发票	SBB-I 2.7 <名称>	SBB-I 2.8 <名称>	SBB-I 2.9 <名称>	SBB-I 2.10 <名称>
1.信息管理支持工具	SBB-I 1.1 上传 餐馆菜谱	SBB-I 1.2 <名称>	SBB-I 1.3 <名称>	SBB-I 1.4 <名称>	SBB-I 1.5 <名称>	SBB-I 1.6 <名称>	SBB-I 1.7 <名称>	SBB-I 1.8 <名称>	SBB-I 1.9 <名称>	SBB-I 1.10 <名称>

图 3.11.5　咖啡服务的示例——信息系统构建块

咖啡服务SBB-A

层										
7.应用服务	SBB-A7.1 遥控登录 服务	SBB-A7.2 维护 服务	SBB-A7.3 配置 服务	SBB-A7.4 <名称>	SBB-A7.5 <名称>	SBB-A7.6 <名称>	SBB-A7.7 <名称>	SBB-A7.8 <名称>	SBB-A7.9 <名称>	SBB-A7.10 <名称>
6.应用程序的用户界面模式	SBB-A6.1 遥控登录 GUI	SBB-A6.2 维护 GUI	SBB-A6.3 配置 GUI	SBB-A6.4 状况界面 GUI	SBB-A6.5 <名称>	SBB-A6.6 <名称>	SBB-A6.7 <名称>	SBB-A6.8 <名称>	SBB-A6.9 <名称>	SBB-A6.10 <名称>
5.应用报告模式	SBB-A5.1 审计跟踪 远程访问	SBB-A5.2 活动 报告	SBB-A5.3 配置 报告	SBB-A5.4 <名称>	SBB-A5.5 <名称>	SBB-A5.6 <名称>	SBB-A5.7 <名称>	SBB-A5.8 <名称>	SBB-A5.9 <名称>	SBB-A5.10 <名称>
4.应用功能对象	SBB-A4.1 秩序 子系统	SBB-A4.2 缴费 子系统	SBB-A4.3 库存 子系统	SBB-A4.4 AIM 子系统	SBB-A4.5 客户关系 管理子系统	SBB-A4.6 <名称>	SBB-A4.7 <名称>	SBB-A4.8 <名称>	SBB-A4.9 <名称>	SBB-A4.10 <名称>
3.应用技术对象	SBB-A3.1 GUI 层数	SBB-A3.2 GUI REST API层数	SBB-A3.3 烹饪食谱 模块	SBB-A3.4 数据REST API层数	SBB-A3.5 数据 层数	SBB-A3.6 PLC REST API层数	SBB-A3.7 遥控 装置	SBB-A3.8 <名称>	SBB-A3.9 <名称>	SBB-A3.10 <名称>
2.应用程序接口	SBB-A2.1 银行系统 界面	SBB-A2.2 遥控登录 界面	SBB-A2.3 <名称>	SBB-A2.3 <名称>	SBB-A2.5 <名称>	SBB-A2.6 <名称>	SBB-A2.7 <名称>	SBB-A2.8 <名称>	SBB-A2.9 <名称>	SBB-A2.10 <名称>
1.应用管理支持工具	SBB-A1.1 遥控部署 工具	SBB-A1.2 恢复 工具	SBB-A1.3 <名称>	SBB-A1.4 <名称>	SBB-A1.5 <名称>	SBB-A1.6 <名称>	SBB-A1.7 <名称>	SBB-A1.8 <名称>	SBB-A1.9 <名称>	SBB-A1.10 <名称>

图 3.11.6　咖啡服务的示例——应用系统构建块

咖啡服务SBB-T

7.基础设施服务	SBB-T7.1 应用设施服务	SBB-T7.2 数据储存服务	SBB-T7.3 平台服务	SBB-T7.4 沟通沟通服务	SBB-T7.5 网络服务	SBB-T7.6 基础设施管理支持服务	SBB-T7.7 <名称>	SBB-T7.8 <名称>	SBB-T7.9 <名称>	SBB-T7.10 <名称>
6.应用设施服务	SBB-T6.1 个性化服务服务	SBB-T6.2 <名称>	SBB-T6.3 <名称>	SBB-T6.4 <名称>	SBB-T6.5 <名称>	SBB-T6.6 <名称>	SBB-T6.7 <名称>	SBB-T6.8 <名称>	SBB-T6.9 <名称>	SBB-T6.10 <名称>
5.数据存储服务	SBB-T5.1 交易日期	SBB-T5.2 活动	SBB-T5.3 帐户数据	SBB-T5.4 授权数据	SBB-T5.5 <名称>	SBB-T5.6 <名称>	SBB-T5.7 <名称>	SBB-T5.8 <名称>	SBB-T5.9 <名称>	SBB-T5.10 <名称>
4.平台服务	SBB-T4.1 操作系统服务	SBB-T4.2 虚拟机服务	SBB-T4.3 LDAP服务	SBB-T4.4 <名称>	SBB-T4.5 <名称>	SBB-T4.6 <名称>	SBB-T4.7 <名称>	SBB-T4.8 <名称>	SBB-T4.9 <名称>	SBB-T4.10 <名称>
3.通讯服务	SBB-T3.1 TSOL	SBB-T3.2 TCP/IP	SBB-T3.3 呼叫中心(FTPS	SBB-T3.4 <名称>	SBB-T3.5 <名称>	SBB-T3.6 <名称>	SBB-T3.7 <名称>	SBB-T3.8 <名称>	SBB-T3.9 <名称>	SBB-T3.10 <名称>
2.网络服务	SBB-T2.1 编码服务	SBB-T2.2 DNS服务	SBB-T2.3 <名称>	SBB-T2.3 <名称>	SBB-T2.5 <名称>	SBB-T2.6 <名称>	SBB-T2.7 <名称>	SBB-T2.8 <名称>	SBB-T2.9 <名称>	SBB-T2.10 <名称>
1.基础设施管理支持工具	SBB-T1.1 监测工具	SBB-T1.2 <名称>	SBB-T1.3 <名称>	SBB-T1.4 <名称>	SBB-T1.5 <名称>	SBB-T1.6 <名称>	SBB-T1.7 <名称>	SBB-T1.8 <名称>	SBB-T1.9 <名称>	SBB-T1.10 <名称>

图 3.11.7 咖啡服务的示例——技术系统构建块

咖啡服务SBB-A

7.应用服务	SBB-A7.1 遥控登录服务	SBB-A7.2 维护服务	SBB-A7.3 配置服务	SBB-A7.4 <名称>	SBB-A7.5 <名称>	SBB-A7.6 <名称>	SBB-A7.7 <名称>	SBB-A7.8 <名称>	SBB-A7.9 <名称>	SBB-A7.10 <名称>
6.应用程序的用户界面模式	SBB-A6.1 遥控登录GUI	SBB-A6.2 维护GUI	SBB-A6.3 配置GUI	SBB-A6.4 状况界面GUI	SBB-A6.5 <名称>	SBB-A6.6 <名称>	SBB-A6.7 <名称>	SBB-A6.8 <名称>	SBB-A6.9 <名称>	SBB-A6.10 <名称>
5.应用报告模式	SBB-A5.1 审计跟踪远程访问	SBB-A5.2 活动报告	SBB-A5.3 配置报告	SBB-A5.4 <名称>	SBB-A5.5 <名称>	SBB-A5.6 <名称>	SBB-A5.7 <名称>	SBB-A5.8 <名称>	SBB-A5.9 <名称>	SBB-A5.10 <名称>
4.应用功能对象	SBB-A4.1 秩序子系统	SBB-A4.2 缴费子系统	SBB-A4.3 库存子系统	SBB-A4.4 AIM子系统	SBB-A4.5 客户关系管理子系统	SBB-A4.6 <名称>	SBB-A4.7 <名称>	SBB-A4.8 <名称>	SBB-A4.9 <名称>	SBB-A4.10 <名称>
3.应用技术对象	SBB-A3.1 GUI层数	SBB-A3.2 GUI REST API层数	SBB-A3.3 烹饪食谱模块	SBB-A3.4 数据REST API层数	SBB-A3.5 数据层数	SBB-A3.6 PLC REST API层数	SBB-A3.7 遥控装置	SBB-A3.8 <名称>	SBB-A3.9 <名称>	SBB-A3.10 <名称>
2.应用程序接口	SBB-A2.1 银行系统界面	SBB-A2.2 遥控登录界面	SBB-A2.3 <名称>	SBB-A2.3 <名称>	SBB-A2.5 <名称>	SBB-A2.6 <名称>	SBB-A2.7 <名称>	SBB-A2.8 <名称>	SBB-A2.9 <名称>	SBB-A2.10 <名称>
1.应用管理支持工具	SBB-A1.1 遥控部署工具	SBB-A1.2 恢复工具	SBB-A1.3 <名称>	SBB-A1.4 <名称>	SBB-A1.5 <名称>	SBB-A1.6 <名称>	SBB-A1.7 <名称>	SBB-A1.8 <名称>	SBB-A1.9 <名称>	SBB-A1.10 <名称>

图 3.11.8 带有范围和风险的 SBB-A 的示例

构建块图可以用来显示下一季度的范围（史诗），这些模块图可以用深蓝色表示新软件，浅蓝色表示需要修改的软件，蓝色表示已使用但未修改的软件，灰色表示未使用模块。

根据范围确定后，可以与SME举行一次一个小时左右的风险会议。在风险会议之前，根据范围要求将空白的构建块涂成高风险（深蓝色）、中风险（深蓝色）和低风险（蓝色）。会议开始时，通过最坏情况的方法消除颜色差异（一个深蓝色模块表示红色风险，以此类推）。然后为每一种颜色的模块举行头脑风暴会议，收集各个风险，而后确定SLA控制。针对SBB-I、SBB-A和SBB-T构建模块各自举行风险会议。

四、风险和SLA控制示例

表3.11.1给出了一些风险和控制的示例。这些例子与持续SLA价值流的用例有关。

表 3.11.1 风险和控制示例

用例	风险举例	SLA 控制
UC-01 确定价值流范围	• 价值链 ○购买的软件包（如ERP和CRM系统）之间存在集成瓶颈	• 价值链 ○确定软件包之间的联系，并确定如何防止核心价值流的集成瓶颈，然后安排集成测试
UC-02 确定价值流目标	• SWOT ○数据泄露 • 治理模式 ○账单的结算速度未达到预期 ○未能实现营业额目标，因为上市时间太短 ○未达成成熟度目标，因为请求的处理是手动的	• SWOT ○确定ISO 27001控制措施的合规性 • 治理 ○确定瓶颈并确定最大账单周期 ○确定瓶颈并就TTM标准达成一致。例如，DTAP流水线的交付时间 ○将手动处理数字化，且达成一致。例如，核心价值流中手动步骤的最大百分比
UC-03 确定价值流映射	• 价值流映射 ○限制 ○边界	• 价值流映射 ○就SIP的SLA控制达成一致，以消除每季度价值流中的瓶颈

第12节 制定SLA规范（5）

提要

- SLA规范必须与由DevOps团队实现的SLA控制相关。
- SLA规范有多种多样。为了防止其差异过大，服务等级可以分为黄金级、白银级和青铜级。
- SLA规范是按价值流、服务和产品层面划分的。

阅读指南

本节给出了一个关于 SLA 规范分类的示例。

一、服务规范

表 3.12.1 列举了一些风险的例子，这些风险已被转化为 SLA 控制。通过 KPI 和用于测量的标准，可以量化 SLA 控制措施。

表 3.12.1　风险和控制示例

对象	风险	SLA 控制	KPI	标准
价值流	账单的结算速度未达标	准备和发送发票的最长时间为 8 小时	计费周期	8 小时
服务	TTM 太低	CI/CD 安全流水线中无手动步骤	流水线中的手动步骤	0
产品	数据泄露	通过漏洞扫描来检查数据存储的情况	漏洞扫描	每天或每次变更
		最高的 CIA 等级，最短的监控周期	CIA 评级	333

第 13 节　监控 SLA 控制（6）

提要

- 监控原型可以分为 4 个视图，即业务视图、信息视图、应用视图和组件视图。
- 监控分类模型显示了基于这 4 个视图的所有监控原型。

阅读指南

本节概述了 4 个监控视图和监控原型。

一、监控分类模型

图 3.13.1 以持续监控层模型的形式提供了 4 个监控视图的概览。这些层是根据 Zachman 的企业架构模型得出的。核心价值流由业务监控表示，其他 3 个视图表示支持价值流。

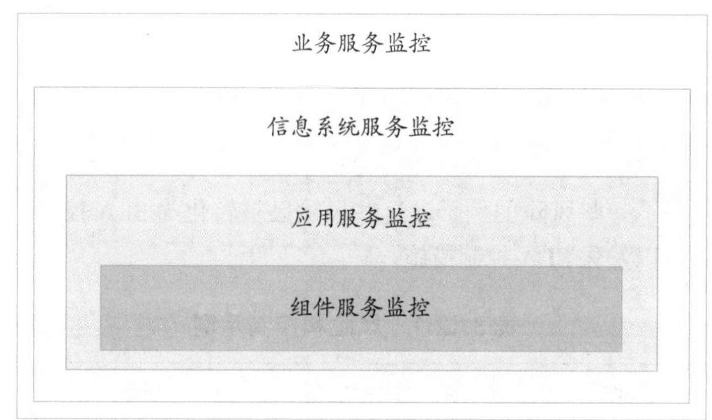

图 3.13.1　持续监控层模型

1. 业务服务监控

业务服务监控层关注业务流程或核心价值流，并根据精益指标、信息流和实际用户交易来衡量这些核心价值流。通过这种方式，可以确定核心价值流的表现是否符合预期，并找出瓶颈所在。

持续监控的核心理念是增加核心价值流所交付的成果。精益指标被用来确定、消除或减少核心价值流中的浪费。精益指标源自丰田的方法，其通过定位和消除浪费来提高汽车制造效率。

2. 信息系统服务监控

更多的应用程序与基础设施一起，构成了一个或多个核心价值流的支持服务。模拟用户的机器人可以用于对信息系统进行 E2E 监控。E2E 基础设施的测量也可以由基础设施链和这些链中的域来执行。这可以用来确定支持核心价值流的支持服务是否符合约定的 SLA 标准。

3. 应用服务监控

应用服务监控侧重于衡量应用和基础设施服务的可访问性。这是一种主动测量，例如通过应用程序的 REST API 和基础设施服务的 SMNP 请求。这可以用来确定构成一个信息系统的各个部分是否按照 SLA 规范工作。

4. 组件服务监控

服务监控组件通过测量组件的内部服务、收集和评估事件、测量使用的资源（占用空间）以及可能连接到该组件的内部监控设施，重点关注应用程序或基础设施组件的内部运作。

二、监控分类模型

图 3.13.2 显示了一个监控分类模型。每个 SLA 控制可以使用这些监控原型之一或多个在生产环境中进行监控。有关这些监控原型的更多背景信息，请参阅《持续监控》（2023 年版）。

图 3.13.2　监控分类模型

第 14 节　咖啡案例

本节讨论持续 SLA 价值流的应用示例，如图 3.14.1 所示。所选的示例是通过识别咖啡饮用者并预测咖啡饮用者在特定时刻想要喝的咖啡，来个性化咖啡机的功能。个性化内容包括咖啡的浓度、咖啡因含量、糖分和牛奶，基于咖啡饮用者来维护个人偏好。

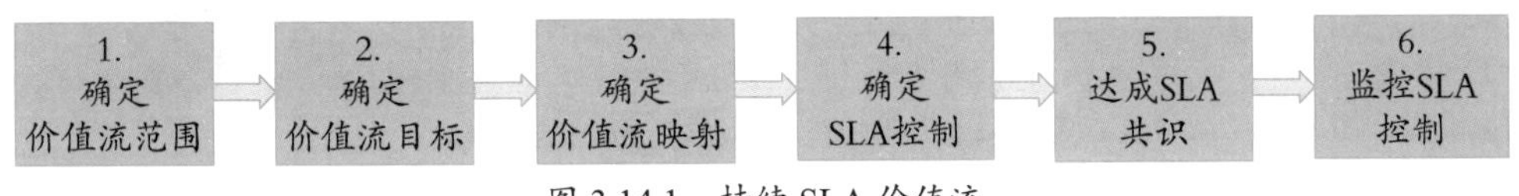

图 3.14.1　持续 SLA 价值流

本节后续段落将以咖啡案例为例，详细阐述持续 SLA 价值流中的每个用例。

一、确定价值流范围（1）

第一个用例涉及以价值流视角确定敏捷项目的范围。这个用例应该在价值路线图中的"产品愿景"这一步发生。范围的确定始于对变更的愿景声明。

1. 愿景声明

这个敏捷项目的愿景在愿景声明中得以体现，如下所示。

> **愿景声明**
>
> For（适用于）：咖啡饮用者
> Who（谁）：想要快速喝到合适的咖啡的人
> The（该）：个性化的咖啡
> Is a（是一个）：机器人流程自动化软件（Robotic Processing Automation, RPA）
> That（这一点）：识别咖啡饮用者并维护其档案
> Unlike（不像）：我们的竞争对手使用非个性化的咖啡机
> Our product（我们的产品）：是一台咖啡机，它具有生物面部识别功能，并为给定星期几和一天中的时间段建立咖啡饮用者的咖啡饮用配置文件。根据这个配置文件，当咖啡饮用者站在咖啡机前时，选择菜单会根据配置文件中选择的值填充。

2. 价值链

在图 3.14.2 中，基于愿景声明描绘了咖啡机在波特价值链上的位置，这样可以很容易地看出这项新服务对价值链的影响。对核心价值流的负面影响必须在敏捷项目中通过 SLA 控制或者通过调整核心价值流目标来进行管理。第一步是将个性化咖啡机映射到价值链上。

根据图 3.14.2 中个性化咖啡机与价值链的映射关系，对每个核心价值流进行了影响评估，其结果见表 3.14.1。

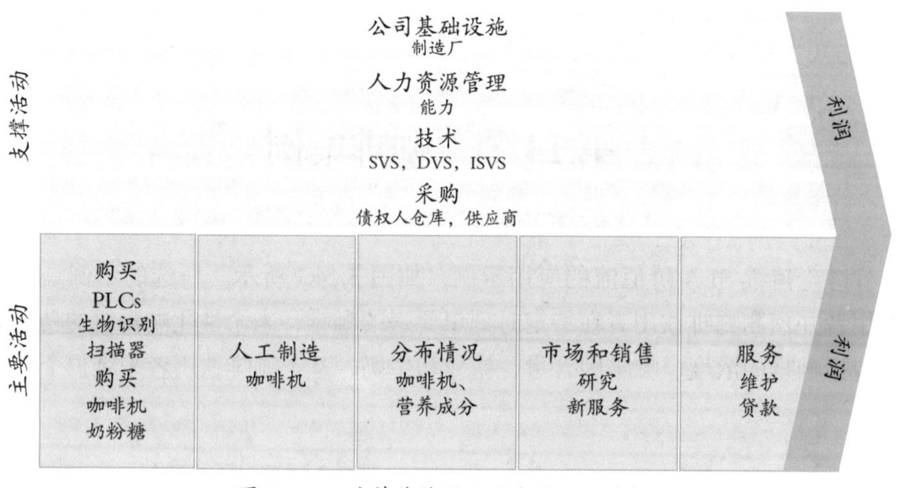

图 3.14.2　波特价值链用于个性化咖啡机

表 3.14.1　愿景声明对价值流的影响

步骤	价值流	缩写	影响	可交付的成果
入库物流	供应商	SUP	• 购买生物识别组件的新供应商	• 新合同
	购买	PUR	• 调整货物流通中的生物识别组件	• 订单和账单的界面

步骤	价值流	缩写	影响	可交付的成果
入库物流	库存	STK	• 存储生物识别组件和完整的个性化咖啡机	• 调整仓库布局
	债权人	CRD	• 新的债权人	• 注册债权人
业务	制造	MNF	• 创建新的咖啡机型号	• 生产线的调整
出库物流	物流	LGS	• 必须推出升级	• 分发计划
	运输	TRN	• 峰值负荷	• 外包计划
市场和销售	广告	ADV	• 必须在市场上宣传新功能	• 广告宣传
	销售	SAL	• 本机未设置销售漏斗	• 调整销售漏斗 • 销售培训
	客户	CST	• 调整金融系统以允许网上银行业务的开展	• 引入网上银行
服务	维护	MNT	• 必须对现有机器进行升级	• 培训维修工程师
	维修	RPR	• 必须维修故障	• 监控咖啡机

根据表 3.14.1 中的影响评估和相关可交付物，表 3.14.2 给出了 SLA 控制。SLA 控制代表了必须完成的工作，必须作为计划对象放在产品待办事项列表上。

表 3.14.2　基于波特价值链的风险

价值流	风险 #	风险	SLA 控制
制造	MNF-R05	• 生物识别相机和面部识别的质量并不可靠，因此咖啡饮用者没有被识别出来，或者钱被从错误的账户中扣除	• 确定面部识别成功的百分比，并在咖啡机的界面上提供确认身份认证的选项 • 在开始敏捷项目之前进行概念验证 • 在 SLA 中与供应商就 SLA 控制达成共识
购买	PUR-R01	• 生物识别相机供应商不能与公司的自动计费连接	• 确定哪个环节有可能实现数字化发票 • 在 SLA 中，与供应商就发票的正确性、完整性、及时性和准确性达成 SLA 控制协议
运输	TRN-R01	• 运输价值流无法处理升级请求的峰值负荷	• 确定哪些当地供应商可以被雇佣来进行部署 • 在 SLA 中，与当地供应商商定关于交付工作质量的 SLA 控制

二、确定价值流目标（2）

新型个性化咖啡机的引入可能会对现有的核心价值流目标产生影响。为了通过 SLA 控制或调整核心价值流目标来确定并管理这种影响，将在敏捷项目的商业案例执行 SWOT 分析。

1. 商业案例

个性化咖啡服务的商业案例是在 SWOT 的基础上完成的，如图 3.14.3 所示。优势和机会为企业带来附加值，而弱点和威胁则会降低附加值。SWOT 为识别风险和由此产生的 SLA 控制提供了第二个动力，如表 3.14.3。在这个表中，弱点和威胁被转化为风险，通过指示必须采取哪些措施来减轻或消除风险，风险可以转化为 SLA 控制。SLA 控制是需要完成的工作，必须作为规划对象放在产品待办事项列表上。

咖啡定制服务的SWOT	对目标有帮助	对目标有害
组织内部	优势 · 咖啡机知识 · 咖啡消费知识 · 了解好的咖啡供应商	弱点 · 缺乏AVG知识 · 对网上支付流量缺乏了解 · 缺乏生物识别认证知识
组织外部	机会 · 咖啡机安装亮的增长 · 增加市场份额	威胁 · 咖啡档案的保密性 · 金融交易诚信

图 3.14.3 SWOT 分析

表 3.14.3 基于 SWOT 的风险

价值流	风险 #	风险	SLA 控制
制造	MNF-R01	• 个性化的咖啡服务不符合隐私法规	• 确定定制咖啡服务必须满足的 GDPR 标准要求 • 把这些要求纳入 SLA 控制中
制造	MNF-R02	• 没有足够的知识和专业技能来设计和建立稳固的在线支付服务	• 界定该技能是否必须开发并成为知识储备的一部分，或者是否可以作为一种服务被购买 • 根据选择，在 SLA 控制中纳入必要的措施
制造	MNF-R03	• 没有足够的知识和专业技能来设计和建立可靠的生物识别认证服务	• 明确是否要以第三方员工的形式来构建该服务 • 根据选择采取对策，并持续监控
制造	MNF-R04	• 个性化的咖啡服务不符合 ISO 27001 安全要求	• 确保组织获得并保持 ISO 27001 认证 • 在 SLA 控制中包含标准附录 A 中的相关 ISO 27001 控制

在确定了下一节涉及的核心价值流之后，表 3.14.3 已经根据所涉及的核心价值流进行了更新。在以前的持续 SLA 价值流用例中，已对所涉及的核心价值流进行了盘点。这个用例涉及确定这个核心价值流的现有目标并查看它们在哪些方面需要适应新的服务（个性化咖啡机），如表 3.14.4。

表 3.14.4 价值流目标

步骤	价值流	质量目标	职能目标	成熟度目标
入库物流	供应商	100% 最新管理	自动售货机和配件（杯子、咖啡、牛奶和糖）供应商的管理。	定义的成熟度等级
	购买	没有空的库存	自动装置和附录	定义的成熟度等级

续表

步骤	价值流	质量目标	职能目标	成熟度目标
入库物流	库存	及时采购	保持机器和配件的库存，最多 3 天的库存量	定义的成熟度等级
	债权人	100% 在支付期限内支付	机器和配件的债权人	定义的成熟度等级
业务	制造	90% 的机器按期交付	咖啡机和个性化的咖啡机	定义的成熟度等级
出库物流	物流	运输流程最小化	路线优化	定义的成熟度等级
	运输	100% 正确填充的自动售货机	自动售货机和配件的运输	定义的成熟度等级
市场和销售	广告	每个国家 10 个广告	为定制化咖啡机进行营销	定义的成熟度等级
	销售	• 2024 年增加 15% 的机器 • 2024 年 25% 的个性化咖啡	销售机器和饮料	定义的成熟度等级
	客户	客户满意度 8	客户满意度	定义的成熟度等级
服务	维护	8 小时内升级	（个性化）咖啡机	定义的成熟度等级
	维修	90% 在 4 小时内修复	（个性化）咖啡机	定义的成熟度等级

根据表 3.14.4 中所示的核心价值流目标以及个性化咖啡服务的 SWOT 和价值链，可以识别许多可能危及这些价值流目标的风险如表 3.14.5。假设当前一代咖啡机的价值流目标已经被转化为 SLA 控制。

表 3.14.5　基于价值流目标的风险

价值流	风险 #	风险	SLA 控制
物流	LOG-R01	由于个性化咖啡机的升级，物流部门的工作量超过了既定目标	确定个性化咖啡机的最大请求时间。 在客户的 SLA 中，同意对升级和新机器的交付时间进行 SLA 控制
维护	MNT-R01	没有关于升级需要多长时间的指导方针	确定所需工作量。通过尽可能地进行远程控制和最小化现场访问来优化这些活动。 确定升级的最佳和最坏情况。 在客户的 SLA 中达成机器翻新的 SLA 控制
库存	STK-R01	JIT（Jast in Case，即时生产）不足，因为供应商可能无法即时交付。 生物识别部件的交付速度未知	确定供应商能够交付生物识别组件的速度。在基础合同中就交付速度达成一致。 创建 JIC（以备不时之需）库存来减轻风险

三、确定价值流映射（3）

表 3.14.4 显示了个性化咖啡服务的价值流，其中增加用例的数量，显示了更多细节。主要的步骤都是用精益指标以及所涉及的架构构建块来描述的。其中还显示了哪些团队参与了服务的设计和实施，以及使用了哪些工具。在接下来的持续 SLA 用例中，这些信息被用来构建价值流画布。

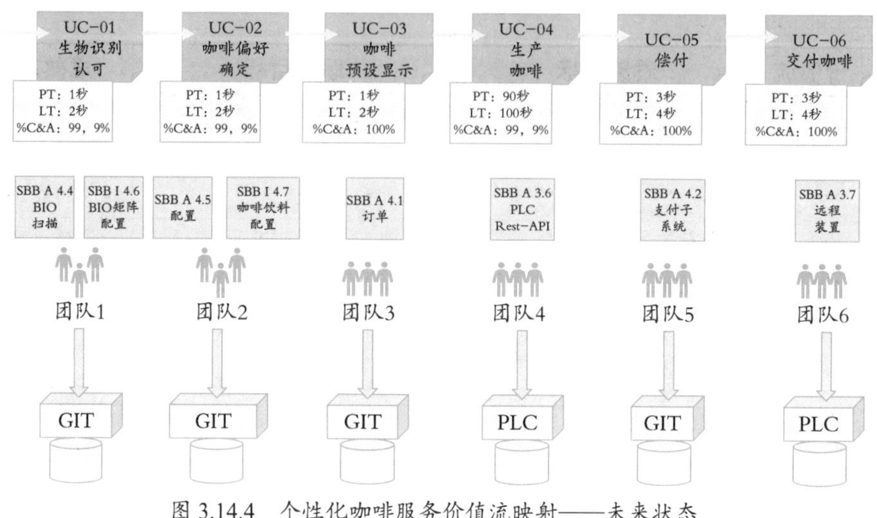

图 3.14.4　个性化咖啡服务价值流映射——未来状态

四、确定 SLA 控制（4）

持续 SLA 的前 3 个步骤是探索新服务、确定其对核心价值流的影响以及将已发现的风险转化为 SLA 控制。这些 SLA 控制措施尚未具体化，因此它们被放置在产品待办事项中。此时可以组织风险会议，根据价值流画布和构建块图推导制定出 SLA 控制。

1. 价值流画布

图 3.14.5 中描述了当前和期望的状态。根据当前状态，可以找到边界（功能约束）和限制（性能约束），这些边界和限制可以转化为风险和 SLA 控制。

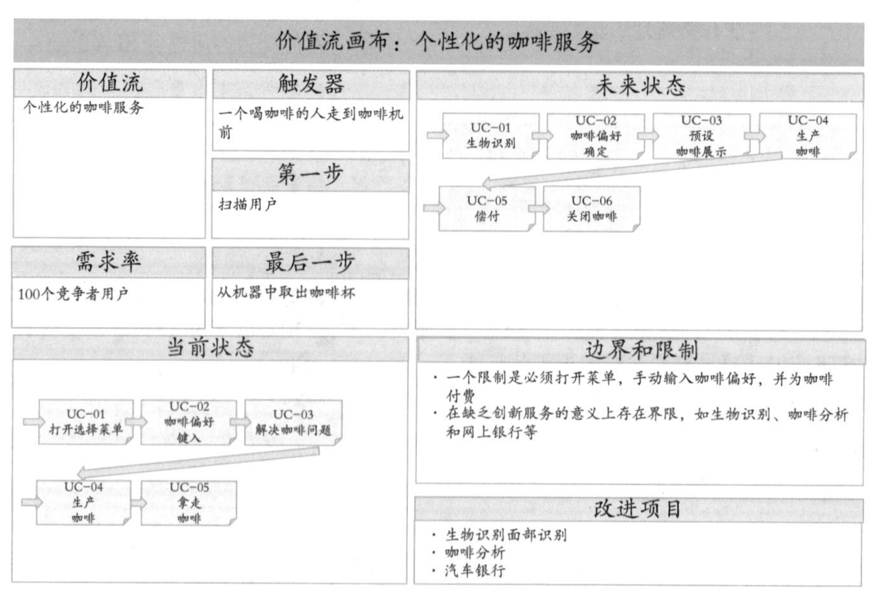

图 3.14.5　价值流画布

图 3.14.4 中，描述了价值流上的很多构建块。下面的小节提供了所有构建块的完整图示。

2. 架构构建块

图 3.14.6 显示了个性化咖啡机的所有信息构建块。深蓝色构建块代表需要开发的新软件，浅蓝色构建块代表要修改的软件，蓝色构建块代表不需要修改的软件。

个性化咖啡服务SBB-I

7.信息服务	SBB-I 7.1 购买 服务	SBB-I 7.2 缴费 服务	SBB-I 7.3 清洁 服务	SBB-I 7.4 <名称>	SBB-I 7.5 <名称>	SBB-I 7.6 <名称>	SBB-I 7.7 <名称>	SBB-I 7.8 <名称>	SBB-I 7.9 <名称>	SBB-I 7.10 <名称>
6.用户界面模式	SBB-I 6.3 购买 菜单	SBB-I 6.3 付款方式 菜单	SBB-I 6.3 清洁选项 菜单	SBB-I 6.3 在线 帮助	SBB-I 6.5 <名称>	SBB-I 6.6 <名称>	SBB-I 6.7 <名称>	SBB-I 6.8 <名称>	SBB-I 6.9 <名称>	SBB-I 6.10 <名称>
5.商业报告模式	SBB-I 5.1 使用 统计	SBB-I 5.2 收入 报告	SBB-I 5.3 清洁 报告	SBB-I 5.4 <名称>	SBB-I 5.5 <名称>	SBB-I 5.6 <名称>	SBB-I 5.7 <名称>	SBB-I 5.8 <名称>	SBB-I 5.9 <名称>	SBB-I 5.10 <名称>
4.信息对象	SBB-I 4.1 采购 管理员	SBB-I 4.2 缴费 管理员	SBB-I 4.3 咖啡库存 管理部	SBB-I 4.4 牛奶库存 管理部	SBB-I 4.5 糖库存 管理部	SBB-I 4.6 BIO矩阵 概况	SBB-I 4.7 咖啡饮料 概括	SBB-I 4.8 <名称>	SBB-I 4.9 <名称>	SBB-I 4.10 <名称>
3.信息配置对象	SBB-I 3.1 价格 概况	SBB-I 3.2 付款方式 概况	SBB-I 3.3	SBB-I 3.4 <名称>	SBB-I 3.5 <名称>	SBB-I 3.6 <名称>	SBB-I 3.7 <名称>	SBB-I 3.8 <名称>	SBB-I 3.9 <名称>	SBB-I 3.10 <名称>
2.信息接口	SBB-I 2.1 购买 统计数据	SBB-I 2.2 咖啡使用方 法统计数据	SBB-I 2.3 牛奶使用方 法统计数据	SBB-I 2.4 糖使用方法 统计数据	SBB-I 2.5 餐馆 菜谱	SBB-I 2.6 发票	SBB-I 2.7 BIO指标 概况	SBB-I 2.8 咖啡饮料 概况	SBB-I 2.9 <名称>	SBB-I 2.10 <名称>
1.信息管理支持工具	SBB-I 1.1 上传 食谱	SBB-I 1.2 <名称>	SBB-I 1.3 <名称>	SBB-I 1.4 <名称>	SBB-I 1.5 <名称>	SBB-I 1.6 <名称>	SBB-I 1.7 <名称>	SBB-I 1.8 <名称>	SBB-I 1.9 <名称>	SBB-I 1.10 <名称>

图 3.14.6　个性化咖啡服务的信息构建块图

个性化咖啡服务SBB-A

7.应用服务	SBB-A7.1 遥控登录 服务	SBB-A7.2 维护 服务	SBB-A7.3 配置 服务	SBB-A7.4 <名称>	SBB-A7.5 <名称>	SBB-A7.6 <名称>	SBB-A7.7 <名称>	SBB-A7.8 <名称>	SBB-A7.9 <名称>	SBB-A7.10 <名称>
6.应用程序的用户界面模式	SBB-A6.1 遥控登录 GUI	SBB-A6.2 维护 GUI	SBB-A6.3 配置 GUI	SBB-A6.4 状况介面 GUI	SBB-A6.5 <名称>	SBB-A6.6 <名称>	SBB-A6.7 <名称>	SBB-A6.8 <名称>	SBB-A6.9 <名称>	SBB-A6.10 <名称>
5.应用报告模式	SBB-A5.1 审计跟踪 远程访问	SBB-A5.2 活动 报告	SBB-A5.3 配置 报告	SBB-A5.4 <名称>	SBB-A5.5 <名称>	SBB-A5.6 <名称>	SBB-A5.7 <名称>	SBB-A5.8 <名称>	SBB-A5.9 <名称>	SBB-A5.10 <名称>
4.应用功能对象	SBB-A4.1 订单 子系统	SBB-A4.2 缴费 子系统	SBB-A4.3 库存 子系统	SBB-A4.4 BIO扫描 子系统	SBB-A4.5 概括 子系统	SBB-A4.6 <名称>	SBB-A4.7 <名称>	SBB-A4.8 <名称>	SBB-A4.9 <名称>	SBB-A4.10 <名称>
3.应用技术对象	SBB-A3.1 GUI 层	SBB-A3.2 GUI REST API层	SBB-A3.3 烹饪 模块	SBB-A3.4 数据REST API层	SBB-A3.5 数据 层数	SBB-A3.6 PLC REST API层	SBB-A3.7 远程 装置	SBB-A3.8 BIO算法	SBB-A3.9 咖啡算法	SBB-A3.10 <名称>
2.应用程序接口	SBB-A2.1 银行系统 介面	SBB-A2.2 远程登录 介面	SBB-A2.3 BIO 概括	SBB-A2.3 咖啡 概括	SBB-A2.5 <名称>	SBB-A2.6 <名称>	SBB-A2.7 <名称>	SBB-A2.8 <名称>	SBB-A2.9 <名称>	SBB-A2.10 <名称>
1.应用管理支持工具	SBB-A1.1 远程部署 工具	SBB-A1.2 恢复 工具	SBB-A1.3 <名称>	SBB-A1.4 <名称>	SBB-A1.5 <名称>	SBB-A1.6 <名称>	SBB-A1.7 <名称>	SBB-A1.8 <名称>	SBB-A1.9 <名称>	SBB-A1.10 <名称>

图 3.14.7　个性化咖啡服务的应用构建块图

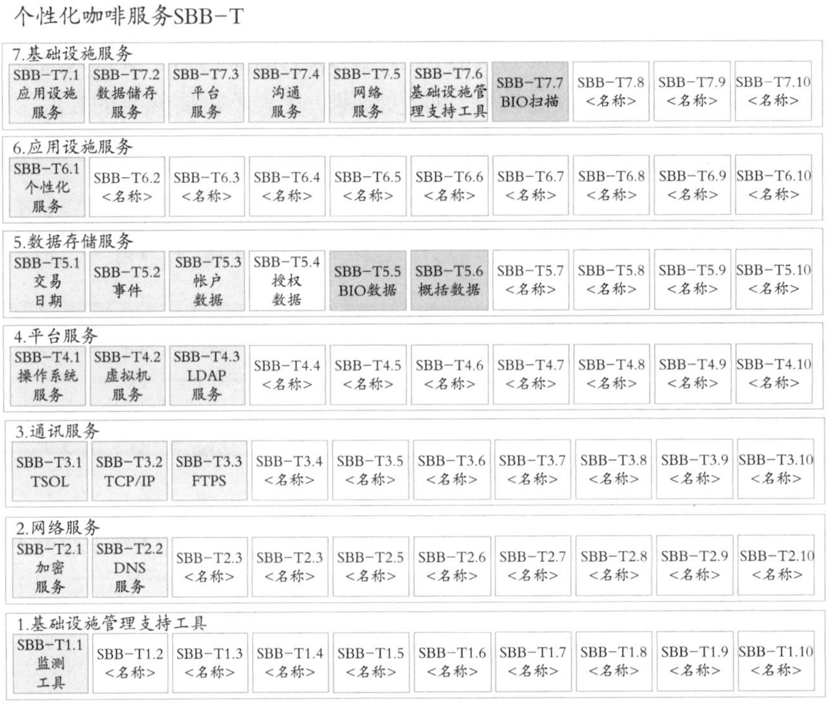

个性化咖啡服务SBB-T

层										
7.基础设施服务	SBB-T7.1 应用设施服务	SBB-T7.2 数据储存服务	SBB-T7.3 平台服务	SBB-T7.4 沟通服务	SBB-T7.5 网络服务	SBB-T7.6 基础设施管理支持工具	SBB-T7.7 BIO扫描	SBB-T7.8 <名称>	SBB-T7.9 <名称>	SBB-T7.10 <名称>
6.应用设施服务	SBB-T6.1 个性化服务	SBB-T6.2 <名称>	SBB-T6.3 <名称>	SBB-T6.4 <名称>	SBB-T6.5 <名称>	SBB-T6.6 <名称>	SBB-T6.7 <名称>	SBB-T6.8 <名称>	SBB-T6.9 <名称>	SBB-T6.10 <名称>
5.数据存储服务	SBB-T5.1 交易日期	SBB-T5.2 事件	SBB-T5.3 帐户数据	SBB-T5.4 授权数据	SBB-T5.5 BIO数据	SBB-T5.6 概括数据	SBB-T5.7 <名称>	SBB-T5.8 <名称>	SBB-T5.9 <名称>	SBB-T5.10 <名称>
4.平台服务	SBB-T4.1 操作系统服务	SBB-T4.2 虚拟机服务	SBB-T4.3 LDAP服务	SBB-T4.4 <名称>	SBB-T4.5 <名称>	SBB-T4.6 <名称>	SBB-T4.7 <名称>	SBB-T4.8 <名称>	SBB-T4.9 <名称>	SBB-T4.10 <名称>
3.通讯服务	SBB-T3.1 TSOL	SBB-T3.2 TCP/IP	SBB-T3.3 FTPS	SBB-T3.4 <名称>	SBB-T3.5 <名称>	SBB-T3.6 <名称>	SBB-T3.7 <名称>	SBB-T3.8 <名称>	SBB-T3.9 <名称>	SBB-T3.10 <名称>
2.网络服务	SBB-T2.1 加密服务	SBB-T2.2 DNS服务	SBB-T2.3 <名称>	SBB-T2.3 <名称>	SBB-T2.5 <名称>	SBB-T2.6 <名称>	SBB-T2.7 <名称>	SBB-T2.8 <名称>	SBB-T2.9 <名称>	SBB-T2.10 <名称>
1.基础设施管理支持工具	SBB-T1.1 监测工具	SBB-T1.2 <名称>	SBB-T1.3 <名称>	SBB-T1.4 <名称>	SBB-T1.5 <名称>	SBB-T1.6 <名称>	SBB-T1.7 <名称>	SBB-T1.8 <名称>	SBB-T1.9 <名称>	SBB-T1.10 <名称>

图 3.14.8　个性化咖啡服务的技术构建块图

3. 风险和 SLA 控制的示例

表 3.14.6 提供了可能在风险会议中出现的示例。

表 3.14.6　基于 SBB-I 风险的风险会议

SBB-I	风险 #	风险	SLA 控制
SBB I7.2	I7.2-R01	由于与相关银行的链接问题，支付服务出现故障，无法销售咖啡	用备用支付选项（如与第二家银行的合作或其他方式）来确保支付服务的稳定性。 在 SLA 控制中包括支付服务的冗余性
SBB I4.6	I4.6-R01	生物识别配置文件损坏	提供一个带有 CRC 校验的配置文件并备份带有 CRC 校验的配置文件。 在 SLA 控制中包括对配置文件完整性的保证，以及必须对其进行定期检查

表 3.14.7　基于 SBB-A 风险的风险会议

SBB-A	风险 #	风险	SLA 控制
SBB A4.4	A4.4-R01	由于脸部的变化，轮廓无法识别，生物识别扫描失败	确保轮廓是由可识别的点建立起来的。 将支付服务的其他选项纳入 SLA 控制中
SBB A3.9	A3.9-R01	所需咖啡的算法不能正常工作	让咖啡饮用者有机会调整选择，根据偏差不时对算法进行训练。 在 SLA 控制中包括算法的训练，确保咖啡饮用者有权覆盖选择

表 3.14.8　基于 SBB-T 风险的风险会议

SBB-T	风险 #	风险	SLA 控制
SBB T5.5	T5.5-R01	生物数据存储（BIO datastore）无法处理工作负载中的生物识别配置文件	将 BIO 数据存储放在云中，确保数据存储的可扩展性。 在 SLA 控制中包含定期检查可扩展性
SBB T5.6	T5.6-R01	配置文件数据存储（profiles datastore）中的咖啡配置文件不可用	将数据存储配置文件放在云中，并确保数据存储也可以从另一个云提供商访问。 在 SLA 控制中包含从两家云服务提供商访问个性化服务所需数据的要求

一般示例中包括风险 ID、风险和 SLA 控制。风险的最重要的元数据属性是：

- 所涉及的价值流。
- 相关的构建块。
- 相关的规划对象（主题、史诗、专题等）。
- 相关的测试用例。

五、制定 SLA 规范（5）

表 3.14.9 给出了一些已转化为 SLA 控制的风险示例。这些 SLA 控制措施通过 KPI 和衡量标准来进行量化测量。

表 3.14.9　风险和控制的示例

宗旨	风险	SLA 控制	KPI	准则
T5.5-R01	支付服务由于与涉及银行的链接有问题而发生故障，导致无法销售咖啡	用替代性的支付选择来保证支付服务（如与第二家银行的链接或其他形式的链接）。 将支付服务链接纳入 SLA 控制中	每个链接的可用性	99.9%
			同时使用两个链接的可用性	100%
T5.6-R01	生物识别配置文件已损坏	提供一个带有 CRC 检查的配置文件并对配置文件和 CRC 检查进行备份。 在 SLA 控制中包括对配置文件完整性的保证，以及必须对其进行定期检查	每次变更进行 CRC 校验	100%
			每次使用进行 CRC 校验	100%

六、监控 SLA 控制（6）

表 3.14.10 给出了监控风险和控制的一些示例。

表 3.14.10　监控风险和控制的示例

宗旨	SLA 控制	KPI	准则	监控
T5.5-R01	用备用支付选项（如与第二家银行的合作或其他方式）来确保支付服务的稳定性。 在 SLA 控制中包括支付服务的冗余性	每个链接的可用性	99.9%	终端用户体验
		使用这两个链接的可用性	100%	终端用户体验
T5.6-R01	提供一个带有 CRC 检查的配置文件并对配置文件和 CRC 检查进行备份	每次变更进行 CRC 校验	100%	组件监控 内置监控
	在 SLA 控制中包括对配置文件完整性的保证，以及必须对其进行定期检查	每次使用进行 CRC 校验	100%	组件监控 内置监控

第四章 持续 AI

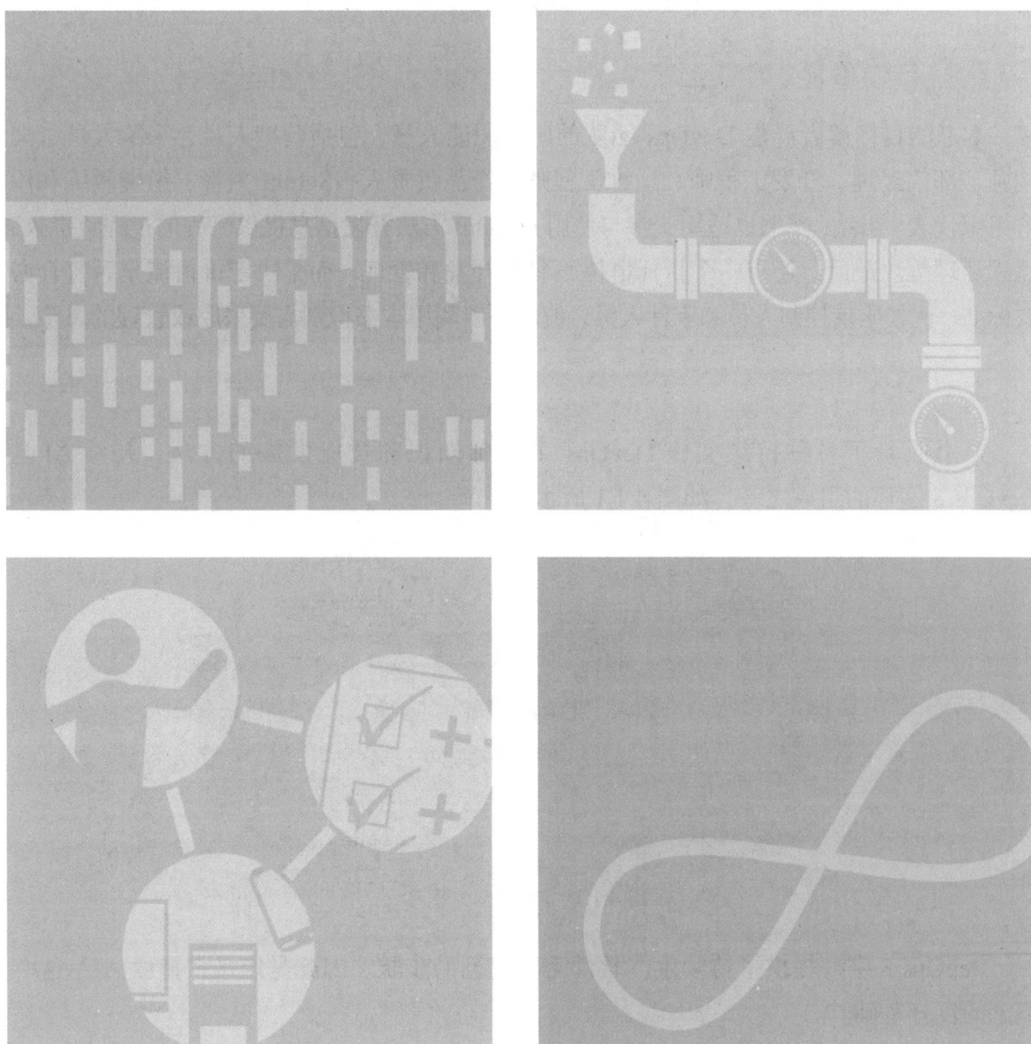

第 1 节　持续 AI 简介

阅读指南

本节介绍"持续 AI"这一章的目的、目标群体、背景、结构、附录和应用的技巧与窍门。

一、目标

本章的目标是讲述持续 AI 的基本知识以及应用持续万物这一领域的技巧和窍门。

二、目标群体

本书的目标读者群是 DevOps 团队的所有职能人员，包括营销人员、采购人员、架构师、部门经理、开发工程师、运维工程师、产品负责人、Scrum 主管、敏捷教练和用户组织代表。当然，本书也适用于参与使用 DevOps 方法开发信息提供流程的过程负责人、流程经理等。最后，还有一个目标群体不参与开发和管理，而是决定价值流是否符合必要标准，例如质量控制人员和审计人员，他们可以利用本书识别需要采取或管理的风险。

三、背景

本书收录了各种持续实施 DevOps 工程师知识和技能发展的方法，持续 AI 是 DevOps 8 字环的组成之一，如图 4.1.1 所示。

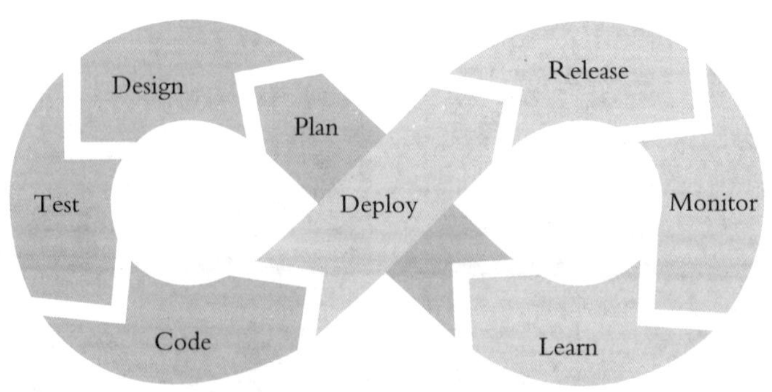

图 4.1.1　DevOps 8 字环

DevOps 8 字环提供了持续生产软件需要遵循的步骤。因此是定义"持续 AI"这一概念的良好基础。

持续 AI 是 DevOps 8 字环的组成之一，"持续万物"概念以待执行的持续活动形式描述了 DevOps 8 字环的所有阶段。表 4.1.1 显示了 DevOps 8 字环和持续万物在各个方面的对应关系。

表 4.1.1 持续万物各方面

开发活动		运营活动	
1	持续规划（Plan）	6	持续发布（Release）
2	持续设计（Design）	7	持续监控（Monitor）
3	持续测试（Test）	8	持续学习（Learn）
4	持续集成（Code）	9	持续安全
5	持续部署（Deploy）	10	持续评估

为了保持 DevOps 8 字环的简洁，持续审计和持续评估等概念在 DevOps 8 字环中没有体现，其他诸如持续 SLA、持续 AI 等方面的持续性概念也因其结构简洁而被省略。

“持续”一词指的持续汲取知识、技能和数据，将其提炼并应用于新的改进和应用。首先，在敏捷项目执行过程中必须进行持续学习。这可以通过在开发过程中建立控制循环来实现，例如敏捷 Scrum 方法中的检查和调整环节以及精益原则中的验证式学习。除此以外，DevOps 工程师的知识和技能水平也必须与价值流中要实现的目标持续保持一致。对于持续 AI，术语“持续”主要指周期性地分析 DevOps 价值流，以识别次优模式，从而实现 DevOps 价值流的实质性改进或为开发新的 AI 应用。

最后一个方面涉及持续 AI 的范围。本书主要关注 ICT 服务部门所构建和管理的赋能价值流。此外，还有一个令人感兴趣的领域，即使用 AI 自动化商业价值流的一部分。利用 AI 自动化核心价值流属于持续设计范畴。对 AI 在整个商业价值流中所有潜在应用的讨论超出了本书的范围。然而，本书涵盖如何分析 CE 价值流哪些方面需要通过 AI 应用进行改进，以及如何调整 CE 启用价值流，从而确定 CE 价值流中哪些方面可以利用 AI 实现新应用。这意味着 DevOps 工程师除了学习自身工作领域之外，还需要学习 CE 价值流相关的知识和技能。与同事的协作对于在 CE 价值流中实现 AI 新应用也至关重要。

这些赋能价值流涵盖 CI/CD 安全流水线的所有环境，包括 PPPT。

四、结构

本章将探讨如何自上而下地构建一个持续性 AI 体系，使其与组织战略紧密契合。在深入讲解这一方法之前，我们将首先阐释持续 AI 的基本概念和基本术语、定义、基石和架构，进而逐章剖析实现所需的关键步骤。

1. 基本概念和基本术语

本书的这部分阐述了持续 AI 涉及的基本概念和基本术语，例如机器学习和深度学习。同时还会介绍一些通用概念，例如价值链、价值流、价值体系和信息系统类型。

2. 持续 AI 定义

有一个关于持续 AI 的共同定义是很重要的。因此，本书的这部分界定了这个概念，并讨论了阻碍 AI 落地的潜在问题及其成因。

3. 持续 AI 基石

本书的这部分讨论了如何通过变更模式来定位持续 AI，在此我们将得到以下问题的答案：

- 持续 AI 的愿景是什么（愿景）？
- 职责和权限是什么（权力）？
- 如何应用持续 AI（组织）？
- 需要哪些人员和资源（资源）？

4. 持续 AI 架构

本书的这部分介绍了持续 AI 的架构原则和模型。架构模型包括 AI 产品组合和 AI 模式库。

5. 持续 AI 设计

本书的这部分定义了如何使用持续 AI 价值流和用例图设计、实施、使用和管理 AI 模型。

6. 持续 AI 与持续万物的各方面

本书的这部分首先为每个持续万物方面领域描述其价值流，然后展示该价值流中哪一步适合应用 AI。最后，针对价值流中的每一步，指出了哪些 AI 应用是可能的或将来可能实现的。

7. 持续 AI 评估

本书的这部分通过持续 AI 评估来衡量持续 AI 的成熟度。

五、附录

附录包含了重要的信息，可以帮助我们更好地理解持续 AI。

第 2 节　基本概念和基本术语

提要

- 持续 AI 的应用需要知识、技能、时间，也因此需要成本投入。成本投入必须得到回报。持续 AI 的商业价值在于改进、监控和应用 AI。
- 持续 AI 与持续万物的各个方面密切相关。

阅读指南

本节在讨论持续 AI 的概念之前，首先定义基本概念和基本术语。接下来，我们将逐一讨论以下基础概念：机器学习（Machine Learning, ML）、监督机器学习（Supervised ML）、非监督机器学习 （Unsupervised ML）、深度学习（Deep Learning, DL）、监督式自然语言处理（Supervised NLP）、强化学习（RL）、神经网络（Neural

Networks）、计算机视觉（Computer Vision）、AI 伦理（AI Ethics）、AI 组合（AI Portfolio）、价值流 ，最后将进一步讨论一些与持续 AI 相关的基础概念。

一、基本概念介绍

本部分阐述了一系列塑造持续 AI 的基本概念，包括 AI、机器学习、深度学习、自然语言处理（Natural Language Processing, NLP）、计算机视觉、AI 伦理、神经网络和价值流。

二、AI 基本概念

1. AI 的定义

本节对持续 AI 的定义如下。

> **人工智能（AI）**
> 人工智能是指机器能够模仿人类智能的能力，包括学习、推理、计划、理解自然语言和感知环境。

近年来，AI 应用呈爆炸式增长，新应用层出不穷，现有应用不断智能化。如今，问题不再是是否拥抱 AI，而是我们人类如何与它携手共进。尤其是在 DevOps 领域，这个问题尤为重要。

DevOps 旨在通过缩短上市时间以提高 IT 服务质量，移除 IT 系统的技术负债和脆弱性，进而提升业务价值流的产出。AI 可以在这方面提供支持，例如重构现有源代码。当然，DevOps 8 字环的每个方面（持续集成、持续部署、持续监控等）都将受益于 AI 的应用，这使得 AI 成为 DevOps 的重要变革要素。

然而，AI 在 DevOps 中的应用并不止于此。通过将 AI 应用于信息系统本身，也可以有效提升业务价值流的产出。而持续设计中的 AI 设计正是考虑到这一方面。这就是持续设计中的 AI 所关注的设计层面。需要注意的是，本书仅讨论了 AI 在 DevOps 领域的应用。

2. AI 的观点

本书撰写的背景，可以归结为以下几种观点，这些观点为内容提供了实质性的支撑。

（1）威胁

AI 的崛起引发了一系列担忧，其中之一便是它所具有的潜在威胁性。那么人类是否应该害怕 AI？毕竟，它能够学习战争策略，控制人类的行为，甚至 3D 打印武器。答案取决于为 AI 设置的框架。如果 AI 掌握在少数怀有不当意图的人手中，那它确实会成为威胁。

（2）威胁还是协作？

知识的获取变得前所未有地容易，即便没有深厚专业背景的人也能轻易调用各类工具，完成过去专家才能胜任的任务。这种现象意味着知识不再是稀缺资源，那么程序员和管理员是否面临着被取代的风险？历史上的事例给了我们启示。就如同曾经人们笃信人类棋手永远不会被机器击败，深蓝的出现彻底颠覆了这一想法。然而，即使最强大的 AI 棋手也无法战胜人类与 AI 棋手的完美配合。

同样的道理也适用于代码生成。截至 2023 年，代码机器人已经能够生成应用并输出 97% 正确的代码。然而，剩下的 3% 仍然需要人工调试和修正。换言之，AI 需要

DevOps 工程师的辅助才能完成最终工作。

（3）AI 让机器人与人类平等

关于 AI 的局限性，存在着两个极端观点：一种认为它无所不能，另一种认为它永远无法触及人类独有的某些领域，比如拥有艺术创作能力。然而，随着技术的不断发展，这些断言都显得过于绝对。就拿艺术创作来说，虽然目前的 AI 作品尚未达到人类艺术家的水平，但其不断提升的表现力已经打破了“AI 无法进行艺术创作”的认知。甚至有人大胆提出，未来 AI 应用或许能够达到某种程度的意识。毕竟，意识本身不正是个人独有的、无法向他人准确传达的体验吗？由此可见，随着 AI 的不断进化，相关法律和机器人规范也必然会随之调整。

然而，唯一真正不会被 AI 取代的，或许就是体验本身。对于 AI 来说，“阿姆斯特丹阳光明媚的露台上那一杯冰凉的啤酒”，仅仅是一连串的数据和文字，它永远无法真正感受到那份惬意，这正是人类独有的、不可复制的体验。

（4）无法战胜它们，就加入它们

AI 正在呈指数级增长，并在结构上改变 DevOps 领域的工作。传统 DevOps 工程师需要花费大量时间跟进更新、学习新技术，才能勉强与 AI 的发展速度同步。令人欣喜的是，用于构建 AI 应用（如机器学习）的许多任务本身也可以由 AI 自动完成，例如自动机器学习（AutoML）技术。DevOps 工程师主要需要关注生成的 AI 应用的质量控制和答案的可解释性。毕竟，由 AI 提出的决策必须可追溯源数据。

三、机器学习基本概念

机器学习是赋予计算机从数据中学习的能力，通过识别数据中的模式或特征，不断改进自身算法，最终学会完成原本需要人类细致指令才能实现的工作。机器学习的应用范围极其广泛，从日常生活中简单的产品推荐，到令人惊叹的自动驾驶汽车，以及复杂精细的医疗诊断，无所不能。它为人类创造了全新的工具和可能性，成为诸多应用的技术基石，引领着科技的前沿。

1. 机器学习的定义

本节对机器学习的定义如下。

机器学习

机器学习是 AI 的一个分支，旨在使计算机系统能够通过数据和经验学习，而无需明确编程。

2. 机器学习的应用

机器学习的应用包括垃圾邮件过滤、面部识别、产品推荐、欺诈检测、自动驾驶汽车、医疗诊断和语音助手。

（1）垃圾邮件过滤

电子邮件提供商使用机器学习算法来检测垃圾邮件。 该算法通过分析历史数据和用户反馈中学习，从而识别不需要的电子邮件并将其移至垃圾邮件文件夹。

（2）面部识别

社交媒体和摄影应用程序使用机器学习进行面部识别。该算法可以识别图像中的人脸并标记人物。

（3）产品推荐

亚马逊和 Netflix 等在线商店使用机器学习根据用户的行为和偏好提供推荐。该算法分析用户的购买历史和观看偏好，以提出个性化建议。

（4）欺诈检测

银行和信用卡公司使用机器学习来检测欺诈交易。该算法从以前的欺诈活动中学习模式，并可以根据异常行为识别可疑交易。

（5）自动驾驶汽车

机器学习在自动驾驶汽车中发挥着至关重要的作用。使用先进的传感器和算法，自动驾驶车辆可以感知周围环境、分析交通状况，并根据环境信息做出决策。

（6）医疗诊断

机器学习在医疗领域用于诊断。算法可以分析 X 射线和 MRI 扫描等医学图像，帮助医生检测和分类疾病。目前，一些研究表明，在乳腺癌筛查方面，机器学习算法扫描 X 光片的准确率甚至超过了放射科医生。

（7）语音助手

Siri、Alexa 和 Google Assistant 等流行的语音助手使用机器学习进行语音识别和自然语言处理。它们可以理解口头命令并可以根据这些命令执行操作。

3. 机器学习的技术

机器学习领域广泛应用两种主要技术：监督机器学习和非监督机器学习。监督机器学习从包含标记数据的训练集中学习，相比之下，非监督机器学习处理的是未标记的数据。

图 4.2.1 进一步阐述了监督机器学习和非监督机器学习之间的差异。接下来，我们将详细介绍这两种技术。

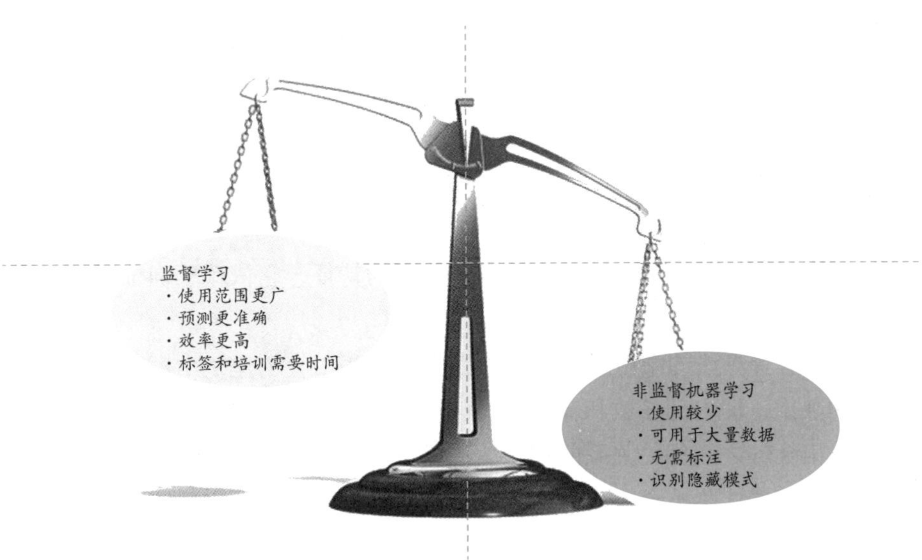

监督学习
·使用范围更广
·预测更准确
·效率更高
·标签和培训需要时间
非监督机器学习
·使用较少
·可用于大量数据
·无需标注
·识别隐藏模式

图 4.2.1　监督机器学习和非监督机器学习的区别

四、监督机器学习基本概念

监督机器学习是机器学习领域中一个至关重要的分支，其核心在于以标记的输入数据训练算法，使其能够对新的、未标记数据进行预测。

1. 监督机器学习的定义

本节对监督机器学习的定义如下。

> **监督机器学习**
>
> 监督机器学习是机器学习的一种类型，其算法通过学习函数，建立输入数据与期望输出标签之间的映射关系。训练过程使用包含样本对的数据集，每个样本对由输入特征和相应的输出标签组成，这些输出标签也称为“目标变量”或“标签”。监督机器学习模型会返回一个分类结果或一个确切值。

我们可以通过一个非常简单的例子来理解这个概念。假设我们需要开发一个算法，根据水果的特征将香蕉和苹果区分开来。算法的第一个训练步骤就是为每种水果提供两个输入特征，即水果的尺寸和颜色。

算法的目标是根据这些特征学习区分“香蕉”和“苹果”。输入属性是尺寸和颜色，苹果和香蕉是类别。这个例子中的训练数据集可以这样构成：

```
输入特征：
水果 1：大小 = 小，颜色 = 红
水果 2：大小 = 大，颜色 = 黄
水果 3：大小 = 小，颜色 = 黄
水果 4：大小 = 大，颜色 = 红
输出类别：
水果 1：苹果
水果 2：香蕉
水果 3：香蕉
水果 4：苹果
```

在训练过程中，监督机器学习算法会访问标记好的水果照片数据集，并从中提取特征和类别，学习建立输入特征（尺寸和颜色）与对应的输出标签（水果类别：苹果或香蕉）之间的关系模型。一旦算法训练完成，就可以将其用于从未标记过的水果来进行预测，根据学习到的模式判断每个水果是苹果还是香蕉。

监督机器学习不会独立地从输入数据中学习新的特征，它依赖于训练过程中提供给算法的特征。

下面进一步解释算法的学习过程：算法在学习过程中会创建一个模型，该模型会记录两种类型的数据，即内部参数和输入特征与输出标签之间的关系。内部参数是分配给输入特征和输出标签之间相关关系的权重。该模型还包含输入函数、映射函数和输出函数。算法本身保持惰性（不会改变），只有创建的模型才会投入实际应用。

识别和选择与监督机器学习模型必须执行的特定任务相关的特征，是开发人员或数据科学家需要完成的工作。这个过程通常被称为“特征工程”，它利用领域知识、直觉和实验来确定最相关和最具信息量的特征，帮助做出准确的预测。

一旦选择了相关特征并提供给算法，监督机器学习算法就会尝试学习数据中的模式，并构建一个模型，将这些模式泛化为对新数据进行准确预测。

因此，虽然监督机器学习模型无法自行发现新的特征，但只要使用包含任务相关信息的正确输入特征对其进行训练，它们就能表现良好并提供有价值的洞见。

2. 监督机器学习的类型

监督学习应用非常广泛，可以分为如分类、回归等多种类别。

（1）分类

在分类中，输入数据由监督学习算法分为不同的类别，分类的典型应用包括：

- 垃圾邮件过滤：一封电子邮件要么是垃圾邮件，要么不是垃圾邮件。
- 情感分析：一段文本可以包含积极、中立或消极的语气。
- 图像识别：一张照片中包含一只猫、一只狗或其他东西。
- 客户细分：根据客户的购买行为进行分类。
- 医疗诊断：根据患者的症状或医学影像预测哪些患者患有特定疾病。

（2）回归

在回归中，输入数据由监督学习算法用于提供预测，回归的典型应用包括：

- 房价预测：根据房屋的大小、位置、年龄等特征预测房屋的销售价格。
- 股票价格预测：根据历史数据预测股票的未来价格。
- 能源消耗预测：预测家庭或工厂的能源消耗。

（3）其他应用

- 语言模型：这些模型可被训练用来预测句子中下一个单词，并执行更复杂的任务，例如回答问题或总结文本。
- 推荐系统：基于用户过往的购买或浏览行为，推荐新的产品或媒体内容。
- 文本转语音或语音转文本：可以训练这些系统将人类语音转换成文本或将文本转换成语音。

3. 监督机器学习的示例

图 4.2.2 展示了监督机器学习的价值流。需要注意的是，这些步骤是迭代的，并非绝对按照图示顺序进行。例如，学习模型的选择也可以在步骤 1 进行，而不一定要在步骤 4 中执行。

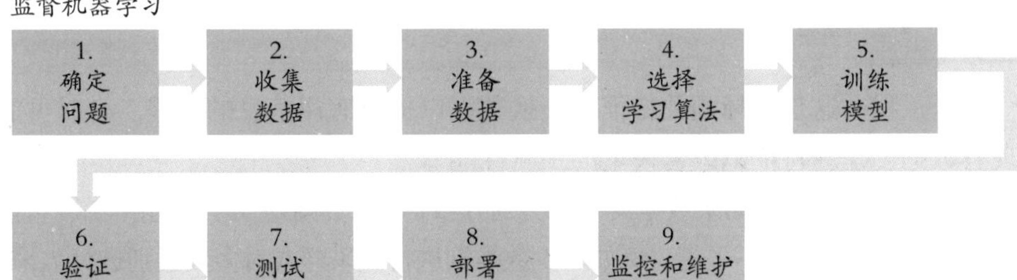

图 4.2.2　监督机器学习价值流

（1）步骤 1：确定问题

在构建监督机器学习应用程序之前，必须确定需要解决的问题。表 4.2.1 包含了一些常用的解决问题模式。

表 4.2.1　监督机器学习中常用的模式

P#	问题模式	解释
P1	预测分析	基于历史数据点预测连续数值或类别数据
P2	信息分类	解决简单和复杂的分类问题，离散类别用于分类，例如猫和狗
P3	回归	根据不同的特征，对简单的数值或复杂的数值预测问题进行预测。预测连续值，例如房屋价格
P4	模式识别	图像识别、物体检测、基于学习视觉模式的能力来检测图像中的对象
P5	情感分析	确定文本中的情绪
……	……	……

基于所选模式，第 4 步可以选择合适的监督机器学习算法。

（2）步骤 2：收集数据

收集与问题相关的合适数据。数据可以是结构化的表格、序列、JSON 或电子表格；也可以是非结构化的数据，例如文本、图像和声音。

（3）步骤 3：预处理数据

以下子步骤是数据预处理所必需的：

- 清理。
- 标记。
- 标准化。
- 结构化。
- 数据分割。

（4）步骤 3a：数据清理

算法处理数据之前，需要对其进行清理以提高预测的准确性。常见的清理类型包括以下几种。

- 处理缺失值：识别并处理数据集中的缺失值。根据缺失值对预测的影响，可以根据其他可用数据估计值填补缺失值，或删除含缺失值的整行或整列。
- 检测并处理异常值：异常值是数据中偏离正常值的例外情况，它们可能会对模型的性能产生负面影响。可能需要检测并处理异常值，例如将其删除或替换为更具代表性的值。
- 特征工程：这是选择相关特征并转换数据以提取有用信息的过程。有时可能需要根据现有数据创建新特征以改善模型的预测性能。
- 解决类别不平衡：如果数据集中的类别分布不均（例如在分类问题中），可能需要应用一些技术来解决这种不平衡，例如对少数类别进行过采样或对多数类别进行欠采样。
- 消除噪声：数据中有时可能包含噪声，这会使结果产生偏差。识别并消除噪声对于获得准确的模型非常重要。

通过数据清理，数据科学家可以提高数据集的质量，并提高机器学习模型的可靠性和准确性。它是数据分析和模型开发过程中的关键步骤。

（5）步骤 3b：标记

前文已经给出了将水果标记为苹果和香蕉的示例。表 4.2.2 包含了每个问题模式的输入特征和输出类别的示例。

表 4.2.2　示例 - 监督机器学习中的特征和分类

P#	特征	类别
	预测分析	
P1	房屋面积（平方米） 卧室数量 浴室数量 房屋建造年份 位置（城市或地区）	房屋销售价格（欧元）
	分类问题（两类）	
P2	年龄、收入、工作经验、婚姻状况、教育水平	是 / 否
	信用评分、月收入、负债、现任工作年限	批准 / 拒绝
	特定词语的出现频率，例如“立即购买”“免费”“超值优惠”等。 某些词语频率越高，可能表明邮件是垃圾邮件。 邮件长度（字数或字符数）。 使用常见于垃圾邮件的语言结构，例如“快速赚钱”或“一生难得的机会”	垃圾邮件 / 非垃圾邮件
	文本中的积极词汇数量，例如“快乐”“爱”“奇妙”等，以及表情符号、语言结构	积极 / 消极
	形状特征、颜色特征	狗 / 猫
	多类分类问题	
P2	大小、颜色、重量、味道	苹果 / 香蕉 / 橘子
	燃油消耗量、速度、容量、类型	汽车 / 自行车 / 飞机 / 火车
	RGB 值、颜色直方图、颜色强度、纹理特征、形状特征	红色 / 绿色 / 蓝色 / 黄色
	回归	
P3	时间、季节、地点、天气条件	温度（摄氏度）
	面积、卧室数、位置、建造年份	售价（欧元）
	性别、国籍或民族（年龄分布）、出生日期（计算）、教育水平（教育持续时间）、职业或工作领域（年龄与职业之间的相关性）、健康信息（慢性病）	年龄（年）
	时间、一定时期内行驶的距离、地点（城市 / 郊区）、车辆类型、从 A 到 B 的时间	速度（千米 / 小时）

续表

P#	特征	类别
模式识别		
P4	模式识别（对象检测）	人、车、动物
	颜色、形状、纹理、尺寸	图像中的人 / 汽车 / 自行车
情感分析		
P5	情感分析	积极 / 消极 / 中立 / 混合
P5	词语评论、文本语气、上下文	积极 / 消极 / 中立
	文字中的词语，情感相关的表达	快乐 / 愤怒 / 悲伤

（6）步骤 3c：标准化或缩放

标准化的目的是将数值范围缩小到一个固定的、可比较的尺度或区间。这个固定的尺度确保了不会过分偏好某些特征。这可以通过缩放（例如将数值缩放至特定区间 [0, 1]）或标准化（将数据围绕平均值居中，标准偏差为 1）来实现。另一个标准化实例是将所有数字纳入对数尺度。

（7）步骤 3d：结构化

调整数据使其更加一致，确保不同数据单元的含义清晰明确。例如，表格中邮政编码列的所有值都必须具有相同的含义和格式。

（8）步骤 3e：数据集拆分

在机器学习监督学习中，所使用的数据集需要被拆分为多个带有各自用途的数据集。例如，用于训练模型的训练数据集（参见步骤 5）、用于验证模型性能并进行微调的验证数据集（参见步骤 6）、以及用于评估模型实际运行和适用性的测试数据集（参见步骤 7）。

（9）步骤 4：选择学习算法

在监督机器学习中，学习算法负责从训练数据中学习模式和关系，以便构建模型。这些算法利用训练数据中的输入特征和已知的输出类别，创建能够对新数据进行预测的模型。

机器学习中的模型是指使用算法经过训练过程生成的结果。表 4.2.3 列举了常见问题模式对应的可能算法。

表 4.2.3　监督机器学习模式的算法示例

P#	问题模式	可能的算法	解释
P1	预测分析	线性回归	适用于基于历史数据点预测连续数值
		决策树	有助于基于历史数据预测分类输出
P2	信息分类	逻辑回归	将数据分类为两个或更多的类别很有用
		支持向量机（Support Vector Machine，SVM）	有效解决复杂的分类问题

续表

P#	问题模式	可能的算法	解释
P3	回归	随机森林	基于各种特征预测数值
		梯度提升	在复杂的数值预测问题上具有良好性能的强大回归技术
P4	模式识别	卷积神经网络（Convolutional Neutral Networks，CNN）	由于其能够学习视觉模式，因此非常适合图像识别和目标检测
		Haar 级联	图像和视频中目标检测的有效方法
P5	情感分析	朴素贝叶斯	一种常用于情感分析的简单而有效的方法
		长短期记忆网络（Long Short -Term Memory，LSTM）	一种具有良好文本分析能力的递归神经网络

选择学习算法不一定只在步骤 4 进行。在确定问题领域（模式）时，也可以对算法做出假设。这有助于更精准地进行步骤 2 和 3。此外，这些步骤是迭代的，因此确定学习算法也可以在之后进行调整。

选择合适算法取决于问题本身的性质和复杂程度、可用的数据以及期望的性能。通过实验和评估不同的算法，可以为每个问题领域找到最合适的解决方案。

（10）步骤 5：训练模型

这一步旨在让算法从数据中学习，并开发将输入数据与期望输出关联起来的函数。在训练过程中，算法会自动优化内部参数，以模型的形式捕捉数据（输入特征和输出标签）中的模式和关系，从而尽可能准确地做出预测。这通过将训练集数据输入学习算法中来完成。

（11）步骤 6：验证模型

模型经过算法训练后，需要进行验证，如通过准确率、精确率、召回率或 F1 得分等指标来评估模型的性能，并将其与数据集中的实际标签或类别进行比较。验证过程是让模型处理验证集（未参与训练的预留数据）来进行的。必要时，可对超参数进行调整，这些参数虽然不会因训练而改进，却会影响模型性能。

（12）步骤 7：测试模型

在验证模型之后，需要对模型进行测试。例如，目标可能是模型将 95% 的照片正确分类为狗和猫。此时，使用测试数据集对模型进行测试。测试数据集包含未标记的测试案例，例如狗和猫的照片。通过让模型处理这些案例，可以确定是否实现了目标。预留的测试数据集与训练数据和验证数据集互斥。

机器学习是一个迭代的过程。如果结果令人不满意，可能需要调整模型、改进数据、优化超参数，甚至尝试不同的算法。这个优化和迭代的过程会一直持续，直到模型达到预期的准确性和性能水平。

（13）步骤 8：部署模型

模型需要通过 CI/CD 安全流水线构建，才能用于生产环境。在此过程中，一些重要的检查包括：

- 可扩展性：确保模型能高效处理生产环境的数据。
- 延迟：确保模型在可接受的时间范围内做出预测，这对实时应用尤其重要。
- 集成：将模型与现有系统和数据库连接起来。
- 版本控制：跟踪模型版本，尤其是在定期更新或重新训练模型的情况下。
- 反馈循环：收集模型预测的反馈，用于未来的训练和改进。

（14）步骤 9：监控和维护模型

部署后，模型可以用于预测新数据的结果。模型会将学习到的模式和关系应用于新数据，并生成预测输出或分类。使用模型时，必须进行持续监控，以监控以下方面：

- 概念漂移：如果数据中的潜在模式发生变化，可能会导致模型性能下降。这可能需要定期调整，甚至有时需要彻底改造模型。
- 新数据：随着新数据的出现或者数据性质发生变化，重新训练或调整模型以纳入这些新信息可能很有用。
- 业务需求变化：如果模型的目标发生变化，例如因业务战略或法规调整而改变，可能需要对模型进行调整。
- 稳定性：持续监控可以表明模型性能是否足够稳定。
- 更新：持续监控可能表明需要频繁更新或调整模型。

图 4.2.3 概述了创建监督机器学习模型的步骤。

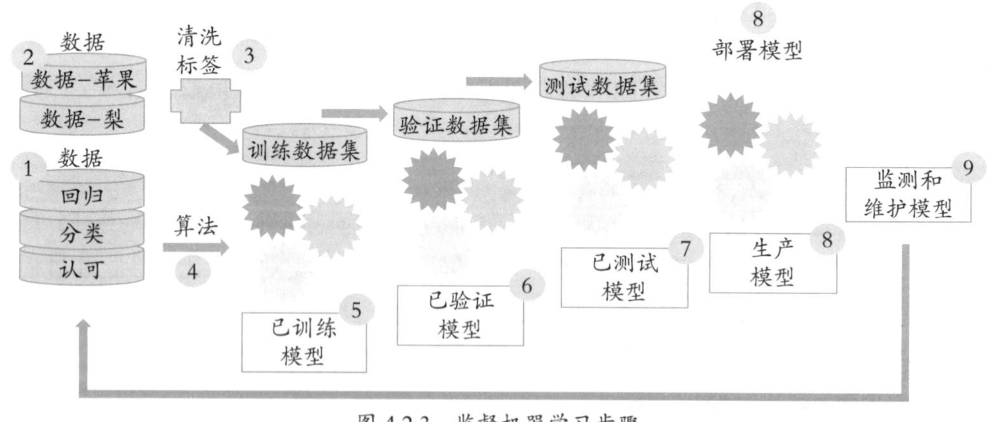

图 4.2.3　监督机器学习步骤

五、无监督机器学习基本概念

无监督机器学习是机器学习领域中一个分支，与监督学习不同，无监督学习算法并不基于标记数据进行训练，而是通过算法自身来识别数据集中固有的形状、关系、维度或模式，例如数据形状、聚类、连接性、非线性结构、时间序列和序列。

1. 无监督机器学习的定义

本节对无监督机器学习的定义如下。

无监督机器学习

无监督机器学习是机器学习的一种类型，它利用算法从未标记的数据中自动发现模式和结构，而不依赖任何预先已知的输出标签作为指导。无监督学习的目标是理解数据内在的结构和隐藏模式，从而揭示数据的潜在属性和相互关系。

2. 无监督机器学习的应用

无监督机器学习可用于执行数据聚类、降维和异常值检测等任务。算法无需人工干预即可学习隐藏的模式。通过处理图像输入，算法可以识别未经预先标记的图像中的模式，例如，它可以从照片中识别房屋、人物和建筑物。无监督机器学习不进行预测，而是对数据进行分组，识别数据之间的关系，或通过抑制噪声来减少维度数量。

正如监督机器学习一样，非监督机器学习的目的也是利用算法建立并训练模型。然而，这种模型不包含输入特征与输出标签之间的关系，而是包含一个聚类模型或降维模型。其输入功能是提供大量数据，输出功能并不是预测。在聚类模型中，输出是对包含相似值的输入数据进行聚类；在降维模型中，则是一种降维，例如将一张面部照片的所有信息缩减为实现面部识别的必要特征。

无监督机器学习的应用案例众多，可归类为聚类、降维、异常检测、关联规则、生成模型等几个类别。

（1）聚类

- 客户细分：根据消费行为、人口统计等数据，将客户划分为不同组别，无需预先设定标签。
- 推荐系统：将相似项目（如书籍、电影或产品）分组，以便进行个性化推荐。
- 欺诈检测：识别可能表明欺诈活动的异常模式。

（2）降维

- 人脸识别：使用主成分分析（Principal Components Analysis，PCA）等技术降低数据的维度，仅保留最相关的特征。
- 文本分析：降低文本数据的维度，提取重要信息以便进行进一步分析。
- 大数据可视化：将复杂的高维数据简化为二维或三维，以便于可视化和理解。

（3）异常检测

- 工业监控：检测工厂设备的异常行为。
- 网络安全：识别可能表示入侵的异常网络行为。
- 健康监控：发现可能表明健康问题的异常医疗测量值。

（4）关联规则

- 购物篮分析：识别客户经常一起购买的商品之间的关联。
- 文本挖掘：在大型文本语料库中查找常见词语或句子的组合。

（5）生成模型

- 自动编码器：用于生成类似于训练数据的全新数据，经常用于图像和文本合成。
- 主题模型：在大量文档集合中自动识别主题。
- 艺术生成：使用对抗生成网络（Generative Adversarial Networks，GAN）等算法

创作艺术品或音乐。

3. 无监督机器学习的价值流

图 4.2.4 显示了无监督机器学习的价值流。重要的是要认识到，它的步骤与监督机器学习一样都是迭代的。

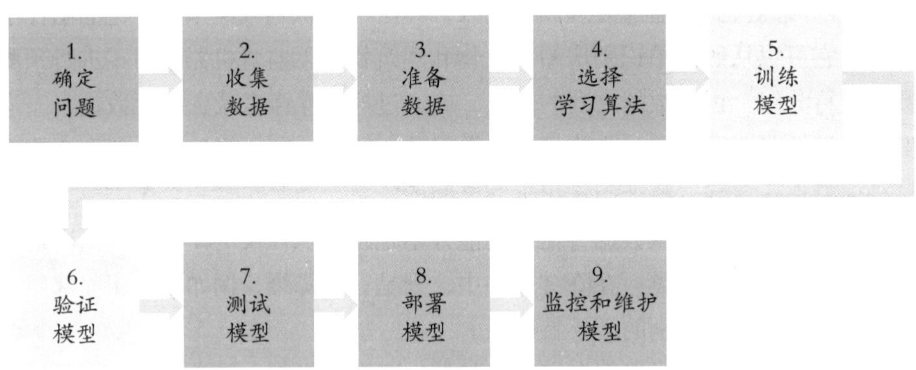

图 4.2.4　无监督机器学习价值流

图 4.2.4 中的步骤与监督机器学习的价值流相同，但各个步骤的实质性处理并不完全一致。此外，由于没有标签可供训练，因此用于生成训练模型的训练模型步骤有所不同，这同样适用于模型的验证。因此，图 4.2.4 中的步骤 5 和 6 浅蓝灰色显示。

（1）步骤 1：确定问题

在构建无监督机器学习应用程序之前，必须确定需要解决的问题。表 4.2.4 包含了一些常用的解决问题模式。

表 4.2.4　无监督机器学习中常用的模式

P#	问题模式	解释
P1	预测分析	基于历史数据点预测连续数值或类别数据
P2	信息分类	解决简单和复杂的分类问题，离散类别用于分类，例如猫和狗
P3	回归	根据不同的特征，对简单的数值或复杂的数值预测问题进行预测。预测连续值，例如房屋价格
P4	模式识别	图像识别、物体检测、基于学习视觉模式的能力来检测图像中的对象
P5	情感分析	确定文本中的情绪
……	……	……

基于所选模式，在第 4 步中机器可以学习无监督算法。

（2）步骤 2：收集数据

参考之前介绍的监督机器学习部分，收集所需的原始数据。

（3）步骤 3：预处理数据

与监督学习类似，需要对数据进行清洗、格式化等预处理，但无需进行标注。

（4）步骤 4：选择学习算法

表 4.2.5 概述了每种问题模式的可能算法。

表 4.2.5　无监督机器学习模式的算法示例

P#	问题模式	可能的算法	解释
P1	聚类	K- 均值聚类	一种将数据集划分为 k 个聚类的流行算法，其中每个数据点都被分配到最近的聚类中心
		层次聚类	根据数据点之间的层次关系形成聚类，生成聚类树
		DBSCAN（具有噪声的基于密度的空间聚类）	一种基于数据点在空间中的密度来形成聚类的算法
P2	降唯方法	主成分分析	一种线性降维技术，通过线性变换将高维数据投影到低维空间，并选择能解释最大方差的主成分作为新的特征
		t 分布随机邻域嵌入（t-SNE）	一种非线性降维技术，通过将高维数据放置在低维空间中来可视化高维数据，同时保留数据点之间的局部关系
		自编码器	一种人工神经网络，它通过学习输入数据的压缩表示来进行降维
P3	异常检测	孤立森林	通过随机划分数据来隔离数据点的算法，从而更早地隔离异常点
		单类支持向量机（One-Class SVM）	一种支持向量机算法，仅在正常数据集上进行训练，以将异常检测为偏离正常的数据
		密度聚类异常检测	基于异常样本在数据空间中密度较低的思想
P4	关联规则挖掘	Apriori 算法	用于发现数据中频繁项集和数据中不同项之间的关联规则的算法
P5	生成模型	高斯混合模型（Gaussian Mixture Model，GMM）	一种概率模型，它从多个高斯分布学习混合模型来拟合数据
		变分自编码器（Variational Autoencoder，VAE）	一种生成模型，用于学习数据的概率潜在表示，并生成新的数据点
P6	……	……	……

（5）步骤 5：训练模型

无监督学习中，模型不会通过预期的输出进行显式训练。相反，它通过发现数据中的模式和关联，从无标签数据中学习。例如，如果无监督学习的目的是区分苹果和香蕉，模型会提取有助于区分它们的特征。数据集中的条目不会被标记为苹果或香蕉。例如，K-means 算法可以训练模型识别特征簇。如果训练集足够好，通常会得到两个簇，即苹果簇和香蕉簇。苹果簇和香蕉簇的生成特征可以被查询，但无法直接调整。调整必须在训练过程中通过移除数据项来进行。

（6）步骤 6：验证模型

验证无监督学习模型通常比验证监督学习模型更具挑战性，因为没有明确的参考点。毕竟，在监督学习中，数据是被打了标签的，人们知道在寻找什么。而在无监督学习中，需要根据模型的目的来定义验证标准，例如聚类的一致性或关联性。

（7）步骤 7：测试模型

在验证模型之后，需要对模型进行测试。为此，需要设定一个模型必须达到的目标。例如，一个目标可以是识别出 95% 的图书销售之间的关系。然后，可以通过让机器学习系统评估测试集的图书销售来测试模型是否达到了目标。然后，将模型的性能与目标进行比较。此外，还可以检查识别出的簇的质量（轮廓得分）。

与监督机器学习一样，无监督机器学习过程也是迭代的。如果结果令人不满意，可能需要执行以下操作：

- 改进数据预处理，例如标准化。
- 优化超参数。
- 尝试其他算法。

这个优化和迭代的过程会一直重复，直到达到期望的准确度和性能水平。

（8）步骤 8：部署模型

与监督机器学习一样，无监督机器学习模型也必须通过 CI/CD 安全流水线进行部署，才能在生产环境中使用。

（9）步骤 9：监控和维护模型

即使是无监督机器学习，模型也需要监控和维护。

4. 无监督机器学习的示例

图 4.2.5 展示了创建无监督机器学习模型的步骤。

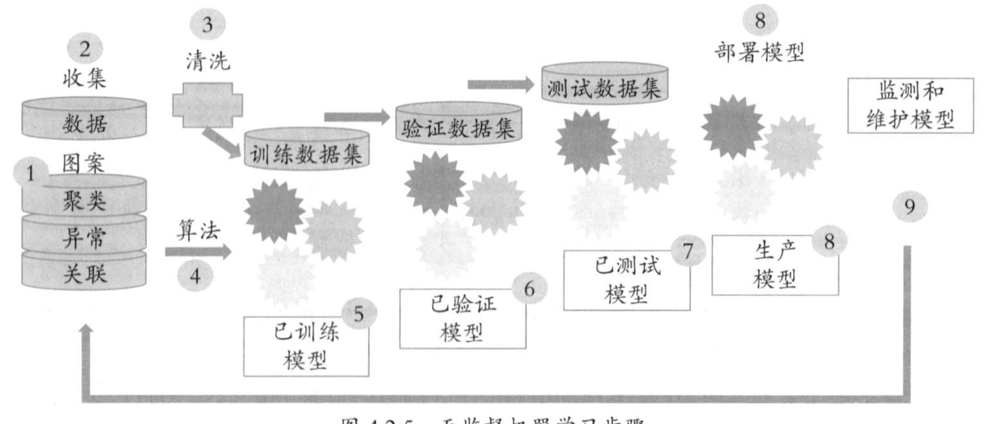

图 4.2.5　无监督机器学习步骤

六、深度学习基本概念

深度学习是机器学习领域中一个分支，术语“深度”是指关注训练具有多层结构的深度神经网络。深度学习的关键特征在于其能够从原始输入数据中自动学习复杂特征和表示，而无需人工指定特征（相关特征）。

1. 深度学习的定义

本节对深度学习的定义如下。

> **深度学习**
> 深度学习是机器学习的一种类型，它使用具有多层结构的深度神经网络。深度学习中使用了监督和无监督两种范式。

在传统的机器学习模型中，领域专家需要手动设计和选择与解决特定问题解决相关的特征。然而，在深度学习中，深度神经网络可以通过被称为神经元节点分层结构自行学习抽象特征和表示。每个节点计算输入的线性组合（值的加权和）。通过对该节点应用非线性计算（数学函数），还可以学习更复杂的模式和表示。

深度学习网络的深度特性是通过在输入层和输出层之间堆叠多个隐藏层来实现的。每一层逐渐学习越来越复杂的输入数据表示，将前一层特征进行组合和聚合，形成更抽象和更高层次的特征。这使得网络能够学习数据中非常复杂的模式和关系并完成建模。

深度学习模型在传统上被认为在难以处理的复杂任务方面取得了最先进的成果。为了训练深度学习模型，需要使用大量的标记数据和强大的硬件（例如图形处理单元，Graphics Processing Unit，GPU）。

深度学习训练过程是通过反向传播和梯度下降等算法来优化网络的权重。近年来，深度学习因其能够执行复杂任务并在各个领域取得出色表现而受到广泛关注。它在 AI 研究领域取得了重大突破，并对工业应用产生了重大影响。

2. 深度学习的应用

深度学习的应用领域广泛，包括图像识别、语音识别、自然语言处理、推荐系统和自动驾驶汽车等。

（1）卷积神经网络

这项技术主要用于图像识别和处理领域。例如，社交网络上根据你分享的照片识别好友的功能就使用了这项技术。

（2）循环神经网络（Recurrent Neutral Network，RNN）

这项技术主要用于处理序列数据。例如，根据历史数据预测股票走势的功能就使用了循环神经网络技术。

3. 深度学习的价值流

图 4.2.6 展示了深度学习的价值流。需要注意的是，这些步骤是迭代的。

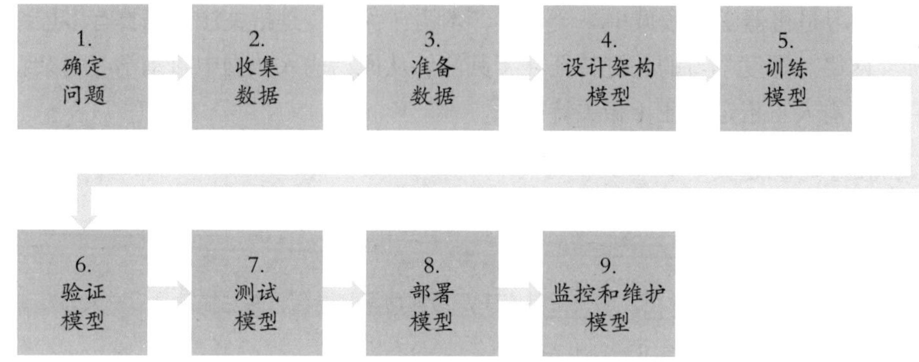

图 4.2.6　深度学习步骤

（1）步骤 1：确定问题

首先理解要解决的问题并设定明确的目标，确定哪种类型的模型最适合解决该问题（例如，卷积神经网络用于图像分析，循环神经网络用于时间序列分析等）。在构建深度学习应用程序之前，必须确定需要解决的问题。表 4.2.6 包含了一些常用的解决问题模式。

表 4.2.6　深度学习常用的问题模式

P#	问题模式	算法	解释
P1	图像识别与处理	• 卷积神经网络 • ResNet、VGG • 目标检测：YOLO、SSD • 图像分割：U-Net、Mask R-CNN	• 目标检测和分类 • 人脸识别和分析 • 医学图像分析，例如在 X 光图像中检测疾病
P2	自然语言处理	• 转换器架构，例如 BERT、GPT • 循环神经网络 • 长短期记忆网络	• 情感分析 • 语言建模和文本生成 • 机器翻译 • 语音识别和语音转文本
P3	自主系统	• 强化学习中的深度 Q 网络（Deep Q-Netwok，DQN） • 图像处理中的卷积神经网络 • 决策中的近端策略优化（Proximal Policy Optimization，PPO）	• 自动驾驶汽车和无人机 • 机器人和工业自动化
P4	游戏理论和决策制定	• 传统游戏的极小极大算法（minimax） • 围棋和其他游戏的 AlphaGo 和 AlphaZero • 蒙特卡洛树搜索（Monte Carlo Tree Search，MCTS）	在游戏、金融和物流等复杂环境中进行决策的深度强化学习
P5	生成模型	• 生成对抗网络 • 变分自编码器 • 风格迁移模型，如 StyleGAN	使用生成对抗网络（GAN）或其他生成技术生成新图像、音乐或文本
P6	推荐系统	• 基于神经协同过滤（Neutral Collaborative Filtering，NCF）的协同过滤 • 矩阵分解技术，如 SVD++	使用深度学习进行个性化推荐，例如电子商务或流媒体服务

续表

P#	问题模式	算法	解释
P7	金融和欺诈检测	• 异常检测：孤立森林（Isolation Forest） • 风险评估：随机森林（Random Forest）和梯度增强机（Gradient Boosting Machines） • 股票市场时间序列分析：长短期记忆网络	• 预测市场趋势 • 检测可能表明欺诈的异常活动
P8	气候和天气预报	• 卷积长短期记忆网络用于时空预测 • ARIMA 用于单变量时间序列预测 • 随机森林用于气候分类	分析复杂的气候数据，以进行准确的天气预报
P9	电力管理	• 多层感知器（MLP）用于需求预测 • 循环神经网络用于时间序列分析 • 强化学习用于能源优化	在工业流程或建筑物中优化能源消耗
P10	医疗保健与医学	• 卷积神经网络用于医疗图像分析 • 随机森林用于疾病分类 • 长短期记忆用于患者监控和预测	• 个性化治疗 • 预测疾病进展
P11	创意艺术	• 神经风格迁移（Neural Style Transfer）：用于艺术风格迁移 • 深度梦境（DeepDream）：用于生成艺术图像 • 波纹网（WaveNet）：用于音乐合成	• 音乐创作 • 视觉艺术中的风格迁移
……	……	……	……

基于所选模式，可以选择深度学习算法。模式的选择取决于具体需求和应用的性质。此外，新的算法也不断涌入市场。

（2）步骤 2：收集数据

收集一个大型数据集，该数据集应代表试图解决的问题。数据集越大、越多样，模型的性能就可能越好。

（3）步骤 3：预处理数据

执行预处理，例如数据清理、标准化、增强以及细化为训练集、验证集和测试集。

（4）步骤 4：设计架构模型

设计深度学习模型的结构，并选择层数、每层单元数、激活函数和其他超参数。这一步在（非）监督机器学习的价值流中没有得到重视，但它也发挥着作用，尽管其作用远小于深度学习。

（5）步骤 5：训练模型

使用合适的损失函数和优化算法在训练集上训练模型。这个过程调整模型权重以最小化训练数据的误差。

（6）步骤 6：验证模型

在验证集上评估模型在未见数据上的表现。这可能包括计算诸如准确率、精确率、召回率、F1 分数等指标。

微调：调整模型的超参数和结构，并在必要时重新训练。这可能需要进行多次迭代。

（7）步骤 7：测试模型

在单独的测试集上测试模型，以获得模型在实践中表现的无偏估计。

（8）步骤 8：部署模型

在生产环境中部署训练好的模型。

（9）步骤 9：监控和维护模型

监控模型在生产环境中的性能，并定期进行维护，例如使用新数据重新训练，以确保其继续按照预期执行。

（10）道德和责任

确保模型的开发符合道德标准，并考虑到潜在的偏差和隐私问题。

（11）文档

记录开发过程，包括开发过程中做出的决定，以便他人理解或继续工作。

4. 深度学习的挑战

图 4.2.7 展示了深度神经网络的若干优点和缺点。

图 4.2.7　深度学习的优缺点

深度学习利用深度神经网络进行学习，涵盖监督学习和非监督学习范式。尽管深度神经网络拥有众多优势，但也存在一些不可忽视的缺点。

（1）深度学习的优势

- 自动特征提取：传统方法通常需要人工进行特征工程，这就需要领域专家识别数据中相关的特征。深度学习模型可以自动学习和提取这些特征，从而节省时间并提高效率。
- 复杂性和表达力：深度神经网络可以模拟数据中复杂且非线性的关系，这对于图像识别、语音处理等复杂问题非常有用。
- 可扩展性：与某些传统方法相比，深度学习通常能够更好地适应海量数据。
- 通用性：深度学习可以适应并应用于各种任务，如文本、图像、声音等。
- 层次抽象：深度学习模型具有多层结构，能够学习包含多个抽象层次的复杂函数和表示。这种学习分层特征的能力使它们能够模拟数据中非常复杂的模式和关系，而浅层模型则难以做到这一点。

- 表示能力：深度学习能够处理大量数据，并从非常大的数据集学习，因此能够解决非常复杂的任务。这在诸如大规模图像识别、语音识别和自然语言处理等应用中尤为重要。
- 最先进的性能：深度学习在许多领域都超越了基准性能，并继续处于许多 AI 领域的研究和开发的前沿。
- 迁移学习：这是深度学习一个特别强大的方面。针对特定任务训练的模型可以作为其他相关任务的基础。通过利用先前学习的特征，该模型可以适应新任务，并且所需的训练示例更少。这可以显著减少开发有效模型所需的时间和资源。

（2）深度神经网络的缺点和注意事项

- 计算成本：深度学习模型的训练通常计算密集，需要诸如 GPU 等专用硬件。
- 数据需求：深度学习通常需要大量数据才能达到最佳性能，而传统方法则可以在较小的数据集上取得有效的结果。
- 可解释性：传统机器学习模型（如决策树或线性回归）更容易解释，而深度学习模型则被认为是“黑箱”，难以理解其内部运行机制。
- 训练时间：深度学习模型的训练可能耗时，具体取决于架构和数据规模。
- 过拟合风险：如果没有适当的正则化和验证，深度模型容易出现过拟合，尤其是在小数据集上。

七、自然语言处理基本概念

1. 自然语言处理的定义

本节对自然语言处理的定义如下。

> **自然语言处理**
> 自然语言处理是机器学习的一种类型，旨在使计算机能够理解和生成人类语言。

自然语言处理是 AI 和计算机科学的一个分支，它研究计算机与人类语言之间的交互。自然语言处理的目标是帮助计算机以一种自然和有意义的方式理解、处理和响应人类语言。它涵盖了广泛的技术和方法，包括机器学习、统计学、语言规则和符号方法。自然语言处理采用各种技术和方法，例如分词（将文本划分成单词或句子）和句法分析。

2. 自然语言处理的应用

自然语言处理的应用非常广泛，下面将根据常见用途进行归类。需要注意的是，这些类别之间并非严格划分，存在一定程度的重叠，但能大致概括自然语言处理的应用范围。

（1）信息检索和处理

- 搜索引擎：自然语言处理用于理解搜索背后的意图并找到相关信息，从而改善搜索结果。
- 文本分类和归类：自然语言处理用于自动分类文档，例如检测垃圾邮件或将新闻文章分门别类。

（2）人机交互

- 聊天机器人和虚拟助手：Siri 和 Alexa 等聊天机器人使用自然语言处理理解语音或文本命令并生成适当的响应或操作。
- 语音识别和语音转文本：将口语转换为书面文本是另一个应用领域，可用于转录服务、语音笔记等。

（3）分析和洞察

- 情感分析：自然语言处理可以用于分析文本中的情感，例如评论、推文和留言。这对于市场研究和客户服务很有用。
- 命名实体识别（Named Enity Recognition，命名实体识别）：NER 系统可以识别文本中特定类别的词，例如人名、组织、地点、时间表达式、数量、货币价值、百分比等。
- 文本摘要：自动摘要长文本（例如文章或报告）是 自然语言处理的另一个应用。

（4）语言和翻译

- 机器翻译：谷歌翻译等机器翻译系统使用自然语言处理将文本从一种语言翻译成另一种语言。
- 自动纠正和建议：自然语言处理用于在文字处理工具中识别和纠正语法和拼写错误，并为下一个单词提供建议。

（5）推荐和个性化

- 推荐系统：在某些情况下，自然语言处理技术用于分析文本内容，以推荐产品或服务。

（6）专业应用

- 问答系统：自然语言处理用于理解问题并从数据集中提取相关答案。这可以涵盖从简单的客户服务常见问题解答到 IBM 的 Watson 等高级系统。
- 生物医学文本挖掘：自然语言处理也可应用于生物医学领域，用于从临床报告中提取医学信息等任务。

3. 自然语言处理的价值流

图 4.2.8 展示了自然语言处理的价值流。需要注意的是，这些步骤是迭代的。

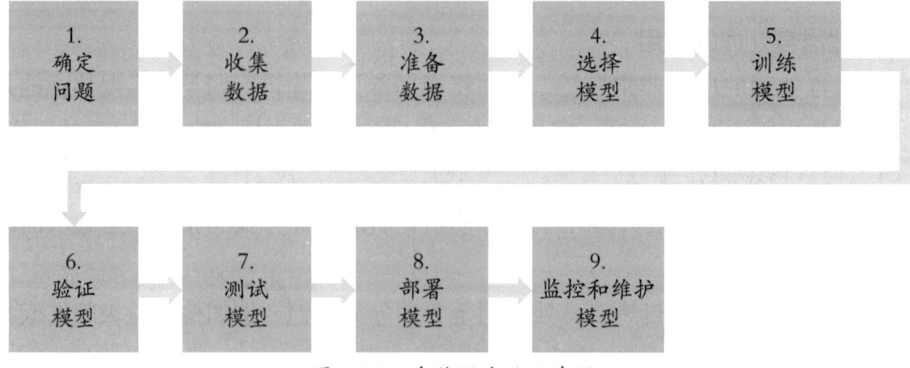

图 4.2.8　自然语言处理步骤

（1）步骤 1：确定问题

识别需要解决的具体问题，可能是情感分析、文本分类、语言翻译等。

表 4.2.7　自然语言处理常用的问题模式

P#	问题模式	算法	解释
P1	文本分类	• 支持向量机、朴素贝叶斯、卷积神经网络、循环神经网络、BERT 等基于转换器的模型	• 情感分析：评估文本中的情绪或感受
		• 朴素贝叶斯、支持向量机、随机森林	• 垃圾邮件检测：识别电子邮件是否为垃圾邮件
P2	语言分析	• 条件随机场（Conditional Random Fields，CRF）、隐马尔可夫模型（Hiden Markov Model，HMM）和深度学习模型	• 词性标注：标记句子中词的语法角色
		• 条件随机场、长短期记忆模型和 BERT 等基于转换器的模型	• 命名实体识别：识别诸如名称和位置等实体
P3	机器翻译	• 序列到序列模型（Seq2Seq） • GPT 和 BERzT 等转换器模型 • 循环神经网络	• 这些模型可以翻译不同语言的文本
P4	文本生成	• 序列到序列模型、循环神经网络、长短期记忆网络、GPT-3 等基于转换器的模型	• 聊天机器人和会话代理
		• 线性判别分析（Linear Discriminant Analysis，LSA）、文本排名（TextRank）、序列到序列和基于转换器的模型	• 自动提取式或抽象式摘要
P5	搜索引擎与信息检索	• 词频 - 逆文档频率（TF-IDF）、BM25、潜在语义检索（Latent Semantic Indexing，LSI）和神经信息检索模型	• 搜索引擎 • 信息检索（Information Retrieval，IR）是从大量非结构化数据中查找、检索和获取信息的过程
P6	语音处理	• 语音转文本（Speech-To-Text，STT）：使用深度学习模型，如循环神经网络、长短期记忆和基于转换器的模型	• 将语音转换为文本
		• 文本转语音（Text To-Speech，TTS）：包括 WaveNet 和 Tacotron 等模型	• 将文本转换为语音
P7	问题回答	• 如 BERT、GPT 和其他基于转换器的架构的模型	• 从大型文本语料库中查找问题的答案
P8	词嵌入与语义分析	• 如 Word2Vec、GloVe、FastText　和 BERT 的词嵌入技术	• 理解词的关系和意义
P9	异常检测和文本矫正	• 如长短期记忆网络、序列到序列模型和基于转换器的模型	• 检测异常模式并校正文本
P10	指代消解	• 基于规则的模型、随机森林和深度学习技术	• 识别文本中指代同一实体的词语

（2）步骤 2：收集数据

根据问题定义收集所需数据。数据来源可以是文本语料库、转录记录、社交媒体帖子等等。

（3）步骤 3：数据预处理

- 清理和格式化数据：例如去除停用词、标点符号、转换为小写、标准化情绪等。
- 数据探索和分析：分析数据以获得洞察力，并为建模做准备。
- 数据划分：将数据划分成训练集、验证集和测试集，以避免过拟合，并对模型进行公平评估。
- 必要时进行分段、分词、去除停用词、词干提取、词形还原、词性标注、命名实体识别等操作。
- 特征工程：将原始文本转换为机器学习模型可以处理的格式，例如使用词袋模型、TF-IDF、Word2Vec 等词嵌入技术。

（4）步骤 3：数据预处理示例

第 4 步提到了分段等技术，使用示例进行解释会更加清晰。假设一个组织想要开发一个用于呼叫路由的自然语言处理应用。对象就是一个包含机器需要学习的语言的呼叫示例。以下是准备呼叫的步骤。

- 分段：通过识别句末标点符号（如句号和逗号）将呼叫文本分割成句子。
- 分词：在此步骤中，每个句子进一步细分为单个单词或标记。每个单词都被视为一个单独的单位。
- 停用词去除：停用词是诸如“the”“or”“an”等对文本含义贡献不大的常见词。去除这些词是为了关注更重要的词。
- 词干提取：词干提取是通过去除词形变化和词尾将单词还原为其基本形式的过程。这允许具有相同词根的单词被视为一个词，从而方便分析和比较。
- 词形还原：与词干提取不同，词形还原考虑了语法上下文，并根据单词在句子中的含义进行分析。它识别单词的基准形式或词素。例如，“logged in”的词素是“log in”。
- 词性标注：这里文本中的单词被标记为它们的语法角色，例如动词、名词、形容词等。这有助于理解句子的结构和含义。
- 命名实体识别：此步骤侧重于识别文本中的特定实体，例如人名、组织、地点、日期等。这有助于识别重要信息并理解上下文。必须仔细考虑法律法规的要求，例如个人数据方面的 GDPR 条例。

这 7 个用于分析自然语言处理应用呼叫的步骤通常由自然语言处理工具本身执行。这个过程通常由经过训练执行这些特定任务的高级算法和模型支持。

AI 专家或数据科学家可以参与该流程的各个阶段，例如选择合适的工具、调整模型以及将这些步骤集成到更广泛的系统或应用程序中。他们还可以确保工具符合某些法规，例如 GDPR。因此，AI 专家负责根据特定需求或法规选择、实施并可能定制这些工具。

（5）步骤 4：选择模型

根据具体问题选择合适的模型，例如循环神经网络、Transformer、长短期记忆网络等。

（6）步骤 5：训练模型

文本预处理完成并提取所需特征后，可以使用机器学习算法根据标记数据训练自然语言处理模型。这类模型涵盖分类、回归以及顺序模型，例如循环神经网络或 Transformer 模型。

（7）步骤 6：验证模型

在验证集上评估模型在未知数据上的表现。使用适当的指标分数（例如准确率、F1 分数等）对验证集和测试集上的模型进行评分。

迭代和改进：根据评估结果调整模型、特征或流程的其他方面。可以选择优化模型的超参数以提高性能。

（8）步骤 7：测试模型

在单独的测试集上测试模型，以获得模型在实践中表现的无偏估计。

（9）步骤 8：部署模型

将模型集成到所需的应用程序中，例如 web 应用程序、移动应用程序等。

（10）步骤 9：监控和维护模型

部署模型后监控其性能，并根据需要进行调整。

道德和合规：确保应用程序符合所有相关法律和道德标准，尤其是在数据隐私和安全方面。

八、强化学习基本概念

强化学习是一种机器学习技术，智能体通过与环境互动以实现特定目标来学习决策。它不同于监督学习（从标记数据中学习）或非监督学习（从非标记数据集中学习），而是通过在环境中采取行动并接收奖励或惩罚来获得经验。

1. 强化学习的定义

本节对强化学习的定义如下。

> **强化学习**
>
> 强化学习是机器学习的一种类型，它涉及智能体在与环境交互的过程中学习做出决策。模型是根据奖励系统进行训练的，在该系统中，根据执行的动作给予正或负奖励。最终目标是学习一种策略，在时间上最大化累积奖励。

2. 强化学习的应用

强化学习的应用领域极其广泛，以下是一些典型应用。

（1）游戏理论和娱乐

- 棋类：强化学习算法能够学习下象棋、围棋等复杂棋类，达到与人类专家不相伯仲甚至更高的水平。
- 电子游戏：从吃豆人等简单游戏到 Dota 2 等复杂的多人游戏。

（2）机器人技术

- 导航：机器人可以学习在特定空间内导航，完成诸如在仓库内送货等任务。

- 物体操作：机器人可以学习执行复杂的操作，例如抓取物体、写字，甚至进行外科手术。

（3）金融市场

- 交易算法：优化交易策略，最大化投资回报。

（4）交通运输

- 交通信号灯控制：强化学习可用于优化交通信号灯，改善交通流量。
- 路径规划：例如自动驾驶汽车，强化学习可以帮助其找到到达目的地的最有效路线。

（5）电力管理

- 智能电网：自动调整电力供需，提高效率。

（6）医疗应用

- 治疗优化：根据患者信息推荐最佳治疗方案。

（7）其他领域

- 推荐系统：在 Netflix 或亚马逊等平台上为用户提供个性化推荐。
- 自然语言处理：用于对话系统，模拟人类对话。
- 文本生成和摘要：算法可以学习从大量文本中创建信息丰富的摘要。
- 云计算资源管理：优化数据中心计算能力的分配。
- 教育：开发个性化教育算法，帮助学生更有效地学习。

九、神经网络基本概念

神经网络是机器学习的一种形式，它属于机器学习模型的一个子集，其灵感源自大脑中生物神经网络的结构和功能。神经网络特别适用于在图像识别、自然语言处理等领域解决复杂任务，而在这些领域，传统机器学习算法可能效果欠佳。

神经网络在机器学习中应用如下。

（1）监督学习

神经网络可以利用标记数据进行训练，执行分类和回归等任务。

（2）非监督学习

神经网络也可以用于未标记数据，通过自编码器或聚类等技术发现数据中的结构。

（3）强化学习

在这种范式中，神经网络可以充当智能体的“大脑”，通过与环境交互学习执行任务。

1. 神经网络的定义

本节对神经网络的定义如下。

> **神经网络**
> 神经网络是一种受人类大脑结构和功能启发的算法。

神经网络是由相互连接的人工神经元（也称为“节点”）组成的网络。每个节点接收来自其他节点的输入，执行计算，并将输出传递给其他节点。节点之间的连接具有权重，这些权重将在网络的学习过程中进行调整。

神经网络可以具有多个层，包括输入层、一个或多个隐藏层和输出层。隐藏层包含不直接与输入或输出交互的节点，而是作为中间层，有助于学习更复杂的表征和模式。

神经网络的学习过程包括调整节点之间连接的权重，使网络逐渐学会将输入特征与期望输出相关联。这个学习过程通常通过反向传播算法进行，该算法将预测输出和期望输出之间的误差反馈到网络中以调整权重。

神经网络广泛用于模式识别、分类、回归、图像和语音处理、自然语言处理以及其他许多数据中存在复杂的非线性关系的领域。

深度神经网络，也称为深度学习，是一种具有多层隐藏节点的神经网络特殊形式。这些深层结构使网络能够模拟复杂函数，有助于图像识别、语音识别和自然语言处理等领域取得重大突破。

近年来，由于能够执行高度复杂的任务并在广泛的问题领域提供卓越的性能，神经网络受到了广泛关注。

2. 神经网络的结构

神经网络的应用领域广泛，以下列举了一些最重要的应用及其所采用的神经网络类型。

（1）图像识别和计算机视觉

- 图像分类：卷积神经网络是首选方案。
- 物体检测：卷积神经网络有会与其他结构结合使用，例如 R-CNN、YOLO 或 SSD。
- 语义和实例分割：U-Net、Mask R-CNN 和其他卷积神经网络变体。

（2）自然语言处理

- 文本分类和情感分析：简单前馈神经网络、循环神经网络或 Transformer。
- 机器翻译：序列到序列模型，结合循环神经网络或长短期记忆，最近发展出 Transformer 模型。
- 文本生成：长短期记忆网络、GPT（基于 Transformer）或其变体。
- 问答系统：基于 Transformer 的模型，例如 BERT 及其变体。

（3）娱乐应用

- 玩游戏（例如围棋或国际象棋）：用于强化学习的深度 Q 网络，或特定结构，例如 AlphaZero，它是蒙特卡罗树搜索和神经网络的结合。
- 图像风格迁移：生成对抗网络或用于风格迁移的卷积神经网络。

（4）医疗应用

- 医学影像：用于图像分割的卷积神经网络或 U-Net。
- 基于症状的诊断：前馈神经网络或决策树，但这些不总是神经网络。

（5）时间序列和预测

- 股市预测：循环神经网络或长短期记忆网络。
- 能耗预测：循环神经网络、长短期记忆或更传统的非神经网络方法，例如

ARIMA。

（6）机器人技术

- 路径规划和导航：使用简单前馈神经网络或卷积神经网络的强化学习。
- 物体操作：用于图像识别的卷积神经网络和用于控制的强化学习。

（7）其他

- 语音识别：循环神经网络或长短期记忆网络，有时与用于特征提取的卷积神径网络结合使用。

十、计算机视觉基本概念

计算机视觉是计算机科学的一个跨学科领域，它融合了机器学习、信号处理和 AI 等元素，赋予计算机类似人类视觉信息解析的能力。该领域通常专注于从物理世界（例如数字图像和视频）自动获取、分析和理解视觉信息。

尽管计算机视觉并非严格意义上的机器学习技术，但机器学习方法，尤其是深度学习，正越来越多地应用于计算机视觉任务中。例如，图像分类、目标检测、图像分割和人脸识别，这些任务通常使用卷积神经网络技术。

简而言之，机器学习是计算机视觉领域广泛使用的工具，但计算机视觉本身不仅仅包括机器学习，它还包括传统图像处理方法、三维重建技术、光流等不依赖于机器学习的其他方法。

1. 计算机视觉的定义

本节对计算机视觉的定义如下。

> **计算机视觉**
> 计算机视觉是指让计算机能够从图像和视频等视觉输入中获取有意义的信息。

计算机视觉旨在为计算机系统提供视觉感知能力，使其能够像人类视觉系统一样理解和处理视觉信息。计算机视觉技术使计算机系统能够从视觉数据中提取和理解其含义，包括识别和分类物体、检测和跟踪运动、理解场景和环境、读取和理解图像中的文本等。

2. 计算机视觉的应用

计算机视觉的应用领域广泛，以下列举了一些主要的应用。

（1）医学影像

利用计算机视觉分析医疗图像，例如 X 光片、核磁共振成像（Magnetic Resonance Imaging，MRI）和 CT 扫描。

（2）自动驾驶汽车

无人驾驶汽车上的传感器和摄像头利用计算机视觉感知周围环境，进行定位、导航和避障，实现安全自动驾驶。

（3）机器人技术

机器人利用计算机视觉识别、操作和导航其周围环境中的物体。

（4）监控系统

计算机视觉广泛应用于安防监控领域，例如人脸识别、动作检测、可疑物品识别等安全应用。

（5）质量控制

计算机视觉在生产线上用于检测产品缺陷或检查产品是否符合特定标准。

计算机视觉技术的核心在于各种图像处理、模式识别、机器学习和深度神经网络等技术和算法的应用，通常需要大量的标记训练数据来训练和优化模型。

十一、AI 伦理基本概念

AI 在日常生活中的应用越来越广泛，AI 伦理问题也日益突出。

1. AI 伦理的定义

本节对 AI 伦理的定义如下。

> **AI 伦理**
>
> AI 伦理是指对 AI 系统的设计、部署和管理所应遵循的原则、准则和价值观的探讨和定义，以确保这些系统公平、问责、透明且尊重人类价值观和利益。

AI 伦理是指 AI 系统的设计、开发、实施和使用等方面的伦理考量和原则。它是一个专注于在 AI 技术应用中促进责任、透明、隐私、公平、安全等价值的领域。

2. AI 伦理的应用

以下列举了 AI 伦理的一些主要的应用。

（1）透明与问责

促进 AI 系统的透明度，使用户和利益相关方能够理解系统的工作原理和决策过程。

（2）隐私与数据保护

确保个人隐私，并保护 AI 系统收集和处理的个人数据。

（3）公平与非歧视

防止 AI 系统因训练数据中存在不公正的歧视和偏见而做出不公平的判断。

（4）安全与保障

确保 AI 系统的安全和保障，防止被误用、黑客攻击或恶意使用。

（5）社会和社区影响

评估和理解 AI 系统更广泛的社会、经济和文化影响。这包括考虑就业影响、对社区的影响、利益和风险的分配以及更广泛的伦理和社会影响。

十二、AI 组合基本概念

图 4.2.9 展示了一系列 AI 的例子。AI 的应用范围几乎是无限的，并且正在以指数级的速度发展。尽管如此，图 4.2.9 仍提供了关于本书写作时对 AI 现状的良好洞察。

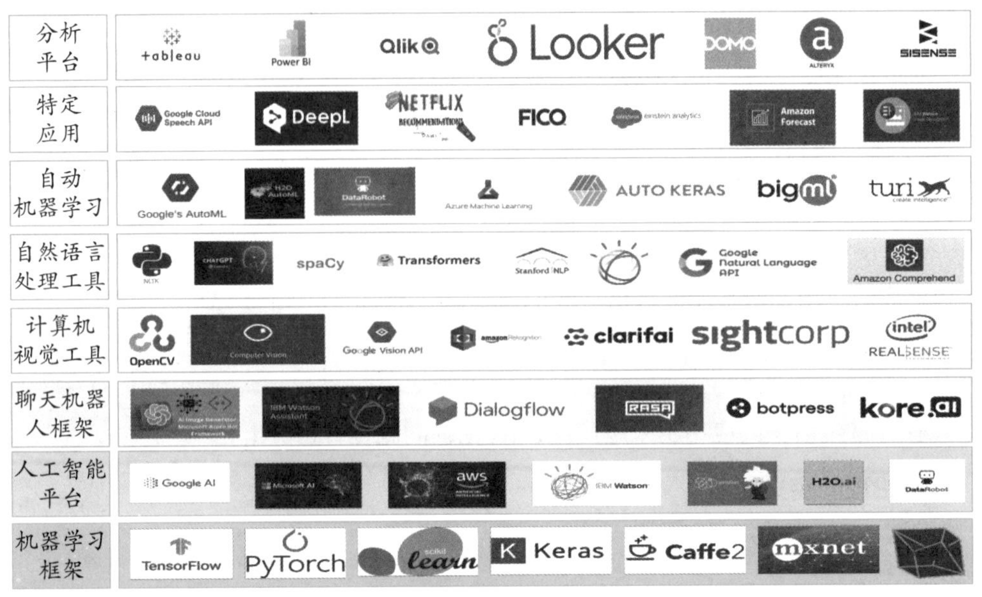

图 4.2.9　AI 示例

十三、价值的基本概念

要确定在哪里使用 AI，重要的是要研究持续万物价值流中的瓶颈。这就是本节介绍价值流分析概念的原因。后续内容将说明如何找到价值流中的瓶颈。

1. 价值流分析

1985 年，迈克尔 • 波特在其著作《竞争优势：创造和维持卓越绩效》（1998 年版）中提出了价值链的概念，见图 4.2.10。

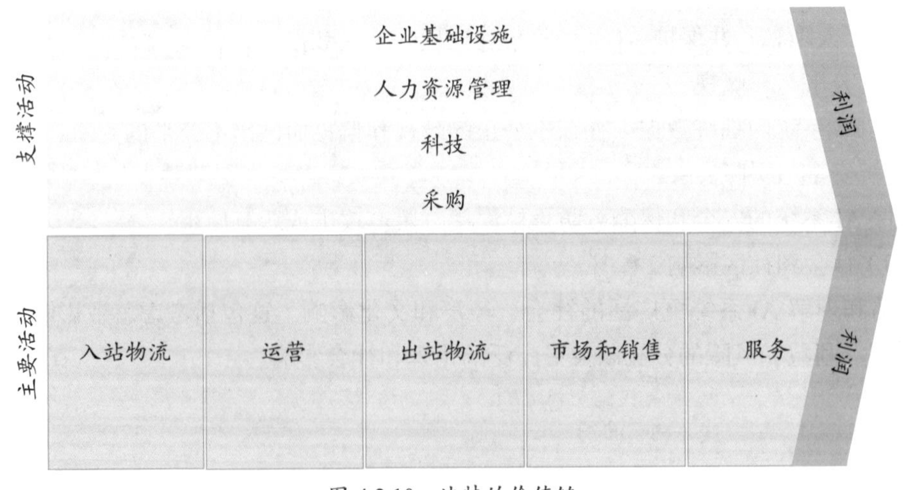

图 4.2.10　波特的价值链

（来源：《竞争优势：创造和维持卓越绩效》，1998 年版）

波特认为，一个组织通过一系列具有战略意义的活动为客户创造价值，这些活动从左到右看就像一条链条，随着链条的延伸，组织及其利益相关方的价值创造也不断增加。波特认为，一个组织的竞争优势源于它在其价值链活动的一个或多个方面做出的战略选择。

该价值链与后续小节描述的价值流特征具有几个显著的不同之处。这些差异主要体现在以下方面：

- 价值链被用来支持企业战略决策。因此，它的应用范围是总体的公司层面。
- 价值链展示了生产链中哪些环节创造了价值，哪些环节没有。价值从左到右增加，每个环节都依赖于之前的环节（链条左侧）。
- 价值链是线性的、操作性的，旨在体现价值的累积过程，并不适用于流程建模。

2. 价值流

价值流概念并没有明确的来源。但许多组织已经在不知不觉中应用了这一概念，例如丰田汽车的丰田生产系统。价值流是一种可视化流程的工具，描述了组织内一系列增加价值的活动。它是按时间顺序排列的商品、服务或信息流，逐步增加累积价值。

尽管价值流在概念上与价值链类似，但也有重要区别。我们可以通过以下方面进行对比：

- 价值链是一个决策支持工具，而价值流则提供了更细致的流程可视化。在价值链的某一环节，如图 4.2.10 中的 “服务”，可以识别出多个价值流。
- 与价值链一样，价值流是商业活动的线性表述，在不同的层面上发挥作用。原则上不允许分叉和循环，但对此没有严格的规定。
- 价值流经常使用精益指标，例如 LT、生产时间和 %C/A 率，但这在价值链层面并不常见。但这并不排除为价值链设定目标的可能性。将平衡计分卡层层分解到价值链和价值流是合理的。
- 与价值链不同，价值流可以识别具有多个步骤的分阶段生产过程。

3. DVS、SVS 和 ISVS

在 ITIL 4 中，定义了 SVS，为服务组织提供了实质性内容。SVS 的核心是服务价值链。SVS 可放置在图 4.2.10 中 “技术”层的支持活动。这是整个波特价值链的递归。这意味着价值链的所有部分都以服务价值链的形式复制到 SVS 中，如图 4.2.11 所示。

这种递归并不是新概念，因为在《信息系统管理》（ 2011 年版）中已将其视为递归原则。业务流程（R）被递归地描述为管理流程。类似于 SVS，ISVS，即 ISO 27001:2013 中定义的 ISMS，也可以被视为波特价值链的递归。这同样适用于定义系统开发价值流的 DVS。

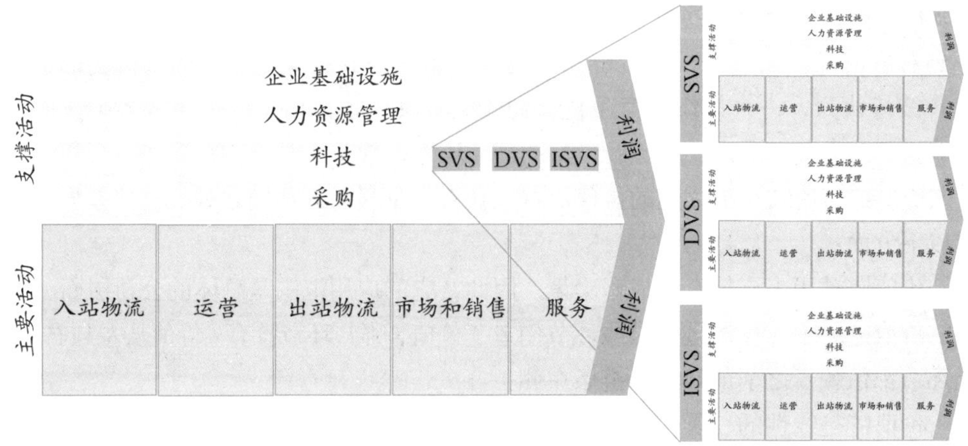

图 4.2.11　波特的递归价值链

（来源：《竞争优势：创造和维持卓越绩效》，1998 年版）

另一种递归可视化如图 4.2.12 所示。

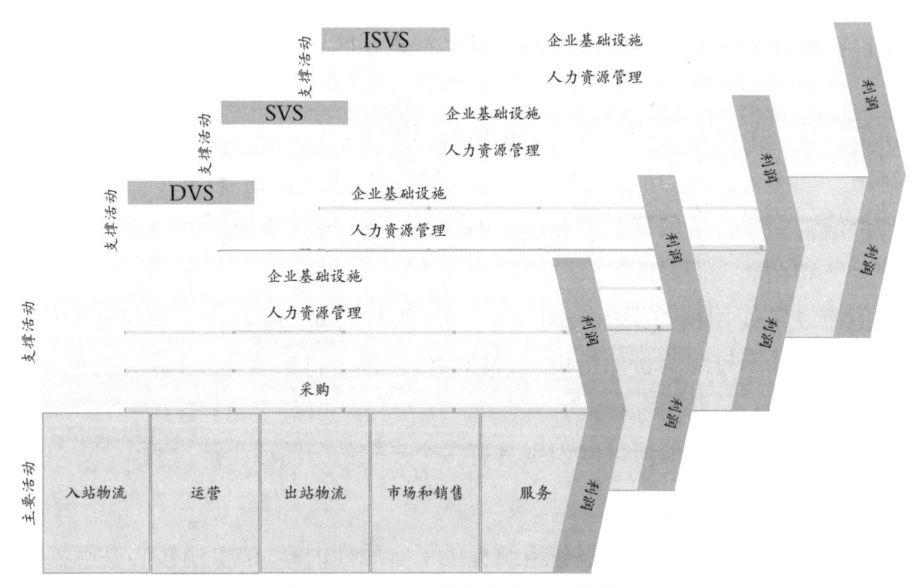

图 4.2.12　另一种波特的递归价值链

（来源：《竞争优势：创造和维持卓越绩效》，1998 年版）

两种可视化的区别是，图 4.2.12 假设价值链具有波特结构，而 ITIL 4 中定义的 SVS 没有波特结构。因此将 Matruskas 定义为如图 4.2.11 所示则更为合适。

作为 ITIL 4 SVS 核心的服务价值链有一个运营模型，用作指示价值流的活动框架。服务价值链模型是静态的，只有当价值流贯穿其中、共同创造和交付价值时，才会产生价值。

4. SoR 和 SoE

在衡量价值流的背景下，主要是 SoR 和 SoE 两种形式。SoR 是一个向客户提供价值的信息系统链。由于其包含众多组件，因此监控起来更加困难。银行和保险公司主要使用 SoR 系统。

SoE 则是一个不构成链条或松耦合的信息系统。这意味着监控更加清晰。SoE 信息系统用于电子商务领域的组织，例如 bol.com 和 AWS。图 4.2.13 展示了 SoR 和 SoE，并提供了示例应用程序。位于顶层的则是 SoI，它是包含向用户提供信息的商业智能解决方案。

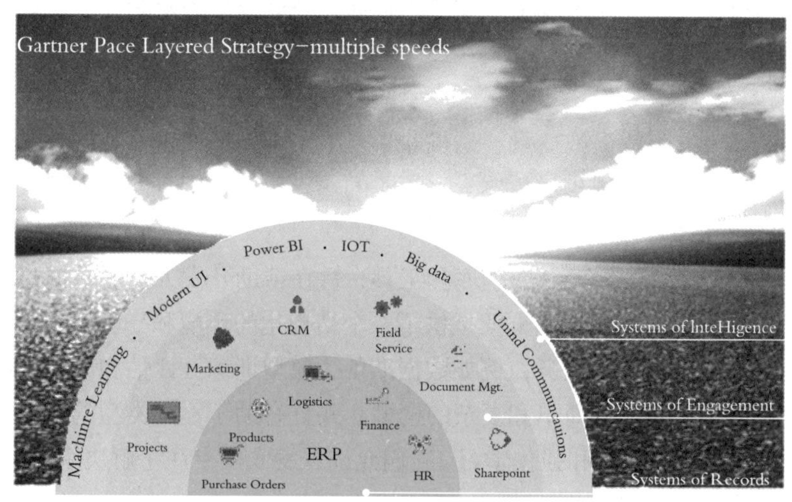

图 4.2.13　SoR、SoE 和 SoI

（来源：结果公司 HSO）

十四、基本术语

1. 人工智能基本术语

（1）AI 平台（AI Platform）

AI 平台是一种集成软件环境或解决方案，提供一套用于设计、开发、训练、部署和管理 AI、机器学习模型和应用程序的工具和服务。这些平台旨在降低 AI 开发的复杂性，使组织能够更快更有效地构建和扩展 AI 解决方案。

AI 平台可以是基于云端的，也可以部署在本地的数据中心，通常涵盖数据准备和转换、模型开发、模型训练、模型评估和评价、模型部署、监控和管理和用户界面等功能。

知名的 AI 平台包括 AWS SageMaker、Microsoft Azure 机器学习、Google Cloud AI 和 IBM Watson。每个平台都拥有自己的工具和服务，旨在满足不同的 AI 和机器学习需求。

（2）算法

在机器学习中，算法是指计算机执行的一组指令或程序，用于完成特定任务。在监督机器学习中，算法负责学习训练数据中的模式和关系，以便构建模型。这些算法利用训练数据中的输入特征和已知输出标签，创建一个能够对新的、未见过的数据进行预测的模型。

（3）聊天机器人

聊天机器人是一种软件应用程序，旨在通过文本或语音界面模拟与用户对话。这些模拟对话包含从简单的以任务为导向的对话（例如回答常见问题或预订约会）到更复杂的模拟人类对话的互动。聊天机器人经常用于网站、移动应用或消息平台，例如 Facebook Messenger、Slack 和 WhatsApp。

（4）降维

降维是从数据集去除冗余或不太重要的特征，降低数据的复杂性，使数据更容易可视化、分析或处理。

（5）输入特征

输入特征，也称为特征或变量，是机器学习中用来描述或表示数据集的各种测量、属性或特征。这些特征是提供给机器学习算法的输入数据，用于训练模型并进行预测。

（6）机器学习框架

机器学习框架是一个库或一系列库和工具，旨在帮助开发人员和数据科学家设计、构建和部署机器学习模型。这些框架提供了一个结构化的环境和一套预构建的特性，简化了机器学习过程中的常见任务，例如数据准备、模型训练、评估和部署。

机器学习框架旨在支持简单和复杂的模型，并且有助于不同类型的机器学习方法，例如监督学习、非监督学习和强化学习。它们允许开发人员专注于解决手头特定的问题，而无需处理底层的数学或优化算法。

流行的机器学习框架包括 TensorFlow、PyTorch、scikit-learn 和 Keras。每个框架都有自己的一套特性、优点和局限性，但目标是相同的：加速和简化机器学习解决方案的开发。

虽然“机器学习框架”和“AI 平台”这两个术语经常互换使用，但它们通常指的是不同类型的软件解决方案，各自都有其特定的功能和应用。机器学习框架通常更专业，提供了对模型和算法更大的控制权，而 AI 平台则提供了一个更全面、集成的解决方案，旨在构建、部署和管理完整的 AI 解决方案。

（7）模型

机器学习中的模型是指使用算法进行训练过程的结果。模型是最终训练好的系统，它已经学习了训练数据中输入特征和输出标签之间的模式和关系。模型是训练过程中获得的知识和信息的表示，可以用来对新的、未见过的数据进行预测。模型可以被认为是一个数学函数或一组规则，根据输入特征产生预测。

2. 精益指标

图 4.2.14 显示了一个由 6 个用例步骤组成的价值流示例。每个用例都有精益指标（PT、LT 和 %C/A）。

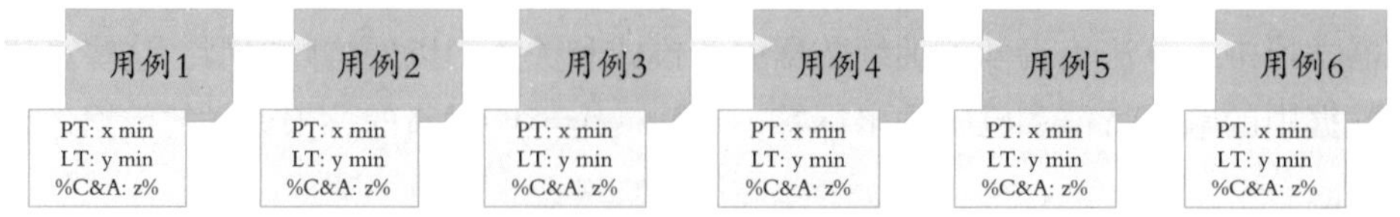

图 4.2.14　精益指标下的价值流

（1）LT

这是价值流的平均前置时间，根据价值流中的每个用例单独确定。

（2）PT

这是实现价值流所需的平均时间，也根据价值流中的每个用例单独确定。

（3）%C/A

这是交付产品中各个中间步骤的完成度和准确度的百分比。它不是指最终产品的质量，而是指价值流内部各个环节的“首次正确”交付情况。

3. 局限性和挑战

每个信息系统都有必须明确定义的边界。这可以通过指示信息系统所受限的输入来完成。此外，还有一些局限性，由 LT 和 PT 或 %C/A 表示。端到端的 LT 和 PT 之间的差异表明价值流中存在多少浪费。这种分析也可以针对每个用例进行，以便定位限制并缓解或解决。这些限制和边界可能会导致需要改进价值流。

第 3 节　持续 AI 定义

提要

持续 AI 应该应被视为一种改善和优化价值流的方法。这可以提高组织的成果并创造价值。

阅读指南

本节介绍了持续 AI 的背景和定义，然后概述了持续 AI 能提供解决方案的常见问题和根本原因。

一、背景

持续 AI 用于改进和监控已实施的 AI。这可以消除价值流中的限制和边界，从而增加（颠覆性的）结果（价值）。

二、定义

本节对持续 AI 的定义如下。

> **持续 AI**
> 持续 AI 能通过数字化操作或任务来优化 DevOps 价值流，从而提高成果。

此定义范围广泛，涵盖了价值流控制和价值流数字化两个方面。

三、应用

持续万物的每个应用都必须基于业务案例。本节描述了 AI 应用方面的典型问题。预防或者减少这些问题，隐含地构成了使用持续 AI 的业务案例。

1. 有待解决的问题

需要解决的问题及其解释见表 4.3.1。

表 4.3.1 处理持续 AI 时的常见问题

P#	问题	解释
P1	已部署的 AI 无法控制	曾经以有限的数据集和程序员见解训练过的部分自动化过程可能会发生变化，其有效性可能会降低。实时使用反馈是必不可少的
P2	自动化流程呈现出多样化、碎片化的特点，导致无法全面评估其对价值链的价值	AI 可以解决许多子问题，但必须从整体上改善价值链，避免碎片化解决方案导致缺乏协同效应
P3	由于 AI 解决方案所用信息质量不足，导致产生了错误的结果，从而造成了高昂的成本	一些 AI 项目已经因为解决方案可靠性过低而被中止，错误的消息路由不得不经过人工修正，其耗费的时间和金钱远远超过未使用 AI 解决方案的情况
P4	AI解决方案虽然由外部员工构建，但内部员工无法进行管理	建立 AI 解决方案也需要对其进行管理，其中信息供应的变化是需要考虑的重要因素之一。因此，经过训练的模型需要使用相同算法进行额外训练。有时也可能需要使用更有效、更高效的算法。此外，还需要考虑输出需求的变化。在机器学习领域，这可能意味着需要添加新的标签并进行训练
P5	AI 不断创新，需要全生命周期管理。否则，就会出现“AI 遗留问题”，导致失去竞争力	AI 的发展速度超快，呈指数级增长。因此，应用 AI 不仅是为了跟上步伐，还必须以更快的速度进行。其生命周期管理与每年 4 次更新迭代的传统软件解决方案有着截然不同的动态
P6	AI 解决方案缺乏资深程序员把关	随着 Jira 等追踪工具的普及，代码机器人正逐步取代部分程序员的工作。这些代码机器人无需休息、睡眠，可以持续高强度工作，也不需要休假。可以预见，未来初级程序员的需求将会大幅减少。然而，对 AI 生成代码的审核工作却在迅速增长，这项工作只能由资深程序员完成。由于资深程序员通常在一家公司任职的时间有限，且 AI 技术正在迅速淘汰初级程序员群体，导致难以找到合适的接替人选。这意味着，未来 AI 生成的代码在投入生产之前所接受的审核会越来越少，潜在的安全隐患也将随之增加
P7	生成源代码或其他输出有时会涉及业务敏感信息，例如重构业务应用程序时。此时，这些信息将被 AI 解决方案的供应商获取。或者，利用 AI 分析公司数据以确定趋势，这时需要将包含敏感信息的完整数据集加载到 AI 中	生成有价值的输出通常依赖于大型数据集，这些数据集可能是财务交易数据或组织的完整源代码库。将数据用于 SaaS 模式的 AI 解决方案存在安全问题或数据泄露风险。所有输入 AI 的数据都会被这些供应商用来改进 AI 的性能。但是什么能防止它们出于自身利益将这些数据用于其他用途？
P8	为了确保答案的可验证性，整个流程必须从头到尾可追踪	一些聊天机器人，例如 Chat GPT，被指存在“幻觉”问题。它们提供的答案有时候并非源自特定事实来源，而似乎是被捏造出来的。例如，它可能引用不存在的案例进行论证，后来发现，该案例是 AI 虚构的，并不构成有效的判例。类似这样的事情似乎在许多情况下都发生过

2. 根本原因

找出问题的原因的久经考验的方法是 5 个“为什么”。例如，如果没有（完全）采用持续 AI 方法，则可以确定以下 5 个“为什么”：

（1）为什么我们没有实施持续 AI 或者使用不成功?

因为组织内部缺乏认识到 AI 对组织至关重要的洞察力，也没有洞察到各种 AI 应用的实际运行情况。

（2）为什么对各种 AI 应用的运行情况没有洞察力?

因为组织内部没有培养评估 AI 的专业知识。

（3）为什么没有在 AI 领域发展知识?

因为没有对这个创新市场进行投资。

（4）为什么没有对这个市场进行投资?

因为没有认识到 AI 是一个战略武器，其威力远超 IT 世界以前的所有机会。

（5）为什么没有将 AI 视为战略武器？

因为组织没有认识到或没有严肃对待 AI 与其自身业务运营之间的关系。它更多地被视为炒作、孩子的玩具或是在竞争对手手中无法提供附加价值的东西。

这种树形结构的 5 个“为什么”问题使我们有可能找到问题的根源。必须先解决根源问题，才能解决表面问题。

第 4 节 持续 AI 基石

提要

- 持续 AI 的应用需要自上而下的规划和自下而上的实施。
- 为了识别能够提升组织产出和价值的 AI 应用，持续 AI 需要架构师积极参与识别价值链和价值流。
- 持续 AI 的设计应从一个能够表达其必要性的愿景开始。
- 对持续 AI 的有用性和必要性达成共识十分重要，这可以避免在组织自动化的过程中产生过多争论。
- 变更模式不仅有助于建立共同愿景，而且有助于引入持续 AI 模型。
- 如果没有设计权力平衡步骤，就无法开始实施持续 AI 的最佳实践（组织设计）。
- 持续 AI 强化了组织吸引和培养人才的能力。

阅读指南

本章首先讨论了可用于实施 DevOps 持续 AI 的变更模式。该变更模式包括 4 个步骤，从反应持续 AI 愿景的构想以及应用持续 AI 的业务案例开始。然后阐述权力平衡，其中既要关注持续 AI 的所有权，也要关注组织和资源这两个步骤。组织是实现持续 AI 的最佳实践，资源用于描述人员和工具方面。

一、变更模式

图 4.4.1 所示的变更模式为结构化设计持续 AI 提供了指导，通过从持续 AI 所需实现的愿景入手，可防止我们在毫无意义的争论中浪费时间。

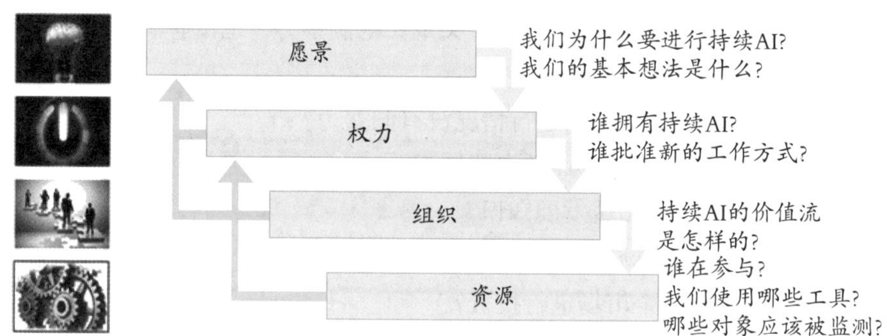

图 4.4.1　变更模式

在此基础上，我们可以确定责任和权力在权力共享上的位置。这听起来似乎是一个老生常谈的词，不适合 DevOps 的世界，但是猴王现象也适用于现代世界，这就是记录权力平衡的重要性所在。随后，工作方式才能细化和落实，最终明确资源和人员的配置。

图 4.4.1 右侧的箭头表示持续 AI 的理想设计路径。左侧的箭头表示在箭头所在的层发生争议时回溯到的层级。因此，有关应该使用何种工具（资源）的讨论不应该在这一层进行，而应该作为一个问题提交给持续 AI 的所有者。如果对如何设计持续 AI 价值流存在分歧，则应重提持续 AI 的愿景。以下各部分将详细讨论这些层级的内容。

二、愿景

图 4.4.2 展示了持续 AI 的变更模式的步骤图解。图中左侧部分（我们想要什么？）列出了实施持续 AI 的愿景所包含的各个方面，以避免发生图中右侧部分的负面现象（我们不想要什么？）。也就是说，图中右侧的部分是持续 AI 的反模式。下面是与愿景相关的持续 AI 指导原则。

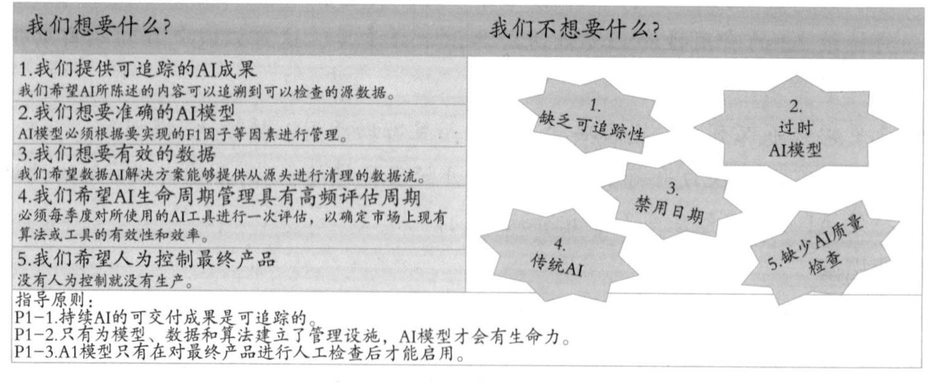

图 4.4.2　变更范式——愿景

1. 我们想要什么?

持续 AI 的愿景通常包括包括以下几点,

（1）可追踪的解决方案

随着商业价值流越来越多地采用 AI，利用决策挖掘工具实现业务价值流的数字化进程也即将到来。然而，目前许多 AI 工具并不能揭示决策背后的依据。尽管人们对 AI 的信心正在提升，但就如同医生的诊断不仅仅需要判断患者是否患有某种疾病一样，在定罪、处理市民反对意见，或者保险公司发放福利等重要场景中，AI 解决方案也需要为这些关键决策提供元数据支持。对于电子邮件、呼叫以及生成源代码，这点可能就没那么重要了。

（2）准确的 AI 模型

AI 应用基于特定算法、训练数据集、验证数据集和测试数据集来训练模型。然而，世界瞬息万变，因此需要对这些一次性解决方案进行管理。需要定期评估利益相关方的需求是否保持不变，是否需要在输入中纳入其他特征、使用新的标签，或者是否有更好的算法。因此，AI 模型需要定期重新训练。

（3）有效数据

用于训练 AI 模型的数据必须具备高品质。同时，用于为 AI 解决方案提供信息的生产环境数据也必须达到一定质量标准。在可能的情况下，应该调整源系统，避免需要持续清理数据。

（4）高频验证周期

AI 解决方案市场每季度都在更新迭代。这意味着输出质量也在不断提高。需要经常评估这些解决方案是否仍然是最佳选择。特别是算法的发展非常迅速，能够以更经济的价格提供更高质量的解决方案。

（5）人为因素

AI 由 AI 控制是一个让人焦虑的设想。许多研究表明，人为因素对于大幅提高最终产品的质量起着重要作用。这种合作不应该被忽视。事实上，必须投资于人为因素，以保持在 AI 领域的前沿。

2. 我们不想要什么?

确定持续 AI 的愿景不包含什么通常有助于加深对愿景的理解，虽然从相反的角度思考之前讨论过的话题，在行文上有些冗余，但为了便于阅读理解，所以分开讨论。持续 AI 典型的反模式方面包括以下各点。

（1）可追踪性解决方案

AI 输出缺乏可追踪性会带来许多问题。例如，患者可能会因误诊导致致命后果而采取法律行动。随着 AI 汽车（也称为自动驾驶汽车或无人驾驶汽车）的兴起，许多国家的交通法规和条例已经或正在进行修订。AI 进入汽车行业引发了复杂的法律和监管问题，必须加以解决，以确保自动驾驶汽车的安全和运行。随着以上问题出现的可能性增加，填补法律空白（如所有权、责任和隐私）的需求也随之增加。

（2）准确的 AI 模型

Python 提供了各种 AI 库，可用于构建 AI 应用程序。必须将这些模型的知识和专业知识分配给组织内部的角色，或者与业务合作伙伴签订合同。AI 模型往往会过时。开发一次然后等到业务价值流停滞再做改进的做法是不可取的。

（3）有效数据

基于 AI 的呼叫路由解决方案因 F1 因素过低而被淘汰。那么，造成 F1 因素低的原因是什么？这个问题事先根本无法估计。例如，如果使用来自居民的输入来预测请求的路由，而居民输入的是毫无意义的数据，这就会导致大量人工流程纠正，那么不如向居民提供带有单选按钮的用户界面。

（4）高频验证周期

许多组织的生命周期管理并不规范，毕竟一切都处在运行的状态。然而，失败的生命周期管理是一种组织风险。此外，将 AI 专家绑定在组织内部也存在困难。如果该组织落后于市场一年以上，专家流失的风险就会增加。组织和 AI 专家需要大量投资才能跟上指数发展。

（5）人为因素

没有资深员工内部团队的组织，几年后将面临不得不依赖 AI 和未经审查就将软件投入生产的需求。

三、权力

图 4.4.3 显示了持续 AI 变更模式的权力平衡，它的结构与愿景部分相同。

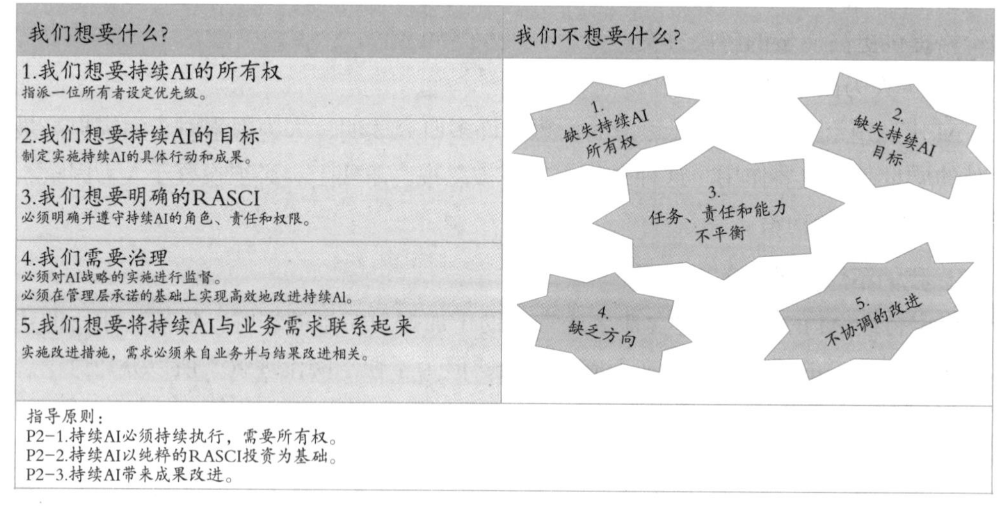

图 4.4.3　变更模式——权力

1. 我们想要什么？

持续 AI 的权力平衡通常包括以下几点。

（1）所有权

许多组织将快速发展的技术的所有权分配给能力团队，例如 CI/CD 流水线、区块链、云安全和人工智能。这样做的好处是集中了知识和技能，可以开发自助服务。缺点是这些员工发展很快，尽管他们不会很快离开组织，但要注意的是他们在其他地方可以赚更多钱。拥有能力团队是一种明智的做法，但必须有一定程度的知识和技能共享才能吸收冲击。例如，通过一种工作轮岗制度，其中该能力团队的一部分员工的工作时间限制在一年之内。无论如何，时间要足够长以实现回报，又要足够短以不失去员工。此外，还可以开发专门适用于 DevOps 团队的本地 AI 应用。

（2）目标

持续 AI 的所有者确保制定了持续 AI 路线图，指示设计如何实施持续 AI 的方向。目标包括例如在信息系统中建立 AI 的时间表。目标必须与持续规划的计划保持一致。

（3）RASCI

RASCI 代表了责任（Responsibility）、问责（Accountability）、支持（Supportive）、咨询（Consulted）和告知（Informed）。担任“R”角色的人负责监控结果（持续 AI 目标）的实现并向持续 AI 所有者（“A”）报告。通常情况下，问责权落到拥有信息系统的产品负责人身上。敏捷教练可以通过指导团队塑造持续 AI 和实现目标来履行“R”的角色。“S”是执行者，也就是架构师和 DevOps 团队。他们确保 AI 解决方案的设计、实现、测试和实施。“C”可以分配给委员会或 CoP 中的 SME。他们联合在一个协会或 CoP 中。“I”主要是业务和 IT 管理层，他们必须了解战略实施的程度以及由此带来的结果改善。

RASCI 优于 RACI 的原因是，在 RACI 中“S”被合并到了“R”。这意味着责任和实施之间没有区别。RASCI 通常可以更快地确定和更好地了解每个人的职责。随着 DevOps 的到来，整个控制系统已经发生改变，使用 RASCI 通常被认为是一种过时的治理方式。

（4）治理

必须监控 AI 战略的实现。在实践中，这意味着 AI 路线图的所有者（产品负责人）与直线经理和 敏捷教练合作，检查一切是否按预期进行。通常，这至少是每季度一次。如果遇到障碍，必须检查如何解决和预防它们。

（5）架构

持续 AI 需要考虑架构原则和模型，将能力与持续 AI 的目标组织并关联起来。

2. 我们不想要什么？

（1）所有权

将持续 AI 的所有权设定为反模式，即在信息系统中广泛应用 AI，这是一种危险的做法。自下而上地确定所需的数字化也是一条危险的道路。随着 DevOps 团队的日益成熟，他们也越来越不愿意标准化 AI 的生产方式。

（2）目标

许多组织没有为持续 AI 设定目标。这导致了对 AI 的投资是临时性的。通过持续 AI 实现数字化需要基于持续关注可靠的商业案例。

（3）RASCI

RASCI 模型中最重要的是确保 DevOps 团队开始行动。这只能通过在组织层面确保应用持续 AI 服务来实现。

（4）治理

未能自上而下地监控数字化目标会导致局部次优解决方案。

（5）架构

未能构建结构化的 AI 解决方案会导致难以管理的 AI 产品组合。

四、组织

图 4.4.4 显示了持续 AI 的变更模式的组织步骤，其结构与愿景和权力关系的结构相同。

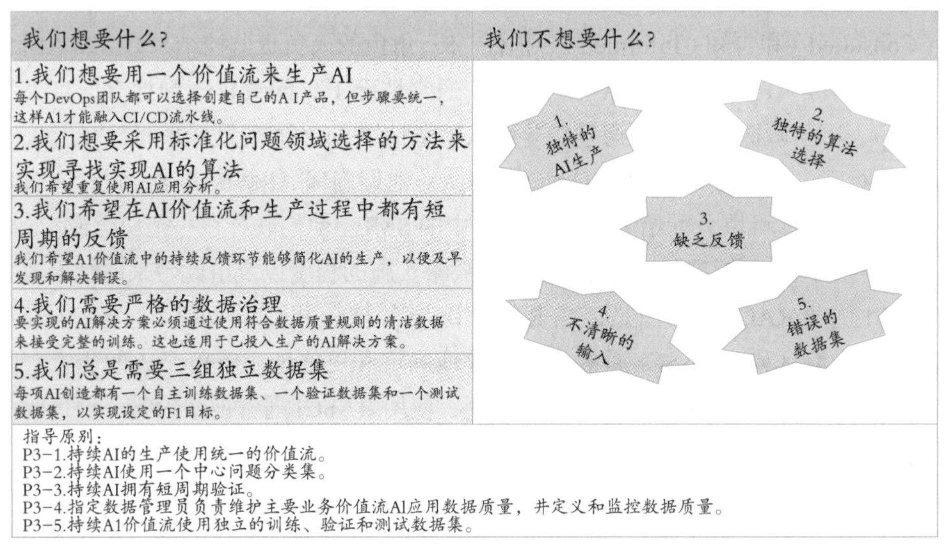

图 4.4.4　变更模式——组织

1. 我们想要什么？

持续 AI 的组织层面通常包括以下几点。

（1）统一步骤

通过使用具有相同步骤（针对不同的 AI 类型略有差异）的 AI 解决方案，可以更快地做出选择合适的 AI 类型和相关算法或多种 AI 类型和算法组合的决策。

（2）统一选择算法

选择正确的 AI 类型和算法对最终结果至关重要。一些 AI 平台也可以在这方面提供支持（AI for AI）。

（3）短周期反馈

开发和应用 AI 是一个分阶段的过程，整个周期通常会反复进行。通过收集和处理频繁的反馈，可以减少循环次数。

（4）数据质量

AI 应用的质量取决于模型是否经过高质量数据集的良好训练，以及生产环境中提供的数据质量。这就是为什么信息管理职业正迎来黄金时代。但这需要识别数据完整性规则并在源头上强制执行。

（5）3 个数据集

创建模型需要使用算法对模型进行训练、验证和测试。训练是指使用选定的算法教导空白模型将输入特征转化为所需的输出。这需要一个包含足够高质量记录的数据集，以尽可能减少偏差的产生。验证数据集用于确定使用训练模型可以获得所需的输出。该数据集不应为训练数据集，否则验证是没有意义的，因为模型是基于该训练数据集生成的。测试数据集也必须是与训练和验证数据集不同的数据集，因为这里需要确定 F1 因素，它表明当前模型的质量是否达到了最大错误数量的预设值。

2. 我们不想要什么?

以下几点是关于组织层面的持续 AI 的典型反模式。

（1）统一步骤

创建独一无二的 AI 解决方案虽然能激发创新思维并带来更多洞察，但其代价是工作方法缺乏节奏，知识和技能难以传递给其他团队，并且 AI 解决方案难以通过 CI/CD 流水线实现自动化。因此，标准化独特 AI 解决方案的生产成为主要准则。

（2）统一选择算法

使用各种各样的 AI 类型、算法和平台会使任何方面都难以做到极致。专注于市场上可用的 AI 产品组合中的精选部分，对于 DevOps 团队之间的协同作用以及 AI 能力团队构建通用 AI 服务至关重要。

（3）短周期反馈

采用瀑布式方法开发和应用 AI 会导致产生 F1 因素低下的劣质 AI 解决方案。如果需要敏捷迭代，那么 AI 解决方案就是最佳选择。

（4）数据质量

缺乏数据质量规则迟早会终结 AI 解决方案的成功实施。仅在数据生产线末端进行纠正是一种成本高贵且不可持续的解决方案。因此，必须从源头上防止数据清洗。

（5）3 个数据集

使用过小的数据集以及将数据集重复用于不同目的（训练、验证和测试）都是不好的做法。

五、资源

图 4.4.5 显示了持续 AI 变更模式的手段和人员（资源）步骤，它的结构与愿景、权力关系和组织的结构相同。

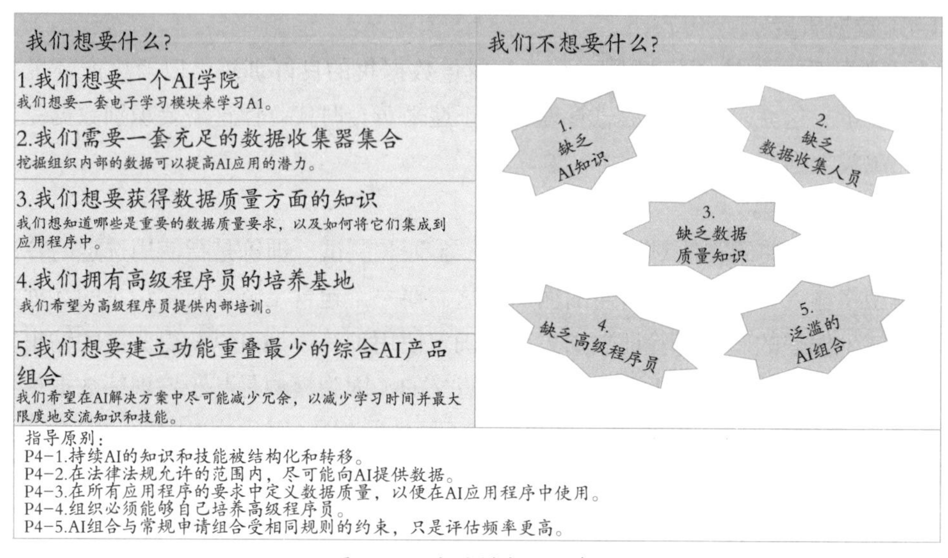

我们想要什么？
我们不想要什么？
1.我们想要一个AI学院
我们想要一套电子学习模块来学习A1。
2.我们需要一套充足的数据收集器集合
挖掘组织内部的数据可以提高AI应用的潜力。
3.我们想要获得数据质量方面的知识
我们想知道哪些是重要的数据质量要求，以及如何将它们集成到应用程序中。
4.我们拥有高级程序员的培养基地
我们希望为高级程序员提供内部培训。
5.我们想要建立功能重叠最少的综合AI产品组合
我们希望在AI解决方案中尽可能减少冗余，以减少学习时间并最大限度地交流知识和技能。
1. 缺乏 AI知识
2. 缺乏 数据收集人员
3. 缺乏数据 质量知识
4. 缺乏高级程序员
5. 泛滥的 AI组合
指导原则：
P4-1.持续AI的知识和技能被结构化和转移。
P4-2.在法律法规允许的范围内，尽可能向AI提供数据。
P4-3.在所有应用程序的要求中定义数据质量，以便在AI应用程序中使用。
P4-4.组织必须能够自己培养高级程序员。
P4-5.AI组合与常规申请组合受相同规则的约束，只是评估频率更高。

图 4.4.5　变更模式——资源

1. 我们想要什么？

持续 AI 在资源和人员层面通常包括以下几点。

（1）AI 学院

掌握 AI 知识是取得进步的重要前提。通过构建和共享一小时的电子学习模块，让任何想要学习的人都可以随时随地在工作或家中掌握 AI 技能。通过参加内部选择题考试，还可以获得证书。这将提高人们获取知识的积极性。

（2）充足的数据采集器

向 AI 应用开放日志文件、CMDB、事件注册、设计文档、业务文档等，可以丰富 SVS、DVS、ISVS 和 BVS 的价值流。

（3）数据质量知识

创建高质量数据始于了解数据质量是什么以及如何在应用程序中实现。需要考虑不同级别的完整性规则，例如：

- 数据项（例如邮政编码）。
- 数据记录（例如开始日期早于结束日期）。
- 数据表（例如唯一键）。
- 数据库（例如参考完整性、客户的居住地）。

（4）高级程序员培养基地

AI 解决方案生成的源代码需要严格验收，必须由高级程序员完成。这可以防止源代码出现错误或漏洞。

（5）精益 AI 产品组合

AI 产品组合冗余会导致学习曲线方面的浪费，因为 AI 产品越少，需要开发的知识和技能就越少。

2. 我们不想要什么?

（1）AI 学院

如果没有建立 AI 技能定义，就无法衡量知识和技能的发展。这也使得制定学习目标和课程变得困难。

（2）合适的数据收集器

需要注意的是，这些 AI 应用程序的供应商可能会看到输入的数据。因此，务必考虑业务敏感信息。

（3）数据质量知识

在使用数据之前进行清洗是一种昂贵的解决方案，尤其是在长期使用数据流的情况下。从由错误输入数据导致的 AI 错误中学习是非常重要的。

（4）高级程序员的培养基地

如果没有确保充足的高级程序员配置，则可能导致对 AI 生成的源代码接受度不足。

（5）精益 AI 产品组合

如果每个 DevOps 团队都采用自己的方式来处理 AI 应用，则解决方案的重复利用就会受到限制。这本身就是可以轻松避免的浪费。

第 5 节　持续 AI 架构

提要

- 持续 AI 必须在架构的指导下设计，从持续万物价值流的目标开始。
- 为了实现和谐的 AI 解决方案集，需要架构的指导。
- 将数据输入 AI-SAAS 解决方案是一项重大风险。需要制定有关如何使用 AI-SAAS 解决方案的政策。

阅读指南

本节描述了持续 AI 的架构原则和架构模型，即 AI 投资组合模型和 AI 模式库。

一、架构原则

在变更模式的 4 个步骤中涌现出了一系列的架构原则，本节将介绍这些内容。为了更好地组织这些原则，我们将它们划分为 3 个方面，即 PPT。

1. 人员

持续 AI 存在以下关于人员的架构原则，如表 5.1.1 所示。

表 5.1.1　人员架构原则

P#	PR-People-001
原则	持续 AI 必须持续进行，并需要所有权

理由	AI 的使用需要极大的耐心，因为它需要持续管理 AI 模型并通过重新考虑算法进行优化。通过将所有权分配给持续 AI，可以确保对解决方案进行持续投资
含义	
P#	PR-People-002
原则	持续 AI 是基于纯粹的 RASCI 设置
理由	在持续 AI 的生命周期中，任务、责任和权力需要明确定义并分配给相应的 DevOps 角色
含义	清晰的责任、权限和任务分配图至关重要。例如，路线图和产品待办事项列表的所有权就需要明确划分
P#	PR-People-003
原则	持续 AI 的知识和技能以结构化方式进行整理和转移
理由	通过将知识和技能以模式格式等结构化方式进行整理，可以更轻松地进行转移。这样也可以更方便地比较解决方案，并开发模式语言
含义	必须腾出时间开发 AI 模式
P#	PR-People-004
原则	组织必须能够自主培养资深程序员
理由	AI 的使用减少了对初级程序员的需求。然而，AI 解决方案始终应由资深程序员进行审查。因此，由于缺乏新人加入，资深程序员可能出现短缺
含义	必须通过初级、中级和资深程序员的培训，持续投资于资深程序员的培养

2. 流程

持续 AI 存在以下关于流程的架构原则，如表 5.1.2 所示。

表 5.1.2　流程架构原则

P#	PR-Process-001
原则	只有建立了模型、数据和算法的管理机制，AI 模型才能真正发挥作用
理由	AI 模型只有在数据质量得到管理的情况下才能提供可靠的结果。为此，必须定期通过测量数据输入来检查输入数据是否发生变化。还必须检查市场上是否出现更好的算法，能够训练出更好的模型。最后，还必须检查模型输出的需求是否发生变化，例如是否需要找到其他标签。 需要注意的是，AI 模型不能直接调整，只能进行额外训练。此外，还有以下管理方法可用： • 超参数调优 • 数据增强 • 迁移学习 • 集成学习 • 特征工程 • 正则化 • 推理优化 • 模型架构
含义	AI 模型需要专业知识和技能。这需要预算和时间上的储备
P#	PR-Process-002

续表

原则	AI 模型只有经过人工检查才能上线最终产品
理由	AI 模型中会存在错误。因此在将模型推向生产之前，验证和测试
含义	必须有足够的时间和金钱来实现人为控制
P#	PR-Process-003
原则	持续 AI 能够提高组织的产出
理由	使用持续 AI 应该尽快、尽可能有效地提高产出
含义	组织需要对持续 AI 带来的产出改善有明确的定义，以便衡量其成功
P#	PR-Process-004
原则	持续 AI 仅使用一个价值流进行生成
理由	通过协调工作方法，可以更好地了解最佳工作方式是什么
含义	DevOps 团队在 AI 方面的工作方式必须协调一致
P#	PR-Process-005
原则	持续 AI 使用一个中央问题分类集
理由	使用问题分类集可以更快地找到解决方案。必要时，问题分类集还可以进行调整
含义	应该推广问题分类集
P#	PR-Process-006
原则	持续 AI 的验证周期短
理由	AI 解决方案的训练、验证和测试应该高度循环。这样，至少可以确定是否正在使用正确的算法
含义	必须认识到 AI 只是需要敏捷工作的系统开发
P#	PR-Process-007
原则	每个涉及核心业务价值流的 AI 应用都配置了一名数据管理员，负责定义和监控数据质量
理由	数据管理员了解信息的端到端流动，并熟悉对数据施加的质量要求。数据管理员与 AI 应用共同关注数据质量，有助于提升产出
含义	
P#	PR-Process-008
原则	在法律法规允许的范围内，尽可能多地将数据提供给持续 AI
理由	限制数据供应会降低模型的产出
含义	必须对数据进行适当的战略价值评估，并在可能的情况下实施数据屏蔽（使数据无意义）或数据隐藏（不发送）
P#	PR-Process-009
原则	数据质量是所有应用程序的需求中定义的，旨在用于 AI 应用
理由	即使新的应用程序并非基于 AI，也必须从一开始就通过纳入和强制执行完整性规则等方式，最大限度地提高数据质量

含义	需要在功能管理领域进行数据质量方面的投资
P#	PR-Process-010
原则	持续 AI 价值流使用独立的训练、验证和测试数据集
理由	在模型生成过程中重复使用训练数据集会污染验证和测试步骤
含义	对于 AI 模型的训练、验证和测试，必须始终使用单独的数据集
P#	PR-Process-011
原则	持续 AI 必须持续进行，并需要所有权
理由	持续 AI 必须分配给一个由某人负责的生命周期
含义	所有权必须分配
P#	PR-Process-012
原则	持续 AI 促进组织战略的实现
理由	组织的战略实现基于信息系统的使用，AI 是其中越来越重要的组成部分
含义	必须有支持这种情况的治理结构
P#	PR-Process-013
原则	持续 AI 必须基于路线图进行发展
理由	持续 AI 是基于路线图发展的价值流
含义	必须有一个清晰的认识，即当前的持续 AI 价值流是什么，如何实现持续 AI 的目标。例如可以基于 AI 路线图来实现
P#	PR-Process-014
原则	持续 AI 的设计和实施需要遵循架构原则和模型
理由	持续 AI 必须在架构的指导下进行设计，以实现一致和面向未来的实施。持续 AI 也并不是一个独立的价值流，而是与其他价值流（如持续测试和持续集成）相集成的
含义	对于适合整体持续万物架构的持续集成，必须制定架构原则和模型。

3. 技术

持续 AI 存在以下关于技术的架构原则，如表 5.1.3 所示。

表 5.1.3　技术架构原则

P#	PR-Technology-001
原则	持续 AI 交付成果是可追踪的
理由	AI 应用程序的输出必须是可追踪的。这意味着得出的结论必须附有元数据，以显示该结论。可追踪性的需求可能因 AI 应用程序而异。例如，医疗结果的可追踪性很重要，但事件路由的可追踪性则不太相关
含义	应该有一个 AI 应用程序的分类，以指示可追踪性的重要性
P#	PR-Technology -002
原则	持续 AI 投资组合遵循与常规应用程序投资组合相同的规则，但评估频率更高

续表

理由	AI 创新是一个无限趋近的曲线，因此需要对持续 AI 投资组合进行持续校准
含义	组织必须在其研究与开发工作中充分重视 AI 发展
P#	PR-Technology -003
原则	持续 AI 使用有限数量的方法、技术和工具
理由	持续 AI 必须能够使用有限数量的方法、技术和工具进行调整，否则将需要花费大量时间学习使用这些方法、技术和工具
含义	组织中对持续 AI 的做法必须明确，相关能力也必须相互匹配
P#	PR-Technology -004
原则	持续 AI 通过自动化相关任务来减少浪费
理由	要实现自动化，必须对持续万物价值流中的任务进行映射
含义	必须定义持续 AI 价值流并分配给需要它的所有者
P#	PR-Technology -005
原则	持续 AI 通过工具集成可以减少浪费
理由	为了探索集成可能性，必须了解参与持续 AI 价值流的工具
含义	在考虑集成之前，必须定义持续 AI 价值流，并使所需工具透明化

4. 政策要点

持续 AI 的选择也必须记录，这些选择也称为政策。如表 5.1.4 所示

表 5.1.4　政策架构原则

B#	主题	政策要点
BL-01	所有权	DevOps 团队在 AI 投资组合管理、AI 生命周期管理和法律法规等框架内自由开发 AI 应用程序
BL-02	数据质量	监控数据质量是 DevOps 团队的职责
BL-03	数据使用	具有战略重要性意义的数据（如营业额数据、生产数据等）不得作为 AI SAAS 应用程序的输入数据
BL-04	重构	提供作为 SAAS 的 AI 应用程序不会重构用于创建支持核心业务价值流的应用程序的源代码

二、架构模型

本节使用了两种持续 AI 的架构模型，即 AI 投资组合模型和 AI 模式库。

1. AI 投资组合模型

图 4.5.1 概述了 AI 投资组合。每个 AI 应用领域都包含商业产品，这些产品为该 AI 应用领域提供了实质内容。本 AI 投资组合并不是详尽的，它只是一个市场参与者中众多领先 AI 应用领域的快照。

图 4.5.1　AI 投资组合模型

2. AI 模式库

图4.5.2通过在AI应用领域和持续万物领域的矩阵中填充模式来说明AI模式框架。

AI	CP	CN	CT	CI	CD	CM	CL	CS
监督机器学习	任务优先级	预测设计选择的影响	异常检测测试结果	缺陷预测日志分析	预测建模	自动路由至解决小组	教育资源推荐系统	自动评估团队
无监督机器学习	任务聚类	生成有效的设计策略	异常检测测试结果	异常检测聚类错误	异常检测	异常检测	开发人员行为分析	异常检测最佳做法
深度学习	项目风险预测	提高GUI的直观性	测试用例审查	代码审查	出现问题时的聊天机器人支持	衡量标准的相关性	处理复杂问题的聊天机器人	有关以下方面的预测模型冲击
强化学习	自动资源分配	基于测量进行实时GUI调整	自动创建测试用例	测试策略资源分配	创建部署模型	自动配置系统	互动学习模拟	确定哪些改进是有益的
自然语言处理	自动文档生成	客户分析反馈	从GWT创建测试用例	聊天机器人文档	自动文件更新	生成事件的可读格式	通过文件分析寻找答案	分析文件和源代码
计算机视图	基于设计的任务生成	分析功能使用情况	GUI视觉验证测试	UI测试自动化监测	在流水线中的自动视觉测试	监测物理访问	视频教程分析	仪表盘自动分析
数据挖掘	产品待办事项列表预测中的瓶颈	分析设计与使用行为	模式分析测试日志	洞察力提取	洞察绩效和改进	数据挖掘事件数据库	分析学习模式	发展预测
流程挖掘	可视化效率低下	CN价值流可视化低下	CT价值流改进	工作流程自动化	瓶颈分析	测量CE_CM价值流	确定瓶颈	确定因能力而造成的延误
决策挖掘	基于决策的规划改进	设计策略改进	影响测试策略	自动决策	生成部署模型	优化决策逻辑事件	确定最佳学习途径	确定结果改善

图 4.5.2　AI 模式库

第6节　持续AI设计

提要

- 价值流是可视化持续AI的好方法。
- 要显示角色和用例之间的关系，最好使用用例图。
- 最详细的描述是用例描述，此描述可以分为两层。

阅读指南

本节描述了持续AI的价值流和用例图。

一、持续AI价值流

图4.6.1展示了持续AI的价值流，图4.6.2和图4.6.3则描述了这个价值流的步骤。

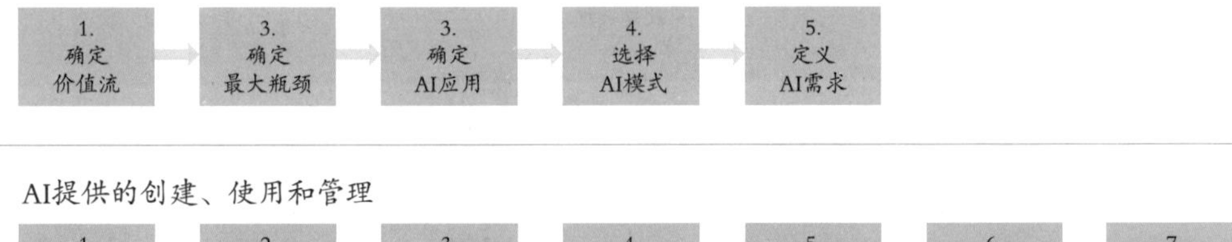

图4.6.1　持续AI价值流

二、持续AI用例图

持续AI价值流由两个部分组成，即设计阶段和创建、使用和管理阶段。

1. AI设计价值流

图4.6.2中，持续AI的价值流被转换为用例图。在此基础上添加了角色、工件和存储，这个视图的优点在于它通过更多细节的展示提升对流程的了解。

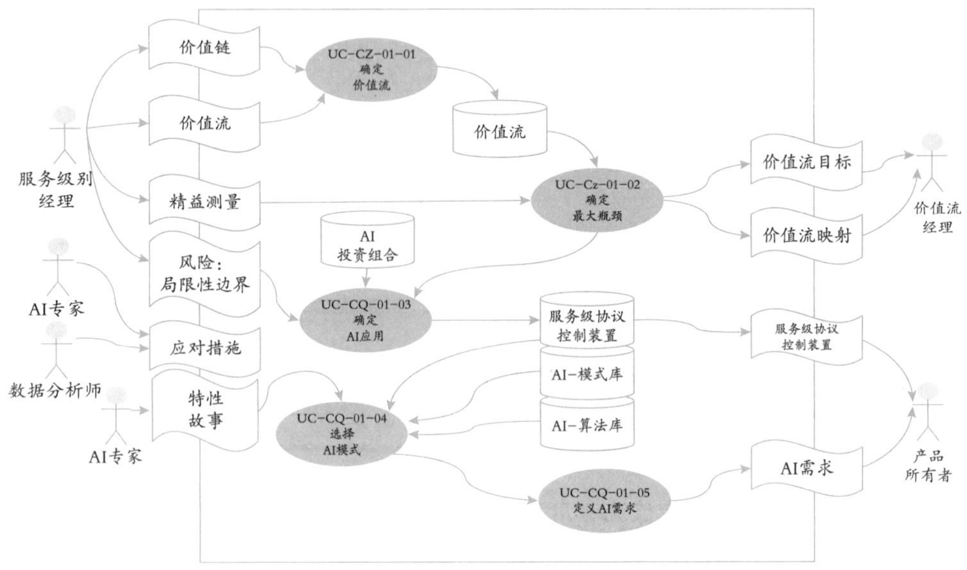

图 4.6.2　AI 设施设计的用例图

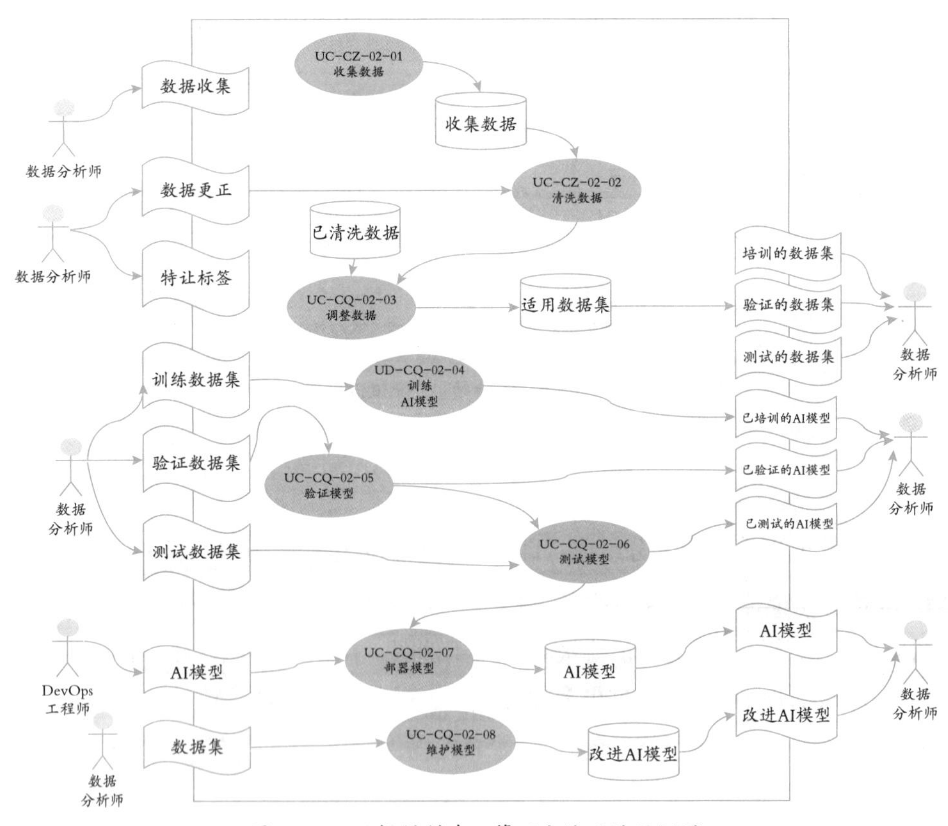

图 4.6.3　AI 提供创建、管理和使用的用例图

三、持续 AI 用例

本节首先讨论用于持续 AI 价值流的用例模板。然后讨论两种持续 AI 价值流。

1. 用例模板

表 4.6.1 显示了用例的模板，表格中左列表示属性，中间列则提示该属性是不是必须输入的，右列是对属性含义的简要说明。

表 4.6.1　用例模板

<table>
<tr><th>属性</th><th>√</th><th colspan="4">描述</th></tr>
<tr><td>ID</td><td>√</td><td colspan="4"><Name>-UC-<Number></td></tr>
<tr><td>命名</td><td>√</td><td colspan="4">用例的名称</td></tr>
<tr><td>目标</td><td>√</td><td colspan="4">用例的目的</td></tr>
<tr><td>摘要</td><td>√</td><td colspan="4">用例的简要描述</td></tr>
<tr><td>前提条件</td><td></td><td colspan="4">在执行用例之前必须满足的条件</td></tr>
<tr><td>成功结果</td><td>√</td><td colspan="4">用例执行成功时的结果</td></tr>
<tr><td>失败结果</td><td></td><td colspan="4">用例失败的结果</td></tr>
<tr><td>性能</td><td></td><td colspan="4">适用于本用例的性能标准</td></tr>
<tr><td>频率</td><td></td><td colspan="4">执行用例的频率，以自己选择的时间单位表示</td></tr>
<tr><td>参与者</td><td>√</td><td colspan="4">在用例中起作用的参与者</td></tr>
<tr><td>触发条件</td><td>√</td><td colspan="4">触发执行本用例的事件</td></tr>
<tr><td rowspan="2">场景（文本）</td><td rowspan="2">√</td><td>S#</td><td>参与者</td><td>步骤</td><td>描述</td></tr>
<tr><td>1.</td><td>谁来执行这一步骤?</td><td>步骤</td><td>对该步骤如何执行的简要描述</td></tr>
<tr><td rowspan="2">场景变化</td><td rowspan="2"></td><td>S#</td><td>变量</td><td>步骤</td><td>描述</td></tr>
<tr><td>1.</td><td>步骤偏差</td><td>步骤</td><td>与场景的偏差</td></tr>
<tr><td>开放式问题</td><td></td><td colspan="4">设计阶段的开放式问题</td></tr>
<tr><td>规划</td><td>√</td><td colspan="4">用例交付的截止期限</td></tr>
<tr><td>优先级</td><td>√</td><td colspan="4">用例的优先级</td></tr>
<tr><td>超级用例</td><td></td><td colspan="4">用例可以形成层次结构，在本用例之前执行的用例称为超级用例或基本用例</td></tr>
<tr><td>交互</td><td></td><td colspan="4">用户交互的描述、板块或模拟图</td></tr>
<tr><td rowspan="3">关系</td><td></td><td colspan="2">流程</td><td colspan="2">……</td></tr>
<tr><td></td><td colspan="2">系统构建块</td><td colspan="2">……</td></tr>
<tr><td></td><td colspan="2">……</td><td colspan="2">……</td></tr>
</table>

基于此模板，我们可以为持续 AI 用例图的每个用例填写该模板，也可以选择为用例图里的所有用例填写一个模板。此选择取决于所需的详细程度。本书的这部分在用例图级别使用了一个用例。价值流的步骤和用例图的步骤保持一致。

2. AI 设计价值流

表 4.6.2 给出了一个 AI 设计价值流用例模板的示例。

表 4.6.2　用例 - 价值流 UCD- CZ-01

<table>
<tr><th>属性</th><th>√</th><th>描述</th></tr>
<tr><td>ID</td><td>√</td><td>UCD-CZ-01</td></tr>
<tr><td>命名</td><td>√</td><td>UCD AI 设计</td></tr>
<tr><td>目标</td><td>√</td><td>本用例旨在描述 AI 应用程序的设计步骤，无论它是用于优化业务价值流还是 DevOps 价值流</td></tr>
<tr><td>摘要</td><td>√</td><td>该价值流始于定义实现 AI 应用程序的业务案例。这包括根据精益分析确定要优化的价值流、确定要解决的问题领域、解决问题的 AI 技术选择和需求</td></tr>
<tr><td>前提条件</td><td>√</td><td>• 存在需要优化的价值流
• 具备成功准备 AI 设计的知识和专业技能</td></tr>
<tr><td>成功结果</td><td>√</td><td>在成功执行 UCD-CZ-01 的持续 AI 循环后交付的结果：
• 已定义的价值流
• 已定义的瓶颈（边界限制）
• 已定义的既定范围
• 已定义的 AI 技术
• 已定义的需求</td></tr>
<tr><td>失败结果</td><td>√</td><td>以下情况可能会导致该价值流无法成功完成：
• 没有使用 AI 的商业案例
• 需求似乎无法达成预期结果</td></tr>
<tr><td>性能</td><td>√</td><td>AI 应用的性能要求取决于部署方式。在许多情况下，AI 用于价值流的输出，例如事件管理。在这种情况下，如果能快速发生就很好。其他价值流，例如源代码创建，可以花费更长的时间而不会损害业务。性能也是一个弹性概念，因为 AI 总是比人类快。然而，随着时间的推移，人们对什么是快速的有了一种印象</td></tr>
<tr><td>频率</td><td>√</td><td>AI 应用的执行频率可以分为以下步骤：
• 基于精益会议确定业务案例，通常每月一次，针对关键业务价值流
• 确定 AI 应用的频率较低，但无论如何都会由以下情况触发：未能达到 F1 标准，以及所选 AI 应用的 AI 投资组合或 AI 生命周期发生变化</td></tr>
<tr><td>参与者</td><td>√</td><td>服务级别经理、数据分析师、AI 专家</td></tr>
<tr><td>触发条件</td><td>√</td><td>存在业务价值流或 DevOps 价值流中的瓶颈</td></tr>
<tr><td>场景（文本）</td><td>√</td><td><table>
<tr><th>S#</th><th>参与者</th><th>步骤</th><th>描述</th></tr>
<tr><td>1</td><td>服务水平经理</td><td>识别价值流瓶颈</td><td>服务水平经理通常对业务和 DevOps 价值流中的瓶颈有深刻的理解，尤其是在应用持续 SLA 的情况下</td></tr>
<tr><td>2</td><td>服务水平经理</td><td>确定最大瓶颈</td><td>作为持续 SLA 的一部分，每个相关价值流的瓶颈都会每月以限制（性能）和边界（功能）的形式进行审查</td></tr>
</table></td></tr>
</table>

续表

属性	√	描述			
场景（文本）	√	3	AI 专家和数据分析师	确定适用 AI 方案	这些限制和边界代表了无法实现目标结果的风险。必须将它们转化为可衡量的对策（SLA 控制）
		4	AI 专家	选择 AI 模式	AI 为标准问题领域提供了标准功能，例如电话处理的聊天机器人。如果已经存在 AI 模式，则可以非常快速地完成创建过程。 如果没有可用的 AI 模式，则必须从能够为应用领域生成模型的算法中进行选择
		5	AI 专家	定义 AI 需求	如果存在 AI 模式，定义 AI 需求的难度会降低，但仍然很重要
场景上的偏差	√	S#	变量	步骤	描述
开放式问题					
规划	√				
优先级	√				
超级用例					
接口					

3. AI 创建、使用和管理价值流

表 4.6.4 提供了 AI 创建、使用和管理价值流的用例模板示例。

表 4.6.3　用例 - 价值流 UCD- CZ-01

属性	√	描述
ID	√	UCD-CZ-02
命名	√	UCD AI 创建、使用和管理
目标	√	本用例旨在描述 AI 应用程序的创建、管理和使用，无论是用于业务价值流还是 DevOps 价值流的优化
摘要	√	生命周期由 3 个阶段组成。第一阶段是实现 AI 解决方案并通过 CI/CD 安全流水线进行实施，第二阶段是使用 AI 应用程序，第三阶段是管理 AI 应用程序
前提条件	√	• 有 AI 设计可用 • 有知识和经验可用于成功完成价值流

续表

<table>
<tr><th>属性</th><th>√</th><th colspan="4">描述</th></tr>
<tr><td>成功结果</td><td>√</td><td colspan="4">在成功执行 UCD-CZ-02 的价值流后交付的结果：
• 经过训练的 AI 模型
• 已部署的 AI 应用
• 成功管理的 AI 应用</td></tr>
<tr><td>失败结果</td><td>√</td><td colspan="4">以下情况可能会导致该价值流无法成功完成：
• 瓶颈问题未得到解决
• AI 解决方案未能满足需求
• AI 模型未达到 F1 标准
• 组织无法管理 AI 应用</td></tr>
<tr><td>性能</td><td>√</td><td colspan="4">AI 应用的性能要求取决于部署方式。在许多情况下，AI 用于价值流的输出，例如事件管理。在这种情况下，如果能快速发生就很好。其他价值流，例如源代码创建，可以花费更长的时间而不会损害业务。性能也是一个弹性概念，因为 AI 总是比人类快。然而，随着时间的推移，人们对什么是快速的有了一种印象</td></tr>
<tr><td>频率</td><td>√</td><td colspan="4">AI 应用的执行频率设定可以分为以下步骤：
• 模型的创建是一次性的
• 使用频率与 AI 解决方案所用价值流的输出频率相关
• 模型的管理与业务需求的变化和输入成分的差异有关</td></tr>
<tr><td>参与者</td><td>√</td><td colspan="4">数据分析师</td></tr>
<tr><td>触发条件</td><td>√</td><td colspan="4">已经设计了 AI 解决方案</td></tr>
<tr><td rowspan="7">场景（文本）</td><td rowspan="7">√</td><th>S#</th><th>参与者</th><th>步骤</th><th>描述</th></tr>
<tr><td>1</td><td>数据分析师</td><td>数据收集</td><td>实现 AI 应用的关键在于数据收集。需要从价值流中收集相关数据，但这些数据可能存在污染，会对 AI 应用的结果产生负面影响。因此，数据清洗至关重要</td></tr>
<tr><td>2</td><td>数据分析师</td><td>数据清洗</td><td>数据清洗包括填充缺失数据和去除异常值，目的是让数据更适合算法使用</td></tr>
<tr><td>3</td><td>数据分析师</td><td>数据调整</td><td>数据调整是指将数据调整为适合算法使用的格式。例如，对于监督机器学习，数据需要提供特征（输入）和标签（输出）。此外，数据集需要分割为训练数据集、验证数据集和测试数据集</td></tr>
<tr><td>4</td><td>数据分析师</td><td>模型训练</td><td>在 AI 设计价值流中，已经选定了一种算法。使用该算法训练现有模型或创建新模型，并使用训练数据集进行训练</td></tr>
<tr><td>5</td><td>数据分析师</td><td>模型验证</td><td>算法创建的模型需要进行验证。因此，必须有效地进行 SLA 控制</td></tr>
<tr><td>6</td><td>数据分析师</td><td>模型测试</td><td>需要确定模型是否确实满足 F1 分数</td></tr>
</table>

续表

属性	√	描述			
场景（文本）	√	7	DevOps 工程师	模型部署	将 AI 应用部署到生产环境，以使用生产环境中的数据作为输入，并向业务价值流和 DevOps 价值流提供数据
		8	数据分析师	模型维护	需要根据业务和 DevOps 价值流的定制要求对模型进行管理
场景上的偏差	√	S#	变量	步骤	描述
开放式问题					
规划	√				
优先级	√				
超级用例					
接口					
关系					

第 7 节　持续 AI 应用

提要

- 对于持续万物的各个方面，例如持续集成、持续部署和持续测试，都可以找到机器学习、深度学习、强化学习、自然语言处理等 AI 应用。
- 任何 AI 应用都可以在持续万物的各个方面使用。
- AI 应用已经全方位覆盖了持续万物的各个方面。
- 本书将重点关注持续万物价值流中使用 AI 应用时可能存在的瓶颈和限制因素。
- 本书将针对每个持续万物价值流中通常会遇到的限制进行分析，并探讨哪些 AI 应用可以提供潜在的解决方案。
- 本书并不是通过描绘当前正在使用的技术来讨论已验证的 AI 最佳实践。
- 本书着眼于当前 AI 发展模式下可能实现的未来愿景。

阅读指南

本节描述了 AI 模式库，后续部分按持续万物的各个方面来描述模式。

一、介绍

图 4.7.1 显示了一种 AI 模式框架的示例，其中用模式填充了 AI 应用领域和持续万

物各个方面的矩阵。为了使图形易于阅读，示例不包含持续安全和持续审计，但会包含在后续部分持续万物各领域的 AI 模式的详细说明中。

AI	CP	CN	CT	CI	CD	CM	CL	CS
监督机器学习	任务优先级	预测设计选择的影响	异常检测测试结果	缺陷预测日志分析	预测建模	自动路由至解决小组	教育资源推荐系统	自动评估团队
无监督机器学习	任务聚类	生成有效的设计策略	异常检测测试结果	异常检测聚类错误	异常检测	异常检测	开发人员行为分析	异常检测最佳做法
深度学习	项目风险预测	提高GUI的直观性	测试用例审查	代码审查	出现问题时的聊天机器人支持	衡量标准的相关性	处理复杂问题的聊天机器人	有关以下方面的预测模型冲击
强化学习	自动资源分配	基于测量进行实时GUI调整	自动创建测试用例	测试策略资源分配	创建部署模型	自动配置系统	互动学习模拟	确定哪些改进是有益的
自然语言处理	自动文档生成	客户分析反馈	从GWT创建测试用例	聊天机器人文档	自动文件更新	生成事件的可读格式	通过文件分析寻找答案	分析文件和源代码
计算机视图	基于设计的任务生成	分析功能使用情况	GUI视觉验证测试	UI测试自动化监测	在流水线中的自动视觉测试	监测物理访问	视频教程分析	仪表盘自动分析
数据挖掘	产品待办事项列表预测中的瓶颈	分析设计与使用行为	模式分析测试日志	洞察力提取	洞察绩效和改进	数据挖掘事件数据库	分析学习模式	发展预测
流程挖掘	可视化效率低下	CN价值流可视化低下	CT价值流改进	工作流程自动化	瓶颈分析	测量CE_CM价值流	确定瓶颈	确定因能力而造成的延误
决策挖掘	基于决策的规划改进	设计策略改进	影响测试策略	自动决策	生成部署模型	优化决策逻辑事件	确定最佳学习途径	确定结果改善

图 4.7.1　AI 模式库

持续 AI 的模式将在后续单独的章节中针对每个持续万物方面进行详细阐述。正如前言所述，在为每个持续万物方面详细阐述 AI 模式时，我们决定研究在价值流用例中通常可以识别哪些瓶颈，这些瓶颈是否可以通过 AI 应用领域来解决，以及未来是否可以消除这些瓶颈和边界限制。

预期最大的潜在限制在价值流步骤的单元格中用红色表示。黄色和绿色表示对限制的预期贡献较低。边界没有红色、黄色或绿色。在实践中，边界解决方案也经常带来性能改进。从这个角度来看，可以对它们进行着色以表明其重要性。

AI 模式库中的数据解决方案针对每个持续万物方面和 AI 应用领域。接下来的章节将提供每个持续万物方面价值流步骤的示例，但不适用于所有 AI 应用领域。AI 模式库只是一个示例实现，其内容会因组织而异。AI 模式库的内容尚未用于完善每个持续万物方面的 AI 应用。模式库的内容应该被视为下面讨论的每个持续万物方面的 AI 应用的补充。

第 8 节　持续 AI 与持续规划

提要

- 每一种持续规划用例都有一个瓶颈，也许还有一个值得解决的后续瓶颈。
- 持续规划瓶颈既有限制性，也有边界性。
- 支持持续规划的 AI 应用有很多种可能。

阅读指南

本节旨在讨论AI在持续规划中的应用。首先将介绍持续规划价值流，并描述其步骤，接下来定义了最大的持续规划瓶颈，最后讨论了持续规划的AI应用。

一、持续规划价值流

图 4.8.1 展示了持续规划的价值流。

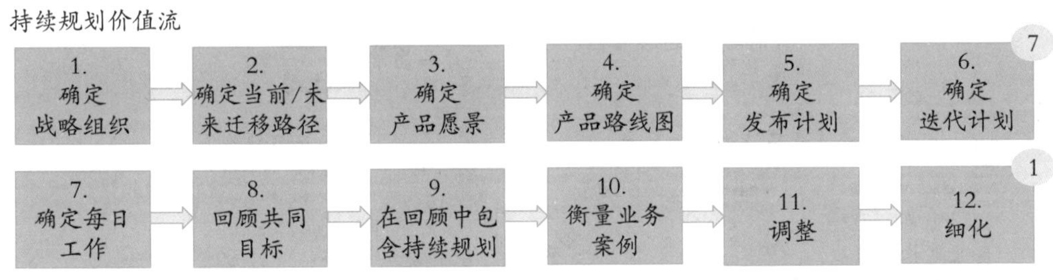

图 4.8.1 持续规划的价值流

表 4.8.1 显示了持续规划的价值流的步骤。

表 4.8.1 持续规划价值流的步骤

S#	步骤	描述
1	确定组织战略	管理层根据既定的使命、愿景和目标完成平衡计分卡。在此基础上，可以制定实施目标的战略
2	确定当前 / 未来迁移路径	企业架构师负责参考架构，其中概述了未来 3 个周期的架构，以便在未来稳健、可持续地设计整个结构。产品架构由此而来。产品架构通常可以在几天内完成，并仅以架构原则和模型的形式概要记录在协作工具中
3	确定产品愿景	产品负责人根据愿景陈述和商业案例确定产品的愿景。商业案例包括风险分析，以便将风险控制的对策纳入其中
4	确定产品路线图	产品负责人根据产品愿景，咨询利益相关方对产品路线图的高层需求（营销计划或内部需求）。产品路线图包含要实现的功能的史诗，每个季度以 MVP 的形式表达
5	确定发布计划	发布计划通过将史诗转换为即将到来的迭代的功能来详细说明路线图
6	确定迭代计划	按照敏捷 Scrum 进行迭代计划，包括将功能转换为故事
7	确定每日工作	产品待办事项列表和迭代待办事项列表的细化是一项持续活动，可能占速度的 10%。由于迭代计划仅包含两天内的工作（任务），因此必须每天制定剩余天数的任务
8	审查既定目标	除了演示实现的增量之外，迭代评审还概述了路线图和发布计划的状态
9	在回顾中包含持续规划	迭代回顾必须检查是否需要调整持续规划方法
10	衡量业务案例	产品负责人必须监控业务案例是否仍然是成立。也许不同的产品愿景会产生更多的价值。在这种情况下，当前的路线图可以关闭，因此产品待办事项列表也会关闭。充其量，它们将保持开放以完成和管理
11	调整	如果组织环境发生变化，则必须检查战略、架构、产品愿景等是否仍然有效
12	细化	史诗、特性和任务需要定期细化，将其转换为更小的规划对象

二、持续规划的瓶颈

图 4.8.2 显示了持续规划层次结构，该图详细说明了持续规划的价值流。

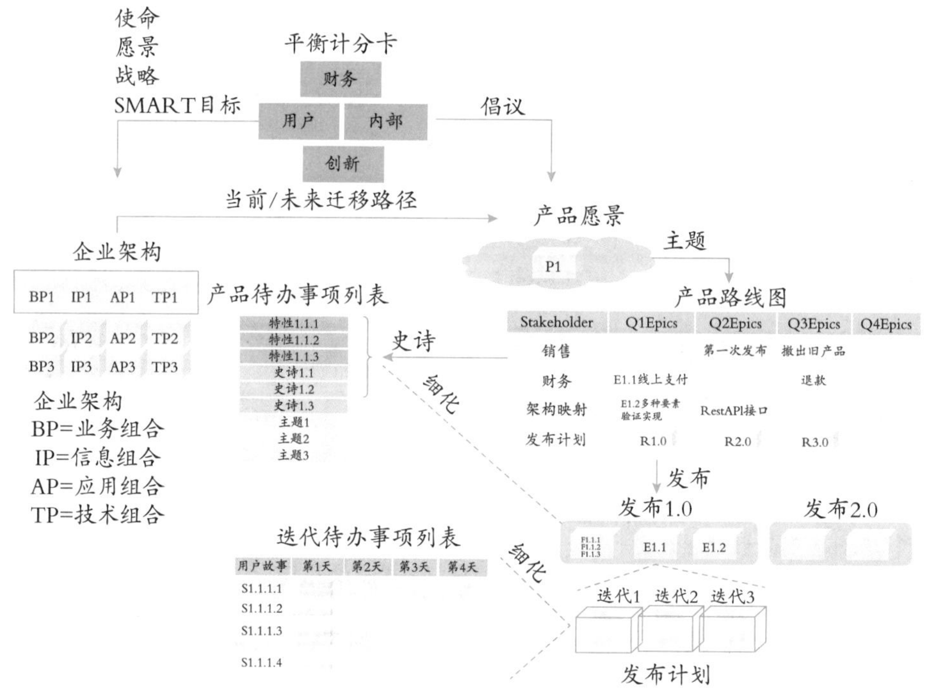

图 4.8.2　持续规划层次结构

表 4.8.2 列出了持续规划价值流每个用例的瓶颈示例，瓶颈的大小取决于组织的情况。

也许持续规划根本不是 DVS 价值链中的瓶颈。如果是这样，原因可能是表 4.8.2 中列出的瓶颈之一。

表 4.8.2　持续规划的瓶颈

S#	步骤	类型	描述
1	确定组织战略	边界	达成一致的战略是一项艰巨的任务，更不用说判断它是否正确的策略。这意味着整个持续规划价值流的成败都取决于此
2	确定当前/未来迁移路径	边界	找到最佳迁移路径并非易事，例如对单体应用进行逆向工程。在创建新产品时，对新旧应用进行双重管理并不理想，但直接更新现有产品也存在弊端，这时就需要做出权衡取舍
3	确定产品愿景	边界	如果缺乏支持来创建产品愿景，那么产品愿景就可能成为一个潜在的障碍。在这种情况下，愿景缺乏足够的依据，商业案例也因此受到限制。这里一个重要环节是预测项目风险
4	确定产品路线图	边界	考虑到上市时间等因素，路线图中步骤的顺序（优先级）非常重要。同时，还需要解决各种依赖关系。因此，在确定产品路线图时，需要支持来论证选择顺序的合理性
5	确定发布计划	边界	制定发布计划需要预测完成的内容，并评估交付的价值以及是否适合发布。确定最佳发布时机需要充分的论证

续表

S#	步骤	类型	描述
6	确定迭代计划	限制	将产品待办事项列表转换为迭代待办事项列表需要相对较长的时间，通常需要每月花费一天（约占 5%）。必须根据业务价值、速度、技术依赖性和 DevOps 工程师的可用性来考虑优先级。优先使用单件流，这会对迭代计划产生重大影响，因为整个团队同时处理一个项目，便于分享知识和技能
7	确定每日工作	限制	细化需要耗费 DevOps 团队 10% 的速度（产品待办事项列表和迭代计划）。每日工作包括将迭代待办事项列表细化为故事和任务。与确定迭代计划一样，这也需要考虑团队成员的技能和能力，以及如何在一天的时间内协作完成任务
8	审查既定目标	边界	演示已创建的产品需要满足一定条件，例如访问数据。这是一项成本高昂的任务，但如果手动测量反馈，成本也会很高。理想情况下，应该从更大范围的利益相关方那里获得反馈，但如果没有来自 AI 等适当资源的支持，这在经济上是不可行的
9	在回顾中包含持续规划	边界	只有当持续规划的障碍清晰化时，才能进行讨论。基于记录的跟踪记录进行手动分析改进措施会花费太多时间
10	衡量业务场景	限制	判断在下一个迭代中实现的剩余产品待办事项列表的商业案例是否仍然成立是一个代价高昂的事情。至少需要对比两个绩效指标，即速度预测和新史诗和特性的业务价值
11	调整	边界	见步骤 3
12	细化	限制	细化需要耗费 10% 的速度（参见步骤 7）。因此，产品待办事项列表压的细化也需要支持。这涉及确定业务价值和 DevOps 团队的速度，包括工作量、不确定性和复杂性。正确地将主题细分为史诗，将史诗细分为特性，将特性细分为故事是一个重要因素。如果细分错误，价值将无法或无法完全实现，又或者实现得太晚

三、持续规划的 AI 应用

表 4.8.3 描述了持续规划中持续 AI 可以帮助解决的最大瓶颈。

表 4.8.3 持续规划中的 AI 应用

S#	步骤	AI	应用	AI 模式
1	确定组织战略	RL	策略优化	强化学习可以用于改进营销策略。强化学习算法能够识别最佳渠道、广告和投放时间，从而触达客户并最大化营销投资回报率。其他应用领域包括价格优化、金融投资组合管理和风险管理
2	确定当前/未来迁移路径	ML	数据分析	机器学习可以用于评估应用是否应该被更好的解决方案替换。例如，机器学习算法可以用于数据分析、模式识别和预测分析。这可以提供用户行为洞察，识别当前应用中的问题并预测向更好解决方案过渡时可能存在的问题
3	确定产品愿景	ML	预测分析	机器学习可以通过数据分析和情感分析支持产品愿景的制定
4	确定产品路线图	NLP	反馈分析	在敏捷项目过程中，可以分析客户、员工和利益相关方的反馈，测试他们对愿景的认知和需求，并在必要时进行调整

续表

S#	步骤	AI	应用	AI 模式
5	确定发布计划	DL	模式识别	深度学习可以识别市场趋势和客户行为中可能影响发布计划优先级的复杂模式
6	确定迭代计划	ML	产品待办事项列表项选择	机器学习可以根据历史数据、客户反馈和其他因素，训练预测产品待办事项列表项业务价值的能力 机器学习可以根据过去的开发工作进行学习，从而估算技术工作量。 机器学习可以分析每个项目的复杂性和不确定性，并评估其影响
7	确定每日工作	NLP	用户故事细化	基于自然语言处理的机器学习可以分析用户故事，识别最重要的任务
8	审查既定目标	ML	演示数据集	机器学习可以用于从现有数据集学习模式，并使用这些模式生成新的、现实的测试数据
		NLP	情感分析	AI 可以用于分析书面反馈的情绪，并将其归类为积极、消极或中立
9	在回顾中包含持续规划	ML	质量分析	机器学习可以分析 Git 代码库数据，以识别代码质量趋势，例如常见错误、代码异味或风格问题， 这些信息可以在回顾会议上呈现，团队可以考虑重构特定代码部分或实施最佳实践
10	衡量业务场景	ML	业务案例分析	机器学习可以基于历史数据评估实现剩余产品积压项的业务案例是否仍然成立。这可以通过数据分析、预测建模和数据驱动决策来实现
11	调整	—	见步骤 3	—
12	细化	ML	基于模式识别的细化	基于之前的史诗，机器学习可以提出细化特性的建议

第 9 节　持续 AI 与持续设计

提要

- 每一种持续设计用例都有一个瓶颈，也许还有一个值得解决的后续瓶颈。
- 持续设计瓶颈既有限制性，也有边界性。
- 支持持续设计的 AI 应用有很多种可能。

阅读指南

本节旨在讨论 AI 在持续设计中的应用。首先将介绍持续设计价值流，并描述其步骤，接下来定义了最大的持续设计瓶颈，最后讨论了持续设计的 AI 应用。

一、持续设计价值流

图 4.9.1 展示了持续设计的价值流。

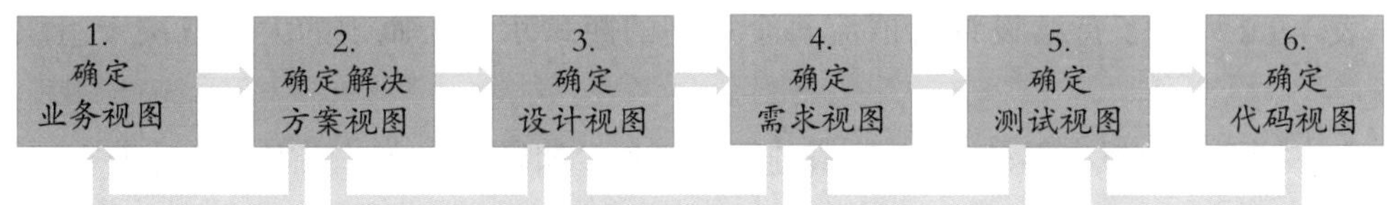

图 4.9.1 持续设计的价值流

表 4.9.1 显示了持续设计价值流的步骤。

表 4.9.1 持续设计价值流的步骤

S#	步骤	描述
1	确定业务识图	产品负责人通知 DevOps 团队出现新的或修改过的主题。在此基础上，首先绘制用于创建价值流画布模型的系统上下文图，然后根据发现的限制和边界制定需求
2	确定解决方案视图	基于这些工件，在解决方案视图中创建用例图以详细说明价值流。系统构建块分析用于生成包含在用例图中的构建块。最后，进行价值流映射分析以获取价值流、构建块、DevOps 团队和工具之间的关系。 基于这些工件，在解决方案视图中创建用例图以详细说明价值流。系统构建块分析用于生成包含在用例图中的构建块。最后，进行价值流映射分析以获取价值流、构建块、DevOps 团队和工具之间的关系
3	确定设计视图	根据单页史诗故事绘制或调整用例
4	确定需求视图	使用“Given-When-Then”形式将用例具体化为需求
5	确定测试视图	DevOps 团队使用测试驱动开发方法将“Given-When-Then”需求转换为单元测试用例
6	确定代码视图	使用单元测试用例编写源代码。源代码包含标记，以便可以基于此生成文档

二、持续设计的瓶颈

图 4.9.2 显示了持续设计金字塔模型，该图详细说明了持续设计的价值流。

图 4.9.2 持续设计金字塔

表 4.9.2 列出了持续设计价值流每个用例的瓶颈示例，瓶颈的大小取决于组织的情况。

也许持续设计根本不是 DVS 价值链中的瓶颈。如果是这样，原因可能是表 4.9.2 中列出的瓶颈之一。

表 4.9.2　持续规划的瓶颈

S#	步骤	类型	描述
1	确定业务视图	限制	业务部门往往难以清晰描述其价值流的具体构成，耗费解释时间较长。而价值流画布的绘制以及与精益指标的映射通常需要进行估计，进一步增加时间成本
2	确定解决方案视图	限制	将价值流与系统构建模块（SBB）进行关联是一项费时的工作
3	确定设计视图	限制	识别用例并描述其步骤需要大量的时间投入
4	确定需求视图	限制	在这一分解级别上，将用例转换为 BDD 格式的需求是瓶颈
5	确定测试视图	限制	将 BDD 转换为 TDD（技术需求）是此步骤的限制，尤其是在除了 BDD 产生的单元测试用例之外，还需要添加额外的单元测试用例
6	确定代码视图	限制	基于应用内部注释对应用进行文档化通常耗时较长，尤其是在强制执行的情况下

三、持续设计的 AI 应用

表 4.9.3 描述了持续 AI 可以帮助解决的持续设计中的最大瓶颈。

表 4.9.3　持续设计中的 AI 应用

S#	步骤	AI	应用	AI 模式
1	确定业务识图	—	—	AI 应用程序不能简单地执行此步骤，该步骤所需的信息量很大。基于如 ITIL 的参考模型，AI 应用程序可以提供价值流的示例
2	确定解决方案视图	—	—	持续 AI 可以基于历史模式或通过添加信息提供分解。基于大量信息，持续 AI 可以提供精益指示，也可以将价值流中的用例映射到系统构建块
3	确定设计视图	—	—	持续 AI 可以基于历史模式或通过添加信息提供分解。定义用例描述是一项创造性的过程，需要 AI 系统以外的其他信息，这些信息是 AI 模型中学习到的类似情况
4	确定需求视图	NLP	需求提取	持续 AI 可以通过分析用例中的文本，基于用例生成“Given-When-Then”语句
5	确定测试视图	NLP	测试用例生成	持续 AI 可以基于用例和“Given-When-Then”生成测试用例
6	确定代码视图	NLP	文档生成	持续 AI 可以基于源代码生成文档
		ML	集成	持续 AI 可以将源代码和现有文档关联起来，并基于此编写一套新的文档
		ML	注释	持续 AI 可以从源代码生成注释，这些注释可以解释源代码

第 10 节　持续 AI 与持续测试

提要

- 每一种持续测试用例都有一个瓶颈，也许还有一个值得解决的后续瓶颈。
- 持续测试瓶颈既有限制性，也有边界性。
- 支持持续测试的 AI 应用有很多种可能。

阅读指南

本节旨在讨论 AI 在持续测试中的应用。首先将介绍持续测试价值流，并描述其步骤，接下来定义了最大的持续测试瓶颈，最后讨论了持续测试的 AI 应用。

一、持续测试价值流

图 4.10.1 展示了持续测试的价值流。

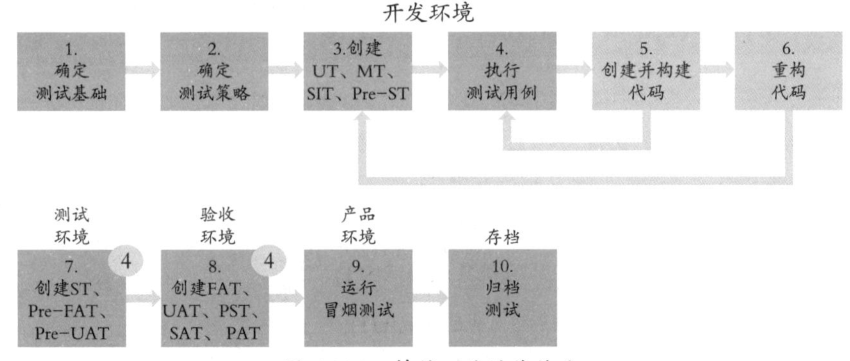

图 4.10.1　持续测试的价值流

表 4.10.1 显示持续测试价值流的步骤。

表 4.10.1　持续测试价值流的步骤

S#	步骤	描述
1	确定测试基础（D）	收集新的或修改后的价值流、用例图、用例和需求，识别它们并确定哪些对象用作测试依据（测试对象 / 测试框架）
2	确定测试策略（D）	为每个测试对象 / 测试框架确定要使用的测试类型
3	创建 UT、MT、SIT、Pre-ST（D）	在一个周期中，针对预期功能（增量）的单元测试用例，完成 TDD 步骤 02-03、02-04 和 02-05。增量的构建以在 02-06 中重构代码为结尾。此时，可以将增量部署到生产环境，并将其切换按钮设置为“关闭”。现在，可以针对新的增量（功能、模块和整个应用程序）再次进行该周期

续表

S#	步骤	描述
4	执行测试用例（D）	此步骤涉及测试增量
—	持续集成（D）	在此价值流中，编写新代码或修改现有代码。编译后，测试对象代码（持续测试步骤）。最后，重构源代码并再次测试（持续测试步骤），然后可以进行部署（持续部署步骤）
—	持续交付（D）	在持续交付价值流中，对象代码从一个环境转移到另一个环境。环境的管理也属于持续交付的一部分
5	创建 ST、Pre-FAT、Pre-UAT（T）	随着增量变大，可以在测试环境中基于 ST、Pre FAT 和 Pre UAT 测试用例进行测试。这些还不是下一步将进行的正式验收
6	创建 FAT、UAT、PST、SAT、PAT（A）	这些测试用例构成在验收环境中执行的正式验收测试
7	冒烟测试（P）	在生产环境中进行一次测试，以确定一切是否正常运行，但仅使用最少的必要测试用例集
8	归档测试（-）	测试用例必须在回归测试中可重复使用。为此，必须保护测试用例（版本控制）

二、持续测试的瓶颈

图 4.10.2 显示了持续测试金字塔模型，该图详细说明了持续测试的价值流。

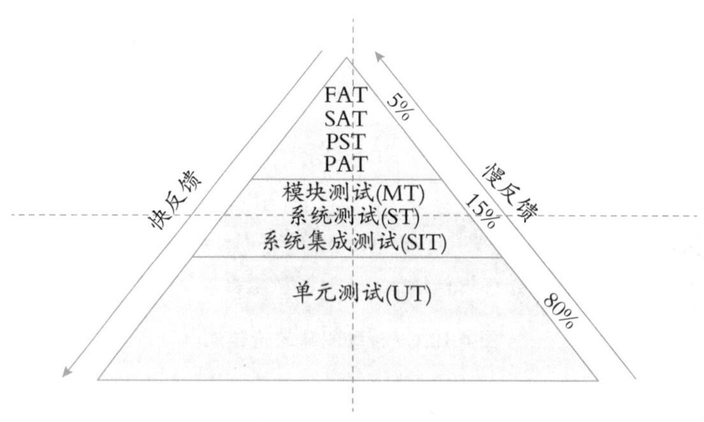

图 4.10.2 持续测试金字塔

表 4.10.2 列出了持续测试价值流每个用例的瓶颈示例，瓶颈的大小取决于组织的情况。也许持续测试根本不是 DVS 价值链中的瓶颈。如果是这样，原因可能是表 4.10.2 中列出的瓶颈之一。

表 4.10.2 持续测试的瓶颈

S#	步骤	类型	描述
1	确定测试基础	限制	抽象层面的测试基础可以快速确定。但是选择应包含在测试基础中的对象则需要更多时间
2	确定测试策略	边界	确定最经济的测试方法需要大量有关设计对象、需求、测试用例和源代码的数据和元数据

续表

S#	步骤	类型	描述
3	创建 UT、MT、SIT、 Pre-ST	限制	创建测试用例非常耗时，尤其是在基于代码驱动的测试（源代码）中创建单元测试用例时，因为左移组织会会采用 80% 的单元测试用例
4	执行测试用例	边界	选择相关测试用例是一个重要的瓶颈
5	创建和构建代码	限制	由于需要使用编程语言编写单元测试用例，因此编写源代码是持续测试的一部分
6	重构代码	限制	重新编程一个应用程序可能需要几个月到几年的时间
7	创建 ST、Pre FAT、PreUAT	限制	创建更高测试级别的测试用例比单元测试和模块测试更耗时
8	创建 FAT、UAT、PST、 SAT、PAT	限制	创建更高测试级别的测试用例比单元测试和模块测试更耗时
9	冒烟测试	限制	这项测试没有瓶颈
10	归档测试	限制	这项测试的瓶颈很小

三、持续测试的 AI 应用

表 4.10.3 持续测试中描述了持续 AI 可以帮助解决的最大瓶颈。

表 4.10.3　持续测试中的 AI 应用

S#	步骤	AI	应用	AI 模式
1	确定测试基础	—	—	在该领域，目前看不到任何真正应用 AI 的可能性。如果所有对象都存储在版本控制工具中，例如 Git，并且所有对象都通过元数据相互关联，例如特性与用例，那么可以自动确定测试基础。但是，在这种情况下，逻辑已经在元数据中定义，因此不再需要 AI 来确定该测试基础
2	确定测试策略	ML	预测分析	AI 可以分析历史数据和有关之前迭代的信息。例如，它可以查看过去发生的错误类型、能有效检测这些错误的技术以及软件最容易出错的区域
		NLP	需求分析	AI 可以分析需求和用户故事，以了解待开发功能的复杂性。基于此分析，AI 可以建议哪些测试技术最适合测试功能
		ML	反馈循环	在迭代期间，AI 可以收集测试结果和应用测试技术的有效性反馈。这可以帮助实时调整测试策略
		ML	代码分析	AI 可以检查源代码，以确定源代码的哪些部分可能存在风险，需要在测试中给予更多关注
3	创建 UT、MT、SIT、 Pre-ST）	NLP ML	需求分析 测试用例生成	在 TDD 中，AI 可以根据规范或功能需求生成测试用例。这些测试用例使用与程序员编写源代码相同的源代码语言生成。例如，对于 Python 源代码，就会生成 Python 单元测试 AI 可以为程序员执行的每个步骤创建一个完整的单元测试集。在这种情况下，AI会始终领先一步编写单元测试。 这两种方法各有其适用领域。一次性生成所有单元测试用例可以快速获得初始覆盖率，而按步骤生成测试用例可以引导 DevOps 工程师逐步开发功能并随之编写相应的测试用例

续表

S#	步骤	AI	应用	AI 模式
4	运行测试用例	ML	测试用例和数据生成	机器学习可用于生成和维护测试脚本，生成测试数据，以及自动运行回归测试。机器学习模型还可用于检测测试结果中的错误
		NLP	需求分析	自然语言处理可用于理解测试用例和需求，如 BDD。它可以帮助将文本需求转换为可执行的测试脚本
		CV	用户界面测试	计算机视觉可用于测试用户界面（User Interface, UI）的应用程序中，用来分析屏幕截图和模拟与 UI 的交互
		DL	模拟用户行为	深度学习模型（如神经网络）可用于更复杂的测试场景，例如模拟交互式应用程序中的用户行为
		RL	代码覆盖率	在某些情况下，可以使用强化学习来实现“智能”测试用例执行，即系统独立学习哪些测试用例应该执行以提高测试用例的代码覆盖率
		ML	异常检测	AI 可以用于分析测试用例执行日志，并检测错误或异常
		ML	预测分析	预测分析是一种使用历史数据和当前数据来预测未来结果的分析方法
5	创建和构建代码	—	—	见持续集成
6	重构代码	—	—	见持续集成
7	创建 ST, pre-FAT, pre UAT	—	见步骤 4	—
8	创建 FAT, UAT, PST, SAT, PAT	—	见步骤 4	—
9	冒烟测试	ML	智能测试选择	AI 可以根据代码更改或最近的测试结果历史来确定将哪些测试用例包含在烟雾测试中。这使烟雾测试可以专注于应用程序的最重要区域
10	归档测试	ML	未使用的测试用例	机器学习可用于使测试用例更容易被找到，并查找过时或未使用的测试用例
		NLP	测试文本挖掘	自然语言处理可用于分析测试用例描述、错误消息或 DevOps 工程师的注释等测试用例中的文本数据。通过挖掘这些文本数据，自然语言处理可以识别可能表明重复错误或代码中问题区域的模式

需要注意的是，现在有一些专门用于源代码测试的 AI 模型。这些模型称为基于代码的机器学习模型。

第 11 节　持续 AI 与持续集成

提要

- 每一种持续集成用例都有一个瓶颈，也许还有一个值得解决的后续瓶颈。
- 持续集成瓶颈既有限制性，也有边界性。
- 支持持续集成的 AI 应用有很多种可能。

阅读指南

本节旨在讨论AI在持续集成中的应用。首先将介绍持续集成价值流，并描述其步骤，接下来定义了最大的持续集成瓶颈，最后讨论了持续集成的 AI 应用。

一、持续集成价值流

图 4.11.1 展示了持续集成的价值流。

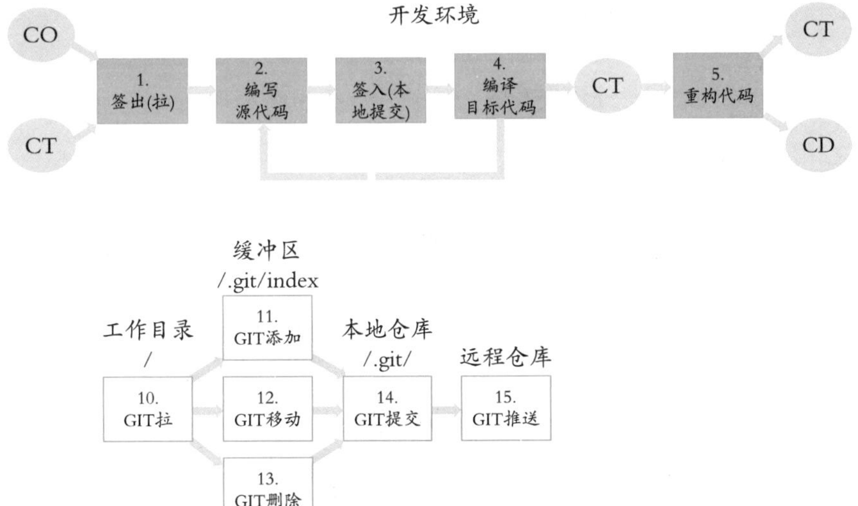

图 4.11.1　持续集成价值流

表 4.11.1 显示持续集成价值流的步骤。

表 4.11.1　持续集成价值流的步骤

S#	步骤	描述
—	设计	在持续设计价值流中，需求以增量和迭代的方式生成
—	测试	在持续测试价值流中，测试用例以增量和迭代的方式生成

续表

S#	步骤	描述
1	检出	在设计（需求）已转换为并执行了单元测试用例后，可以进行编码。为此，必须使用拉取操作（pull）从代码库中取出相关源代码
2	编写源代码	开发工程师修改代码或创建源代码
3	提交（本地提交）	发布源代码
4	编译	源代码通常会在发布后自动转换为目标代码
—	测试	如果构建成功，通常会立即进行测试
5	重构	如果测试成功，可以移除辅助代码（脚手架）。源代码也进行优化。重构涉及重新执行所有步骤
6	提交（远程提交）	发布源代码
—	部署	一旦目标代码最终确定，就可以将其部署到下一个环境。此步骤通常会在 CI/CD 安全流水线中自动化

二、持续集成的瓶颈

图 4.11.2 概述了持续集成的用例图。

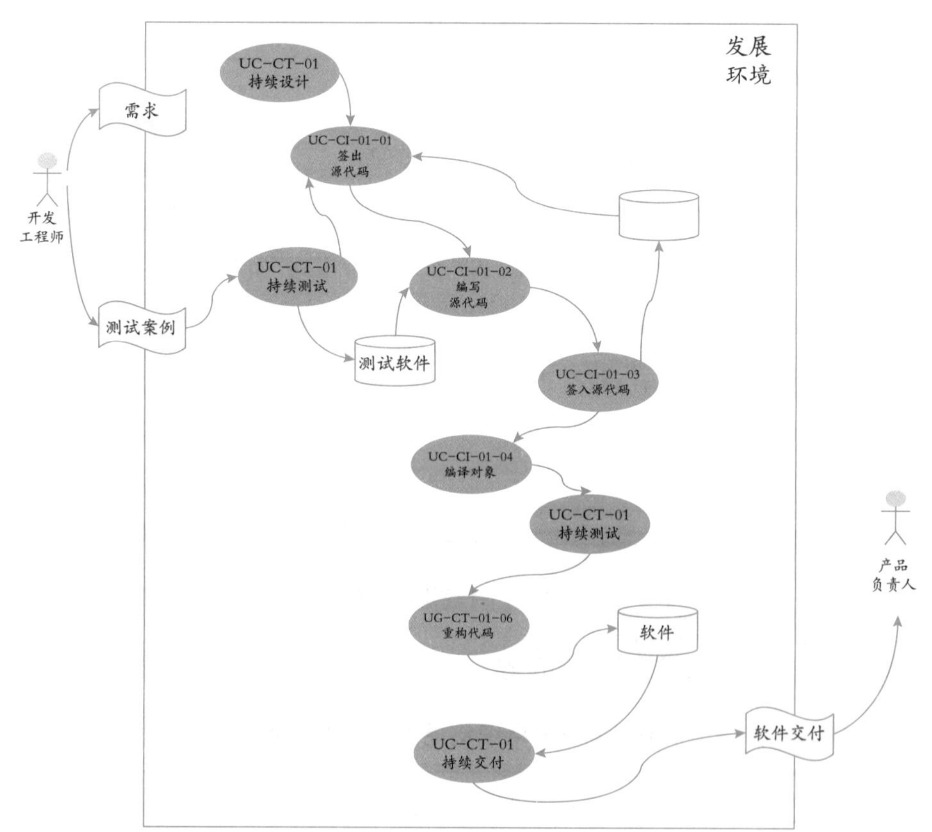

图 4.11.2　持续集成用例图

表 4.11.2 列出了持续集成价值流每个用例的瓶颈示例，瓶颈的大小取决于组织的情况。也许持续集成根本不是 DVS 价值链中的瓶颈。如果是这样，原因可能是表 4.11.2 中列出的瓶颈之一。

表 4.11.2　持续集成的瓶颈

S#	步骤	类型	描述
1	拉取代码	限制	通常不需要花费太多时间
2	编写源代码	限制	编写代码需要花费大量时间
3	提交（本地提交）	限制	通常不需要花费太多时间
4	编译目标代码	限制	通常不需要花费太多时间
5	重构代码	限制	通常不需要花费太多时间
6	提交远程代码	限制	通常不需要花费太多时间

三、持续集成的 AI 应用

表 4.11.3 描述了持续集成中持续 AI 可以帮助解决的最大瓶颈。

表 4.11.3　持续集成中的 AI 应用

S#	步骤	AI	应用	AI 模式
1	拉取代码	ML	智能分支推荐	AI 可以根据开发人员的当前任务、之前的工作以及仓库的当前状态，帮助开发人员选择合适的分支进行检出。这可以通过分析提交历史和代码更改来实现
2	编写源代码	RL	改善代码	强化学习算法可用于改善代码补全工具中的代码建议质量。它们可以学习哪些建议最有效地改善代码质量并帮助开发人员编写更好的代码
		ML	代码完成	深度学习模型可以为 DevOps 工程师提供建议，帮助他们在编码时提高代码质量并遵循代码风格指南。它们还可以警告 DevOps 工程师遵循最佳实践或缺少文档
		NLP	代码生成	自然语言处理 AI 模型能够理解自然语言和编程语言。它们可以将人类语言概念转换为相应的代码
		NLP	人类语言指令	用户可以使用人类语言向持续 AI 系统发出指令。例如，用户可以说“生成一个加两个数的函数”。持续 AI 系统将能够理解并执行此指令
		NLP	代码生成	自然语言处理模型处理指令，生成 Python、JavaScript 等编程语言中的相应代码
		CB	代码机器人	代码机器人又称编码机器人或编程机器人，是设计用于自动化和简化重复性或常规编程任务的工具。 它们使用包括 AI 在内的先进技术，使编程工作更高效、更不易出错
		CB	自动化任务	代码机器人可用于自动化软件开发中的重复性任务，例如生成模板代码、格式化代码、运行测试和报告错误

续表

S#	步骤	AI	应用	AI 模式
2	编写源代码	CB	代码生成	有些代码机器人能够根据规范、模板或自然语言指令生成代码。它们通常用于创建简单的脚本或函数
		CB	代码质量控制	代码机器人可以检查代码中的语法错误、样式指南遵从性和最佳实践。它们可以帮助开发人员编写清晰、结构良好的代码
		CB	代码重构	代码机器人可以帮助识别和执行代码重构，以提高其可读性、性能和可维护性
		CB	代码审查	代码机器人可以用于执行自动代码审查并向开发人员提供反馈，从而加快代码审查过程
		CB	信息安全分析	代码机器人可以通过静态或动态分析来识别代码中的安全漏洞
		CB	建议和文档	代码机器人可以在编码时向开发人员提供建议，例如建议功能命名或代码完成。 它们还可以根据代码自动生成文档
		CB	集成开发工具	代码机器人与流行的开发环境和工具集成，例如 IDE 和版本控制系统
3	提交（本地提交）	ML	代码审查	机器学习算法可以通过训练历史代码审查数据，识别出代码质量问题、风格违规和最佳实践的模式。它们能够自动扫描代码，并在开发者合并更改之前提醒他们潜在的问题
		DL	代码分析	深度神经网络可用于发现和理解代码中复杂的模式。它们可以评估代码质量，识别异常模式，并帮助发现偏离风格指南和最佳实践的地方
		NLP	注释分析	自然语言处理技术可以用于分析代码注释和文档。它们能够理解代码中发生了什么，以及更改是否符合相关需求
		ML	模式识别	机器学习可用于代码中的模式识别。机器学习模型可以识别已知的模式，这些模式可能指示问题，例如未使用变量、未优化的代码或有潜在危险的代码结构
		ML	代码指标	机器学习可用于生成代码质量指标和测量值，例如圈复杂度、代码重复和单元测试覆盖率
4	编译目标代码	RL	构建优化	通过强化学习算法，可以决定如何并行运行构建任务，从而最大化构建效率。强化学习能够从过去的构建中学习并制定优化策略，以最小化总构建时间
		ML	错误检测	机器学习模型可以训练分析源代码，识别可能干扰编译过程的潜在问题，例如语法错误、缺少依赖项或对编译器选项的使用不当。它们可以在开始构建之前提醒 DevOps 工程师这些问题
		ML	CI/CD 集成	机器学习可以集成到 CI/CD 流水线中，在每次代码提交时自动进行构建和测试。它可以生成构建状态报告并标记任何问题

续表

S#	步骤	AI	应用	AI 模式
5	重构代码	ML	代码分析	机器学习模型可以通过训练大量源代码数据集，识别潜在重构机会的模式。它们可以为 DevOps 工程师提供减少代码重复、简化条件逻辑和其他改进方面的建议
		ML	模式识别	机器学习可以用于识别代码中表明重构机会的模式，例如识别可以抽象的类似代码片段
		RL	代码优化	强化学习算法可以学习哪些代码优化可以带来更好的性能或可读性。它们可以提出简化复杂代码块、减少冗余和提高整体代码质量的建议
		DL	代码迁移	深度学习模型可以用来分析源代码并将其自动迁移到新的编程语言或框架。它们可以执行复杂的语法转换，帮助开发人员保持代码兼容性
6	提交远程代码	ML	分类模型	机器学习模型，例如分类模型或推荐算法，可以根据当前情况和 DevOps 工程师的贡献，对这些特征进行训练，学习哪些代码更有可能被提交

第 12 节　持续 AI 与持续部署

提要

- 每一种持续部署用例都有一个瓶颈，也许还有一个值得解决的后续瓶颈。
- 持续部署瓶颈既有限制性，也有边界性。
- 支持持续部署的 AI 应用有很多种可能。

阅读指南

本节旨在讨论AI在持续部署中的应用。首先将介绍持续部署价值流，并描述其步骤，接下来定义了最大的持续部署瓶颈，最后讨论了持续部署的 AI 应用。

一、持续部署价值流

图 4.12.1 展示了持续部署的价值流。

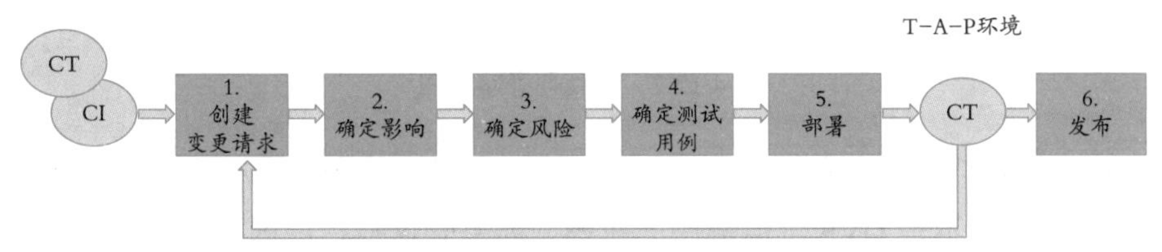

图 4.12.1　持续部署的价值流

表 4.12.1 显示了持续部署价值流的步骤。

表 4.12.1　持续部署价值流的步骤

S#	步骤	描述
1	创建变更请求	产品负责人根据既定的发布计划提交变更请求
2	确定影响	DevOps 团队分析部署变更可能带来的影响
3	确定风险	根据评估结果，识别部署过程中可能遇到的风险
4	确定测试用例	对策的有效性是根据测试用例来确定的，这些测试用例是提前准备好的
5	部署	部署是将对象代码实际部署到目标环境的过程。这还包括使用修改后的对象测试环境
6	发布	将功能发布到生产环境是持续部署价值流的最后一步

二、持续部署的瓶颈

图 4.12.2 显示了持续部署的分步计划。这些是实施 CI/CD 安全流水线自动化的步骤。

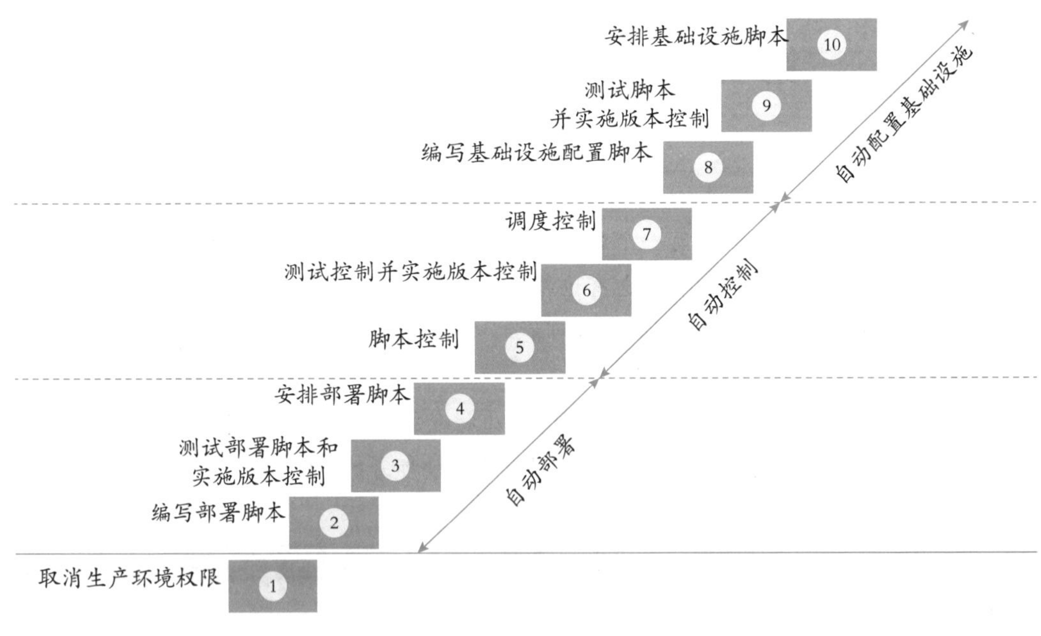

图 4.12.2　持续部署路线图

表 4.12.2 列出了持续部署价值流每个用例的瓶颈示例，瓶颈的大小取决于组织的情况。也许持续部署根本不是 DVS 价值链中的瓶颈。如果是这样，原因可能是表 4.12.2 中列出的瓶颈之一。

表 4.12.2　持续部署的瓶颈

S#	步骤	类型	描述
1	创建变更请求	限制	尽管变更请求已经取得了进步，但完成变更依然需要大量的手工操作，不仅容易出错，而且耗时费力。其中，信息安全方面的要求往往最为耗时
2	确定影响	边界	评估主要依赖经验，鲜有工具或是 AI 的辅助
3	确定风险	边界	评估主要依赖经验，鲜有工具或是 AI 的辅助
4	确定测试用例	限制	测试用例的选择同样耗费大量时间，并且每次部署都需要生成全新的测试用例集
5	部署	限制	流水线生产对象最昂贵，原因如下： • 创建部署脚本 • 执行测试用例 • 审查 Go/NoGo
6	发布	边界	发布可以控制不同类型风险的各种选项，例如金丝雀发布，其中越来越多的用户使用新功能。每种发布模式都有不同的瓶颈

三、持续部署的 AI 应用

表 4.12.3 显示了持续部署的 AI 应用。

表 4.12.3　持续部署的 AI 应用

S#	步骤	AI	应用	AI 模式
1	创建变更请求	NLP	摘要	AI 可以使用自然语言处理技术从文档、代码、电子邮件和其他沟通渠道中自动生成相关信息的摘要。这些摘要可用作变更请求的基础
2	确定影响	RL ML	影响和紧迫性	AI 可以使用强化学习或机器学习模型来根据软件影响、紧迫性、资源可用性等标准对变更请求进行优先排序。这使开发团队能够更有效地决定哪些变更要首先解决
3	确定风险	RL	预测风险	强化学习模型可以根据历史数据来评估风险，这些数据包括之前部署和发生的问题。它们可以根据多种因素预测成功实施的可能性
4	确定测试用例	ML DL	部署测试用例	机器学习和深度学习模型可用于根据预期更改自动生成测试用例。这确保了全面的测试覆盖范围，并有助于在实施之前识别潜在问题
		ML RL	模拟	机器学习和强化学习可用于在受控环境中运行实现的模拟，以测试更改在生产条件下如何表现
5	部署	ML DP	错误检测	机器学习模型可以使用历史错误数据和日志文件进行训练，以自动检测部署期间的错误。这允许系统立即响应问题，并在必要时停止部署
			资源分配	机器学习可帮助优化部署期间的资源分配，例如根据需求自动扩展所需的服务器容量

续表

S#	步骤	AI	应用	AI 模式
6	发布	NLP	发布说明	自然语言处理技术可用于分析文档，例如发布说明和变更日志，以了解更改对现有功能的影响。它还可以帮助识别任何缺失或不清楚的信息

第 13 节　持续 AI 与持续监控

提要

- 每一种持续监控用例都有一个瓶颈，也许还有一个值得解决的后续瓶颈。
- 持续监控瓶颈既有限制性，也有边界性。
- 支持持续监控的 AI 应用有很多种可能。

阅读指南

本节旨在讨论 AI 在持续监控中的应用。然后将介绍监控设施设计和运营的持续监控价值流，并描述其步骤，接下来定义了监控设施设计的最大持续监控瓶颈和其 AI 应用，最后定义了监控设施运营的最大持续监控瓶颈和其 AI 应用。

一、持续监控价值流

图 4.13.1 展示了持续监控的价值流。

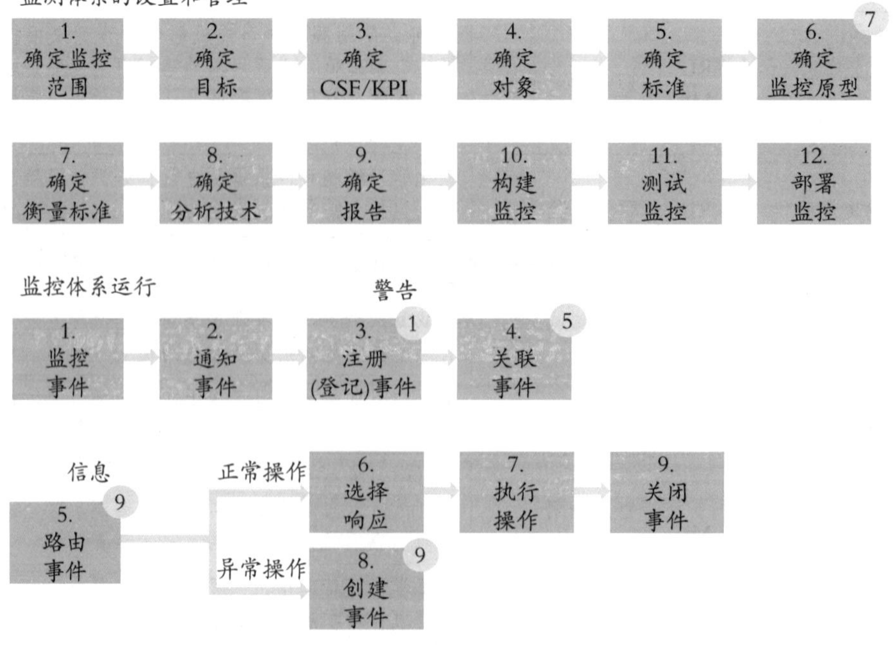

图 4.13.1　持续监控价值流

表 4.13.1 显示了持续监控价值流的步骤。

表 4.13.1　持续监控价值流的步骤

S#	步骤	描述
1	确定范围	监控设施的范围由核心价值流和启用价值流的选择来确定。如果没有这些价值流，那么只能根据过去发生的一级重要事件的经验或利益相关方的瓶颈识别，自下而上地实施监控设施。在确定范围时，必须将监控设施本身也作为被监控的对象纳入其中
2	确定目标	在这一阶段，需要明确监控设施的目标，例如缩短事件响应时间或防止事件发生
3	确定 CSF/KPI	根据监控设施所选的价值流目标，可以选择价值流的 CSF/KPI。并非所有在范围内声明的价值流 CSF/KPI 都需要监控
4	确定对象	监控对象由价值流、监控目标以及需要衡量的 CSF/KPI 决定，既包括业务决定对象，也包括技术对象。业务对象包括发票、打印机、服务台、信息系统等。技术对象包括 SAP 系统、打印服务、网络组件等。此外，人员也是需要衡量的对象，完整的端到端价值流也是衡量对象。因此，所有这些对象构成了 PPT 的全部内容
5	确定标准	在监控设施中，必须设置的规范主要源自价值流的 KPI/CSF。但是，这些规范必须是可以直接在对象上测量的
6	确定监控原型	每个监控工具在可监控对象方面都存在限制。并非所有监控工具都适用于所有监控原型。通常情况下，工具只适合执行一个原型。例如，EUX 机器人不能同时作为 RUM 监控工具
7	确定衡量标准	对于所有可能偏离已设定 CSF/KPI 的情况，都必须根据衡量指令进行衡量。这可以通过分析对象并确定白名单（允许事件）和黑名单（需处理事件）来实现。然而，一个对象可以生成数千个不同的事件，并非所有事件都经过预定义。 因此，AI 越来越多地用于确定哪些测量与要测量的 CSF/KPI 相关。对于 DevOps 所基于的定制软件，重要的是共同开发这些测量指令，并将元数据与事件关联起来，以便 AI 能够识别它们或测量规则能够将其识别出来
8	确定分析技术	事件分析必须提前进行。分析事件的有用工具是健康模型和鱼骨图
9	确定报告	报告必须提供有关标准偏差检测位置的见解，还必须描述解决方案，包括反应性和预防性
10	构建监控	构建和维护监控设施是 DevOps 工程师开发过程的重要组成部分
11	测试监控	测试监控设施并非易事。有两种方法可以做到这一点：第一种方法是模拟被监控的对象并为其提供可观察的状态，第二种方法是在环境中模拟对象的全部可能状态。后者可能非常困难，特别是破坏性测试通常很难执行或模拟
12	部署监控	监控设施必须包含在 CI/CD 安全流水线的所有环境中。配置还必须可部署，以便监控设施易于调整，最好使用基础设施即代码（Infrastructure as Code，IaC）

二、持续监控的瓶颈

图 4.13.2 概述了事件管理价值流，并将精益指标进行了映射。该价值流由持续监控交易价值流的结果来驱动。

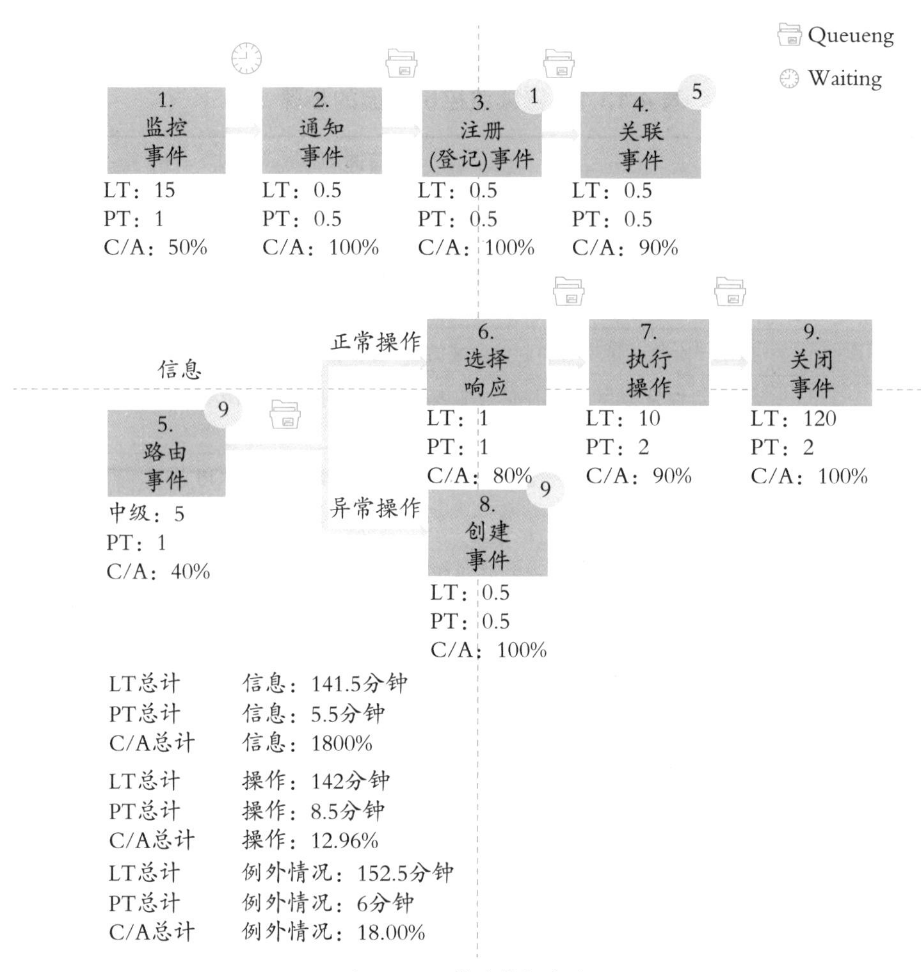

图 4.13.2 持续监控价值流

表 4.13.2 列出了持续监控价值流每个用例的瓶颈示例，瓶颈的大小取决于组织的情况。也许持续监控根本不是 DVS 价值链中的瓶颈。如果是这样，原因可能是表 4.13.2 中列出的瓶颈之一。

表 4.13.2 持续监控的瓶颈

S#	步骤	类型	描述
1	确定范围	限制	范围确定包括核心价值流和支撑价值流。这意味着需要对价值流中的风险进行全面概述。确定范围意味着认识到这些价值流的局限和边界
2	确定目标	限制	监控目标与要实现的 SLA 准则相关。从 SLA 推导出监控目标是一个手动过程，耗时且可能不完整和不准确
3	确定 CSF/KPI	限制	确定风险对策（CSF）是一个需要时间和创造力的过程
4	确定对象	限制	基于该持续监控价值流的步骤 1、2 和 3 确定要测量的对象，一方面取决于形成可测量对象的对策，另一方面取决于使用 SBB-A（应用程序构建模块）和 SBB-T（技术构建模块）测量的价值流映射

续表

S#	步骤	类型	描述
5	确定标准	限制	KPI 的标准是工作的核心。不应该选择太高，因为成本太高昂，也不应该选择太低，因为会带来太多风险
6	确定监控原型	限制	根据测量需求，下一步是确定监控原型。有多种类型的监控工具可供选择。这部分取决于与所测量对象相关的风险
7	确定衡量标准	限制	在对象和特征方面的监控范围是一个搜索过程。测量一切是不可持续的，但测量太少会给 SLA 带来风险。瓶颈是确定事件的黑名单（警报）和白名单（过滤）
8	确定分析技术	限制	事件分析技术对于确定事件之间的关联性非常重要，例如鱼骨图、异常检测、模式识别、相关性分析、时间序列分析、日志簿分析和统计分析。选择分析技术需要时间
9	确定报告	限制	确定已测量的性能报告需要时间
10	构建监控	限制	根据需求建立监控设施需要较长的准备时间
11	测试监控	限制	测试事件目录中可能发生的事件需要难以准备的预先条件
12	部署监控	限制	部署和管理监控设施是一项持续的活动

三、持续监控的 AI 应用

表 4.13.3 描述了持续监控中持续 AI 可以帮助解决的最大瓶颈。

表 4.13.3　持续监控的 AI 应用

S#	步骤	AI	应用	AI 模式
1	确定范围	RL	自动发现	AI 可以通过分析网络流量、系统日志和其他数据来自动发现新的系统、应用程序或服务。这可以帮助监控人员确保监控范围始终保持最新
2	确定目标	ML	制定目标	AI 可以根据数据分析和精益原则提出具体的监控目标建议。这些目标可以是减少交付周期、提高质量或降低成本等
3	确定 CSF/KPI	ML	识别风险	AI 可以帮助识别与实现目标相关的风险。这包括分析目标并识别可能影响绩效的潜在障碍或威胁
		ML	CFS	根据识别的风险，AI 可以提出措施来减轻或消除这些风险。这些措施可以包括从流程调整到资源分配或技术解决方案
		ML RL	KPI	AI 驱动的系统可以定义可量化的标准来评估对策的有效性。这包括建立 KPI 来跟踪进度
4	确定对象	ML	SLA 目标	AI 可以分析 SLA 规范，并帮助确定哪些服务和组件需要监控才能满足这些 SLA 规范
5	确定标准	ML	自动推荐	AI 可以根据目标、KPI 和历史数据，自动生成标准建议。这有助于制定现实可行的标准
6	确定监控原型	ML	监控原型确定	给定监控目标和被监控对象，AI 可以指出哪种原型最合适

续表

S#	步骤	AI	应用	AI 模式
7	确定衡量标准	ML DP	预测模型	机器学习和数据保护可以用于构建预测模型，这些模型基于历史数据预测系统性能和负载。这在规划容量扩展时很有帮助
8	确定分析技术	ML	数据分析和模式识别	机器学习可以分析历史数据并识别模式。根据这些模式，AI 可以提出哪些分析技术可能最适合特定数据集的建议。例如，如果机器学习确定存在季节性模式，它可能会建议应用时间序列分析
9	确定报告	ML	数据分析	机器学习能够分析历史监控数据，识别数据随时间变化的模式。基于此分析，AI 可以针对特定数据提出最有效的呈现方式建议。例如，如果数据呈现明显的季节性变化，AI 可能建议使用时间序列图进行展示
10	构建监控	—	—	AI 还无法独立创建监控设施。但在其他步骤中，AI 的辅助是可行的
11	测试监控	ML	模糊测试	AI 可以进行模糊测试，即向监控系统输入随机或半随机数据，以检查是否存在意外错误或漏洞。这可以帮助识别系统中的潜在弱点
12	部署监控	ML	错误检测和恢复	机器学习可用于在实施和运营阶段检测错误。AI 可以主动生成警报并提出如何修复错误的建议

四、持续监控操作的价值流

图 4.13.3 展示了持续监控操作的价值流。

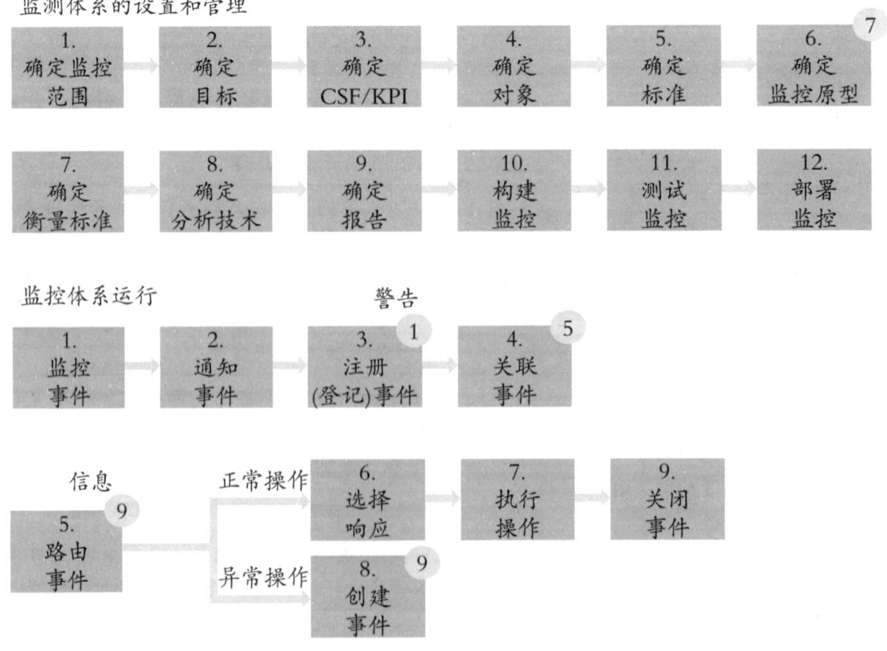

图 4.13.3　持续监控价值流 – 操作

表 4.13.4 显示了持续监控价值流的操作步骤。

表 4.13.4　持续监控价值流的操作步骤

S#	步骤	描述
1	监控事件	监控工具收集有关正在监控的对象的信息。这些信息可以是完全不同的类型，因为可以使用不同的监控原型，例如 EUX 工具、RUM 工具、网络监控工具等
2	通知事件	根据收集的信息，使用过滤器来确定是否有需要通知的事件
3	注册事件	已识别的事件将进行分类。以下类别已被识别： • 信息事件 • 警告事件 • 异常事件 • 操作事件 警告事件将进行检查，以查看是否会发生后续事件
4	关联事件	事件之间可能存在多重关联。例如，容量超限事件可能会连续多次通知。这些事件必须作为一个事件进行处理。 此外，事件可以相互触发。例如，网络组件的故障可能导致应用程序不可用。此时，就有两个事件存在因果关系
5	路由事件	如果事件被分类和关联，则可以进行处理
6	选择响应	如果事件是“动作”类别，则检索相应的响应
7	采取行动	响应可以是人为的行动，也可以指自动化的行动
8	创建事件	在发生“异常”事件时，创建事件。事件完成后，可自动或手动关闭
9	关闭事件	在所有情况下，事件都必须关闭

五、持续监控操作的瓶颈

表 4.13.5 列出了持续监控价值流每个用例的瓶颈示例，瓶颈的大小取决于组织的情况。也许持续监控根本不是 DVS 价值链中的瓶颈。如果是这样，原因可能是表 4.13.5 中列出的瓶颈之一。

表 4.13.5　持续监控瓶颈 – 操作

S#	步骤	类型	描述
1	监控事件	限制	基于黑名单和白名单衡量事件通常已经是一项自动化的活动。但是，对尚未列入黑名单或白名单的事件进行分类则非常耗费人力
2	通知事件	边界	通知事件意味着必须做出哪些事件需要通知、哪些事件不需要通知的决定。这需要正确的专业知识。通知是自动完成的
3	注册事件	限制	由于它是自动完成的，因此不会花费太多时间
4	关联事件	边界	手动识别连接实际上是不可能的，而且非常耗时
5	路由事件	边界	找到包含能够解决事件并且也可用的人员的正确解决方案小组非常困难
6	选择响应	边界	处理事件的方法通常没有记录，必须现场弄清楚。这非常耗时
7	采取行动	边界	必须选择要执行的操作
8	创建事件	限制	通常不需要花费太多时间
9	关闭事件	限制	通常不需要花费太多时间

六、持续监控操作的 AI 应用

表 4.13.6 描述了持续监控操作中持续 AI 可以帮助解决的最大瓶颈。

表 4.13.6 持续监控操作的 AI 应用

S#	步骤	AI	应用	AI 模式
1	监控事件	ML DL	实时监控	机器学习和数据保护可以实现系统性能的实时监控，以便快速响应变化的条件并在问题发生时进行识别
		ML DL	异常检测	异常检测是指识别数据集中与预期值或正常行为不一致的事件或数据点。AI 可以通过分析大量数据并学习识别模式来帮助识别异常。这使操作员能够快速响应可能表明问题的异常事件
		NLP ML	日志记录	AI 可用于自动生成和维护日志和审计记录，以确保遵守安全和合规要求
		NLP ML	系统日志分析	自然语言处理和机器学习技术可以用于分析系统日志，以提取相关信息。这可以简化错误和问题的识别
2	通知事件	ML DP	自动警报	机器学习和数据保护可用于在检测到异常时生成自动警报，并启动自动操作，例如扩展资源或启动修复程序
		ML DP	预防性错误检测	机器学习可用于开发异常检测模型，这些模型可以识别系统日志和性能数据中的异常行为模式。这有助于在问题发生之前主动检测潜在问题
		DP ML	仪表盘	AI 可用于开发先进的仪表盘和用户界面，提供对系统性能和问题的实时洞察
3	注册事件	NLP ML	事件注册	AI 可以分析文本日志数据，并识别和记录相关事件
4	关联事件	ML DL	模式识别	机器学习和深度学习模型可以被训练来识别监控数据中不同事件之间的模式和相关性。这包括识别常规模式和异常
		ML	数据集成	AI 能够帮助集成来自不同数据源（例如日志、传感器和系统统计信息）的监控数据，从而发现更广泛、更深入的关联
		ML DL	时间序列分析	对于具有时间序列特征的监控数据，机器学习和深度学习模型可以用来识别随时间变化的关联
		ML	自动化报告	AI 可以自动生成报告，总结监控数据中事件之间的关联，帮助理解性能和问题
5	路由事件	ML	路由事件	借助机器学习模型，我们可以训练系统识别监控事件中的模式，判断哪些事件需要优先处理或采取特定行动。例如，机器学习可以帮助识别关键错误并将这些事件快速路由到相关团队，确保及时响应
6	选择响应	NLP	确定动作	对于包含文本信息的监控事件，我们可以利用自然语言处理技术理解和分类事件内容。自然语言处理分析有助于根据事件内容确定正确的处理动作
7	采取行动	RL DP	动态资源分配	强化学习和动态规划（Dynamic Programming，DP）可以结合实时需求和性能数据，动态分配系统资源，例如服务器容量

续表

S#	步骤	AI	应用	AI 模式
8	创建事件	ML DL	事件创建	能够识别监控事件中的模式和趋势。如果观察到异常模式或反复出现的趋势，则可能导致创建事件进行进一步调查
9	关闭事件	ML	安全关闭事件	机器学习模型可以根据历史数据和模式进行训练，以确定何时可以安全关闭事件。它们还可以帮助识别误报和漏报，从而避免不必要的关闭

第 14 节　持续 AI 与持续学习

提要

- 每一种持续学习用例都有一个瓶颈，也许还有一个值得解决的后续瓶颈。
- 持续学习瓶颈既有限制性，也有边界性。
- 支持持续学习的 AI 应用有很多种可能。

阅读指南

本节旨在讨论 AI 在持续学习中的应用。首先介绍了持续学习设计和运营两个方面的价值流，然后定义了持续学习设计中的主要瓶颈，并阐述了解决这些瓶颈的 AI 应用。接下来描述了持续学习的操作，并识别了持续学习价值流中的瓶颈，最后列出了解决这些瓶颈的 AI 应用。

一、持续学习价值流

图 4.14.1 展示了持续学习价值流。

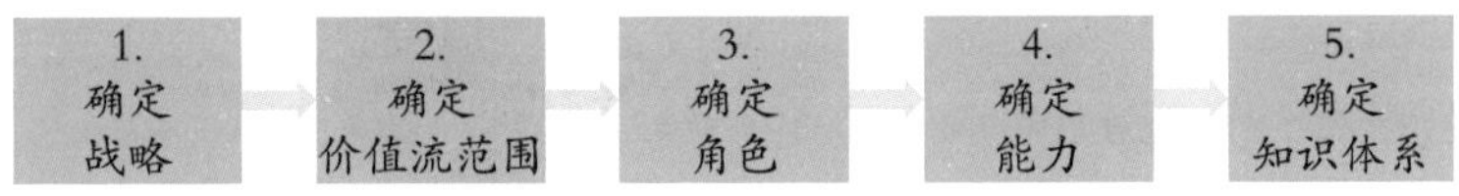

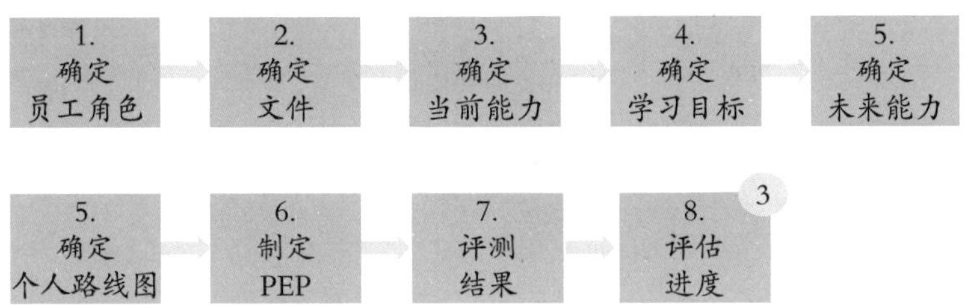

图 4.14.1　持续学习价值流

表 4.14.1 显示了持续学习价值流的步骤。

表 4.14.1　持续学习价值流的步骤

S#	步骤	描述
1	确认 HRM 战略	HRM 战略的制定基于业务战略和价值链战略，例如 SVS、DVS 和 ISVS 的战略
2	确定价值流范围	可以通过查看直接参与实现业务战略和价值链衍生战略的价值链和价值流来限制持续学习价值流的范围
3	确定角色	可以在用例图中找到实现业务战略和价值链战略所需的职能，这些用例图将用例和角色联系起来，例如用例图 UCD-CL-01
4	确定胜任力	角色在角色描述文件中定义，其中提及胜任力。必须针对新的或更改的角色调整这些描述文件。这可能是步骤 1、2 和 3 差异的结果
5	确定知识体系（Body of Knowledge，BOK）	知识体系是定义组织所需能力结构的文档。它包括以下内容： • 价值流 • 职能 • 角色 • 能力 • 教育 • 认证

二、持续学习的瓶颈

图 4.14.2 使用用例图显示了持续学习价值流操作中涉及的角色。

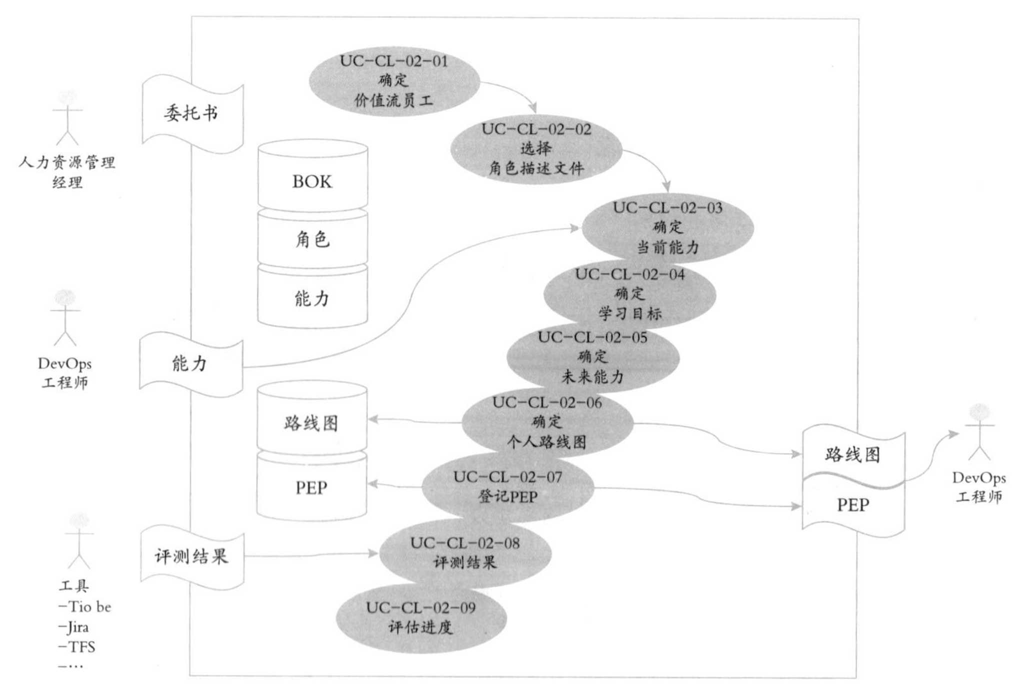

图 4.14.2　持续学习用例图操作中的角色

表4.14.2列出了持续学习价值流每个用例的瓶颈示例，瓶颈的大小取决于组织的情况。也许持续学习根本不是DVS价值链中的瓶颈。如果是这样，原因可能是表4.13.2中列出的瓶颈之一。

表 4.14.2　持续学习的瓶颈

S#	步骤	类型	描述
1	确定战略	限制	通常不需要花费太多时间
2	确定价值流范围	限制	确定持续学习的价值流范围是一项需要知识和技能的人工步骤
3	确定角色	限制	通常不需要花费太多时间
4	确定能力	限制	通常不需要花费太多时间
5	确定知识体系	限制	通常不需要花费太多时间

三、持续学习的AI应用

表4.14.3描述了持续学习中持续AI可以帮助解决的最大瓶颈。

表 4.14.3　持续学习的 AI 应用

S#	步骤	AI	应用	AI 模式
1	确定战略	—	—	价值流程的这一步是被动的，决定了组织的策略
2	确定价值流范围	ML	价值流选择	使用机器学习模型根据当前数据和市场趋势预测哪些价值流可能有助于战略执行。这些预测可以帮助确定优先事项
3	确定角色	NLG	生成语言文本	自然语言生成（Natural Language Generation, NLG）可用于根据战略目标和要求的输入自动生成角色。它可以创建满足战略需求的角色描述
4	确定能力	NLG	能力	自然语言处理可以根据给定的战略目标和要求，自动生成价值流中指定角色的能力概况
5	确定知识体系	ML	能力分类	机器学习算法可以用于分析和分类收集的数据。机器学习可以帮助识别不同能力和角色之间的模式和关系

四、持续学习操作的价值流

持续学习操作的价值流如图4.14.3所示。

持续学习的方向和组织

持续学习的运作

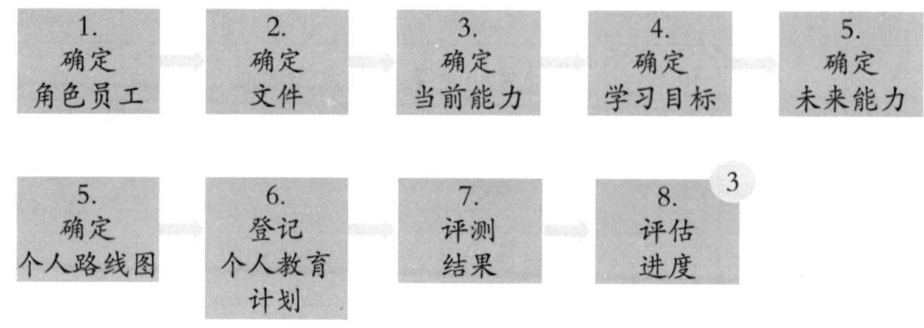

图 4.14.3　持续学习价值流操作

表 4.14.4 显示了持续学习价值流的操作步骤。

表 4.14.4　持续学习价值流的操作步骤

S#	步骤	描述
1	明确价值流	确定员工所参与的价值流（价值链）
2	确定角色画像	利用知识体系确定与所选价值流相关的角色画像
3	评估当前技能	通过与 DevOps 工程师的面谈，评估其当前技能水平
4	制定学习目标	基于第 2 步（角色画像）和第 3 步（当前技能）的结果，确定 DevOps 工程师的学习目标
5	设定期望状态	基于第 3 步（当前技能）和第 4 步（学习目标），设定期望达到的技能水平
6	规划个人发展路线	结合前 5 步的结果，确定实现学习目标所需的步骤和方法
7	制定个人教育计划	将未来一年的发展路径详细记录在个人教育计划中
8	衡量学习成果	定期评估个人教育计划中包含的学习目标的达成情况
9	评估进展并调整计划	评估个人教育计划的实施进展，并根据需要进行调整

五、持续学习操作的瓶颈

表 4.14.5 列出了持续学习价值流每个用例的瓶颈示例，瓶颈的大小取决于组织的情况。也许持续学习根本不是 DVS 价值链中的瓶颈。如果是这样，原因可能是表 4.14.5 中列出的瓶颈之一。

表 4.14.5　持续学习操作中的瓶颈

S#	步骤	类型	描述
1	确定员工角色	限制	针对每位员工，这是一项低频率的手动任务
2	选择员工画像	限制	根据员工所属角色及其关联的岗位描述，确定其所需能力模型
3	确定当前能力	边界	根据前两个步骤，确定员工能力中的差距所在
4	确定学习目标	限制	根据能力差距和员工的职业发展目标，确定学习目标
5	确定期望能力	限制	记录要达到的最终结果
6	制定 PEP	限制	根据学习目标和来年选择的技能，选定来年的学习内容
7	衡量结果	限制	定期监控学习成果
8	评估进度		评估学习进展

六、持续学习操作的 AI 应用

表 4.14.6 描述了持续学习操作中持续 AI 可以帮助解决的最大瓶颈。

表 4.14.6　持续学习操作中的持续 AI 应用

S#	步骤	AI	应用	AI 模式
1	确定员工角色	ML	技能映射	机器学习算法可以根据员工技能和经验数据进行训练。这使系统能够详细了解每个员工的优势，并将其与特定角色或职能相匹配
		ML NLP	角色映射	机器学习和自然语言处理可用于分析简历、绩效评估和其他文本数据，以提取和比较员工技能和经验，并将其与不同角色的要求进行对比
2	选择角色画像	ML	聚类分析	机器学习可以根据相似技能和经验对员工进行聚类。这有助于识别能够胜任类似角色的员工群体
3	确定当前能力	ML	能力分析	机器学习算法可以用于分析来自不同来源的数据，并发现员工能力方面的模式。例如，聚类算法可以帮助识别具有相似能力的员工群体
4	确定学习目标	ML DL	自然语言处理	利用机器学习和深度学习技术，可以分析文本数据，例如员工和管理人员反馈、自我评估和目标设定。这能使 AI 理解其中提及的技能和兴趣，并将其与组织内的战略需求和能力相结合
5	确定期望能力	ML	预测分析	机器学习模型可以通过训练历史数据来预测趋势和未来需求，帮助组织规划未来的学习计划
6	制定 PEP	ML	个性化学习路径	机器学习可用于根据员工独特的需求和技能创建个性化学习路径。决策树算法可以帮助决定哪些课程最适合个人
7	衡量结果	ML DL	监控和报告	机器学习和深度学习可用于监控员工的学习进度并生成报告。例如，循环神经网络可以分析时间序列数据，以识别学习进度中的趋势
8	评估进度	RL	反馈循环	通过收集员工和管理人员对其当前角色及其适应度的反馈，机器学习可以进行学习并为更适合他们的未来角色提出建议

第15节　持续AI与持续安全

提要

- 每一种持续安全用例都有一个瓶颈，也许还有一个值得解决的后续瓶颈。
- 持续安全瓶颈既有限制性，也有边界性。
- 支持持续安全的AI应用有很多种可能。

阅读指南

本节旨在讨论AI在持续学习中的应用。首先介绍了持续安全的价值流，并描述其步骤，接下来定义了最大的持续安全瓶颈，最后讨论了持续安全的AI应用。

一、持续安全价值流

图4.15.1展示了持续安全价值流。

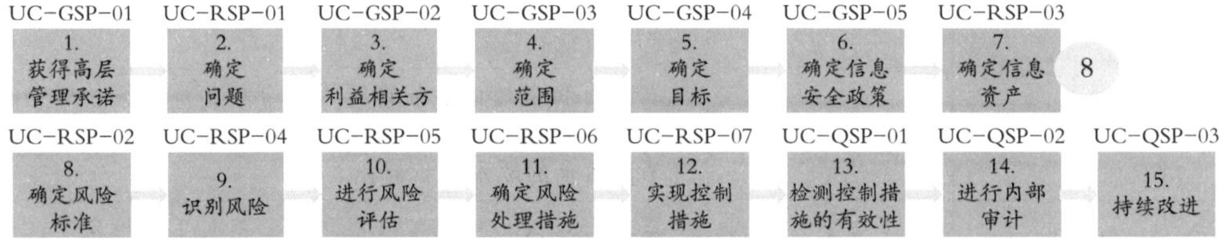

图4.15.1　持续安全价值流

表4.15.1显示了持续安全价值流的步骤。

表4.15.1　持续安全价值流的步骤

S#	步骤	描述
1	获得高层管理层承诺	ISVS-UC-GSP-01 此用例包括管理层对ISVS所带来的价值的认识。在此基础上，可以正式确定此价值
2	确定问题	UC-RSP-01 此用例的目的是调查有关CIA的问题，以便将其记录在问题日志中
3	确定利益相关方	ISVS-UC-GSP-02 此用例的目的是根据模板确定、注册和分类内部和外部利益相关方。在注册过程中，管理角色、权限、利益、支持、联系人、沟通日期和阈值/关注领域
4	确定范围	ISVS-UC-GSP-03 此用例旨在确定ISVS在服务、产品、地理位置、客户或价值流方面的范围
5	确定目标	ISVS-UC-GSP-04 此用例旨在确定ISVS的目标，以CIA来表示

续表

S#	步骤	描述
6	确定信息安全政策	ISVS-UC-GSP-05 此用例的目的是整理一个单句，解释实施 ISVS 的驱动力是什么，并鼓励员工实施安全。这也包括制定行为准则并提供意识培训
7	确定信息资产	ISVS-UC-RSP-03 在这一步中，需要列出所有需要保护的信息载体。这可能包括服务器、数据库、应用程序、文档、电子邮件等
8	确定风险标准	ISVS-UC-RSP-02 此用例的目的是创建和维护信息安全风险的触发标准、优先级标准和接受标准。这些标准将用于评估风险并确定需要采取哪些行动
9	识别风险	ISVS-UC-RSP-04 此用例的目的是识别需要评估的一系列风险。这些风险可能来自内部威胁、外部威胁、系统漏洞等
10	进行风险评估	ISVS-UC-RSP-05 此用例的目的是对已识别的风险进行分类。根据风险的严重程度、发生可能性和影响等因素，将风险分为不同的等级
11	确定风险处理措施	ISVS-UC-RSP-06 这一步旨在为每个需要管理的风险确定应如何减轻或消除风险，并为风险分配处置选项。处置选项可能包括避免、转移、减轻、接受等
12	实现控制措施	ISVS-UC-RSP-07 此用例的目的是根据风险处置选项选择控制措施来处理风险。控制措施可能是技术控制、管理控制或操作控制
13	检测控制措施的有效性	ISVS-UC-QSP-01 通过为每个控制措施定义测量指令并确定测量频率，可以自动测量控制措施的有效性。测量不仅应关注生产环境，还应关注控制措施的整个生命周期
14	进行内部审计	ISVS-UC-QSP-02 内部审计会提供一系列发现和建议，以解决这些发现
15	持续改进	ISVS-UC-QSP-03 持续改进包括信息安全事件列表和状态监控，以及具有后续措施的不合格项列表。同时，还应维护一个持续服务改进登记册

二、持续安全瓶颈

表 4.15.2 列出了持续安全价值流每个用例的瓶颈示例，瓶颈的大小取决于组织的情况。也许持续安全根本不是 DVS 价值链中的瓶颈。如果是这样，原因可能是表 4.15.2 中列出的瓶颈之一。

表 4.15.2　持续安全的瓶颈

S#	步骤	类型	描述
1	获得高层管理层承诺	—	此步骤耗时较少，但应定期进行
2	确定问题	—	确定问题本身并不耗时，但要获得全面准确的评估则较为困难

续表

S#	步骤	类型	描述
3	确定利益相关方	—	梳理相关利益相关方并不耗时
4	确定范围	—	确定持续安全范围并不耗时
5	确定目标	—	确定目标是一个可以快速完成的步骤
6	确定信息安全政策	—	确定信息政策并不耗时，且不会频繁更改
7	确定信息资产	限制	确定信息资产是一个困难且耗时的步骤
8	确定风险标准	—	风险标准的确定是一项一次性工作，用于定义以下标准： • 风险触发标准 • 风险测试标准 • 风险优先级标准 • 风险接受标准 • 风险发现标准 • 事件优先级标准
9	识别风险	限制	识别风险是一个既频繁、困难又耗时的步骤
10	进行风险评估	限制	风险评估是一个频繁进行，且十分耗费时间的步骤
11	确定风险处理措施	限制	制定风险应对计划难度较大，且需投入大量时间
12	实现控制措施	限制	创建风险应对措施需要花费大量时间
13	检测控制措施的有效性	限制	手动监控控制措施是否达到预期效果会成为一项经常性的高时间成本任务
14	进行内部审计	限制	审计工作通常非常耗时
15	持续改进	限制	持续改进是一个需要长期投入的过程

三、持续安全的 AI 应用

表 4.15.3 描述了持续安全中持续 AI 可以帮助解决的最大瓶颈。

表 4.15.3　持续安全中的持续 AI 应用

S#	步骤	AI	应用	AI 模式
1	获得高层管理层承诺	ML	监控和检测	机器学习算法可以持续监控安全基础架构和用户行为，识别异常和潜在威胁，并立即生成警报。这通过强调需要持续关注来强调信息安全的重要性
2	确定问题	NLP	识别问题	自然语言处理可以用来分析文本数据，例如内部和外部通信、报告和文档。这使 AI 能够识别与问题和潜在风险相关的关键术语和短语
3	确定利益相关方	NLP	确定利益相关方	NLP 可以用来分析文本数据，例如政策文件、通信和报告。这使 AI 能够识别与利益相关方及其利益相关的关键术语和短语

续表

S#	步骤	AI	应用	AI 模式
4	确定范围	ML	资产发现	机器学习模型可以自动发现和分类所有资产，包括应用程序和基础架构。这有助于确定哪些资产应包含在范围内
		ML	分类	机器学习算法可以根据敏感性对组织内的数据进行分类。这使得识别哪些组织单位使用敏感信息以及哪些必须包含在 ISVS 中成为可能
5	确定目标	ML	主动安全目标	机器学习模型能够利用历史数据预测未来可能出现的安全问题，从而为制定主动安全目标提供依据
6	确定信息安全政策	NLP	情感分析	自然语言处理技术可以分析文本数据，例如员工沟通和利益相关方的反馈，从而理解他们对信息安全的看法。这有助于识别作为内在动机的共同信念和顾虑
7	确定信息资产	ML	自动发现	机器学习模型可用于自动发现和分类所有资产，包括应用程序和基础设施。 这有助于确定哪些资产应纳入安全范围
8	确定风险标准	—	—	—
9	识别风险	DL	自动风险识别	深度神经网络可以利用历史数据和当前信息，根据复杂模式和趋势自动识别和优先排序风险
10	进行风险评估	ML	控制评估	机器学习算法可以用来分析数据并评估信息安全控制措施是否有效。它们可以利用历史数据和事件来确定某些控制措施是否有效地管理风险
11	确定风险处理措施	ML	根因分析	机器学习算法可以分析历史数据以识别异常的可能原因。它们可以发现导致先前不一致或事件的模式和趋势
		ML NLP	决策支持 AI	基于 AI 的自动化工具可以生成处理计划并自动执行它们，包括设置时间表和分配责任
12	实现控制措施	CB	代码机器人	请参阅持续集成
13	检测控制措施的有效性	ML DL NLP	实时监控	请参阅持续监控
14	进行内部审计	ML	控制评估	请参阅步骤 10
15	持续改进	ML	风险分析	机器学习算法可以持续分析数据并识别安全事件和漏洞中的趋势和模式。这使组织能够主动响应潜在威胁并降低风险
		NLP	文档分析	自然语言处理可以用来分析安全文档（例如政策文档和报告），并根据文本数据评估安全措施的有效性
		ML	预测分析	通过使用历史数据，预测分析模型可以预测未来的安全风险并帮助组织为潜在威胁做好准备

第 16 节　持续 AI 与持续审计

提要

- 每一种持续审计用例都有一个瓶颈，也许还有一个值得解决的后续瓶颈。
- 持续审计瓶颈既有限制性，也有边界性。
- 支持持续审计的 AI 应用有很多种可能。

阅读指南

本节旨在讨论 AI 在持续审计中的应用。首先介绍了持续审计的价值流，并描述其步骤，接下来定义了最大的持续审计瓶颈，最后讨论了持续审计的 AI 应用。

一、持续审计价值流

图 4.16.1 展示了持续审计价值流。

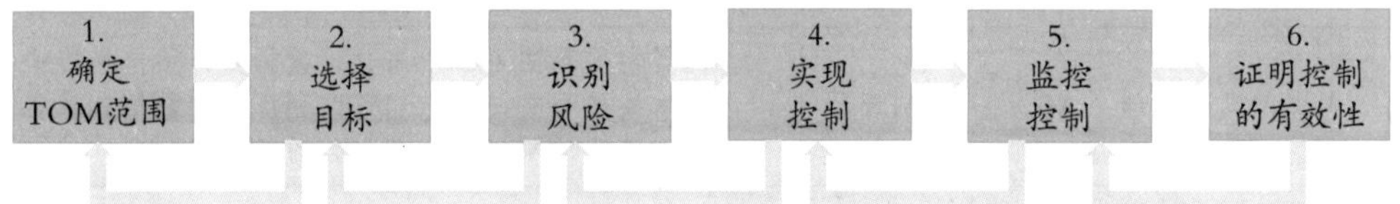

图 4.16.1　持续审计价值流

表 4.16.1 显示了持续审计价值流的步骤。

表 4.16.1　持续审计价值流的步骤

S#	步骤	描述
1	确定 TOM 范围	TOM 纳入了价值链的未来状态。价值链还可以涵盖 ITIL 4（SVS）、敏捷 Scrum（DVS）和 ISO 27001:2013（ISVS）等价值体系。在价值流层面，必须从组织管理中进行选择
2	选择目标	确定持续审计范围后，必须确定哪些目标适用于特定范围
3	识别风险	根据价值流的目标，可以确定实现目标必须管理的风险。这些风险应记录在风险登记册中
4	实现控制	必须管理已识别出的风险。采取控制措施作为对策是常用方法
5	监控控制	必须监控控制措施以评估其有效性
6	证明控制的有效性	根据控制措施的测量结果，可以获得证据以确定控制程度

二、持续审计瓶颈

表 4.16.2 列出了持续审计价值流每个用例的瓶颈示例，瓶颈的大小取决于组织的情

况。也许持续审计根本不是 DVS 价值链中的瓶颈。如果是这样，原因可能是表 4.16.2 中列出的瓶颈之一。

表 4.16.2 持续审计的瓶颈

S#	步骤	类型	描述
1	确定 TOM 范围	限制	确定范围相对耗时较少
2	选择目标	限制	制定目标属于低频次活动，耗时较短
3	识别风险	限制	识别风险则需要花费大量时间
4	实现控制	限制	实施控制措施同样耗时较长
5	监控控制	限制	手动监控控制措施的有效性属于高频次活动，且非常耗时
6	证明控制的有效性	限制	评估控制措施的有效性需要基于监控结果进行，如果手动操作，也将花费大量时间

三、持续审计的 AI 应用

表 4.16.3 持续审计的 AI 应用

S#	步骤	AI	应用	AI 模式
1	确定 TOM 范围		—	—
2	选择目标		—	—
3	识别风险	DL	自动风险识别	深度神经网络可以利用历史数据和当前信息，根据复杂的模式和趋势自动识别和优先排序风险
4	实现控制	CB	代码机器人	请参考持续集成
5	监控控制	ML DL NLP	实时监控	请参考持续监控
6	证明控制的有效性	ML	控制评估	机器学习算法可用于分析数据并评估信息安全控制的有效性。它可以使用历史数据和事件来确定某些控制措施是否能有效管理风险

第 17 节 持续 AI 与持续 SLA

提要

- 每一种持续 SLA 用例都有一个瓶颈，也许还有一个值得解决的后续瓶颈。
- 持续 SLA 瓶颈既有限制性，也有边界性。
- 支持持续 SLA 的 AI 应用有很多种可能。

阅读指南

本节旨在讨论 AI 在持续 SLA 中的应用。首先介绍了持续 SLA 的价值流，并描述其步骤，接下来定义了最大的持续 SLA 瓶颈，最后讨论了持续 SLA 的 AI 应用。

一、持续 SLA 价值流

图 4.17.1 展示了持续 SLA 价值流。

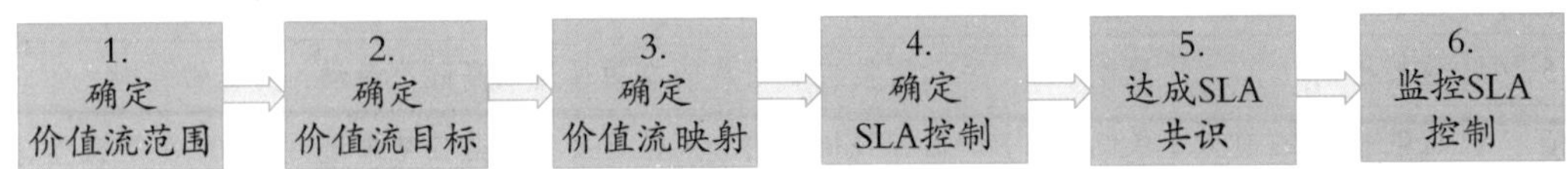

图 4.17.1 持续 SLA 价值流

表 4.17.1 显示了持续 SLA 价值流的步骤。

表 4.17.1 持续 SLA 价值流的步骤

S#	步骤	描述
1	确定价值流范围	在产品愿景步骤中，将新的或调整的服务映射到波特价值链上。在此基础上，确定了受实施新或调整服务敏捷项目影响的核心价值流。这种影响可以是积极的、中性的或消极的。负面影响被转化为风险和 SLA 控制
2	确定价值流目标	在产品愿景步骤中，为每个核心价值流设定目标，这些目标与整体业务目标相辅相成，涵盖质量、功能和成熟度 3 个方面。然而，新服务或调整服务的上线可能会对这些目标产生负面影响。因此，需要为敏捷项目建立一个清晰的商业案例，并通过 SWOT 分析进行全面的评估。 在此基础上，确定对核心价值流目标的影响。如果可能，建立 SLA 控制来减轻或消除影响，或调整核心价值流的目标
3	确定价值流映射	核心价值流的价值流映射分析提供了对核心价值流步骤、瓶颈、企业必须使用的应用程序、架构构建块和涉及的 DevOps 团队的洞察
4	确定 SLA 控制	价值流画布很好地描绘了核心价值流的当前和期望情况。风险和 SLA 控制基于限制和边界确定。最后，是 3 个基于架构构建块的风险会议
5	达成 SLA 共识	最好与核心价值流经理商定 SLA，因为他也负责价值流目标。价值流经理和产品所有者的角色可以分配给同一个人，也可能是多个产品所有者参与价值流支持的应用程序
6	监控 SLA 控制	必须监控 SLA 控制的有效性，以便实施 SLA 报告

二、持续 SLA 瓶颈

表 4.17.2 列出了持续 SLA 价值流每个用例的瓶颈示例，瓶颈的大小取决于组织的情况。也许持续 SLA 根本不是 DVS 价值链中的瓶颈。如果是这样，原因可能是表 4.17.2 中列出的瓶颈之一。

表 4.17.2 持续 SLA 的瓶颈

S#	步骤	类型	描述
1	确定价值流范围	限制	确定价值流范围是一个短期且频率较低的步骤
2	确定价值流目标	限制	确定价值流目标是一个短期且频率较低的步骤
3	确定价值流映射	限制	价值流映射比较耗时。它需要将价值流的使用案例与信息、应用和基础架构的系统构建块进行关联，并确定关键指标，例如 LT、PT 和 % C/ A
4	确定 SLA 控制	限制	识别和解决价值流的限制和边界是一个需要时间投入的过程
5	达成 SLA 共识	限制	达成一致的过程会花费时间
6	监控 SLA 控制	限制	手动进行监控 SLA 控制会非常耗时

三、持续 SLA 的 AI 应用

表 4.17.3 描述了持续 SLA 中持续 AI 可以帮助解决的最大瓶颈。

表 4.17.3 持续 SLA 中的 AI 应用

S#	步骤	AI	应用	AI 模式
1	确定价值流范围	—	—	—
2	确定价值流目标	—	—	—
3	确定价值流映射	ML	根因分析	机器学习可以帮助识别价值流中延迟和低效率的原因。它能够识别影响 LT、PT 和 %C/A 的因素，例如流程变异、资源限制或质量问题
4	确定 SLA 控制	DL	自动风险识别	深度神经网络可以利用历史数据和当前信息，基于复杂的模式和趋势自动识别和优先排序风险
5	达成 SLA 共识	—	—	—
6	监控 SLA 控制	ML DL NLP	实时监控	请参阅持续监控

第 18 节 持续 AI 与持续评估

提要

- 每一种持续评估用例都有一个瓶颈，也许还有一个值得解决的后续瓶颈。
- 持续评估瓶颈既有限制性，也有边界性。
- 支持持续评估的 AI 应用有很多种可能。

阅读指南

本节旨在讨论 AI 在持续评估中的应用。首先介绍了持续评估的价值流，并描述其步骤，接下来定义了最大的持续评估瓶颈，最后讨论了持续评估的 AI 应用。

一、持续评估价值流

图 4.18.1 展示了持续评估价值流。

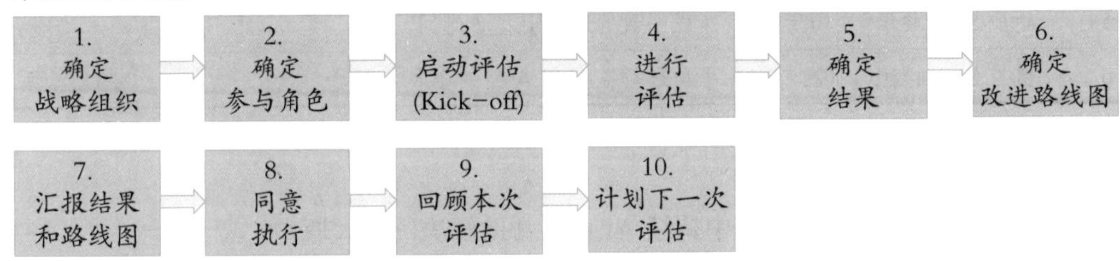

图 4.18.1　持续评估价值流

表 4.18.1 显示了持续评估价值流的步骤。

表 4.18.1　持续评估价值流的步骤

S#	步骤	描述
1	确定评估范围	评估范围由评估人员根据评估任务和现有价值流确定。可以选择 DevOps 立方体评估和 / 或 DevOps 持续万物评估。在这两种评估中，可以选择在业务、开发、运营和安全方面或部分价值流方面限制范围
2	确定参与角色	评估涉及多个角色。首先，必须确定对评估感兴趣的利益相关方。利益相关方角色分为两种类型。 一类是参与的 DevOps 团队及其内部员工；另一类是受益于成熟的利益相关方，例如直线经理和人力资源管理部门。最好让所有参与的 DevOps 团队成员都参与评估。 如果多个 DevOps 团队以相同方式处理同一应用程序，可以选择代表这些员工进行评估
3	启动评估	启动评估至关重要，需要谨慎考虑以下因素： • DevOps 团队的基础知识如何？ • 资源需求和评估周期的时间限制是什么？ • 改进建议的后续跟进计划是否已经制定？ • 所有人都理解评估目的吗？
4	进行评估	依次邀请 DevOps 团队参与评估
5	确定结果	评估结果已经在步骤 4 中记录。在此基础上，创建可视化内容，并根据 DevOps 团队或 DevOps 团队组分别进行呈现
6	确定改进路线图	在此步骤中，将发现的缺陷转换为改进项目，并将其置于技术债务积压列表中。利用该积压列表来制定路线图。通过巧妙地规划改进，DevOps 团队可以独立实施改进并相互学习，从而缩短改进的交付周期

续表

S#	步骤	描述
7	汇报结果和路线图	理想情况下，DevOps 团队应根据路线图自行呈现改进要点，以确认评估结果
8	同意执行	实施工作方式的改变是一项投资，必须进行。这项投资会降低速度，但在改进实施后会得到弥补。
9	回顾本次评估	持续评估本身就是一个价值流，也可以进行改进。改进可以涉及许多方面，包括评估组织和评估实质性内容的评论
10	计划下一次评估	评估应定期进行，以衡量进度。成熟度至少应每年确定一次

二、持续评估瓶颈

表 4.18.2 列出了持续评估价值流每个用例的瓶颈示例，瓶颈的大小取决于组织的情况。也许持续评估根本不是 DVS 价值链中的瓶颈。如果是这样，原因可能是表 4.18.2 中列出的瓶颈之一。

表 4.18.2　持续评估瓶颈

S#	步骤	类型	描述
1	确定评估范围	限制	确定范围不需要太多时间
2	确定参与角色	限制	确定相关角色不需要太多时间
3	启动评估	限制	启动评估不需要太多时间
4	进行评估	限制	进行需求评估需要很多时间
5	确定结果	限制	确定结果不需要太多时间
6	确定改进路线图	限制	绘制路线图需要时间，通常每个小组需要一天
7	汇报结果和路线图	限制	汇报不需要太多时间
8	同意执行	限制	变更活动的治理需要时间
9	回顾本次评估	限制	评估不需要很多时间
10	计划下一次评估	限制	安排评估不需要太多时间

三、持续评估的 AI 应用

表 4.18.3 展示了持续评估中的 AI 应用。

表 4.18.3　持续评估中的 AI 应用

S#	步骤	AI	应用	AI 模式
1	确定评估范围	—	—	—
2	确定参与角色	—	—	—

续表

S#	步骤	AI	应用	AI 模式
3	启动评估	—	—	—
4	进行评估	NLP	文本分析回答评估问题	自然语言处理使 AI 能够理解和处理文本数据。在此案例中，自然语言处理用于分析问卷的答案，它帮助 AI 理解给定答案的上下文和含义
		ML	技能分数	机器学习算法用于分析答案并分配技能分数。这些算法可以训练历史数据以了解答案与 DevOps 概念掌握程度之间的关联
5	确定结果	ML	分类算法	在机器学习中，分类算法通常用于判断一个人是否满足某些标准。在此案例中，算法根据收集的数据和已建立的阈值，对个人是否掌握 DevOps 能力进行分类
6	确定改进路线图	ML	建议	机器学习可以根据给定的答案生成反馈并提出改进 DevOps 技能的建议
7	汇报结果和路线图	—	—	—
8	同意执行	—	—	—
9	回顾本次评估	ML	建议	见步骤 6
10	计划下一次评估	—	—	—

第 19 节　持续 AI 评估

提要

- 借助持续万物评估模型，可以确定持续 AI 的成熟度。
- 通过为持续集成列的单元格着色，可以将矩阵用作热力图来显示 DevOps 团队的成熟度。

阅读指南

本节首先描述了持续万物模型，然后描述了其成熟度水平，最后描述了持续 AI 评估问题。

一、持续万物模型是什么?

DevOps 持续万物模型是基于能力成熟度模型集成（Capability Muturity Model Integration，CMMI）成熟度模型的 DevOps 模型。该模型的模板如表 4.19.1 所示。

表 4.19.1　DevOps 持续万物模型

	CE	CP	CN	CT	CI	CD	CM	CL	CZ
L#		规划	设计	测试	代码	部署	监控	学习	AI
5	优化								
4	量化								
3	一致								
2	可重复								
1	临时								

颜色用于指示哪些方面是成熟的（浅蓝色）、部分成熟的（白色）和不成熟的（深蓝色）。表 4.19.2 定义了 DevOps 成熟度矩阵的水平轴。

表 4.19.2　持续万物

持续万物	描述	特征
持续规划	基于使命和愿景的变革规划，需要从价值链和价值流层面设定目标，并制定实现目标的策略。持续规划还包括从架构中确定实现方向，并进行路线图、发布计划和迭代计划级别的规划	平衡计分卡、当前状态、目标状态和迁移路径、产品愿景、路线图、单页史诗故事、产品待办事项列表、发布计划、迭代计划、细化
持续设计	持续设计旨在自上而下确定变更需求，并将其记录在可追踪的敏捷设计对象中，这些对象涵盖从初始需求到相关增量创建或调整的全过程	系统上下文图、价值流画布、用例图、系统构建块、价值流映射、用例叙述、用例场景、行为驱动开发、测试驱动开发、注释
持续测试	在构建解决方案之前，定义“什么”和“如何”问题，并将测试管理步骤集成到需求管理和开发管理步骤中，可以快速提供反馈	理想的测试金字塔、TDD、BDD、配对编程、越过肩膀（指开发人员越过作者的肩膀查看代码）、邮件传阅、工具辅助代码审查、A/B 测试、提取请求流程
持续集成	基于需求持续交付解决方案 描述了一种创建信息、应用程序和基础设施的流程，使每个提交都能生成一个新版本，该版本可以部署到生产环境而不影响业务流程	需求、用户体验设计（UX）、假设驱动开发、源代码、标准、规则和指南（SRG）、共享源代码库、所有权、基线、构建、失败构建、成功构建、配置管理、版本控制、签入、签出、分支、合并和可追踪性
持续部署	提供部署流水线，包括环境、工具和技术，以无需人工交互（持续部署）或有人工交互（持续交付）的方式部署创建和维护的解决方案	对象库、部署、发布、金丝雀发布、环境、蓝 / 绿环境、升级、可追踪性、发布准备审查（Launch Readiness Review，LRR）、交接准备评审（Hand-off Readiness Review，HRR）、向前修复、回滚技术和功能开关
持续监控	解决方案 PPT 方面全生命周期监控，以实现快速反馈	监控架构、遥测、事件、日志和指标
持续学习	确保解决方案的创建和维护能力达到最高水平，从而产生 E 类型专业人员	I 类型人才、T 类型人才、E 类型人才、猴子军团、无责事后分析、预期故障

持续万物	描述	特征
持续 AI	通过在持续万物方面使用 AI 解决方案来提高结果的创造	算法库、AI 投资组合管理、AI 生命周期管理、机器学习、深度学习、强化学习、自然语言处理、AI 路线图、AI 模式

在该矩阵（表 4.19.1）中定义了一系列问题，可以根据这些问题为每个单元格分配分数。每个回答“否”或“部分”的问题都是一个需要改进的领域。单元格颜色根据答案进行编码。如果所有问题都回答“是”，则该单元格为浅蓝色。如果所有问题都回答“否”，则该单元格为深蓝色。如果为“部分”，则该单元格为白色。由于并非所有人都能区分这些颜色，因此单元格中还显示了百分比。

表 4.19.3 显示了持续万物的 CMMI 等级。

表 4.19.3　持续万物的 CMMI 等级

L#	级别	描述	特征
5	优化	流与业务流程和链中外部方的流程相集成。改进措施在整个价值流中得到识别和实施	商业 DevOps、审计和合规性。易于定制的流水线。问题讨论和解决。可见性和周期时间控制
4	量化	基于预定义的质量标准测量流水线中的流程。提供管理信息，以便在必要时调整流水线中的流程	缺陷可追溯性、SLA、集成合规性、流水线中的风险和安全性、QA 人员、包括安全、风险和合规性在内的整个管道的监控、价值流映射
3	一致	整个流程由集成和自动化的端到端流水线支持。 存在反馈和前馈循环，以实现实施目标并满足所需功能	DoR、DoD、基于需求的产品验收用于监控和调整流水线。每个产品的服务请求组（SRG）监控。通过检查日志文件验证流水线中每个步骤
2	可重复	流程被定义为以固定的工作顺序支持价值流。 采用了一些 DevOps 最佳实践并实现了自动化，但并非整个流程	政策、目标、流水线、标准、规则和指南用于以相同的顺序交付相同的交付物。工作模式得到定义和实施，敏捷流程得到落实和遵循
1	临时	流程没有定义，但存在最少的 DevOps 功能来执行基本操作	手动工作、存储库、每个团队都有自己的工具或相同的工具，但它们没有连接，也没有以相同的方式实现。主题、史诗、功能和故事的定义不同，也没有敏捷流程

持续万物成熟度检查点概述如图 4.19.1 所示。同心圆代表成熟度等级。轴将检查点划分为不同的方面。该图表（如表 4.19.1 所示）可以通过颜色来表示成熟度。以下各段将提到所有维度的检查点。可以使用图 4.19.1 中的持续万物蜘蛛模型来为每个维度着色。

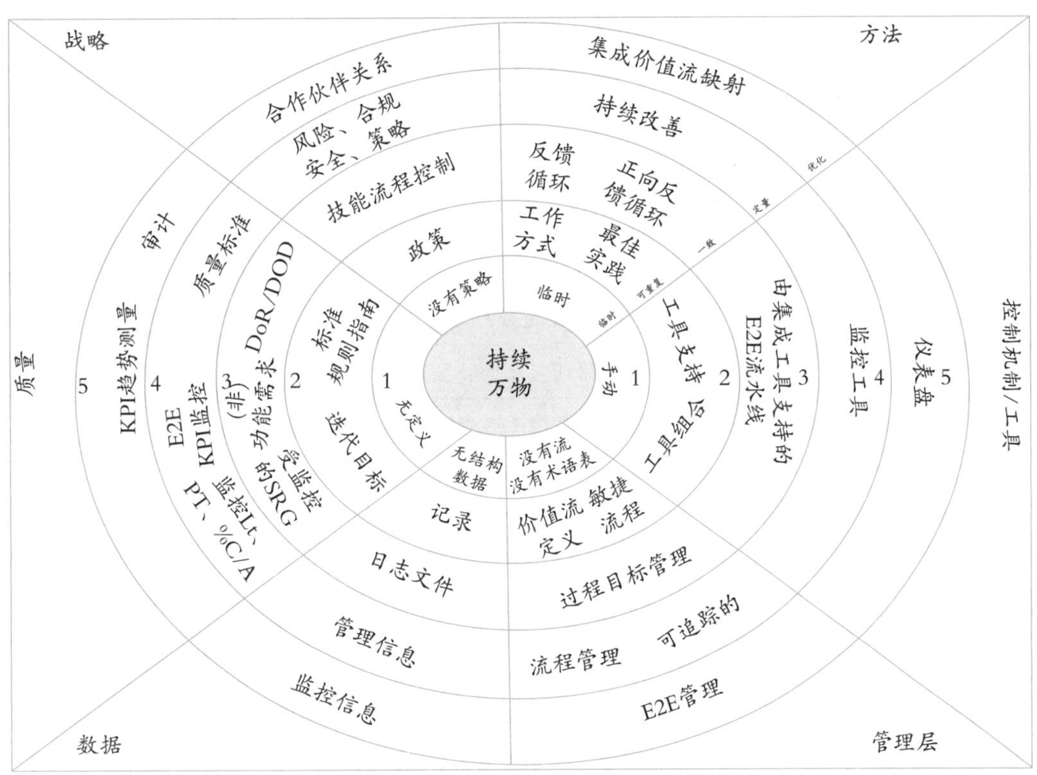

图 4.19.1　DevOps 持续万物蜘蛛模型

二、成熟度维度

表 4.19.4 描述了 PR-ORG-009 的成熟度级别的原则。

表 4.19.4　PR-ORG-009 成熟度级别

P#	PR-ORG-009
原则	为了确定 DevOps 能力的差距，需要对持续万物各方面进行定义，包括维度和成熟度级别
理由	持续万物涵盖了业界公认的 DevOps 最佳实践，涉及多个方面，例如持续集成和持续交付 这些最佳实践可以按照战略、方法论、控制、管理、数据和质量 6 个维度进行分类，并与 CMMI 的 5 个层级相对应。这样一来，DevOps 团队可以轻松地识别快速收获成果的领域
含义	DevOps 能力差距的洞察可以为技术负债待办事项列表提供改进点。这些改进点应予以解决，以实现软件开发流程的改进

三、持续万物模型 - 持续 AI

持续 AI 特征基于 CMMI 等级定义。

表 4.19.5　持续 AI 成熟度特征

#	主题	特征
级别 1: 临时		
01	临时性 AI	AI 应用是否正在考虑基于结果改进目标?
02	AI 工具支持	是否有用于创建 AI 模型的工具?
03	未规划的 AI	AI 解决方案是否经过规划?
04	临时数据管理	是否使用任何数据管理实践来提高 F1 得分?
05	延迟反馈	是否使用反馈（迟或快）来提高 AI 创建的质量?
06	AI 目标	是否为 AI 设定了目标?
级别 2: 可重复		
01	重用 AI 解决方案（机器学习、深度学习、强化学习、自然语言处理等）	AI 解决方案（如机器学习、深度学习、强化学习、自然语言处理等）是否会得到重用?
02	AI 开发工具	AI 开发工具是否用于创建 AI 解决方案?
03	AI 测试工具	AI 测试工具是否用于测试 AI 模型?
04	AI 待办事项列表管理	是否使用跟踪工具管理 AI 请求?
05	独立的数据集	是否使用单独的训练数据集、验证数据集和测试数据集?
06	DoR 和 DoD 中的 AI	DoR 和 DoD 中是否包含有关 AI 的标准、规则和指南?
07	明确定义的 AI 需求	是否定义了 AI 解决方案的要求?
08	集成的 AI 解决方案	AI 解决方案是否集成到端到端解决方案中?
级别 3: 一致性		
01	算法库	AI 算法库是否得到维护?
02	AI 模式	通用型 AI 解决方案是否被定义为 AI 模式库中的“AI 模式”?
03	AI 管理工具	是否使用 AI 管理工具来维护 AI 工具，例如需求变化（例如新的标签）、输入数据质量、更好的算法可用性?
04	AI 平台	是否使用 AI 平台来协助创建 AI 模型?
05	AI 发布计划	是否在发布计划中规划了 AI 解决方案的新功能?
06	F1 得分数据	是否对 AI 解决方案的输出进行质量测量和管理，例如 F1 分数?
07	可追踪的 AI 输出	对于决策 AI 工具，是否有回溯选项以找出决策的基础是什么?
08	AI 审计性	AI 解决方案的可审计性如何?
09	有效的 AI 接受	是否使用验收标准来接受 AI 解决方案?

续表

#	主题	特征
10	AI 产品愿景	是否为 AI 解决方案使用了产品愿景？
11	AI 产品路线图	是否制定了 AI 产品路线图？
	级别 4：量化	
01	AI 投资组合管理	是否制定了适用于 AI 的投资组合管理价值流？
02	AI 生命周期管理	是否制定了适用于 AI 的生命周期管理价值流？
03	AI 与 CI/CD 流水线的集成	AI 是否集成到 CI/CD 流水线中，例如通过选择测试用例等方式进行闸口控制？
04	AI 与数据管理的集成	在开发 AI 时，是否会像数据管理员一样参与数据管理，以提高源系统的数据质量？
05	AI MVP 管理	是否创建了 AI MVP，以确保不会将时间浪费在失败的解决方案上？
06	AI 路线图管理	组织内是否实现了 AI 开发路线图？
07	误报和漏报记录	是否将不正确的 AI 输出记录归类为误报或漏报，以改进 AI 模型？
08	AI 客户满意度（Customer Satisfaction Index，CSI）记录	是否维护和使用 AI CSI 记录来改进 AI 模型？
09	受控 AI 的 F1 值	是否定义并使用了衡量 AI 质量的指标？
10	成果改善	是否测量持续万物价值流的结果改善情况？使用 AI 后，结果是否有所提升？
11	AI 解决方案构建是否符合定义的架构方向	AI 开发是否遵循架构指导？
	级别 5：优化	
01	集成价值流映射	在价值链中，是否会对持续万物价值流进行联合分析，以找到影响 AI 解决方案效果的最重要瓶颈？
02	AI 质量仪表盘	是否使用质量仪表板来衡量 AI 解决方案的有效性？
03	AI 价值流目标	是否为 AI 价值流设定了目标？
04	AI 监控信息	是否监控 AI 解决方案？
05	KPI 趋势测量	是否确定了 AI 测量数据的趋势？
06	平衡计分卡驱动 AI	是否使用了像平衡计分卡这样的战略监控工具来确定应用 AI 解决方案的位置？

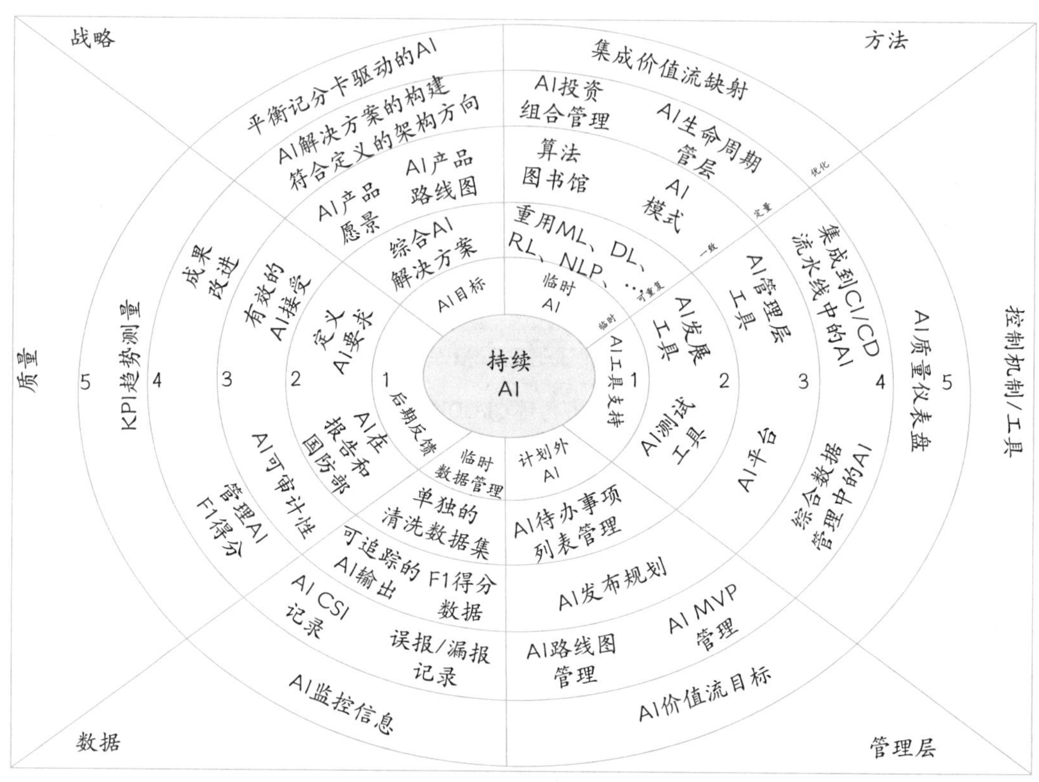

图 4.19.2　DevOps 持续 AI 蜘蛛模型

持续 AI 的持续性检查点概览如图 4.19.2 所示。同心圆代表成熟度水平。轴将检查点划分为不同的领域。如表 4.19.1 所示，该图可以通过颜色来表示成熟度。

附录

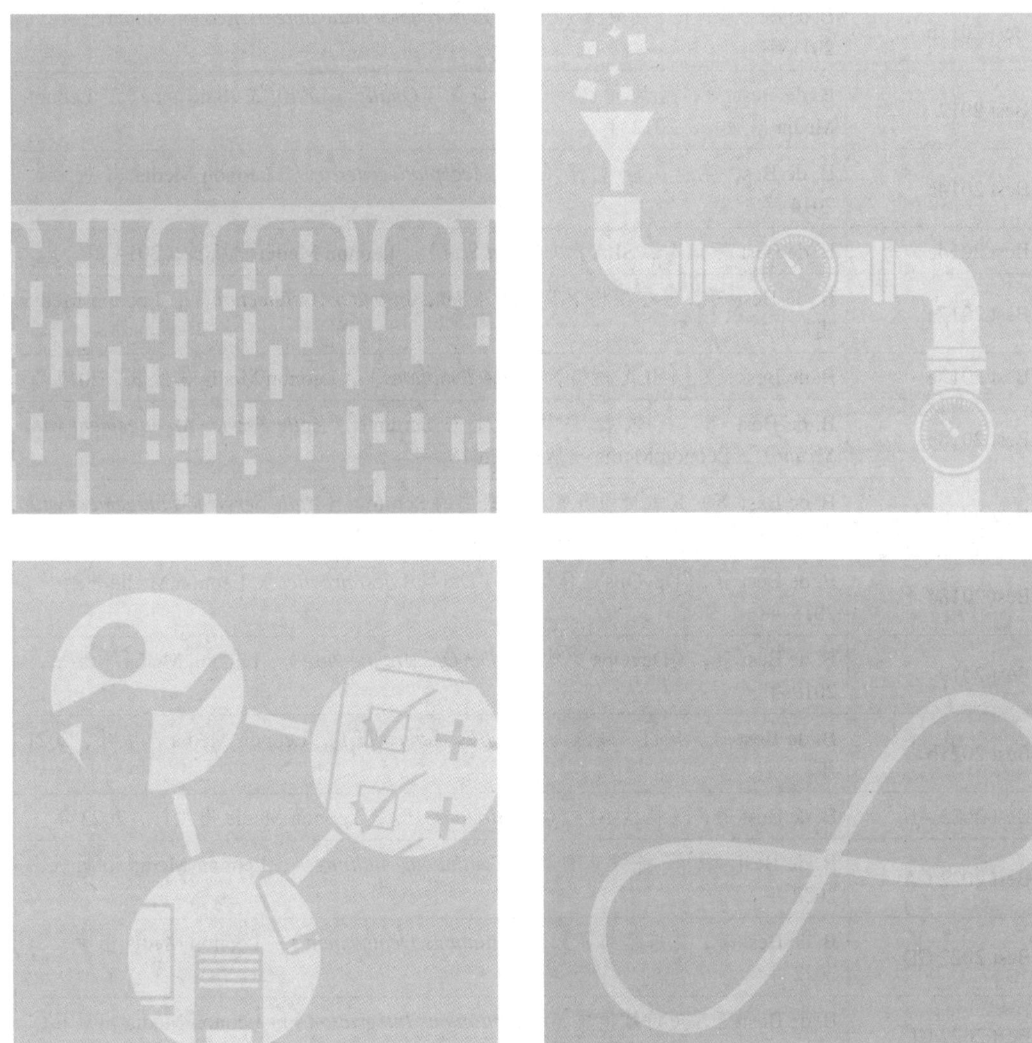

附录 A　参考文献

表 A-1 概述了与 DevOps 直接或间接相关的文献资料。

表 A-1　参考文献

著录形式	参考文献
Best 2011a	B. de Best 著，《SLA 最佳实践》（*SLA best practice*），Leonon Media 出版社，2011 年
Best 2011b	B. de Best 著，《ICT 绩效指标》（*ICT Performance-Indicatoren*），Leonon Media 出版社，2011 年
Best 2012	B. de Best 著，《质量控制与保证》（*Quality Control & Assurance*），Leonon Media 出版社，2012 年
Best 2014a	B. de Best 著，《验收标准》（*Acceptatiecriteria*），Leonon Media 出版社，2014 年
Best 2014c	B. de Best 著，《云 SLA》（*Cloud SLA*），Leonon Media 出版社，2014 年
Best 2017a	B. de Best 著，《在架构下管理》（*Beheren onder Architectuur*），Leonon Media 出版社
Best 2017c	B. de Best 著，《SLA 模板》（*SLA Templates*），Leonon Media 出版社，2017 年
Best 2018a	B. de Best 著，《敏捷服务管理与 Scrum》（*Agile Service Management with Scrum*），Leonon Media 出版社，2018 年
Best 2018b	B. de Best 著，《敏捷服务管理实践中的 Scrum》（*Agile Service Management with Scrum in Practice*），Leonon Media 出版社，2018 年
Best 2018c	B. de Best 著，《DevOps 最佳实践》（*DevOps best practice*），Leonon Media 出版社，2018 年
Best 2019	B. de Best 著，《DevOps 架构》（*DevOps Architecture*），Leonon Media 出版社，2019 年
Best 2021b	B. de Best 著，《IT 基础知识》（*Basiskennis IT*），Leonon Media 出版社，2021 年
Best 2023 AI	B. de Best 著，《持续 AI》（*Continuous AI*），Leonon Media 出版社，2023 年
Best 2022 CA	B. de Best 著，《持续审计》（*Continuous Auditing*），Leonon Media 出版社，2022 年
Best 2022 CD	B. de Best 著，《持续部署》（*Continuous Deployment*），Leonon Media 出版社，2022 年
Best 2022 CI	B. de Best 著，《持续集成》（*Continuous Integration*），Leonon Media 出版社，2022 年
Best 2022 CL	B. de Best 著，《持续学习》（*Continuous Learning*），Leonon Media 出版社，2022 年
Best 2022 CM	B. de Best 著，《持续监控》（*Continuous Monitoring*），Leonon Media 出版社，2022 年

续表

著录形式	参考文献
Best 2022 CN	B. de Best 著，《持续设计》（*Continuous Design*），Leonon Media 出版社，2022 年
Best 2022 CP	B. de Best 著，《持续规划》（*Continuous Planning*），Leonon Media 出版社，2022 年
Best 2023 CQ	B. de Best 著，《持续 SLA》（*Continuous SLA*），Leonon Media 出版社，2023 年
Best 2022 CS	B. de Best 著，《持续评估》（*Continuous Assessment*），Leonon Media 出版社，2022 年
Best 2022 CT	B. de Best 著，《持续测试》（*Continuous Assessment*），Leonon Media 出版社，2022 年
Best 2022 CY	B. de Best 著，《持续安全》（*Continuous Security*），Leonon Media 出版社，2022 年
Best 2022a	B. de Best 著，《持续开发》（*Continuous Development*），Leonon Media 出版社，2022 年
Best 2022b	B. de Best 著，《持续运营》（*Continuous Operations*），Leonon Media 出版社，2022 年
Best 2022c	B. de Best 著，《持续控制》（*Continuous Control*），Leonon Media 出版社，2022 年
Best 2022d	B. de Best 著，《持续一切》（*Continuous Everything*），Leonon Media 出版社，2022 年
Bloom 1956	Benjamin S. Bloom 著，《教育目标分类学（1956）》（*Taxonomy of Educational Objectives* (1956)），Allyn and Bacon 出版社，波士顿，马萨诸塞州，1984 年版权归 Pearson Education 所有
Boehm 1981	Boehm B. 著，《软件工程经济学》（*Software Engineering Economics*），Prentice Hall 出版社，1981 年
Caluwé 2011	L. de Caluwé 和 H. Vermaak 著，《学习改变》第二版（*Leren Veranderen*），Kluwer 出版社，2011 年
Davis 2016	Jennifer Davis 和 Katherine Daniels 著，《有效的 DevOps：构建协作、亲和力和大规模工具的文化》（*Effective DevOps Building a Culture of Collaboration, Affinity, and Tooling at Scale*），O' Reilly Media 出版社，第一版，2016 年
Deming 2000	W. Edwards Deming 著，《摆脱危机》（*Out of the Crisis. MIT Center for Advanced Engineering Study*），麻省理工学院先进工程研究中心，2000 年
Downey 2015	Allen B. Downey 著，《思考 Python》（*Think Python*），O' Reilly Media 出版社，美国，第二版，2015 年
Galbraith 1992	Galbraith, J.R. 著，《设计复杂组织》（*Het ontwerpen van complexe organisaties*），Alphen aan de Rijn: Samson Bedrijfsinformatie 出版社，1992 年
Humble 2010	Jez Humble 和 David Farley 著，《持续交付：通过构建、测试和部署自动化实现可靠的软件发布》（*Continuous Delivery Reliable Software Releases through Build, Test, and Deployment Automation*），Addison-Wesley Professional 出版社，第一版，2010 年

续表

著录形式	参考文献
Kim 2014	Gene Kim、Kevin Behr 和 George Spafford 著，*The Phoenix Project*，IT Revolution Press 出版社，2014 年
Kim 2016	Gene Kim、Jez Humble、Patrick Debois 和 John Willis 著，《DevOps 手册：如何在技术组织中创建世界级的敏捷性、可靠性和安全性》（*The DevOps Handbook: How to Create WorldClass Agility, Reliability, and Security in Technology Organisations*），2016 年，IT Revolution Press 出版社
Kotter 2012	John P. Kotter 著，《领导变革》（*Leading Change*），2012 年 11 月
Kaplan 2004	R. S. Kaplan 和 D. P. Norton 著，《领先的平衡计分卡》（*Op kop met de Balanced Scorecard*），Harvard Business School Press 出版社，2004 年
Layton 2017	Mark C. Layton 和 Rachele Maurer 著，《敏捷项目管理入门》（*Agile Project Management for Dummies*），第二版，John Wiley & Sons Inc，2017 年
Looijen 2011	M. Looijen 和 L. van Hemmen 著，《信息系统管理》第七版（*Beheer van Informatiesystemen*），Academic Service 出版社，2011 年
MAES	R. Maes 著，《信息管理视角》（*Visie op informatiemanagement*）
McCabe	McCabe T. 著，《复杂性度量》（*A Complexity Measure*），载于 IEEE 软件工程学报，1976 年第 2 卷第 4 期
Michael Porter 1998	M.E. Porter 著，《竞争优势：创建和维持卓越绩效》（*acceptance criteria Advantage: Creating and Sustaining Superior Performance*），Simon & Schuster 出版社，1998 年
Oirsouw 2001	R.R. van Oirsouw、J. Spaanderman 和 C. van Arendonk 著，《信息化经济学》（*Informatiserings-economie*），2001 年
scrum	Ken Schwaber 和 Jeff Sutherland 著，《Scrum 指南》（*The Scrum GuideTM*），2017 年，www.scrumguides.org
Schwaber 2015	K. Schwaber 著，《敏捷项目管理与 Scrum》（*Agile Project Management with Scrum*），Microsoft Press
Toda 2016	战略员工服务公司总裁兼 TPS 证书机构主任 (Luke) Toda 和战略员工服务公司首席技术官松井信之（Nobuyuki Mitsui），《企业 DevOps 成功》（*Success with Enterprise DevOps Koichiro*）白皮书，2016 年，《企业 DevOps 成功白皮书》（*White Paper*），2016 年

附录 B　术语表

术语词汇表见表 B-1。

表 B-1　术语词汇表

术语	释义
5S	日本秩序与清洁的原则。这些日语术语及其荷兰语对应如下： • 整理（Seiri）- 分类（Sort） • 整顿（Seiton）- 整理（Arrange） • 清扫（Seisō）- 清洁（Cleaning） • 清洁（Seiketsu）- 标准化（Standardise） • 躾（Shitsuke）- 持续或系统化（Hold or Systematise） （详见 Wiki）
A/B 测试	A/B 测试指的是将两个版本的应用程序或网页投入生产，观察哪个版本表现更好。可以使用金丝雀发布，也可以用其他方式进行 A/B 测试
验收测试	对于 DevOps 工程师来说，验收测试用例回答了“我怎么知道我完成了？”的问题。对于用户来说，验收测试用例回答了“我得到了我想要的吗？”的问题。收测试用例的例子包括功能验收测试用例（FAT）、用户验收测试用例（UAT）和生产验收测试用例（PAT）。FAT 和 UAT 应该用业务语言表达
亲和力	DevOps 关注协作和亲和力。协作聚焦于 DevOps 团队内个人之间的关系，而亲和力更进一步强调通过分享故事和互相学习，在不同人群之间建立共同的组织目标、同理心和学习
敏捷基础设施	在 DevOps 中，开发和运营都以敏捷方式工作。这需要一个能够与应用程序通过部署流水线变化速度同步变化的敏捷基础设施。一个好的敏捷基础设施例子是使用基础设施即代码（IaC）
替代路径	查看理想路径
安灯拉绳	在丰田制造工厂，每个工作中心上方都安装了一根绳子。每个工人和经理都接受过培训——当出现问题时拉线。例如，当零件有缺陷、所需零件不可用，或工作时间超出计划时。 当拉动安灯绳时，团队负责人会被提醒并立即处理问题。如果在规定时间内（例如 55 秒）无法解决问题，生产线会停止，以便整个组织动员起来协助解决问题，直到制定出成功的对策（详见 Kim 2016）
异常检测技术	并非所有需要监控的数据都符合高斯（正态）分布。异常检测技术使得可以通过各种方法找到没有高斯分布的数据中的显著差异。这些技术要么用于监控工具，要么需要具备统计技能的人来操作
反模式	反模式是对模式的错误解释的例子。反模式通常用于解释模式的价值
反脆弱性	这是通过施加压力来增加韧性的过程。这个术语由作家和风险分析师 Nassim Nicholas Taleb 提出
制品	制品是指制造的产品。在 DevOps 中，提交阶段的输出是二进制文件、报告和元数据。这些产品也被称为制品
制品库	制品的集中存储称为制品库。制品库用于管理制品及其依赖关系
自动化测试	应尽可能多地自动化测试用例，以减少浪费并提高交付产品的速度和质量

续表

术语	释义
坏苹果理论	相信“坏苹果理论”的人认为，如果没有那些不可靠的人，系统基本上是安全的。通过移除掉这些人，系统将会安全。这导致了反DevOps模式的“点名、责备、羞辱”
错误路径	“错误路径”是指应用程序未遵循“理想路径”或“备用路径”的情况。换句话说，就是出现了问题。这个异常必须处理并应可监控
行为驱动开发（BDD）	软件开发要求用户定义（非）功能需求。行为驱动开发基于这一概念。不同之处在于，这些需求的验收标准应以应用程序行为的客户期望来编写。这可以通过在“Given - When - Then”格式中表述验收标准来实现
二进制文件	编译器用于将源代码转换为目标代码。目标代码也称为二进制文件。源代码是人类可读的，而目标代码则是计算机可读的，因为它们是用十六进制表示的
无责后检	无责后检是由John Allspaw提出的术语。它帮助以一种关注故障机制的情境因素和接近故障的个人决策过程的方式来检查“错误”（详见Kim 2016）
无责文化	这种方法注重学习而非惩罚。在DevOps中，这是从错误中学习的基本理念之一。DevOps团队将精力用于从错误中学习，而不是寻找责备对象
蓝绿部署模式	蓝绿部署模式 蓝色和绿色指两个相同的生产系统。一个用于新版本的最终验收。如果验收成功，那么这个环境将成为新的生产环境。如果生产系统出现故障，可以使用另一个系统。这降低了停机风险，因为切换时间可能不到一秒
构建失败	由于应用程序源代码中的错误导致构建失败
棕地	应用DevOps最佳实践有两种情况：绿地和棕地。绿地情况下，需要从头建立整个DevOps组织。相反，棕地情况下，已经有一个DevOps组织，但需要改进。绿色指在一片干净的草地上建造工厂，棕色指的是工厂要建在已经有一个工厂污染了土地的地方。为了在棕色的土地上建厂，必须先清除有毒物质
商业价值	应用DevOps最佳实践可以提高商业价值。Puppet Labs的研究《DevOps状态报告》证明，采用DevOps实践的高绩效组织在许多方面都优于其非高绩效同行（详见Kim 2016）
金丝雀发布模式	通常情况下，发布会同时提供给所有用户。金丝雀发布是一种将新版本先提供给一小部分用户的方法。如果这小范围的发布运行正常，那么发布就可以推广到所有用户。术语“金丝雀”指的是旧时煤矿中用金丝雀探测有毒气体的做法
变更类别	变更可以分为标准变更、正常变更和紧急变更
变更计划	变更可以按照既定顺序进行安排，以确定其应用顺序
云配置文件	云配置文件用于在使用云服务前初始化云服务。通过这种方式，云服务提供商使客户能够根据自己的需求配置云环境
集群免疫系统发布模式	集群免疫系统在金丝雀发布模式的基础上，通过将生产监控系统与发布过程连接起来，并在生产系统的用户体验性能超出预期范围时自动回滚代码，例如当新用户的转换率低于我们历史标准的15%～20%时（详见Kim 2016）
代码分支	参见分支
代码审查方法	代码审查可以通过多种方式进行，如“肩并肩”审查、结对编程、电子邮件传递审查和工具辅助代码审查
编码的非功能性需求（NFR）	将非功能性需求按可用性、容量、安全性、持续性等类别进行分类的列表

续表

术语	释义
协作	DevOps 的四大支柱之一是协作。协作指的是 DevOps 团队成员如何一起工作以实现共同目标。这种协作有多种形式，如： • 结对编程 • 每周进度演示 • 文档编写 • 等等
提交代码	提交代码是指 DevOps 工程师将更改后的源代码添加到代码库中，使这些更改成为代码库头版的一部分（详见 Wiki）
提交阶段	这是 CI/CD 安全流水线中的一个阶段，在此阶段源代码被编译为目标代码，包括执行单元测试用例
合规检查	安全官员手动检查系统是否按照商定的标准构建。这与安全工程相反，安全工程是指 DevOps 团队与安全官员合作，将商定的标准嵌入交付物中，并在产品的整个生命周期中启用标准的持续监控
合规官	合规官是 DevOps 角色之一，负责确保在产品整个生命周期内遵守商定的标准
配置管理	配置管理是指所有制品及其之间的关系被存储、检索、唯一标识和修改的过程
容器	容器是一种隔离的结构，DevOps 工程师使用它来独立于底层操作系统或硬件构建应用程序。通过容器中的接口，DevOps 工程师可以避免安装应用程序时的依赖关系和配置错误，而是部署整个容器
康威定律	Melvin Conway 的以下陈述被称为康威定律：“设计系统的组织……受限于其组织沟通结构的复制品。”（详见 Wiki）
文化债务	债务有三种形式：文化债务、技术债务和信息债务。文化债务指的是在组织结构、招聘策略、价值观等方面保留缺陷的决策。这种债务会产生利息，并导致 DevOps 团队的成熟度增长减慢。文化债务的表现形式包括存在大量的孤岛、工作流程限制、沟通不畅、浪费等
文化、自动化、测量、共享(CAMS)	CAMS 是文化（Culture）、自动化（Automation）、测量（Measurement）和共享（Sharing）的缩写： • 文化：文化涉及 DevOps 的人和流程方面。没有正确的文化，自动化的尝试将是徒劳的 • 自动化：发布管理、配置管理、监控和控制工具应支持自动化 • 测量：“如果你不能测量它，你就不能管理它。”“如果你不能测量它，你就不能改进它。” • 共享：共享理念和问题的文化对帮助组织改进至关重要，创造反馈循环
周期时间（流动时间）	周期时间更多地衡量系统整体的完成率或工作能力，周期时间越短，表示在请求已提出但未完成工作时浪费的时间越少
周期时间(精益)	两个连续单位离开工作或制造过程的平均时间
声明式编程	这是一种编程范式，表达计算的逻辑而不描述其控制流程。例如数据库查询语言，如 TSQL 和 PSQL
缺陷跟踪	缺陷跟踪是从开始到关闭跟踪产品中记录的缺陷，并制作修复缺陷的新版本的过程（详见 Wiki）
开发	开发是由 DevOps 角色“DevOps 工程师”执行的一项活动。DevOps 工程师负责配置项的整个生命周期。在 DevOps 中，设计师、构建者和测试者之间不再有区别
开发测试	敏捷 Scrum 开发的仪式包括迭代计划、每日站会、迭代执行、评审和回顾

续表

术语	释义
下行螺旋	Gene Kim 在他的书中解释了信息技术（IT）中的下行螺旋有三个阶段（详见 Kim 2016）： • 第一阶段始于 IT 运营，技术债务导致危及我们最重要的组织承诺 • 第二阶段是通过承诺更大、更大胆的功能或更高的收入目标来弥补最新的破损承诺。结果是，开发被分配了另一个紧急项目，这导致了更多的技术债务 • 第三阶段是部署变得越来越慢，故障越来越多，商业价值持续下降
电子邮件传递	电子邮件传递是一种审查技术，代码管理系统在代码被检查后自动将代码发送给审查者（详见 Kim 2016）
错误路径	详见理想路径
快速反馈	快速反馈是 Gene Kim 三种方式中的第二种。这种方式是指尽快对所创建或修改的产品功能和质量进行反馈，以最大化商业价值
功能开关	功能开关是一种机制，可以在生产中启用或禁用应用程序的一部分功能。功能开关使得可以在生产中测试更改对用户的影响。功能开关也称为功能标志、功能位或功能翻转器
反馈	在 DevOps 的背景下，反馈是检测价值流中错误并用于改进产品和必要时改进价值流的机制
前馈	在 DevOps 的背景下，前馈是指利用当前价值流中的经验来改进未来的价值流。前馈与反馈相反，因为反馈关注过去，而前馈关注未来
高斯分布	在概率论中，正态分布（或高斯分布）是一种非常常见的连续概率分布。正态分布在统计学中很重要，通常用于自然和社会科学中表示分布未知的实值随机变量。具有高斯分布的随机变量称为正态分布，被称为正态偏差（详见 Wiki）
Given-When-Then	Given-When-Then 格式用于以利益相关者理解的方式定义验收标准： • Given：事实是…… • When：我这样做时…… • Then：发生这个……
绿地	参见棕地
移交准备评审（HRR）	HRR 术语由谷歌引入。HRR 是一组用于发布新服务关键阶段的安全检查。HRR 在服务从开发者管理状态过渡到运营管理状态时进行（通常在 LRR 之后几个月）。HRR 使服务过渡更容易、更可预测，并有助于在上游和下游工作中心之间建立同理心
理想路径	一个应用程序通过接收、编辑、存储和提供信息来支持业务流程。假设的信息处理步骤称为幸福路径。备用步骤称为备用路径。在这种情况下，通过另一导航路径也可以达到同样的结果。导致错误的应用程序爬行称为错误路径
全权管理	在这种类型的组织中，所有决策都通过自我组织团队而不是传统管理层级来做出
水平拆分功能	一个功能可以拆分成多个故事。水平拆分指的是功能拆分的结果，需要更多的 DevOps 团队紧密合作。他们必须不断对齐工作以共同交付功能
I 型、T 型、E 型	I 型、T 型、E 型是用于表示一个人的知识和专业技能类别。I 型人士是某一领域的纯粹专家。T 型人士在某一领域有专长，并有广泛的通用知识。E 型人士在多个领域有专长，并有广泛的通用知识
幂等性	持续交付要求组件能够始终自动达到所需状态，无论组件的初始状态如何，也无论组件配置的次数如何。组件总是能够恢复到期望状态的特性称为幂等性

续表

术语	释义
命令式编程	这是一种使用改变程序状态的语句的编程范式。命令式编程专注于程序应该如何运行，并包含计算机执行的命令。例子包括 COBOL、C、BASIC 等。该术语通常与声明式编程相对，声明式编程专注于程序应完成什么，而不指定程序应如何实现结果
独立、可协商、有价值、可估算、小型、可测试（INVEST）	独立、可协商、有价值、可估算、小型、可测试： • 独立：产品待办事项应是自包含的，即没有固有的依赖于其他产品待办事项。 • 可协商：产品待办事项在成为迭代的一部分之前，始终可以更改、重写或丢弃 • 有价值：产品待办事项必须为利益相关者提供价值 • 可估算：产品待办事项的大小必须始终是可估算的 • 小型：产品待办事项不应过大，以至于无法以一定程度的确定性进行计划 / 任务 / 优先级排序 • 可测试：产品待办事项或其相关描述必须提供必要的信息，使测试开发成为可能
信息展示器	信息展示器是团队放置在显眼位置的视觉展示，使所有团队成员一目了然地看到最新信息
信息安全（Infosec）	负责保护系统和数据安全的团队
基础设施即代码（IaC）	通常，基础设施组件需要进行配置，以实现所需的功能和质量。例如，防火墙的规则集或网络的允许 IP 地址。这些配置通常存储在配置文件中，方便操作人员管理基础设施组件的功能和质量。基础设施即代码通过使用机器可读的定义文件，使得能够编程这些基础设施组件的设置，并通过 CI/CD 安全流水线进行部署，而不是通过物理硬件配置或交互式配置工具来完成配置。 基础设施即代码是一种基于软件的方法来管理 ICT 基础设施，使系统能够通过模板以一致的方式进行部署和调整。如果需要进行更改，则在模板中进行修改，然后再次部署这些模板
基础设施管理	基础设施管理包括所有基础设施产品和服务的生命周期管理，以支持在基础设施之上运行的应用程序的正确工作
自主工序完结（Ji-Kotei-Kanketsu，JKK）	JKK 意思是项目的 100% 完成。这种高质量的工作方式意味着： • 明确理解目标 • 理解正确的工作方式 • 确保高质量的工作 • 达到 100% 的完成，不把缺陷传递到下一个工序 • 完成定义（DoD）是至关重要的 并且在没有检查的情况下保持所需的质量。
准时制（Just In Time，JIT）	JIT 意味着建立一个精简的供应链，实现单件流动
改善（Kaizen）	改善（日语中意为“改进”）用于改进生产系统。改善的目标包括： • 消除浪费（muda） • 准时制（JIT） • 生产标准化 • 持续改进循环 持续改进意味着每天、每周循环进行计划—执行—检查—行动（PDCA）循环。这可以通过问五次“为什么”来找到失败的根本原因来实现。可以按照以下步骤进行： • 用支持数据定义问题 • 确保每个人清楚地认识到问题 • 针对发现的问题设定假设 • 定义反制措施以验证假设 • 在日常活动中定义反制措施 • 测量每周的关键绩效指标（KPI），以便人们感到成就感

术语	释义
改善突袭（Kaizen Blitz）	改善突袭是一种快速改进工作坊，旨在在几天内对特定的流程问题产生结果或方法。它是一种团队在短时间内在工作坊环境中进行结构化但有创意的问题解决和流程改进的方法
预先改善（Kaizen in advance）	预先改善比改善更进一步。不仅改进自己的活动，还改进上游活动，以解决下游问题。通过这种方式，创建一个反馈回路，改善整个系统
看板（Kanban）	这是一个在需要时发出信号的系统。看板是一种管理物流生产链的系统。看板由丰田的太田泰一开发，目的是找到一种实现高水平生产的系统。 看板通常用于应用管理。看板的一个特点是拉动导向，这意味着生产过程中没有库存。看板可以用于在生产系统中实现准时制（JIT）
模式（Kata）	Kata 是任何结构化的思维和行动方式（行为模式），通过练习直到模式成为第二天性。可以识别四个步骤来实现这种第二天性： • 方向（目标） • 现状（IST 情况） • 目标状况（SOLL 情况） • PDCA（戴明轮） 从架构的角度来看，迁移路径也可以添加到型中。迁移路径显示了为实现目标状况所需的步骤
Kibana 仪表盘	Kibana 仪表盘显示了一组保存的可视化内容
潜在缺陷	尚未显现的问题。通过向系统注入故障可以使潜在缺陷显现
发布准备审查（LRR）	LRR 是由谷歌引入的术语。LRR 是在新服务发布的关键阶段进行的一套安全检查。在服务公开发布并接收实时生产流量之前进行和签署。LRR 由项目团队自我报告。LRR 用于开发管理状态
发布指南	为防止可能有问题的自管理服务进入生产并带来组织风险，可以定义必须满足的发布要求，以便服务能够与真实客户互动并暴露给真实生产流量
前置时间（LT）	前置时间是从请求发出到最终结果交付的时间，或者从客户的角度来看，完成某件事所需的时间
精益工具	• A3 思维（问题解决） • 连续流动（消除浪费） • 改善 • 看板 • 关键绩效指标（KPI） • 计划—执行—检查—行动（PDCA） • 根本原因分析 • 具体的、可测量的、可实现的、现实的、及时的（SMART） • 价值流图（描述流动） • JKK（不将缺陷传递到下一个工序）
学习文化	学习文化是组织惯例、价值观、实践和流程的集合。这些惯例鼓励员工和组织发展知识和能力。 具有学习文化的组织鼓励持续学习，并相信系统相互影响。由于持续学习提高了个人作为员工和个人的素质，它为机构不断变革提供了机会，使其不断变得更好
轻量级 IT 服务管理（ITSM）	这种信息技术服务管理变体严格关注业务连续性，具有一套最低必需信息（MRI）。每个组织的 MRI 集合取决于其业务

续表

术语	释义
日志记录级别	在监控系统中识别出几个日志记录级别： • 调试级别：此级别的信息关于程序中发生的任何事情，最常用于调试过程中 • 信息级别：此级别的信息包括用户驱动或系统特定的操作 • 警告级别：此级别的信息告诉我们可能成为错误的条件 • 错误级别：此级别的信息集中在错误条件上 • 致命级别：此级别的信息告诉我们何时必须终止
松耦合架构	松耦合架构使得可以安全地进行更改并具有更多的自主性，提高开发人员的生产力
微服务	微服务是服务导向架构（SOA）的一个变体，它将应用程序结构化为一组松散耦合的服务。在微服务架构中，服务应该是细粒度的，协议应该是轻量级的（详见 Wiki）
微服务架构	这种架构由一组服务组成，每个服务提供少量功能，系统的总功能通过同时在生产中组合多个版本的服务并相对容易地回滚到先前版本来实现
迷你流水线	在极少数情况下，可能需要多个部署流水线来生产整个应用程序。这可以通过每个应用组件的流水线来实现。 所有这些组件然后在一个中央流水线中组装，整个应用程序通过验收测试、非功能测试，然后将整个应用程序部署到测试、预发布和生产环境中
监控框架	一个组件框架，共同形成一个监控设施，能够监控业务逻辑、应用程序和操作系统。事件、日志和度量通过事件路由器路由到目标位置（详见 Kim 2016）
单体架构	单体架构是传统的编程模型，这意味着软件程序的元素是交织和相互依赖的。这种模型与最近的模块化方法如微服务架构（MSA）形成对比
平均修复时间（MTTR）	MTTR 是可修复项可维护性的基本度量。它表示修复失败组件或设备所需的平均时间
浪费（Muda）	这是一个日语单词，表示浪费。它与生产系统相关
非功能需求(NFR)	非功能需求是定义产品质量的需求，如可维护性、可管理性、可扩展性、可靠性、可测试性、可部署性和安全性。非功能需求也称为操作需求
非功能需求测试（NFR 测试）	非功能需求测试是专注于产品质量的测试方面
作战室 (Obeya)	Obeya 是一个作战室，起到两个作用： • 信息管理 • 现场决策
单件流	精益方法意味着 DevOps 团队作为一个团队一次只处理一个项目，节奏快且流畅。这也用于 Gene Kim 的三种方式中的第一种
运维	运维是通常负责维护生产环境并帮助确保达到所需服务水平的团队（详见 Kim 2016）
运维故事	运维需要完成的工作可以写成故事。这样可以优先排序和管理
运维联络员（OPS liaison）	运维联络员是分配到开发团队的运维员工，以便为开发团队的基础设施需求提供支持
组织原型	有三种组织原型：职能型、矩阵型和市场型。它们由 Roberto Fernandez 博士定义如下： • 职能型：职能导向的组织优化特定职能的绩效，如营销、财务、技术等 • 矩阵型：矩阵导向的组织试图通过多个维度来管理任务和团队 • 市场型：市场导向的组织以市场需求和客户需求为导向

续表

术语	释义
组织实验室	这是 Dr. Ron Westrum 提出的一个模型，他将文化分为三种类型：病态型、官僚型、生成型。这些组织类型具有以下特点： • 病态型组织的特点是充满恐惧和威胁 • 官僚型组织的特点是以规则和流程为主 • 生成型组织的特点是积极寻求和分享信息，以更好地实现组织的使命 Westrum 博士观察到，在医疗机构中，"生成型"文化的存在是患者安全的顶级预测因素之一
肩并肩检查	一种代码审查技术，作者在另一个开发人员的反馈下讲解自己的代码
软件包	一组打包在一起的软件文件或资源，作为较大系统的一部分提供特定功能
结对编程	一种代码审查技术，两名开发人员使用一台电脑协同工作。一名开发人员编写代码，另一名进行审查。一个小时后交换角色
同行评审	开发人员之间互相审查代码的技术
事后分析	在重大事故发生后，召开事后分析会议，以找出事故的根本原因，并防止未来发生类似事故
产品负责人	产品负责人是 DevOps 角色。产品负责人是业务内部的声音，负责产品待办事项列表的优先级，以定义服务的下一个功能集
编程范例	构建计算机程序结构和元素的风格
拉取请求流程	一种跨开发和运维的同行评审形式。工程师通过该机制告知他人他们推送到代码库的更改
质量保证（QA）	质量保证团队负责确保反馈循环存在，以确保服务按预期运行（详见 Kim 2016）
减小批量	批量大小会影响流程。小批量导致流程顺畅且快速；大批量导致高工作进展（WIP）并增加流程变异性
减少交接次数	在软件过程中，交接指工作在生产软件过程中停止并移交给另一个团队。每次交接都需要各种工具进行沟通，并填充工作队列。减少交接次数越多越好
发布经理	这是 DevOps 角色。发布经理负责管理和协调生产部署和发布过程
发布模式	发布模式有两种类型（详见 Kim 2016）： • 基于环境的发布模式：有两个或更多环境接收部署，但只有一个环境接收实时客户流量 • 基于应用程序的发布模式：通过小的配置更改选择性地发布特定应用功能
悲观路径	一种特殊类型的"不良路径"，如果"不良路径"导致与安全相关的错误情况，称为"悲观路径"
安全检查	在产品发布期间执行的检查，通常是 HRR 或 LRR 的一部分
SBAR	该技术提供了确保以建设性方式表达关注或批评的指导原则。涉及人员必须遵循以下步骤： • 情况描述 • 背景信息或上下文 • 问题评估 • 解决建议
安全测试	安全测试是多种测试类型之一。在 DevOps 中，安全测试通过尽早在流程中使用自动化测试集成到部署管道中

续表

术语	释义
自助服务能力	将运维集成到开发中的一种方式是使用基础设施自助服务
共享目标	为客户提供价值需要开发和运维在价值流中协同工作，并有共享目标和实践
共享运营团队（SOT）	SOT 团队负责管理所有 DTAP 环境，执行日常开发和测试环境的部署，以及定期的生产部署。使用 SOT 的原因是专注于部署的团队。这导致可重复工作的自动化，并快速解决问题
共享版本控制库	为了能够使用基于主干的开发，DevOps 工程师需要共享其源代码。源代码必须提交到支持版本控制的单一代码库中，这称为共享版本控制库
猿猴军团	猿猴军团由生成各种故障、检测异常情况并测试其生存能力的服务（猴子）组成。目标是保持云服务的安全、可靠和高可用性。目前猿猴军团有 3 种猴子： • 清洁工猴子（清理未使用资源） • 混乱猴子（尝试关闭服务） • 一致性猴子（检测规则不符合）
单一代码库	单一代码库用于促进基于主干的开发
冒烟测试	冒烟测试是一种测试类型，用于确定新服务或调整后的服务是否基本正常运行。只需几个测试用例即可指示最重要的功能是否正常工作。此测试类型源自硬件制造商，工程师通过上电检查电路是否冒烟，以警告硬件故障
标准差	在统计学中，标准差（SD，也表示为希腊字母 σ 或拉丁字母 s）是用于量化一组数据值的变异或离散程度的度量。标准差低表示数据点趋向于接近平均值（也称为期望值），而标准差高表示数据点分布在更广的范围内（详见 Wiki）
标准操作	标准操作是系统按设计运行的情况。偏离标准操作需要尽早检测到
静态分析	静态分析是在非运行时环境中进行的测试类型，理想情况下是在部署管道中进行。通常，静态分析工具会检查程序代码的所有可能运行时行为，并查找编码缺陷、后门和潜在的恶意代码（详见 Kim 2016）
集群作战	David Bernstein 解释了集群作战如何帮助建立一个能够集中解决复杂问题的高效团队："在集群作战中，整个团队一起处理同一个问题。这有助于相互了解并协同工作。通常，团队需要经历形成期（相互了解）和冲突期（冲突并解决）才能进入高效期（高度功能性团队），因此给每个人空间成为一个团队。" 根据 Dr. Spear 的说法，集群作战的目标是在问题有机会扩散之前将其控制住，并诊断和解决问题以防止其复发。"在此过程中，"他说，"他们建立了关于如何管理我们的工作系统的更深知识，将不可避免的前期无知转化为知识"（详见 Kim 2016）
交互系统（SoE）	交互系统是去中心化的信息通信技术（ICT）组件，包含社交媒体等通信技术，鼓励和支持同伴互动
信息系统（SoI）	信息系统包括用于处理和可视化来自记录系统数据的所有工具。典型示例是商业智能（BI）系统
记录系统（SoR）	记录系统是一个信息存储和检索系统（ISRS），是包含多个相同元素来源的系统中某个数据元素的权威来源。为了确保数据完整性，每个信息元素必须且只能有一个记录系统
技术适应曲线	新技术进入市场需要时间。技术适应曲线显示了市场渗透的各个阶段
技术执行官	这是 DevOps 角色，也称为"价值流经理"。价值流经理负责"确保价值流从头到尾满足或超过客户（和组织）对整体价值流的要求"（详见 Kim 2016）

续表

术语	释义
测试驱动开发（TDD）	测试驱动开发是一种在定义和执行测试用例之后编写源代码的方法。源代码在满足测试用例条件前进行编写和调整
测试框架	为促进集成测试而构建的软件。测试桩通常是开发中的应用程序组件，并在应用程序开发过程中由工作组件替换（自顶向下集成测试），测试框架在被测试应用程序外部模拟测试环境中不可用的服务或功能
敏捷宣言	敏捷宣言（敏捷软件开发宣言）是在 2001 年 2 月 11 日至 13 日，十七位软件 DevOps 工程师在犹他州雪鸟度假村的非正式会议上制定的。宣言和原则是对九十年代中期出现的思想的详细阐述，这些思想是对传统瀑布开发模型方法的回应。这些方法被认为是官僚的、缓慢的和狭隘的，会阻碍 DevOps 工程师的创造力和有效性。制定敏捷宣言的十七人代表了各种敏捷运动。宣言发布后，几位签署人成立了“敏捷联盟”，以进一步将原则转化为方法（详见 Wiki）
理想的测试自动化金字塔	理想的测试自动化金字塔可以这样描述： • 尽早通过单元测试发现大多数错误 • 在较慢的自动化测试（如验收和集成测试）之前运行较快的自动化测试（如单元测试），这些测试都在任何手动测试之前运行 • 应该通过最快的测试类别发现错误
精益运动	一种操作理念，强调倾听客户意见、管理层与生产员工之间的紧密合作、消除浪费和提高生产流。精益常被誉为制造商削减成本和重拾创新优势的最佳希望
非理想测试自动化倒金字塔	非理想的测试自动化倒金字塔测试方式可以描述如下： • 大部分投资在手动和集成测试上 • 错误在测试后期发现 • 运行缓慢的自动化测试首先执行
猿猴军团	猿猴军团是由在线视频流媒体公司 Netflix 创建的一系列开源云测试工具。这些工具使工程师能够测试 Netflix 在亚马逊网络服务（AWS）基础设施上运行的云服务的可靠性、安全性、弹性和可恢复性。猿猴军团中的猴子包括：混乱大猩猩、混乱巨猿、一致性猴子、医生猴子、清洁工猴子、延迟猴子和安全猴子
三条路径	三条路径由 Gene Kim、Kevin Behr 和 George Spafford 在《凤凰项目：关于 IT、DevOps 及助力企业成功的小说》一书中提出。三条路径是框定 DevOps 流程、程序和实践的有效方法，也是具体步骤： • 第一条路径——流动：理解并增加工作流（从左到右） • 第二条路径——反馈：创建短反馈循环，实现持续改进（从右到左） • 第三条路径——持续实验和学习（持续学习）
约束理论	一种方法论，用于识别实现目标的最重要限制因素，然后系统地改进该限制因素，直到它不再是限制因素
工具辅助代码审查	这是一种审查技术，作者和审查者使用专门设计的工具进行代码同行审查，或利用源代码库提供的设施（详见 Kim 2016）
丰田模式	*Toyota Kata* 是 Mike Rother 的一本管理书籍。书中解释了改进模式和教练模式，这些模式将丰田生产系统中的持续改进过程转化为可教授的方法
转型团队	引入 DevOps 需要制定明确的转型战略。根据 Dr. Govindarajan 和 Dr. Trimble 的研究，组织需要创建一个专门的转型团队，该团队能够在负责日常运营的其他组织之外独立运作（分别称为“专职团队”和“绩效引擎”）。从转型团队中学到的经验可以应用于整个组织

续表

术语	释义
价值流	将商业假设转化为向客户提供价值的技术支持服务所需的过程（详见 Kim 2016）
价值流图（VSM）	价值流图是一种精益工具，描述信息、材料和工作跨功能孤岛的流动，强调量化浪费，包括时间和质量
功能的垂直拆分	一个功能可以拆分成多个故事。垂直拆分是指通过功能拆分，使更多的 DevOps 团队能够独立完成各自的故事。它们共同实现这个功能，其他见功能的水平拆分
虚拟化环境	基于硬件平台、存储设备和网络资源虚拟化的环境。通常使用 VMware 创建虚拟化环境
虚拟化	在计算中，虚拟化是指创建某物的虚拟（而非实际）版本，包括虚拟计算机硬件平台、存储设备和计算机网络资源。虚拟化始于 20 世纪 60 年代，作为一种将主机计算机提供的系统资源在不同应用程序之间逻辑划分的方法。此后，术语的含义得到了扩展（详见 Wiki）
行走的骨架	行走的骨架指为了将所有关键元素到位而进行的最小量工作
浪费	浪费指在制造过程中进行的没有对客户增值的活动。在 DevOps 上下文中的例子包括： • 不必要的软件功能 • 通信延迟 • 应用程序响应时间慢 • 过于繁琐的官僚流程
减少浪费	在源头上减少浪费，通常通过更好的产品设计或过程管理来实现。这也称为浪费最小化
在制品限制	这是在看板过程中用来最大化已开始但未完成的项目数量的关键绩效指标（KPI）。限制在制品数量是提高软件开发流水线吞吐量的绝佳方法
在制品（WIP）	已经进入生产过程但尚未成为成品的材料。因此，在制品指的是在生产过程中处于不同阶段的所有材料和部分完成的产品

附录C 缩写

术语缩写形式及其释义见表C-1。

表C-1 缩写

缩写	释义
%C/A	完成度 / 准确度百分比
ASL	应用服务库
AWS	亚马逊网络服务
BDD	行为驱动开发
BI	商业智能
BiSL	业务信息服务库
BOK	知识体系
BSC	平衡计分卡
BVS	商业价值系统
CA	竞争优势
CA	持续审计
CAB	变更咨询委员会
CAMS	文化、自动化、测量和共享
CD	持续部署
CE	持续万物
CEM	中央事件监控
CEMLI	配置、扩展、修改、本地化、集成
CEO	首席执行官
CFO	首席财务官
CI	配置项
CI	持续集成
CIA	保密性、完整性和可用性
CIO	首席信息官
CL	持续学习
CM	持续监控
CMDB	配置管理数据库
CMMI	能力成熟度模型集成
CMS	配置管理系统
CN	持续设计
CO	持续文档编制
CoC	行为准则
CoP	实践社区

续表

缩写	释义
CP	持续规划
CQ	持续服务水平协议
CPU	中央处理器
CR	竞争响应
CRAMM	CCTA 风险评估方法论
CRC	循环冗余校验
CS	持续评估
CSF	关键成功因素
CT	持续测试
CTO	首席技术官
CY	持续安全
DevOps	开发与运维
DL	深度学习
DML	最终媒体库
DNS	域名系统
DoD	完成定义
DoR	就绪定义
DTAP	开发、测试、验收和生产
DU	定义不确定性
DVS	开发价值系统
E2E	端到端
ERD	实体关系图
ERP	企业资源计划
ESA	史诗解决方案方法
ESB	企业服务总线
ETL	抽取、转换与加载
EUX	终端用户体验监控
FAT	功能验收测试
FSA	功能解决方案方法
GCC	一般计算机控制
GDPR	通用数据保护条例
GIT	全球信息追踪器
GSA	通用和特定验收标准
GUI	图形用户界面
GWT	Given-When-Then
HRM	人力资源管理

续表

缩写	释义
HRR	交接准备审查
IaC	基础设施即代码
ICT	信息通信技术
ID	标识符
INVEST	独立、可协商、有价值、可估计、小型和可测试
IPOPS	信息资产、人员、组织、产品和服务、系统和流程
IR	基础设施风险
ISAE	国际保证业务标准
ISMS	信息安全管理体系
ISO	国际标准化组织
ISVS	信息安全价值系统
IT	信息技术
ITIL	信息技术基础架构库
ITSM	信息技术服务管理
JIT	准时制
JKK	工序完结
JVM	Java 虚拟机
KPI	关键绩效指标
LAN	局域网
LCM	生命周期管理
LDAP	轻量目录访问协议
LRR	发布准备审查
LT	交付时间
MASR	修改、避免、共享、保留
MFA	多因素认证
MI	管理信息
ML	机器学习
MOF	微软操作框架
MRI	最低要求信息
MT	模块测试
MTBF	平均故障间隔时间
MTBSI	平均系统事件间隔时间
MTTR	平均修复时间
MVP	最小化可行产品
NC	不合格
NFR	非功能性需求

续表

缩写	释义
NLP	自然语言处理
OAWOW	一种敏捷工作方式
OLA	操作级别协议
PAAS	平台即服务
PAT	生产验收测试
PBI	产品待办事项
PDCA	计划 - 执行 - 检查 - 行动
PESTLE	政治、经济、社会、技术、法律和环境
POR	项目或组织风险
PPT	人员、流程和技术
PST	性能压力测试
PT	处理时间
QA	质量保证
QC	质量控制
RACI	责任、负责、咨询和告知
RASCI	责任、负责、支持、咨询和告知
RBAC	基于角色的访问控制
REST API	表属性状态传输应用程序接口
RL	强化学习
ROI	投资回报率
RUM	真实用户监控
S-CI	软件配置项
SA	战略信息系统架构
SAFe	规模化敏捷框架
SAT	安全验收测试
SBAR	情况、背景、评估、建议
SBB	系统构建模块
SBB-A	系统构建模块应用
SBB-I	系统构建模块信息
SBB-T	系统构建模块技术
SIT	系统集成测试
SLA	服务水平协议
SM	战略匹配
SMART	具体的、可衡量的、可达成的、现实的、及时的
SME	主题专家
SNMP	简单网络管理协议

续表

缩写	释义
SoA	适用性声明
SoE	互动系统
SoI	信息系统
SoR	记录系统
SoX	萨班斯 - 奥克斯利法案
SQL	结构化查询语言
SRG	标准、规则和指南
SSL	安全套接层
ST	系统测试
SVS	服务价值系统
SWOT	优势、劣势、机会、威胁
TCO	总拥有成本
TCP	传输控制协议
TDD	测试驱动开发
TFS	团队基础服务器
TISO	技术信息安全官
TOM	目标操作模型
TPS	丰田生产系统
TTM	上市时间
TU	技术不确定性
UAT	用户验收测试
UML	统一建模语言
UT	单元测试
UX design	用户体验设计
VOIP	网络电话
VSM	价值流图
WAN	广域网
WIP	在制品
WMI	Windows 管理规范
WoW	工作方式
XML	可扩展标记语言
XP	极限编程